AutoCAD
实用实训教程

毛敬玉　赵　静　雷　虹 / 编著

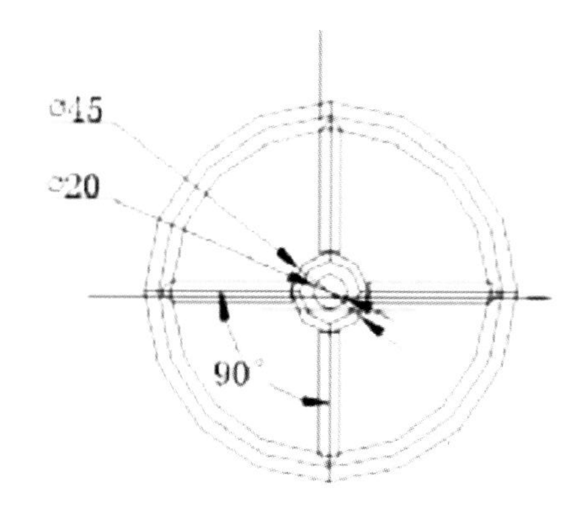

甘肃人民出版社

图书在版编目(CIP)数据

AUTOCAD实用实训教程 / 毛敬玉、赵静、雷虹编著
. -- 兰州：甘肃人民出版社，2013. 6
ISBN 978-7-226-04461-2

Ⅰ. ①A… Ⅱ. ①毛… ②赵… ③雷… Ⅲ. ①AUTOCAD软件—教材 Ⅳ. ①TP391. 72

中国版本图书馆CIP数据核字（2013）第126800号

责任编辑：高文波
封面设计：王林强

AUTOCAD实用实训教程
毛敬玉 赵静 雷虹 编著
甘肃人民出版社出版发行
（730030 兰州市读者大道568号）
兰州大众彩印包装有限公司印刷
开本787毫米×1092毫米 1/16 印张16 插页2 字数378千
2013年7月第1版 2013年7月第1次印刷
印数：1~500
ISBN 978-7-226-04461-2 定价：48.00元

前 言

《AUTOCAD 实用实训教程)》系统地介绍了使用 AutoCAD 的稳定版本——中文版 AutoCAD 2007 进行计算机绘图的方法。全书共分 11 章,主要内容包括 AutoCAD 绘图基础,绘图辅助工具的使用,图形显示控制,二维图形的绘制和编辑,精确绘制图形,面域和图案填充的使用,文字和表格的创建,图形尺寸的标注,三维图形的绘制、编辑和渲染,块、外部参照和设计中心的使用,图形打印和 Internet 功能,以及 AutoCAD 2007 绘图综合实例等。

本书结构清晰、语言简洁,适合于 AutoCAD 2007 的初、中级读者使用,实例丰富,可以作为中职中专、高职高专等院校相关专业的教材,也可作为各类计算机培训中心、从事计算机绘图技术研究与应用人员的参考书。

本书的第二章、第三章、第四章、第六章为毛敬玉编写,第五章、第七章、第九章、第十一章为赵静编写,第一章、第八章、第十章、第十二章章为雷虹编写。

因为时间仓促,教学经验有限,书中难免有错漏之处,还望大家批评指正!

目　录

第一章　AUTOCAD 基础知识

学习目标：

通过本章的学习，主要引导读者对 AutoCAD 2007 的基本概念和操作界面等知识，有一个基本的了解和认识，并掌握一些初级的软件操作技能等，如坐标点的输入、文件的设置、保存与应用等。

学习内容：

- 了解 AutoCAD
- 启动 AutoCAD
- AutoCAD 界面
- 文件的基本操作
- 退出 AutoCAD
- 命令的执行

第一节　AUTOCAD 初识

CAD 的英文全称为 Computer Aided Design（计算机辅助设计）。AutoCAD 主要是一个用来解决绘图这一环节的软件，可理解为 Computer Aided Drawing。其应用主要表现在以下方面：

（1）建筑的平面布置与三维效果　在三维效果方面，不仅有实体的表达，而且还可以通过网格曲面创建更为复杂的效果。

（2）机械零件工程图绘制　AutoCAD 最常用最主要的功能，就是它强大的二维绘图及图形编辑功能。它可以完成模型空间的图形绘制，以及在图纸空间中进行图纸的页面布局。

（3）机械零件的三维建模与着色渲染效果　AutoCAD 提供了多种基本实体的建模以及拉伸、旋转、扫掠、放样和三维布尔运算等多种建模方法

（4）产品装配工程图处理与三维产品装配　外部参照、图块等功能及对齐等三维操作命令可以完成二维与三维的产品装配。

（5）三维模型转化为二维工程图　在多个视口中通过不同的视向以及剖切等功能，将三维模型转化为二维三视图。

（6）在服装设计行业的应用

（7）二次开发功能　用户可以根据需要来自定义各种菜单以及与图形有关的一些属性。AutoCAD 提供了一种 Visual　LISP 编辑开发环境,用户可以运用 LISP 语言定义新命令,开发新的应用和解决方案。用户还可以利用 AutoCAD 的一些编辑接口 Object ARX，使用 Visual C++和 Visual Basic 语言对其进行二次开发。

AUTOCAD2007 新增的功能为:创建,管理、生产、显示、共享 5 大类,可以选择“帮助→新功能专题研习”命令,弹出“新功能专题研习”窗口,如下图所示:

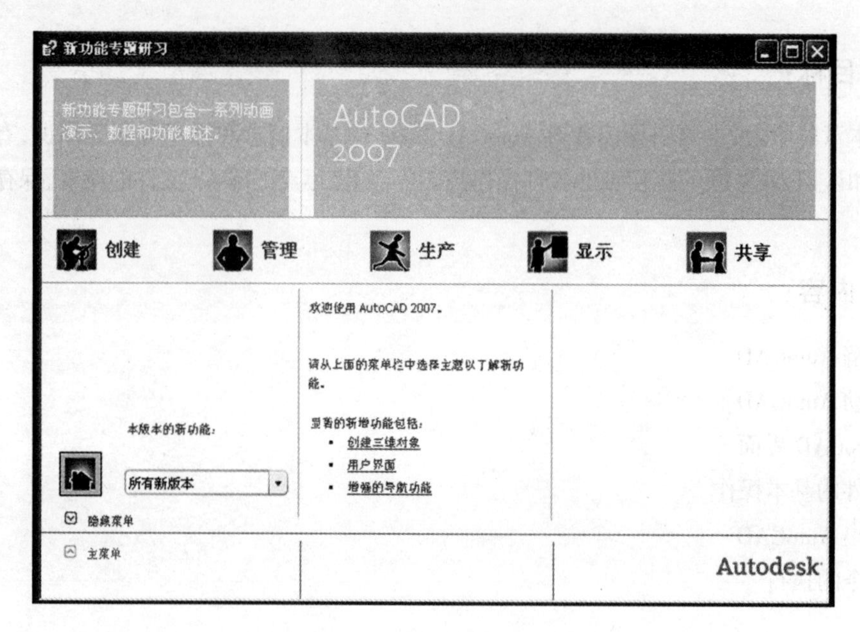

图 1-1 新功能专题研习窗口

第二节　AUTOCAD2007 的启动和退出

1、启动 AutoCAD 2007 的三种方式:

①双击桌面 AutoCAD 2007 的图标;

②右键单击 AutoCAD 2007 图标,从弹出的快捷菜单中选择“打开”选项;

③单击“开始/程序/Autodesk/AutoCAD 2007”命令。

2、退出 AutoCAD 2007 的方法:

①. 执行“文件”→“退出”。

②. 单击主界面右上角的“X”关闭按纽。

第三节　AUTOCAD2007 工作界面

启动 AutoCAD 软件后，系统会弹出下图所示的工作空间窗口，以便用户根据自己的需要选择初始的工作空间。

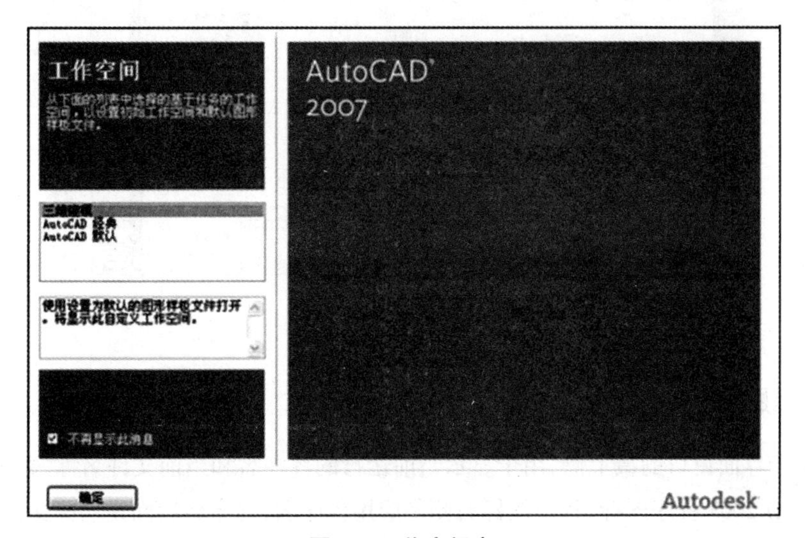

图 1-2 工作空间窗口

如果在图 1-2 所示的工作空间中选择“三维建模”选项，系统将进入三维建模工作空间，如图 1-3 所示。如果选择“AutoCAD 经典”选项，则进入二维工作空间，同时自动打开一个名为“Drawing1.dwg”的文件窗口，其工作界面如图 1-4 所示。

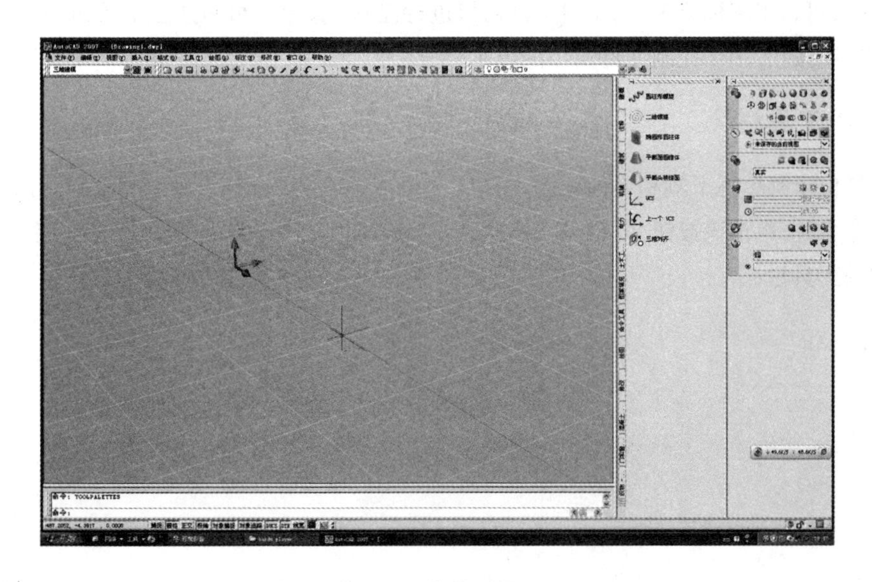

图 1-3 三维绘图界面

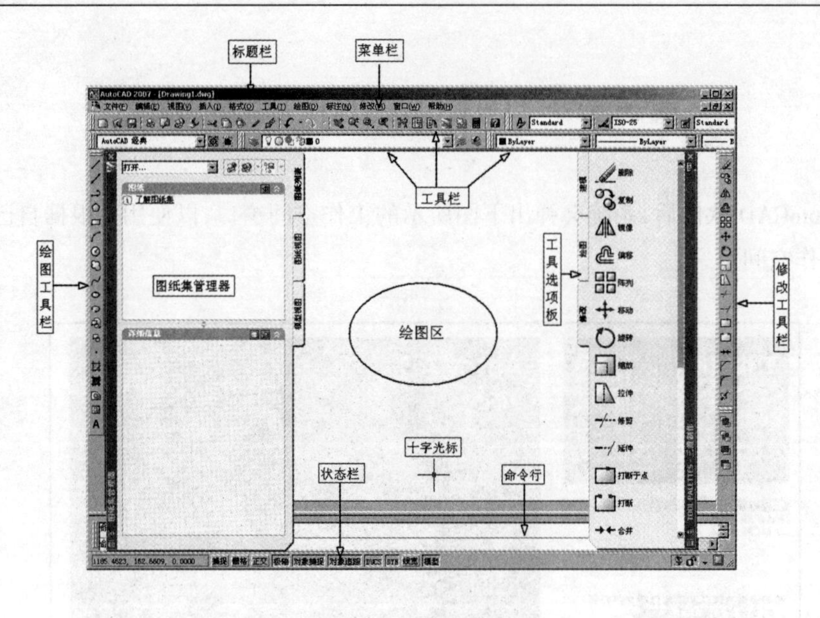

图 1-4 经典绘图界面

3-1-1 标题栏

标题栏位于界面窗口的最上侧，用于显示当前运行的程序名和当前文件名称。标题栏最左端图标是 AutoCAD 2007 程序图标，程序图标右侧是应用程序名，程序名后面是当前文件名。标题栏最右边的三个按钮是软件窗口控制按钮，具体有“最小化”、“ 还原/ 最大化”、“ 关闭”。

3-1-2 菜单栏

标题栏下侧是菜单栏。菜单栏左端图标为 AutoCAD 文件图标，双击该图标可关闭当前文件；单击该图标，可弹出图标菜单，用于对文件窗口进行控制。菜单栏最右边三个按钮是 AutoCAD 文件窗口的控制按钮，用于控制文件窗口的显示。

3-1-3 工具栏

工具栏位于菜单栏下侧和界面两侧，用户将光标放在工具按钮上，系统将会显示出该按钮所代表的命令名称，单击该按钮，即可激活该命令。AutoCAD 为用户提供了 35 种工具栏。图 1-5 显示了常用的工具栏：

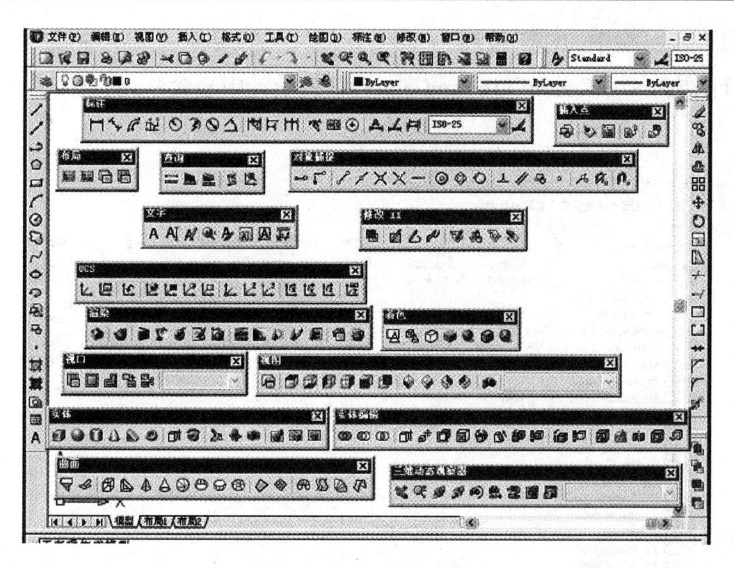

图 1-5 绘图常用工具栏

下面我们来认识一下常用的工具栏：

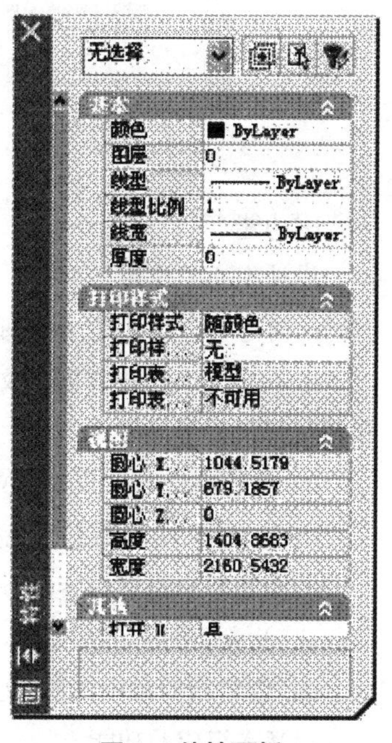

图 1-6 特性面板

(1)、对象特征管理器

a) 启动方式

可以通过以下方法，启动对象特征管理器，如图 1-6 所示：

→执行“工具” 菜单/“对象特性管理器(I)命令”；

→用鼠标单击“标准”工具栏中的( )按钮；

→在命令行中输入“MO”(PROPERTIES)特性命令，或直接按下【CTRL+1】组合键；

→选择所绘制图形之后单击鼠标右键，在快捷菜单中选择“特性(S)”选项。

b)功能

对象特征管理器的作用如下：

1) 可显示所绘制图形的所属层、颜色、线型、描述和打印样式等特性。

2) 针对所绘制的图形的特征进行编辑与更改，如编辑(或更改)颜色、图层、线型等。

3) 若为标注还可对文字及尺寸大小进行编辑。

4) 界面设定及编辑。对象特性管理器既可在绘图区域镶嵌显示也可单独提出。单击带蓝条纹面板上的“Auto-hide”按钮( )，可使对象特性管理器自动消隐。

(2)、设计中心

a) 启动

通过以下方法，可以启动设计中心，如图 1-7 所示：

i. 执行 “工具” 菜单/“设计中心(G)”命令；

ii. 单击“标准”工具栏中的(▦)按钮；

iii. 在命令行中输入“adCenter”(DesignCenter)联机设计中心命令，或直接按下【CTRL+2】组合键；

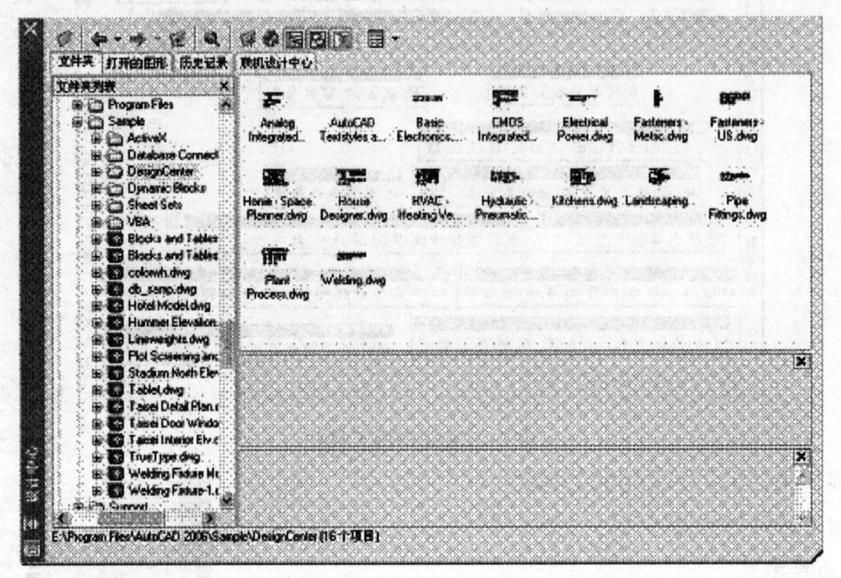

图 1-7 设计中心

b)功能

设计中心的作用如下：

i. 浏览用户计算机、网络驱对器和 Web 页上的图形内容(例如图形或文字符号库)。

ii. 在定义表中查看图形文件内命名对象(如块和图层)的定义，然后将定义插入、附着、复制和粘贴到当前图形中。

iii. 在新窗口中打开图形文件。

iv. 将图形、块和图案填充拖动到工具选项板以便于访问。

v. 向图形中添加内容(如外部参照、块、图案填充)

vi. 更新(重定义)块定义。

vii. 创建指向常用图形、文件夹和 Internet 网址的快捷方式。

c)基本组成及功能

i. 在树状视图中，可查看浏览内容的源目录，而在内容区域中则可直接选择对象拖拉到绘图区域。DesignCenter 设计中心中各个选项卡的作用如下：

ii. “文件夹”选项卡：通过该选项卡可显示导航图标的层次结构，包括网络、计算机、Web 地址(URC)、计算机驱动器、文件夹、图形和相关的支持文件、外部参照、布局、填充样式和命名对象。

iii. “打开的图形”选项卡：通过该选项卡可显示当前已打开图形的内容列表，包括图形中的块、图层、线型、文字样式、标注样式和打印样式，单击某个图形文件，然后单击列表中的一个定义表可将图形文件的内容加载到内容区域。

iv.“历史记录”选项卡:通过该选项卡可对设计中心以往所打开的文件进行列表。

v.“联机设计中心”选项卡:通过该选项卡可在线连接 Autodesk 公司并使用其所提供的网上共享文件。

d)界面设定及编辑

设计中心界面,单击“Auto-hide”按钮( ),可自动隐藏设计中心面板。

3-1-4 绘图区

屏幕中大部分黑色(默认颜色)的区域即为绘图窗口,它是绘制、编辑和显示图形的区域

绘图区左下部有 3 个标签,即“模型”、“布局 1”、“布局 2”,“模型”标签代表了当前绘图区窗口是处于模型空间,布局 1 和布局 2 是缺省设置下的布局空间,主要用于图形的打印输出。

3-1-5 命令行

绘图区下侧是命令行,它是用户与 AutoCAD 2007 绘图软件进行数据交流的平台,主要用于显示用户当前的操作步骤。

命令行包括“命令输入窗口”和“命令历史窗口”两部分,最下面一行为“命令输入窗口”,用于提示用户输入命令或命令选项;上面的几行是“命令历史窗口”,用于记录执行过的操作信息。初学者一定要注意命令行窗口的提示,对于学习会有较好的引导作用。

缺省情况下,命令行窗口为三行,最下面一行显示当前命令,其余各行显示历史命令。命令行窗口的大小可以调整 。调整的方法为:将光标置于命令行窗口上方,当光标形状变为 时,按下左键,拖动到适当的位置松开,命令行行数即可增多或减少。

3-1-6 状态栏

状态栏位于 AutoCAD 主窗口的最底部,用于显示和控制绘图环境及绘图状态,主要由一些控制按钮组成,鼠标左键单击各按钮,可以打开或关闭控制状态,按钮呈现凹下去状态为开,呈现凸起来状态为关。

图 1-8 状态栏

捕捉:捕捉栅格点,光标只能落在栅格点上,不能落在任意位置。

栅格:绘图窗口显示栅格 。

正交:绘制直线型图形时,光标轨迹只能水平或竖直移动。

极轴:图绘时出现极轴引导线。

对象捕捉:捕捉线条特殊点,如端点,中点,交点,圆心等。

对象追踪:追踪捕捉线条特殊点。

线宽:显示线宽,只有打开此按钮,绘图空间中的线宽区别才能显示出来。

模型/图纸的按钮:显示当前绘图状态为模型还是图纸状态,单击按钮进行图纸空间与模型

空间的转换,展开后方的两个黑色三角符号,可以选择不同的布局。模型与图纸选项卡可以在选项中操作。

3-1-7 工具选项板和面板

1、工具选项板

工具选项板提供了各种不同行业的常用图块,用户可以根据需要单击各选项卡,如“机械”“电力”“建筑”等,然后从选项板上单击选取所需要的图块图形工具,快速获得所需图块。

公举选项板可以显示、隐藏在屏幕或关闭。用鼠标左键按下工具选项板的蓝色条形部分或上方双横条部分,可以移动到任何位置。单击选项板下方的符号,可以自动隐藏选项板,也可以单击关闭符号将其关闭。打开或关闭选项卡可以通过菜单“工具/选项板/工具选项板”来实现。

工具选项板的作用如下:

a)插入块和图案填充。从工具选项板中拖动块和图案填充,可将这些对象快速放置到图形中;

b)工具选项板自定义。可通过多种方法在工具选项板中添加工具;

c)保存和共享。通过将工具选项板输入或输出为工具选项板文件来保存和共享工具选项板;

d)插入块和图案填充时,可将图块直接拖动至绘图区,而且可使用对象捕捉,但不能使用栅格捕捉。可根据块中定义的单位比率和当前图形中定义的单位比率,自动对块进行缩放。例如:当前图形单位为米,而所定义的块单位为厘米,单位比率为 1M/100cm,将块拖到绘图区时,则会以 1/100 比例插入。

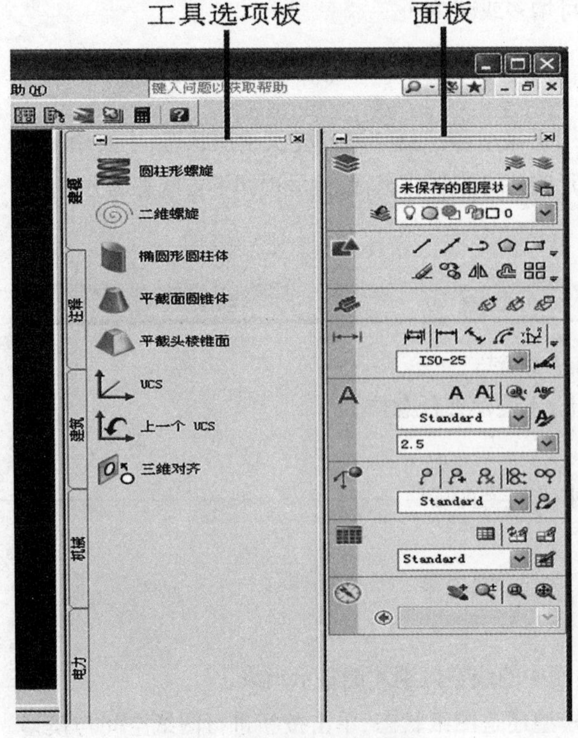

图 1-9 面板和工具选项板

e)更改设置。在工具选项板上空白处右击,将弹出选项框,用户可根据提示对工具选项板进行设置,如移动、比例缩放、关闭、自动隐藏、新增工具选项板及重命名和自定义工具选项板。用户可根据自己的作图习惯及方便进行更改和设置。

2、面板

面板提供了与当前工作空间相关的操作的单个界面元素,可以理解为一个大的工具条,可以单击面板上的图标启动 CAD 命令。可以通过相应的图标找到相应的命令图标按钮。

1)默认情况下,当使用二维草图与注释工作空间或三维建模工作空间时,面板将自动打开。如果手动打开面板,操作为:选择菜单“工具/选项板/面板”,也可以从命令行输入“Dashboard”回车。

2）面板可以显示、隐藏、打开或关闭。隐藏或显示面板的操作与工具选项板的操作相同。

第四节　文件的基本操作

1、新建文件

【新建】命令主要用于新建空白 CAD 绘图文件，执行此命令后打开下图所示的对话框，在此对话框中指定一种样板文件作为基础样板文件，然后单击“打开”按钮，即可创建新文件。如图 1-10 所示：

图 1-10 新建文件

也可以启动命令:

(1) 选择菜单“文件/新建”；

(2) 单击“标准”工具条上的“新建”按钮图标 ；

(3) 输入“NEW”按<Enter>;

(4) 组合键“Ctrl+N”

2、保存文件

当画完图形后，使用【保存】命令将其存盘，以方便以后进行查看或编辑等。执行此命令后可打开图 1-11 所示的对话框，指定文件名、格式、存储路径等，单击“保存”按钮即可完成存盘操作。

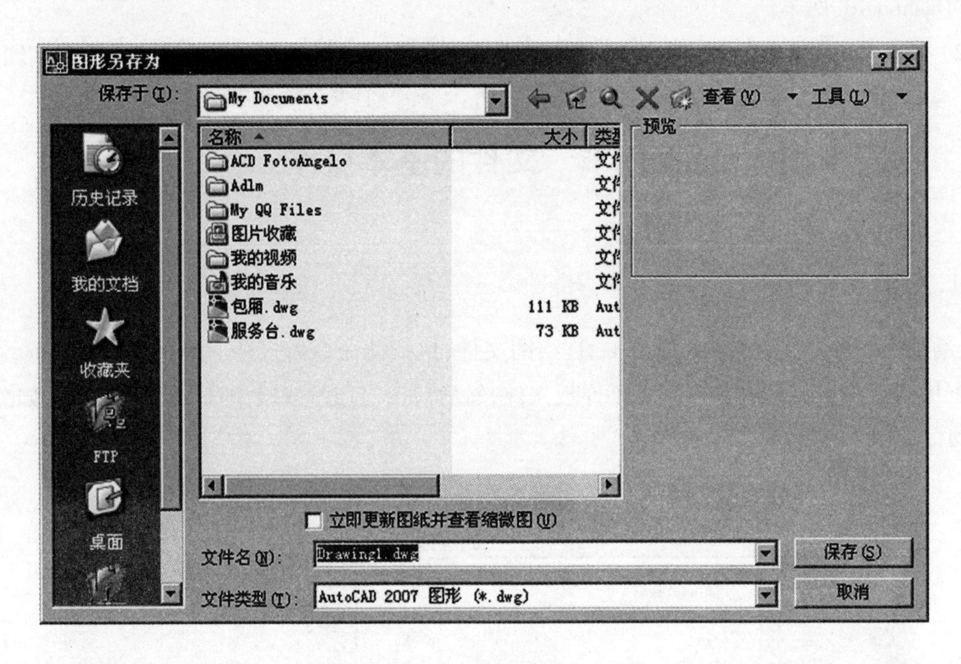

图 1-11 保存文件

也可以用命令实现：

(1)组合键 Ctrl+S；

(2)单击“标准”工具条上的“保存”按钮图标；

(3)选择菜单“文件/保存”；

(4)输入 Save 或 QSave，按<Enter>键或空格键确认。

A、保存副本文件

启动命令：

(1)选择菜单“文件/另存为”；

(2)按下快捷菜单 Ctrl+Shift+S

B、加密保存

(1)选择菜单“工具/选项”；

(2)在绘图窗口中单击右键，从弹出的快捷菜单中选择“选项”。

在“选项”对话框中选择“打开和保存”按钮操作，如图 1-12 所示：

3、应用文件

(1)单击“标准”工具条上的“打开”按钮图标

(2)选择菜单“文件/打开”；

(3)组合键 Ctrl+O；

(4)输入 Open，按<Enter>键确认。

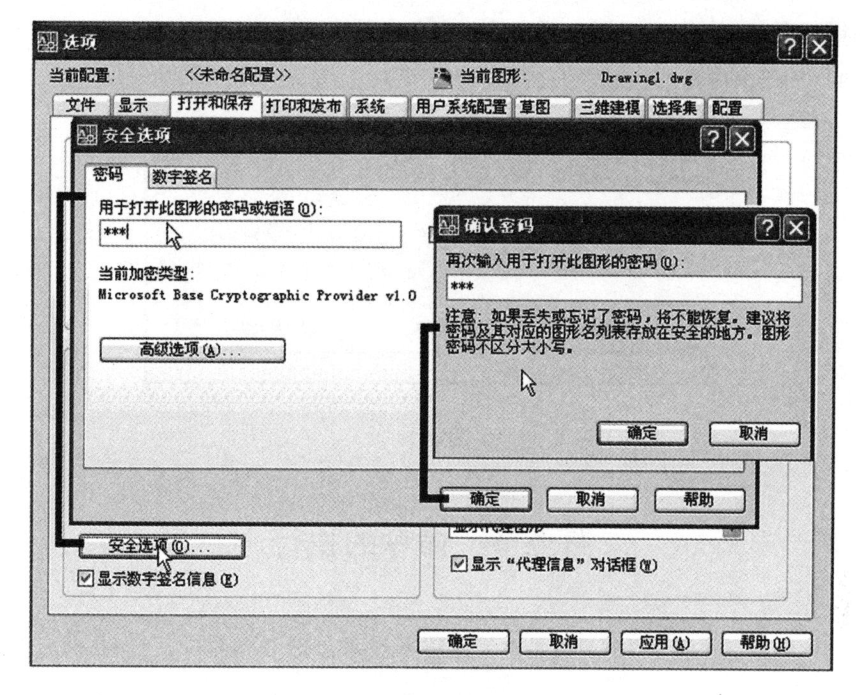

图 1-12 加密保存

执行命令后,系统弹现"选择文件"对话框，如图 1-13 所示：

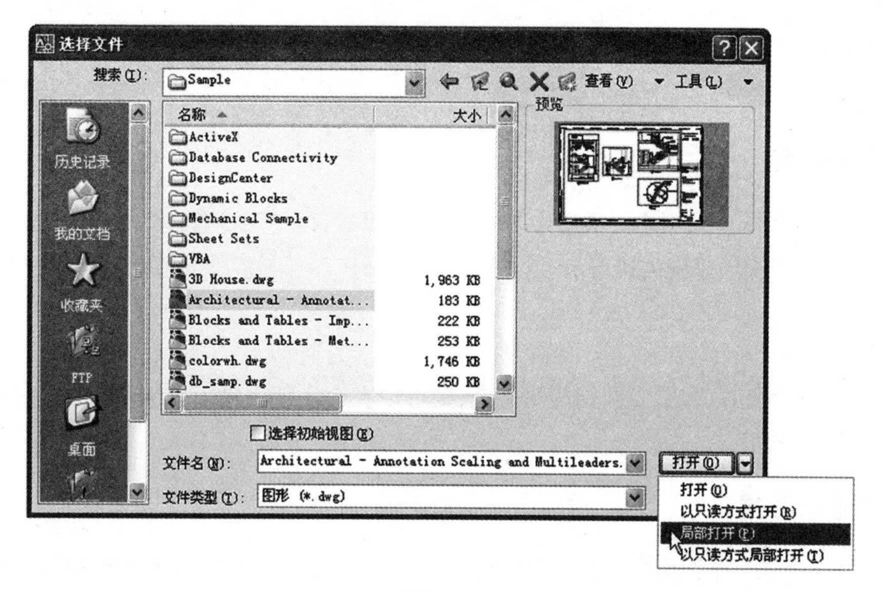

图 1-13

4、退出

单击界面标题栏右端按钮,或双击程序图标,或单击【文件】菜单栏中的【退出】命令,都可以退出 AutoCAD 软件。

另外,如果在退出前没有将图形存盘,系统会弹出图 1-14 所示的警示信息框,单击"是"按钮,用于对图形保存;单击“否”按钮,系统将放弃存盘并退出 AutoCAD 2007;单击“取消”按钮,系统将取消执行的退出命令。

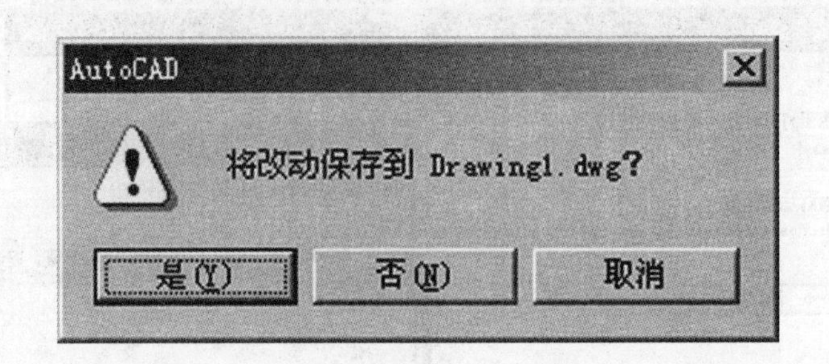

图 1-14

第五节 命令的执行

用户在 AutoCAD 系统中工作时,最主要的输入设备是键盘和鼠标,它们是命令执行和参数输入的手段。

使用键盘;

使用鼠标;

拾取框和十字光标;

数据的输入.

1、使用键盘

在 AutoCAD 系统中为用户提供了许多的命令, 用户可以使用键盘在命令行中输入命令,并按 Enter 键确认,提交给系统去执行。

2、透明命令

在使用其他命令时,如果要调用透明命令,则可以在命令行中输入该透明命令,并在它之前加一个单引号(′)即可。

3、对话框形式

如用对话框形式,那么在命令行中输入“layer”,按 Enter 键,即可弹出如图 1-15 所示的“图层特性管理器”对话框。

图 1-15

4、拾取框和十字光标

在绘图窗口，光标通常显示为“十”字线形式。当光标移至菜单选项、工具或对话框内时，它会变成一个箭头。无论光标是“十”字线形式还是箭头形式，当单击或者按动鼠标键时，都会执行相应的命令或动作。在 AutoCAD 中，鼠标键是按照下述规则定义的。

5、数据的输入

在 AutoCAD 中，数据的输入方法，通常有三种：鼠标拾取法、命令窗口输入法和动态输入法。图 1-16 就显示了动态输入法。

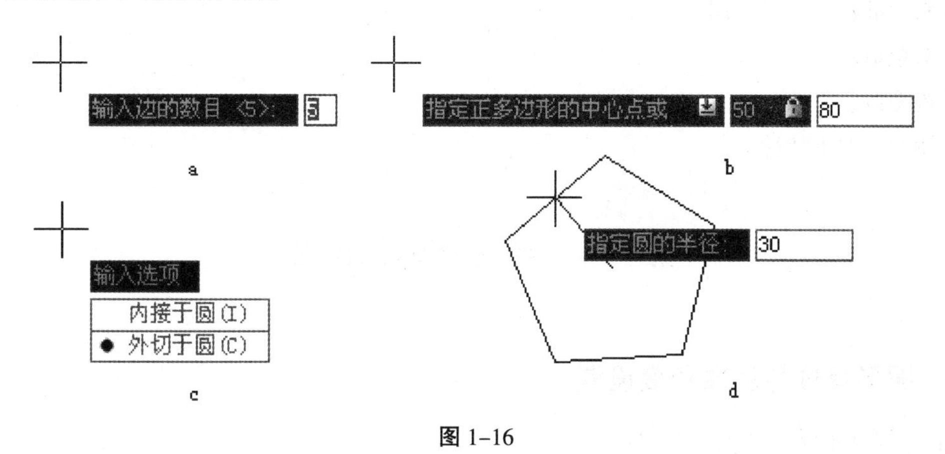

图 1-16

小结：

本章向读者介绍并认识了 AutoCAD2007 的工作界面，掌握工具栏的功能及使用，了解绘图环境的设置，并归纳总结了 CAD 命令的执行特点、CAD 命令输入及点的精确输入等内容。此外还介绍了 AutoCAD2007 较之以往版本的新增功能。使读者对 AutoCAD2007 的学习方法和入门知识得到掌握，帮助读者消除对 AutoCAD2007 的陌生感。

所谓良好的开端等于成功的一半，相信通过这一章的学习及对知识的掌握，读者已对 AutoCAD2007 不再陌生，为接下来章节的学习打下良好的基础。

第二章　AUTOCAD2007 绘图基础

学习目标:

在本章中,将介绍如何进行 AutoCAD2007 绘图前的准备工作。在本章虽没有具体的绘图及编辑命令,但其设置及掌握与否将直接影响到制图的规范性及时效性。通过本章的学习,应了解和掌握捕捉和栅格的设置及应用,掌握各种对象特征点的精确捕捉功能和目标点的相对追踪功能,熟练掌握视图的调整技巧。

学习内容:

> 绘图环境的设置
> 捕捉和栅格
> 坐标系
> 对象捕捉的意义与用法
> 对象追踪
> 视图调整
> 图层与对象特性

第一节　绘图环境的设置

1、图形单位与基准角度设置

(1)选择菜单“格式/单位 ”;

(2)输入 Units,按<Enter>键 。

弹出“图形单位”对话框,设置长度类型、精度、单位、角度类型、精度等。

在对话框中单击“方向”按钮,设置基准角度的方向,默认方向水平向右(即向东)。如图 2–1 所示:

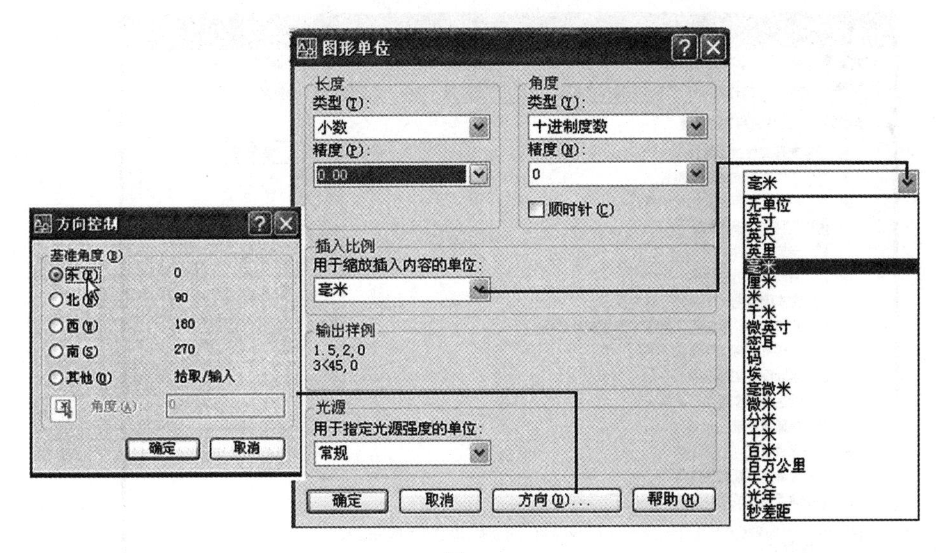

图 2-1

2、图形界限设置

图形界限相当于手工绘图时事先准备的图纸。设置“图形界限”最实用的一个目的，就是为了满足不同范围的图形在有限绘图区窗口中的恰当显示，以方便于视窗的调整及用户的观察编辑等。

在 AutoCAD 中，“图形界限”实际上是一个矩形的区域，只需定位出矩形区域的两个对角点，即可成功设置“图形界限”。单击菜单【格式】/【图形界限】命令或在命令行输入 Limits，即可激活此命令。

命令行操作如下：

命令：'_limits

重新设置模型空间界限:

指定左下角点或 [开(ON)关(OFF)] <0.0000,0.0000>:

指定右上角点 <420.0000,297.0000>:

3、选项配置

(1) 选择菜单“工具/选项”；

(2) 命令行中输入 Options 回车。

弹出“选项”对话框如图 2-2 所示：

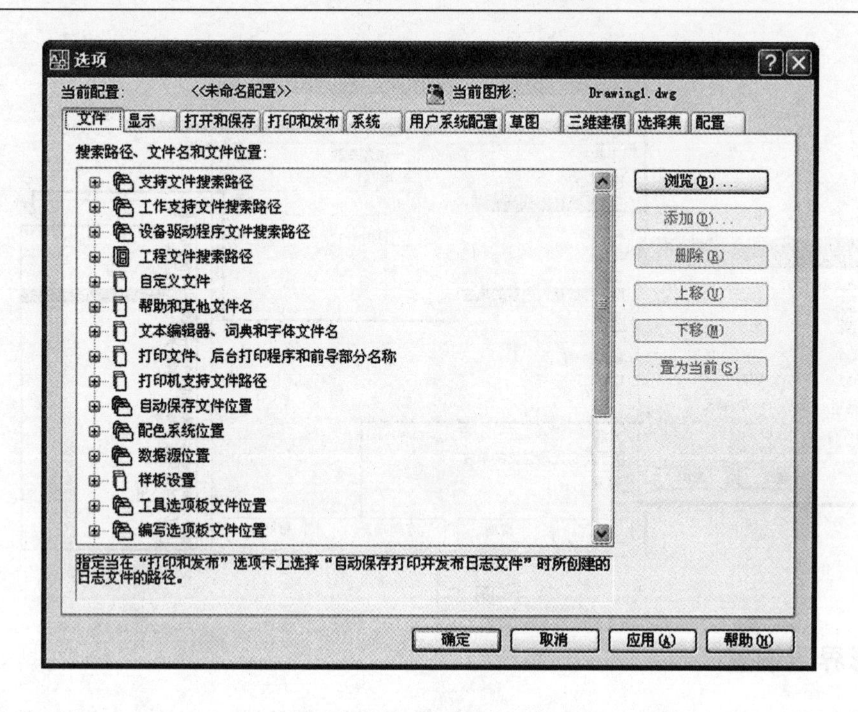

图 2-2

A. “文件”选项卡 用于配置 AutoCAD 搜索支持文件、驱动程序、菜单文件以及其他文件的目录等。

B. “显示”选项卡 设置 AutoCAD 的显示情况。在“窗口元素”中，单击“颜色”、“字体”按钮，可以分别设置屏幕颜色和命令行中的字体，设置完成后单击“确定”。

C. “打开和保存”选项卡 设置 AutoCAD 文件打开和保存相关的选项，如加密保存、保存为其他格式等。

D. “打印和发布”选项卡 设置与打印和发布有关的选项。

E. “系统”选项卡 用于 AutoCAD 的系统设置，例如当前三维图形的显示效果、模型选项卡和布局选项卡中的显示列表如何更新等。

F. “用户系统配置”选项卡 用于设置 AutoCAD 优化性能选项，例如第 1 章曾介绍过的右键操作模式等。

G. “草图”选项卡 设置 AutoCAD 绘制二维图形的一些基本选项，例如自动捕捉、自动追踪等设置。

H. “三维建模”选项卡 设置三维建模的相关选项，例如三维光标显示、三维坐标系设置、三维对象的视觉样式等。

I. “选择集”选项卡 设置选择对象相关的选项，例如夹点样式、选择对象的视觉效果等，

J. “配置”选项卡 前面各项选项设置完成后，可以在配置选项中将其添加到列表保存起来，以备随时使用。绘图时，可以从“可用配置”列表中选择所需要的配置，单击“置为当前”按钮，将所选配置置为当前，使得绘图环境受所选配置决定。此外还可以对所选配置进行重命名、删除等操作。

第二节　捕捉与栅格

1、捕捉

【捕捉】功能用于控制光标按照用户定义的间距进行移动，如图 2-3 所示。例如，在水平方向上设置步长为 10，那么光标每跳动一次，其移动量则为 10 个单位。功能键为 F9.

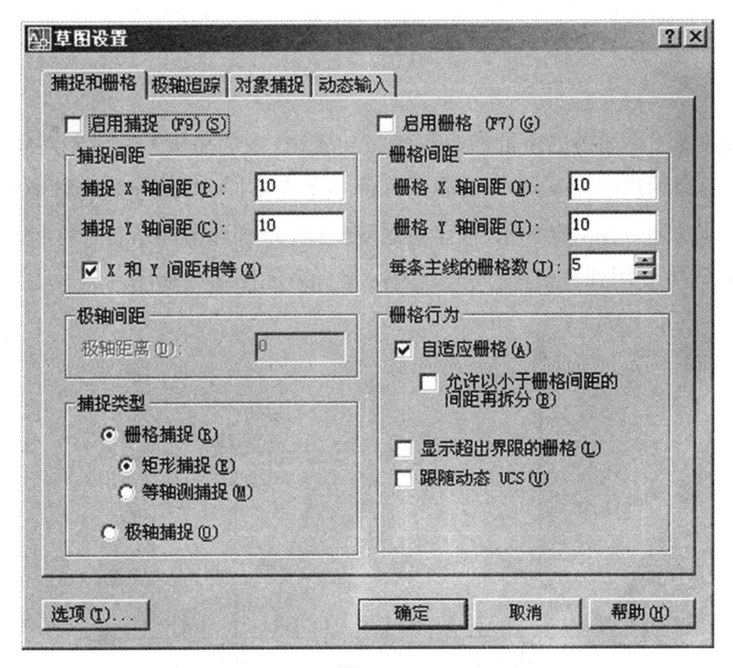

图 2-3

2、栅格

【栅格】功能是以一些虚拟的栅格点，直观显示文件的作图区域，以给用户提供直观的距离和位置参照。功能键为 F7

3、对象的选择

在对图形进行编辑操作之前，首先需要选择要编辑的对象。在 AutoCAD 中，选择对象的方法很多。例如，可以通过单击对象逐个拾取，也可利用矩形窗口或交叉窗口选择；可以选择最近创建的对象、前面的选择集或图形中的所有对象，也可以向选择集中添加对象或从中删除对象。AutoCAD 用虚线亮显所选的对象。 如图 2-4 所示。

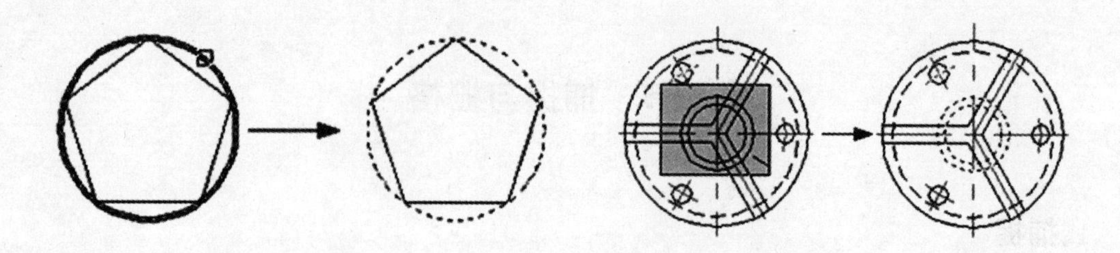

图 2-4 单选拾取(左)和矩形窗口选择(右)

第三节 坐标系

坐标系是用来描述平面中的点的参照系统。AutoCAD 中的坐标系按定制对象不同,可以分为世界坐标系(WCS)和用户坐标系(UCS);按坐标值参考点不同,可以分为绝对坐标系和相对坐标系;按用法不同,可以分为直角坐标系、极坐标系、柱坐标系和球坐标系

绘制平面图形,主要用到直角坐标和极坐标,坐标系如图 2-5 所示。

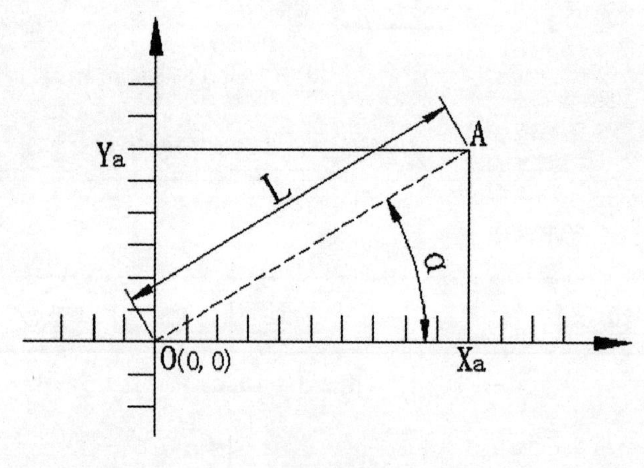

图 2-5

1、绝对点的坐标输入

此种坐标点是以坐标系原点(0,0)作为参考点,包括"绝对直角坐标"和"绝对极坐标"两种:

"绝对直角坐标"表示某点分别沿 X 轴水平方向与 Y 轴垂直方向偏移原点的距离,其表达式为(x,y)。

"绝对极坐标"是以原点作为极点,通过相对于原点的极长和角度进行表示其它点,其表达式为(L<α)

方式	表示方法			输入格式	说明
键盘输入	绝对坐标	给定点相对于当前坐标原点的坐标，可采用直角坐标、极坐标、球面坐标和柱面坐标方式实现	直角坐标：数据间有“英文，”分隔	X,Y,Z	通过键盘输入 X,Y,Z，二维图形没有 Z。如：A(20,20)，如图 1-24 所示。
			极坐标：数据间用“<”分隔	L<α	L：极半径表示给定点距离坐标原点的距离。 α：极角表示给定点与坐标原点连线与 X 轴正向间的夹角，由 X 轴正向转到该连线是逆时针转动形成的极角为正；否则为负。如：C(40<40)如图 1-25 所示。
	相对坐标	给定点相对于前一个已知点的坐标增量，也有直角坐标、极坐标、球面坐标和柱面坐标方式，在输入的数据前面加@。	直角坐标	@ X,Y,Z	@表示相对坐标，如：B(@40,40)，如图 1-24 所示。
			极坐标	@ L<α	如：D(@50<60)，如图 1-25 所示。
用定标设备在屏幕上拾取点	一般位置点		直接拾取光标点		常用的定标设备是鼠标，当不需要准确定位时，用鼠标移动光标到所需的位置，按下左键就将十字光标所在位置的点的坐标输入到计算机中。当需要精确确定某点的位置时，需要用对象捕捉功能捕捉当前图中的特征点。
	特殊位置点或具有某种几何特征的点		利用对象捕捉功能		
	按设定的方向定点		利用极轴追踪、对象捕捉和正交模式		

表 2-1

图形是由线条组成，线条由点构成，平面绘图的过程就是一个找点的过程，只要找到图形中的特殊点，再通过一定的规则（即 CAD 命令）将这些点组合起来，就画出了图形。例如：从坐标原点绘制一段长为 10 的直线，直线的第一点坐标（0,0），第二点的坐标（10,0）或（10<0），即可绘制完成。

2、相对点的坐标输入

此种坐标是以任意点作为参考点，包括“相对直角坐标”和“相对极坐标”两种方式：

“相对直角坐标”表示某点相对于参照点的 X、Y、Z 轴三个方向上的坐标差，其表达式为（@x,y,z）。

“相对极坐标”表示某点相对于参照点的极长距离和偏移角度来表示的，表达式为（@L<α）。

如相对直角坐标（@20,-30），表示所描述的点在相对参照点的右下方，到参照点的水平距离为 20，竖直距离 30；相对极坐标（@30<120），表示所描述的点到参照点的最短距离为 30，该点到参照点连线与水平向右方向的夹角为 120°。

下表展示了点的坐标输入方式：

下面举例说明：

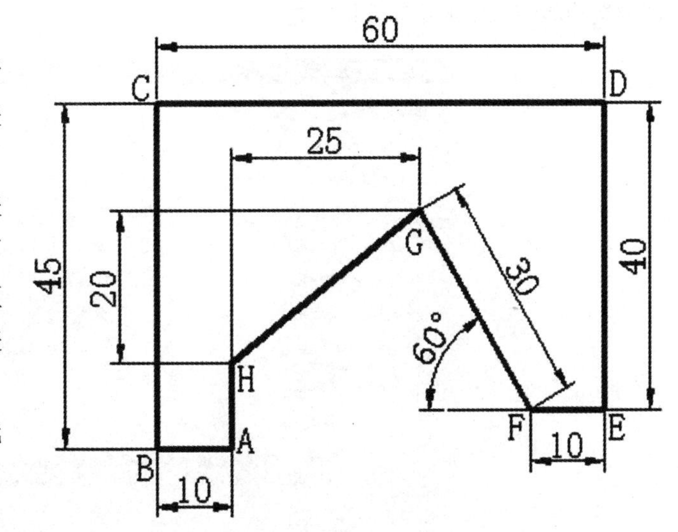

图 2-6

如图 2-6 所示，运用相对坐标的方法描述多边形 A—H 各点的相对位值。

图中各点的绝对坐标位置均不知道，运用相对坐标，假定 A 第一个参考点，则以后各点相对位置可描述如下：

B 点:@-10,0(或 @10<180) //B 点相对于 A 点的直角坐标(相对极坐标);

C 点:@0,45(或 @45<90) //C 点相对于 B 点的直角坐标(相对极坐标);

D 点:@60,0(或 @60<0) //D 点相对于 C 点的直角坐标(相对极坐标);

E 点:@0,-40(或 40<270) // E 点相对于 D 点的直角坐标(相对极坐标);

F 点:@-10,0(或 10<180) // F 点相对于 E 点的直角坐标(相对极坐标);

G 点:@30<120 // G 点相对于 F 点的极坐标(GF=30,GF 与水平向右方向的夹角为 120°,此处只适合用相对极坐标);

H 点:@-25,-20 // H 点相对于 G 点的直角坐标(此处只适合用相对直角坐标)

第四节 对象捕捉的意义与用法

对象捕捉是在绘图及图形编辑过程中,精确定位对象上特殊点(如端点、中点、圆心等)的工具 。控制对象捕捉开启状态的也是状态栏中的一个功能选项按钮。开启对象捕捉按钮后,在进行绘图及图形编辑,当光标靠近某些特殊点时,会发现有些点加亮成黄色亮点,此时只要按下确定键,则系统自动捕捉该点。

1、自动捕捉

AutoCAD 为用户提供了 13 种特征点的捕捉功能,这些捕捉功能分别以对话框和菜单栏的形式出现,以对话框形式出现的捕捉功能为“自动捕捉”,如图 2-7 所示。单击状态栏“对象捕捉”按钮或按功能键 F3,都可激活此功能。

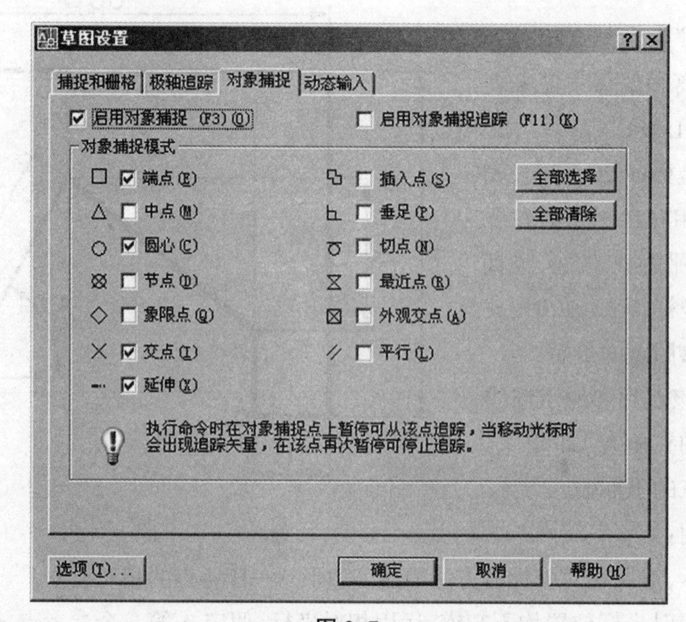

图 2-7

2、临时捕捉

“临时捕捉”功能是一次性的捕捉功能，即激活一次捕捉功能后，仅允许使用一次，如果需要连续使用该捕捉功能，需要重复激活该功能。临时工具按钮位于【对象捕捉】工具栏上，菜单项位于如图 2-8 所示的菜单上，按住 Ctrl 或 Shift 键单击右键，即可打开此菜单。

临时激活对象捕捉方式除了单击对象捕捉工具条上的按钮外，还可以用输入命令的方法，如激活端点输入 END，中点 MID 等，各种捕捉方式的激活命令见表 2-2 所示，激活时输入命令只需输入前三个字母即可。

临时追踪点(K)
自(F)
两点之间的中点(T)
点过滤器(T)
端点(E)
中点(M)
交点(I)
外观交点(A)
延长线(X)
圆心(C)
象限点(Q)
切点(G)
垂足(P)
平行线(L)
节点(D)
插入点(S)
最近点(R)
无(N)
对象捕捉设置(O)...

图 2-8

捕捉方式	输入命令	捕捉方式	输入命令
端点捕捉	ENDpoint	象限点捕捉	QUApoint
中点捕捉	MIDpoint	切点捕捉	TANpoint
交点捕捉	INTpoint	垂足捕捉	PERpendicular
圆心捕捉	CENpoint	节点捕捉	NODpoint
捕捉自	FROm		

表 2-2

1、13 种捕捉功能解析

1）捕捉到端点。此种捕捉功用于捕捉图线的端点，如图 2-9 所示。

2）捕捉到中点。此种功能用于捕捉线段、弧等对象中点，如图 2-10 所示。单击左键即可捕捉到该中点。

3）捕捉到交点。此功能用于捕捉图线间的交点，将光标放在图线的交点处，系统将显示出交点标记，如图 2-11 所示，此时单击左键即可捕捉到该交点。

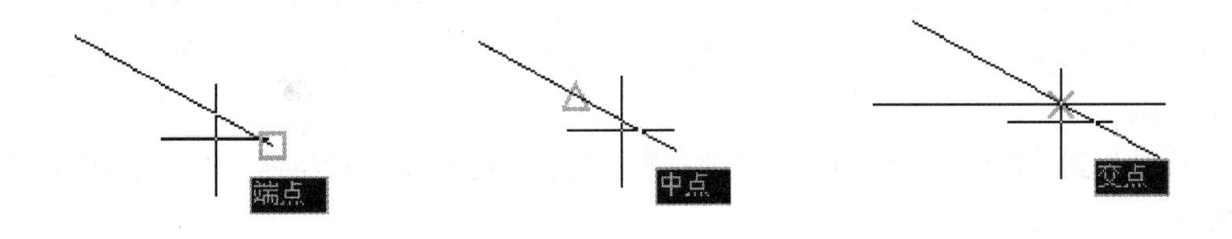

图 2-9　　图 2-10　　图 2-11

4）捕捉到外观交点。此功能用于捕捉三维空间内，对象在当前坐标系平面内投影的交点。

5）捕捉到延长线。此功能用于捕捉线段或弧延长线上的点，如图 2-12 所示，单击左键，或输入一距离值，即可在对象延长线上定位点。

6）捕捉到圆心。此功能用于捕捉圆、弧或圆环的圆心。如图 2–13 所示。

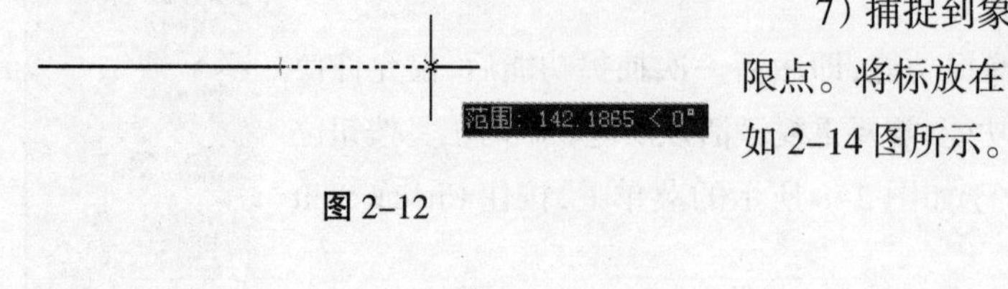

图 2–12

7）捕捉到象限点。此功能用于捕捉圆或弧的象限点。将标放在圆或弧的象限点位置上单击左键，如 2–14 图所示。

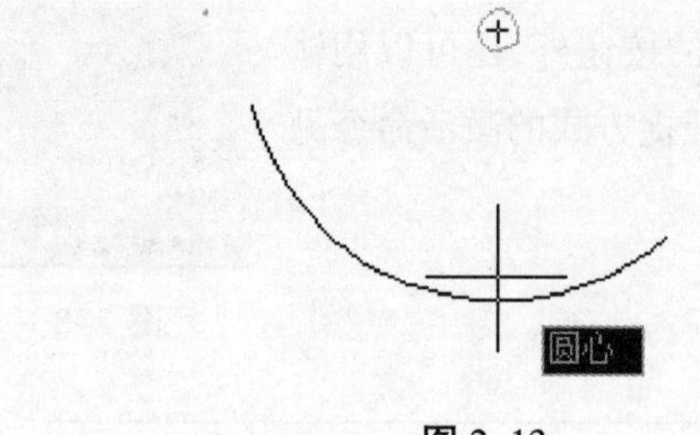

图 2–13

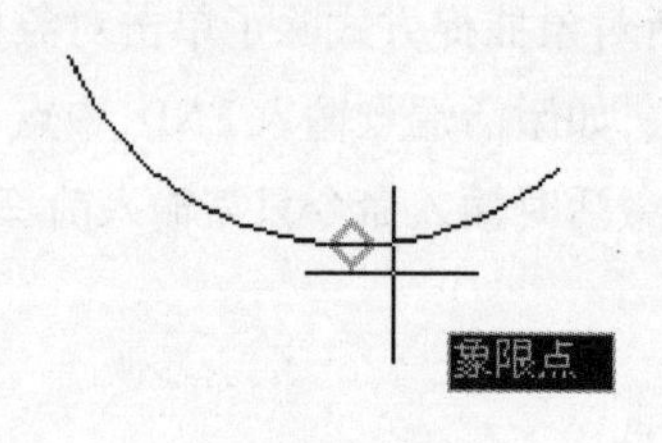

图 2–14

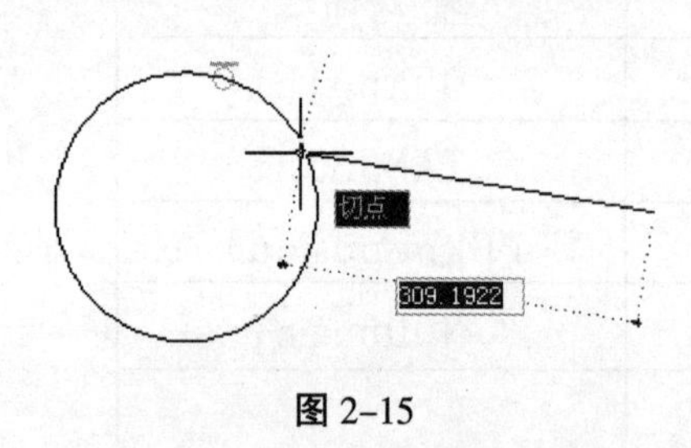

图 2–15

8）捕捉到切点。此功能用于捕捉切点。在“指定点”提示下激活此功能，然后将光标放在圆或弧的边缘 上，当显示出切点标记符号时单击左键，如图 2–15 所示。

9）捕捉到垂足。此功能用于捕捉垂足点，绘制垂线。在命令行“指定点”的提示下激活此功能，将光标放在对象边缘上，当显示垂足标记符号时单击左键。如图 2–16 所示。

10）捕捉到平行线。此功能用于绘制与已知线段平行的线，如图 2–17 所示 。

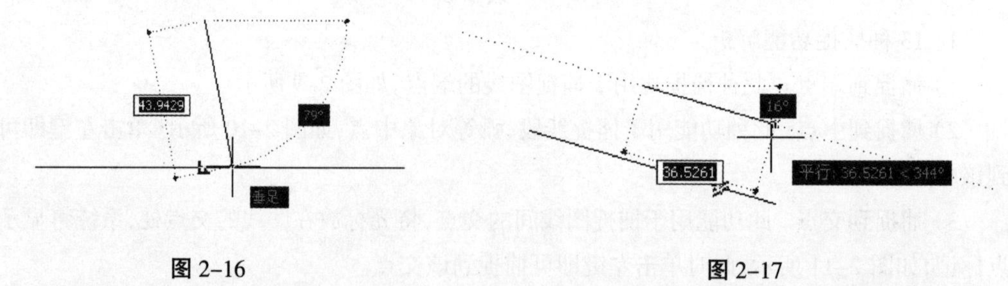

图 2–16　　图 2–17

11）捕捉到节点。此功能用于捕捉使用【点】命令绘制的点对象，其捕捉标记如图 2–18 所示。

12）捕捉到插入点。此功能用于捕捉块、文字、属性或属性定义等的插入点，其捕捉标记如图 2–19 所示。

13）捕捉到最近点。此功能用于捕捉光标距离线、弧、圆等对象最近的点，其捕捉标记如图 2–20 所示。

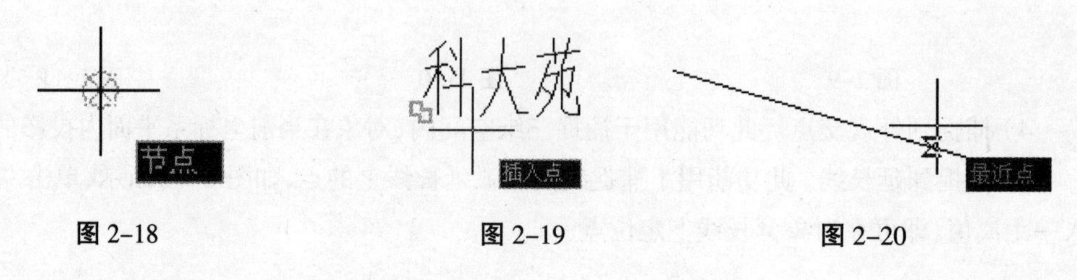

图 2–18　　图 2–19　　图 2–20

2、动态输入

使用动态输入功能可以在工具栏提示中输入坐标值,而不必在命令行中进行输入。光标旁边显示的工具栏提示信息将随着光标的移动而动态更新。当某个命令处于活动状态时,可以在工具栏提示中输入值。如图 2-21 所示。

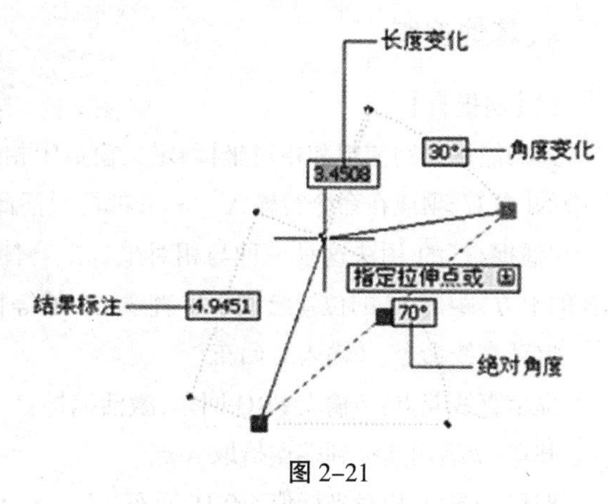

图 2-21

第五节 对象追踪

正交、极轴与对象追踪是状态栏中的几个功能按钮选项。鼠标点击状态栏的功能按钮,凹下去为打开状态,凸起来为关闭状态。

1、正交追踪

打开正交按钮,在屏幕中只能沿水平方向和竖直方向画直线,在屏幕中拾取点时,下一点只能在上一点的水平或竖直方向。【正交】功能主要用于追踪水平矢量或垂直矢量,以绘制水平和垂直的线段。单击状态栏上的“正交”按钮或按功能键 F8,都可激活此功能。

2、极轴追踪

极轴是指在绘图时,光标受增量角的引导;对象追踪是指绘图时,光标可以追踪捕捉到目标点,以确定点的位置。【极轴追踪】功能主要根据设置的增量角及其倍数,引出相应的极轴矢量,用户可以在极轴矢量上精确追踪并定位目标点。单击状态栏上的“极轴追踪”按钮或按功能键 F10,都可激活此功能。

3、对象追踪

【对象追踪】功能主要以图形上的某些特征点作为追踪点,引出向两端无限延伸的对象追踪虚线,以定位目标点,此功能需要与【对象捕捉】功能同时使用,而且只能追踪对象捕捉类型里设置的对象特征点。单击状态栏“对象追踪”按钮或按 F11 键,都可激活此功能。

如图 2-22 所示,就是以圆心作为追踪点引出的对象追踪虚线。

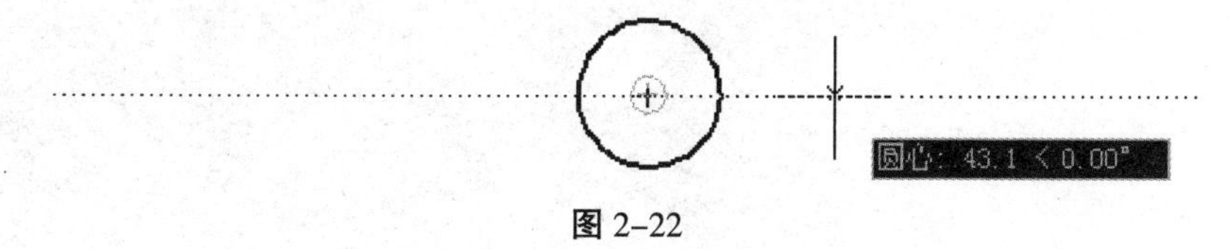

图 2-22

4、其他追踪

1)【捕捉自】

此功能是借助捕捉和相对坐标,定义窗口中相对于某一捕捉点的另外一点。单击临时捕捉菜单中的【自】选项或在命令行输入 _from,都可激活此功能。

“捕捉自”的 用法这是一种与相对坐标配合使用的方法 ,如下例图 2-23 所示,在水平直线 AB 的上方,距离 15 的位置绘制水平直线 AB 的等长平行线(直线绘制第 3 章):

启动直线命令: //输入 L 回车

提示直线起点: //输入 FRO 回车,激活捕捉自

基点: //运用捕捉到端点拾取 A 点

偏移: //输入相对坐标值 @0,15 回车

下一点: //运用极轴追踪捕捉 B 点,得直线下一点。

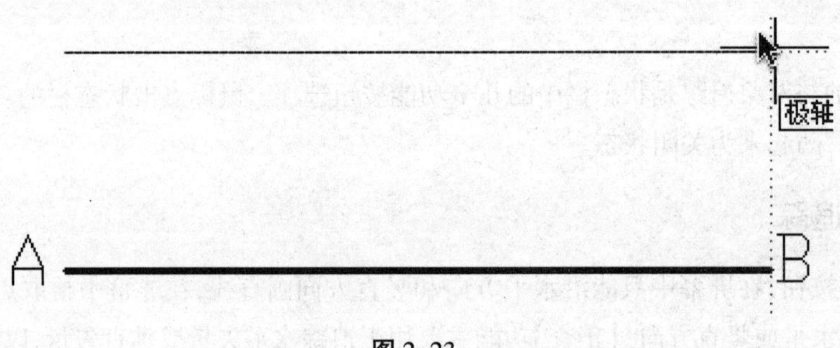

图 2-23

2)【临时追踪点】

此功能与【对象追踪】功能类似,只不过它需要事先定位出临时追踪点,然后才能引出向两端无限延伸的追踪虚线,进行追踪定位点。单击捕捉菜单中的【临时追踪点】选项或在命令行输入 _tt,都可激活此功能。

3)【两点之间的中点】

此功能用于捕捉两点之间的中点。在激活该功能之后,只需用户定位出两点,系统将自动精确定位这两个点之间的中点。单击临时捕捉菜单中的【两点之间的中点】选项或在命令行输入 m2P ,都可激活此功能

5、动态显示

打开动态显示按钮,在绘图时,动态显示光标的坐标值。动态显示可以在“草图设置”对话框中进行设置。在动态显示按钮上单击右键,打开草图设置对话框,如图 2-24 所示

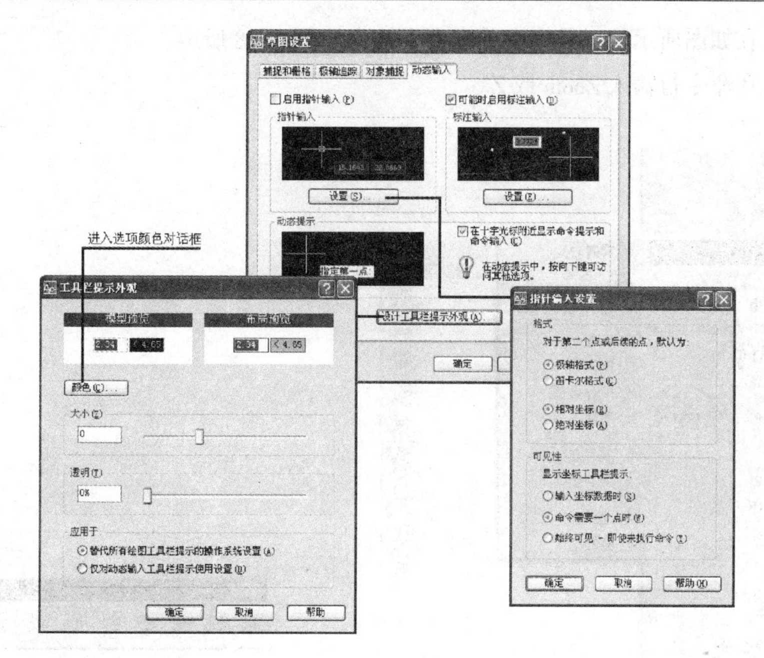

图 2-24

6、对象的选择

在对图形进行编辑操作之前，首先需要选择要编辑的对象。在 AutoCAD 中，选择对象的方法很多。例如，可以通过单击对象逐个拾取，也可利用矩形窗口或交叉窗口选择；可以选择最近创建的对象、前面的选择集或图形中的所有对象，也可以向选择集中添加对象或从中删除对象。AutoCAD 用虚线亮显所选的对象。

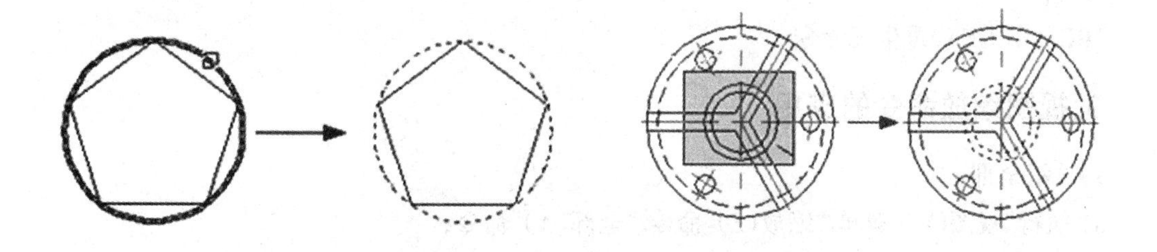

图 2-25 单选拾取框　　　　图 2-26 矩形窗口选择

第六节　视图调整

AutoCAD 为用户提供了视图调整功能，以方便用户观察、编辑视图内的图形细节或图形全貌。执行这些功能主要通过以下几种方法：

> 菜单栏：在如图所示的菜单中单击相应命令选项。图 2-27 所示。

> 工具栏:在如图所示的工具栏中单击命令按钮。图 2-28 所示。

> 命令行:在命令行输入 Zoom 或 Z。

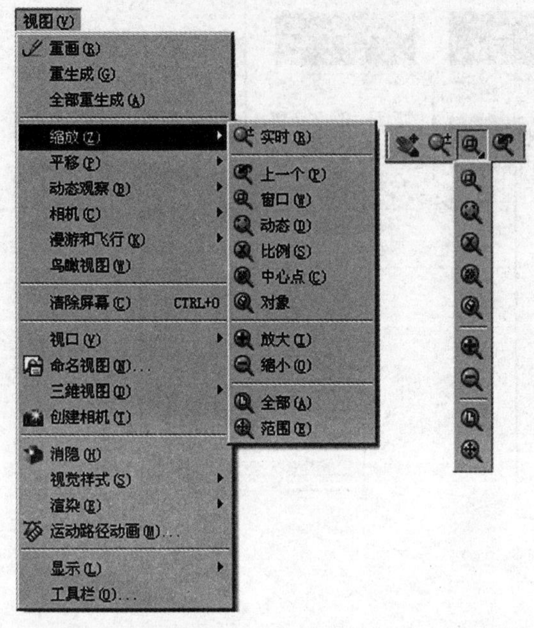

图 2-27

图 2-28

1、重画命令的应用

“R”(REDRAW)重画命令

2、重生成命令的应用

“RE”(REGEN)重生成命令

3、视图缩放命令的应用

1)显示全部

a) 执行“视图(V)”菜单/“缩放(Z)”命令/“全部(A)”命令;

b) 在命令行直接输入“Z”(ZOOM)视图缩放命令后敲【Enter】键;

c) 单击“标准”工具栏上的( )按钮;

2)显示图形范围

所谓范围缩放就是通过改变视图范围使所有对象最大显示，这种方式和上边的显示全部不同之处就在于不考虑绘图界限的大小,只是最大程度显示所有实体。具体操作方法如下:

a) 执行“视图(V)”菜单/“缩放(Z)”命令/“范围(E)”命令;

b) 在命令行输入“Z”(ZOOM)视图缩放命令后敲【Enter】键;

c) 单击“标准”工具栏上的( )按钮;

3) 中心缩放

指定中心点缩放需要指定缩放后的中心点和缩放比例。具体操作方法如下:

a) 执行"视图(V)"菜单/"缩放(Z)"命令/"中心点(C)"命令;

b) 在命令行输入"Z"(ZOOM)视图缩放命令后敲 Enter】键;

c) 单击"标准"工具栏上的(🔍)按钮。

4)动态缩放

动态缩放是使用视图框显示图形的已生成部分。视图框表示视口用以选择待缩放的部分,可以改变它的大小,或在图形中移动它的位置。移动视图框或调整它的大小,就能实现将其中的图像平移或缩放,以充满整个视口。具体操作方法如下:

a) 执行"视图(V)"菜单/"缩放(Z)"命令/"动态(D)"命令;

b) 在命令行输入"Z"(ZOOM)视图缩放命令后敲【Enter】键;

c) 单击"标准"工具栏上的(🔍)按钮。

5)显示上一个视图

a) 执行"视图(V)"菜单/"缩放(Z)"命令/"上一个(P)"命令;

b) 在命令行输入"Z"(ZOOM)视图缩放命令后敲【Enter】键;

c) 单击"标准"工具栏上的(🔍)按钮。

6)比例缩放

比例缩放是通过输入比例因子来缩放图形。具体操作方法如下:

a) 执行"视图(V)"菜单/"缩放(Z)"命令/"比例(S)"命令;

b) 在命令行输入"Z"(ZOOM)视图缩放命令后敲【Enter】键;

c) 单击"标准"工具栏上的(🔍)按钮。

① n 方式:相对于图形界限。若要相对图形界限按比例缩放图形,可以直接输入一个不带任何扩展名的正值。例如输入 1, 将在绘图窗口中以前一个图形的中心为中心,显示尽可能大的图形界限。若要放大或缩小,只需输入一个不等于 1 的值。例如输入 2,则所有对象相对整个图形界限放大两倍显示;输入 0.5,则将所有对象相对整个图形界限缩小一半显示。

② nX 方式:相对于当前图形。若要相对当前图形按比例缩放图形,只需要在输入的比例值后面加上"X"。例如,输入 2X, 则以两倍的尺寸显示当前图形;若输入 0.5X,则以一半的尺寸显示当前图形;而输入 1X,则没有变化。

③ nXP 方式:相对于图纸空间单位。当工作在布局中时,若要相对图纸空间单位按比例缩放图形,只需要在输入的比例值后面加上"XP"即可。

7)窗口放大

使用窗口放大的操作,是使用鼠标拖动划出一个区域将放大。具体操作方法如下:

a) 执行"视图(V)"菜单/"缩放(Z)"命令/"窗口(W)"命令;

b) 在命令行输入"Z"(ZOOM)视图缩放命令后敲【Enter】键;

c) 单击"标准"工具栏上的(🔍)按钮。

8)实时缩放

实时缩放的操作,可通过向上或向下移动鼠标按照个人意愿进行动态的缩放。具体操作方法如下：

a）执行“视图（V）”菜单/“缩放（Z）”命令/“实时（R）”命令；

b）在命令行输入“Z”（ZOOM）视图缩放命令；

c）单击“标准”工具栏上的（🔍）按钮后回车。

4、视图平移命令的应用

利用视窗缩放命令观察图形虽然方便，但是由于图形的缩放是图形重新生成的过程，因此对于较大的图形来说，利用视窗缩放观察图形速度较慢。这种情况通过会使用“PAN”视窗平移命令。视窗平移的速度较快，操作也相对简单，此外还可利用窗口滚动条移动视窗的位置。

1）实时平移

实时平移，犹如定点设备动态平移，像使用照相机进行平移一样，平移操作不会改变图形中对象的位置或比例，只改变视图。具体操作方法如下：

a）执行“视图（V）”菜单/“平移（P）”命令/“实时”命令；

b）在命令行输入“P”（PAN）视图平移命令；

c）单击“标准”工具栏上的（✋）按钮。

2）定点平移

所谓定点平移是反映定两点以确定一个有向线段，使视图按照这个有向线段平移。具体操作方法如下：

执行“视图（V）”菜单/“平移（P）”命令/“定点（P）”命令；

5、图形的鸟瞰

鸟瞰视图是一种定位工具，通过它可以在另外一个独立的窗口中显示整个图形视图，从而快速将图形移运载指定区域。具体操作方法如下：

a）执行“视图（V）”菜单/“鸟瞰视图（W）”命令；

b）在命令行输入“DSVIEWER”鸟瞰视图命令。

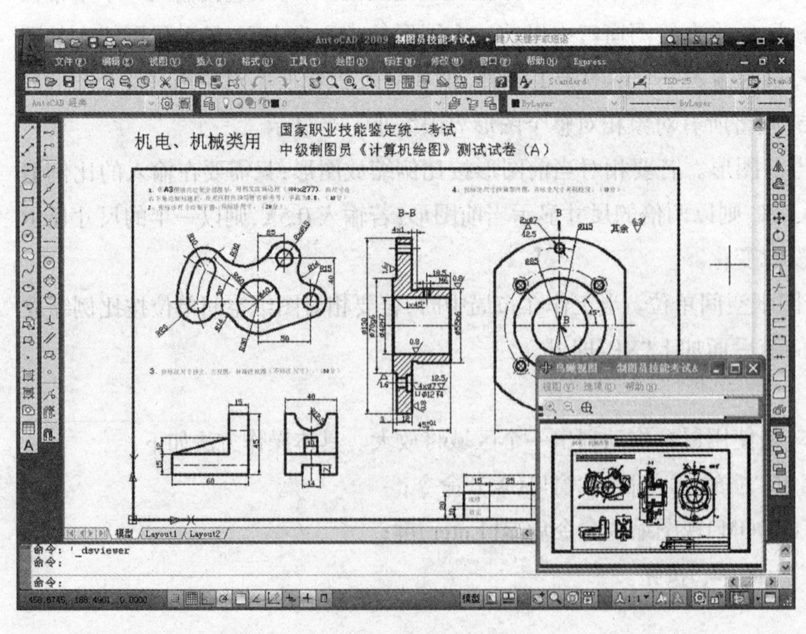

图 2-29 使用鸟瞰图控制图形显示

第七节 图层与对象特性

在绘图工作中,常常需要将对象赋予一定的特性,以便于看图和操作。例如线型、线宽、颜色等。

1、图层的概念、意义与操作

1) 图层的概念

图层就像透明的覆盖层,用户可以在上面组织各种不同的图形信息。即把图形中具有相同的线型、线宽、颜色和状态等属性放置于一层。当把各层画完,再把这些层对齐重叠在一起,这样就构成了一张完整的图形,AutoCAD 允许建立无限多个图层,根据需要,读者可自主的决定应该建立多少个图层,并为每个图形指定相应的名称、线型、线宽、颜色和打印样式等参数。熟练地运用图层操作,可极大地提高工作效率。如图 2-30 所示。

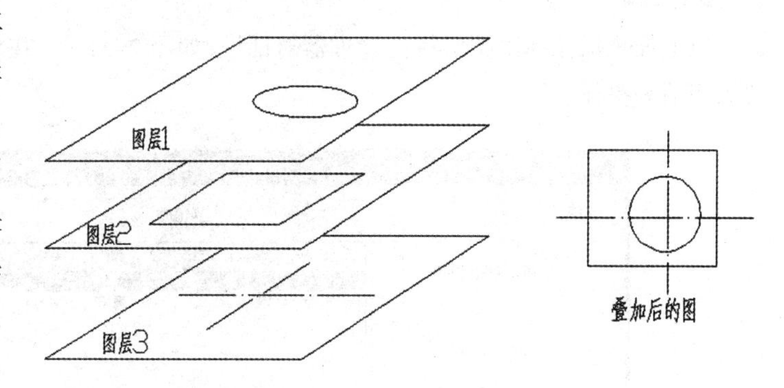

图 2-30 图层的假想与实际效果

2) 图层的意义

图层对于图形文件中各类实体的分类管理和综合控制具有重要的意义,其优越性可以归纳为以下几点:

a) 在一个图形文件中可无限数量地建立图层,并节省绘图空间;

b) 方便快捷地设置图层的线型、颜色、线宽和状态;

c) 控制图层的可见性;

d) 若锁定图层,使得该图层上对象不能被编辑修改。

e) 常见的图层操作包括创建和命名图层、使图层成为当前图层、控制图层的可见性(冻结/解冻、开/关等)、指定图层颜色等。

3) 图层的性质

a) 一幅图形最多可以包含 32000 个图层,所有图层均采用相同的图限、坐标系和缩放比例因子。每一图层上可以绘制的图形对象不受限制,因此可以满足绘图的需要。

b) 每一个图层都有图层名,以便在各种命令中引用某图层时使用。该图层名最多可以由 255 个字符组成,这些字符可以包括字母、数字、专用符号。例如,“粗实线”、“点划线”等。

c) 每一图层被指定带有颜色号、线型名、线宽和打印样式。对于新的图层都有系统默认的颜色号(7 号)、线型名(实线)、线宽(0.25mm)。

d) 在一幅工程图中包含有多个图层,但是只能设置一个“当前层”。用户只能在当前层上绘图,并且使用当前层的颜色、线型、线宽。因此,在绘图前首先要选择好相应的当前层。

e) 图层可以被打开或关闭、冻结或解冻、锁定和解锁。

4) 创建新图层

使用图层绘图时,0 层是系统自动创建的图层。新对象的各种特性将默认随层。如果用户要使用图层重新绘制自己的图形,就需要先创建新图层。重新设置的图形特性将覆盖原来的随层特性。

> 选择菜单“格式/图层”;

> 单击“图层”工具条“图层特性管理器”图标;

> 键盘输入“LA”回车

以上任意操作弹出图层特性管理器对话框,如图 2-31 示。在对话框中可以进行新建、删除与置为当前等操作。

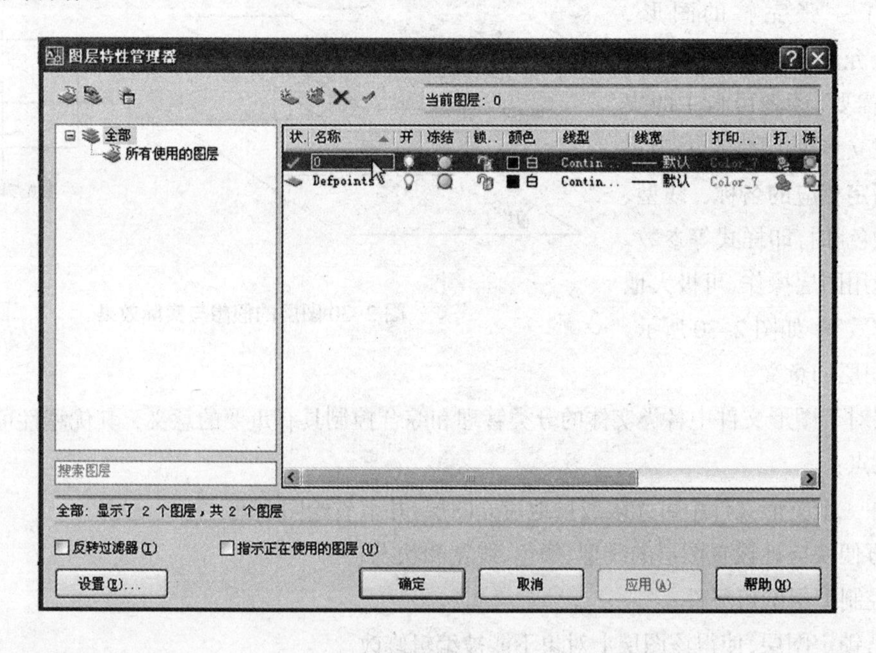

图 2-31

(一) 颜色

颜色作为图形元素的对象特性之一,通过将不同的图元对象指定为不同的颜色,要以更方便地将图元予以分辨。在使用 AutoCAD 绘图的过程中,一般为不同的图层设置不同的颜色,而同一层的图元一般采用相同的颜色。针对图元颜色的操作主要包括设置当前色、指定图层颜色及改变已绘图元的颜色等。

设置图层颜色的步骤

a) 在“图层特性管理器”对话框的图层列表中,单击需要设置的图层。

b) 在该图层中,单击颜色图标,打开“选择颜色”对话框,如图 2-32 示。

c）在“选择颜色”对话框中选择一种颜色，单击“确定”按钮。

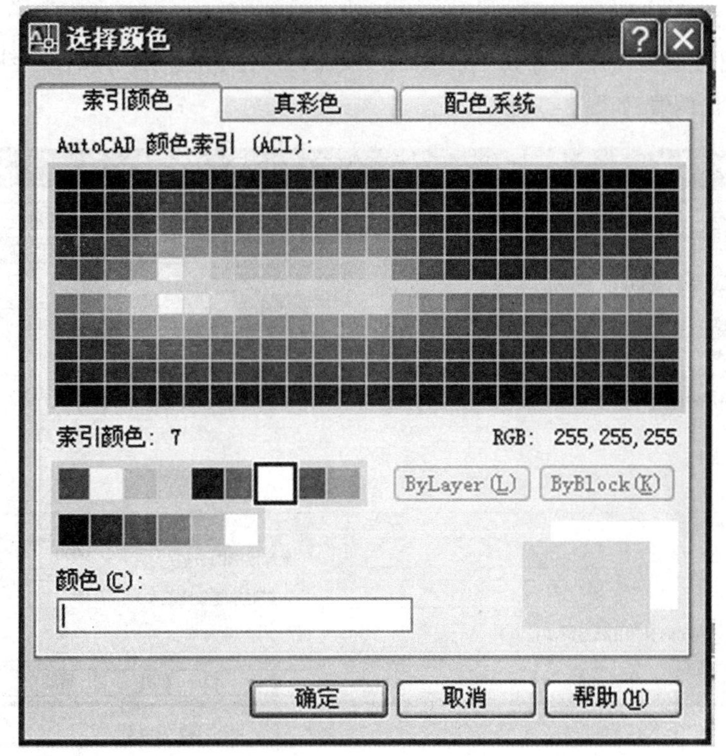

图 2-32

（二）线型

我们把图形中基本元素的线条组成和显示方式称为线型。例如，虚线、实线等。在 AutoCAD 2007 中，既有简单的线型，也有一些特殊符号组成的复杂线型，利用这些线型基本可以满足不同国家（或地区）和不同行业标准。

A. 加载线型

> 打开“线型管理器”对话框的方法如下：

> 菜单命令：菜单浏览器→格式→线型

> 工具栏：常用→特性面板→选择线型→其他

> 命令行:LINETYPE 激活 “线型”命令，打开“线型管理器”对话框，如图 2-33 所示即可加载线型，在此对话框中选择已加载的线型，再单击“确定”按钮，返回“图层特性管理器”对话框 ，在“图层特性管理器”对话框中，单击“确定”按钮，完成线型设置。

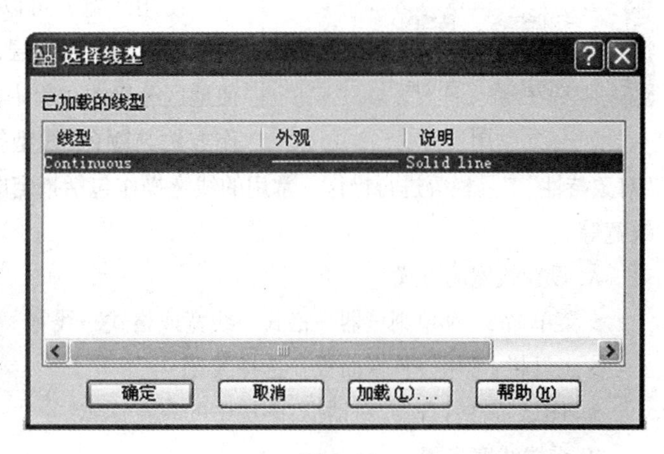

图 2-33

B 线型比例

设置线型比例的方法如下：

> 在“线型管理器”对话框中单击“显示细节”按钮，打开细节选项，可以在“全局比例因子”文本框中输入线型比例值，如图 2-34 所示。

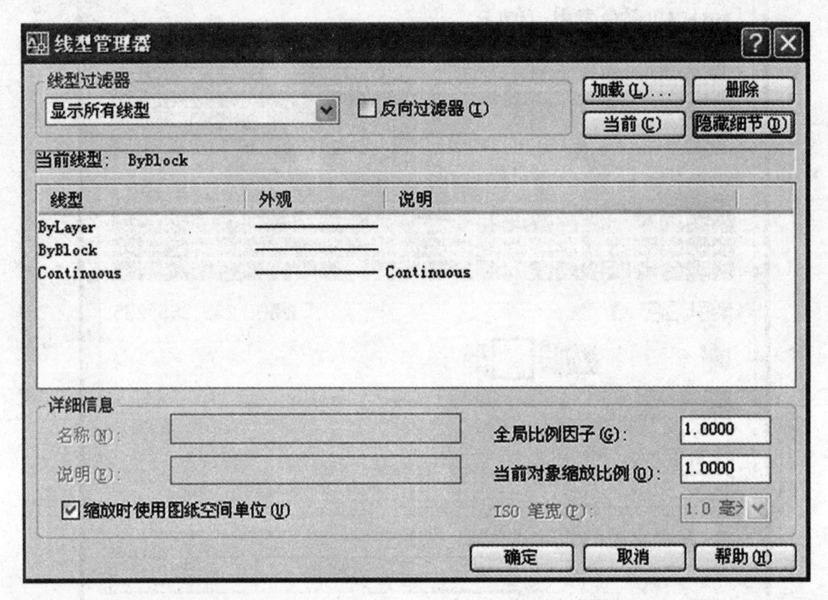

图 2-34

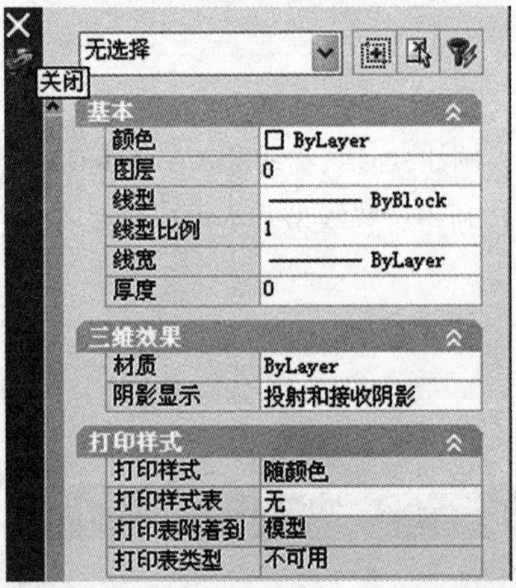

> 在命令提示符下输入 Ltscale 命令，命令行提示：

输入新线型比例因子<XXX>：其中“XXX”表示原来的线型比例。输入比例因子后，按 Enter 键即可。

> 视图→选项板面板→特性按钮

在弹出的“特性”对话框中，修改线型比例值，如图 2-35 所示(原值为 1)。

图 2-35

(三)线宽

使用线宽，可以用粗线和细线清楚地区分不同的对象。通过为不同图层，不同图元指定不同的线宽，可以很方便地区分绘图过程中所创建的图元对象。线宽的设置与操作方法与颜色、线型等相近，主要通过图层特性管理器及“对象特性”工具栏等进行操作。常用的线宽操作包括指定图层线宽、设置当前线宽、打开或关闭线宽等。

A. 设置线宽的方式

> 菜单命令：菜单浏览器→格式→线宽或格式→线宽

> 工具栏：常用→特性面板→选择线宽

> “图层特性管理器”对话框：图层中的线宽标志

B. 设置线宽步骤

方法一：

(1)单击菜单浏览器→“格式”→“图层”命令，打开“图层管理器”对话框。

(2)可在对话框中单击与层名相应的“线宽”标志，系统将打开“线宽”对话框，如图 2–36 所示。用户可以直接从该对话框的线宽列表中选择一种符合制图要求的线宽。

(3)单击“确定”按钮，即可将线宽值赋给所选图层。

方法二：

单击菜单浏览器→“格式”→“线宽”命令，打开“线宽设置”对话框。通过调整线宽比例，使图形中的线宽显示得更宽或更窄，如图 2–37 所示。

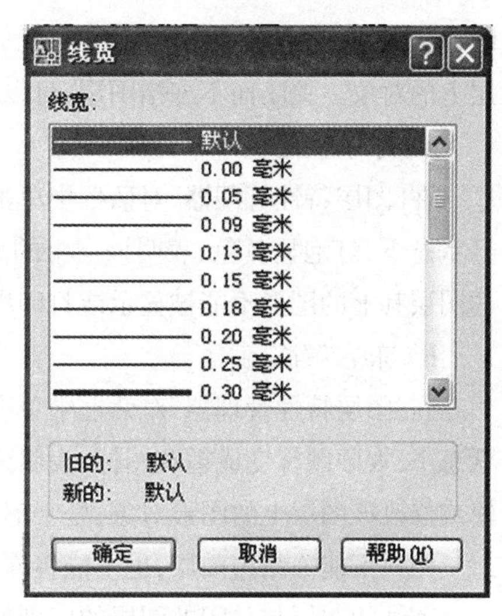

图 2–36

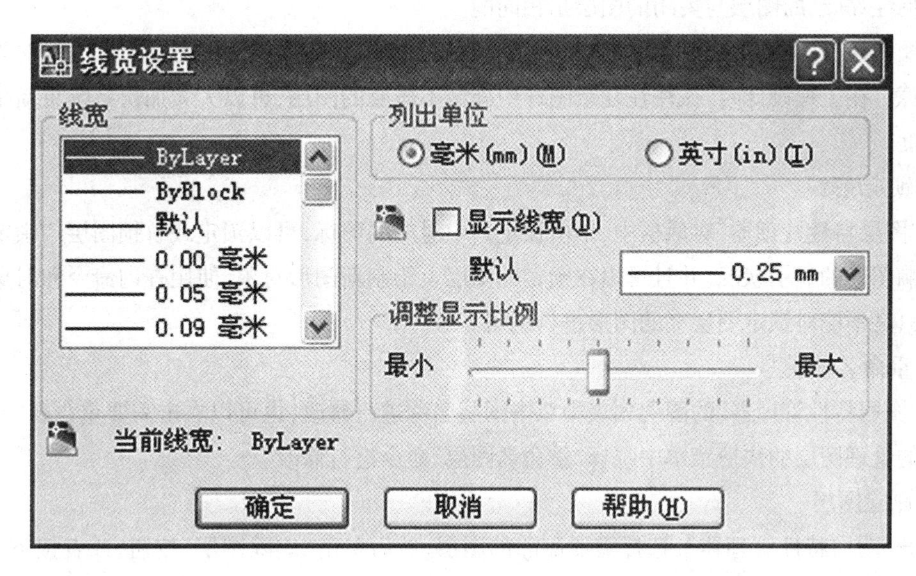

图 2–37

5)控制图层的可见性

对图层进行关闭或冻结，可以隐藏该图层上的对象。关闭图层后，该图层上的图形将不能被显示或打印。冻结图层后，AutoCAD 不能在被冻结的图层上显示、打印或重生成对象。打开已关闭的图层

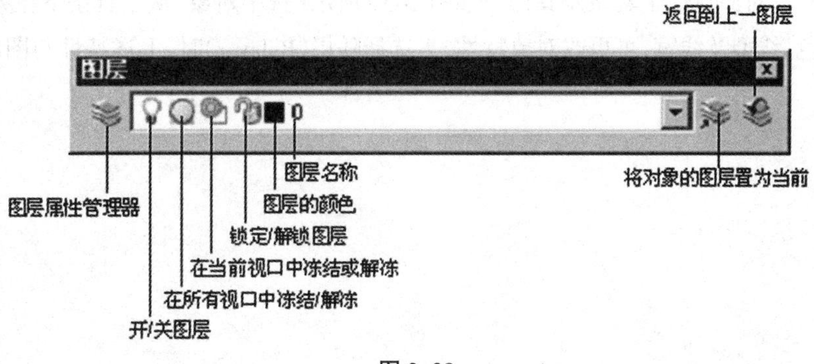

图 2–38

时,AutoCAD 将重画该图层上的对象。解冻已冻结的图层时,AutoCAD 将重生成图形并显示该图层上的对象。关闭而不冻结图层,可以避免每次解冻图层时重生成图形。 如图 2-38 所示。

a) 打开/关闭

在“图层特性管理器”对话框中单击列中对应图层的小灯泡图标,就可以打开或关闭图层。打开状态下,灯泡显黄色,表明该层上的图形可以在显示器上显示;关闭状态下,灯泡显灰色,关闭的图层其上的图形不能被显示或打印出来。重新生成图形时,层上的对象仍将重新生成。

b) 冻结/解冻

在“图层特性管理器”对话框中单击冻结列中对应的小太阳图标,可以冻结或解冻图层。冻结状态下,太阳图标变成雪花图标,表明该层上的图形显示不出来,也不能被打印输出,而且不能编辑或修改该图层上的图形对象;处于解冻层的图形则与之相反。

用户不能冻结当前层,也不能将冻结层改为当前层。

冻结的图层与关闭的图层的区别如下:

可见性:冻结的图层与关闭的图层是相同的。

可操作性:冻结的图形对象不参加图形处理过程中的运算,而关闭的图层上的图形对象则要参加运算。在工程设计时,往往在复杂图样中冻结不需要的图层,可以大大加快系统重新生成图形的速度。

c) 锁定/解锁

在“图层特性管理器”对话框中,单击锁定列中对应的图标,可以锁定或解锁图层。锁定图层并不影响图形的显示状况,并且可以在锁定的图层上绘制新图形对象、使用查询命令和对象捕捉命令。只是不能对锁定图层上的图形进行编辑。

d) 重命名图层

在“图层特性管理器”的图层列表中双击图层名称进行修改;也可以右击需要重命名的图层,在弹出的管理图层的快捷菜单中选择“重命名图层”命令进行修改。

e) 删除图层

打开“图层特性管理器”,选择需要删除的图层,然后单击“删除图层”按钮,或者按下 Delete 键即可删除该图层。但 0 层、当前层和含有实体的图层不能被删除。

6)对象特性工作条

对象特性工具条及其操作如图 2-39 所示。选中对象,从工具条下拉列表中指定所需特性,颜色、线型及线宽,可更改对象特性,当选择随层(Bylayer)时,上述特性与图层设定的一致。

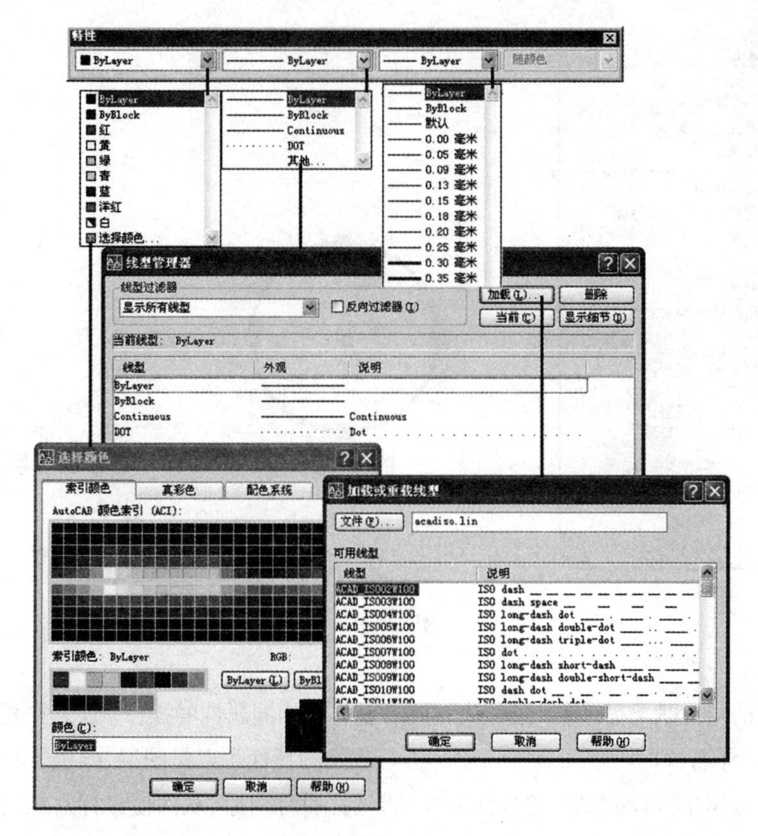

图 2-39

练一练:建立图层,图层、颜色、线型要求如下:

层名	颜色	线型	线宽	用途
0	黑/白	实线	粗实线,0.3mm	画轮廓线、图框
1	红	点划线	默认	画中心线
2	绿	虚线	默认	画虚线
3	黄	细实线	默认	画剖面线
4	品红	细实线	默认	尺寸标注、粗糙度
5	白	细实线	默认	文字标注、标题框

其余参数使用系统默认配置,并将 1 层设为当前层。

2、对象特性的修改

A. 特性对话框

(1)选择菜单“修改/特性”;

(2)输入“Properties”回车。

弹出特性对话框如图所示,选中对象后,从对话框中选择所需的特性,即可将所选对象赋予所选特性。如图 2-40 所示圆,在特性对话框中将其线型改为虚线,线宽改为 0.09,得到的结果。

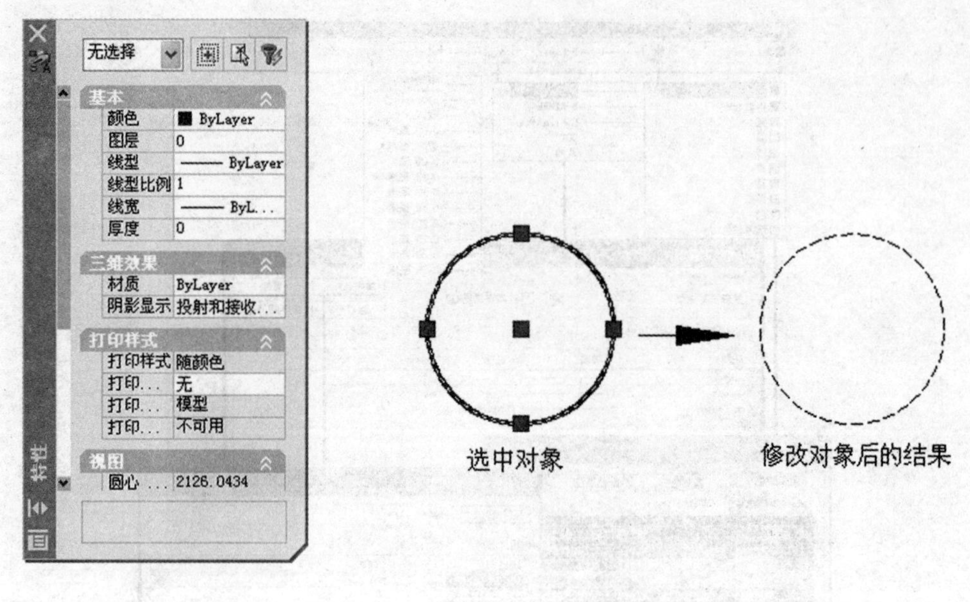

图 2–40

B. 特性匹配

将一个对象的特性赋予另一个对象，从而使二者具有相同属性的操作。要从中提取属性的对象叫源对象，被赋予特性的对象叫目标对象。进行替换的特性可以是图层、颜色、线型、线宽等。

特性匹配的操作是：启动对象，选择源对象，再选择目标对象，从而使目标对象具有与源对象相同的属性。

下列任意方法启动特性匹配的命令：

(1)选择菜单“修改/特性匹配”；

(2)单击“标准”工具条上“特性匹配”图标按钮；或

(3)输入“Ma”回车。

如图所示：

启动命令： //输入“Ma”回车

选择源对象： //拾取箭头左侧竖直线

选择目标对象： //拾取图中所示虚线圆，则虚线圆变成右侧示所示结果，与源对象具有相同的特性。

目标对象可以有很多个，直到回车退出命令。

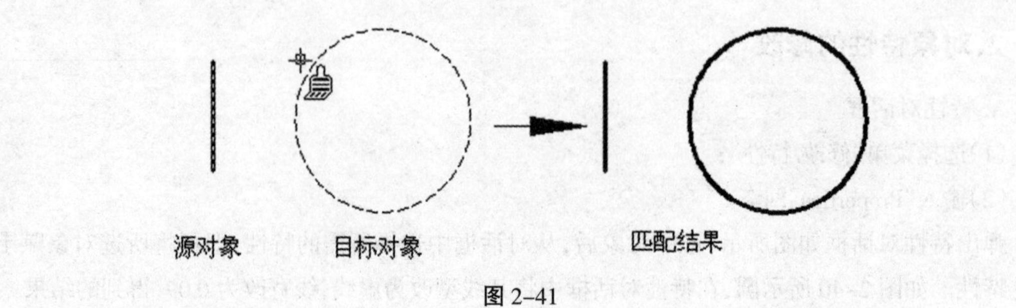

图 2–41

小结：

通过本章的辅助设置及特性设置的介绍与学习，读者对草图设置命令、图层特性管理器命令、图形显示控制命令等已有了较全面的了解，并在随堂讲解中将知识点进一步细化和总结，为读者接下来的二维制图做好了充分的准备。希望读者通过本章学习后，能够反复练习并达到举一反三的目的。

练习：

1、设立图形范围 11.5*7.5，左下角为(0,0,)，栅格距离为 0.5，光标移动间距为 1，将显示范围设置的和图形范围相同。

2、长度单位采用十进制，精度为小数点后 4 位，角度单位采用十进制，精度为 0。

3、设立新层 A 和 B，A 层线型为 CENTER，颜色为红色，B 层线型为默认，颜色为蓝色

第三章 二维图形的绘制

学习目标:

通过本章的学习,应熟练掌握点样式的设置、点的绘制与等分技巧;掌握各种线图元和曲线图元的绘制方法和绘制技巧;除此之外,还需要掌握各种闭合图元的绘制技巧。

学习内容:

> 点
> 线
> 圆与弧
> 闭合边界

第一节 点

1、点样式

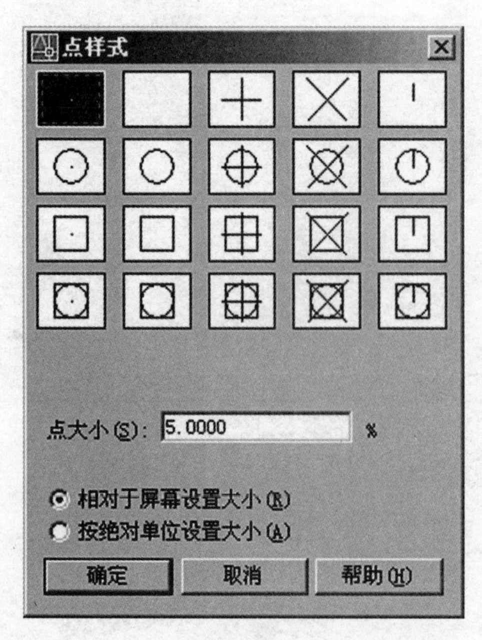

图 3-1

默认设置下,点是以一个小点显示,为了更加明显的显示点图形,可以使用【点样式】命令进行设置。

打开点式样对话框的方法:

> 单击菜单【格式】/【点样式】命令,

> 在命令行输入 Ddptype,打开图 3-1 所示的对话框,进行点样式设置。

2、绘制点

1)【单点】

此命令用于绘制单个点对象,如图 3-2 所示。

单点绘制命令的启动:

> 单击菜单【绘图】/【点】/【单点】命令,

> 在命令行输入 Point 或 PO,都可激活此命令。

2)【多点】

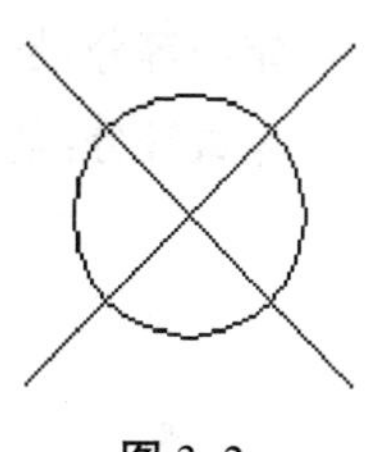

图 3-2

此命令用于连续绘制多个点对象,直至按下 Esc 为止。

多点绘制命令的启动:

> 单击菜单【绘图】/【点】/【多点】命令

> 单击【绘图】工具栏按钮,都可执行命令。其命令行操作如下:

命令:Point

当前点模式: PDMODE=0 PDSIZE=0.0000 (Current point modes: PDMODE=0 PDSIZE=0.0000)

指定点: //在绘图区给定点的位置

指定点: //在绘图区给定点的位置

指定点: //在绘图区给定点的位置

…

指定点: //结束命令,如图 3-3 所示。

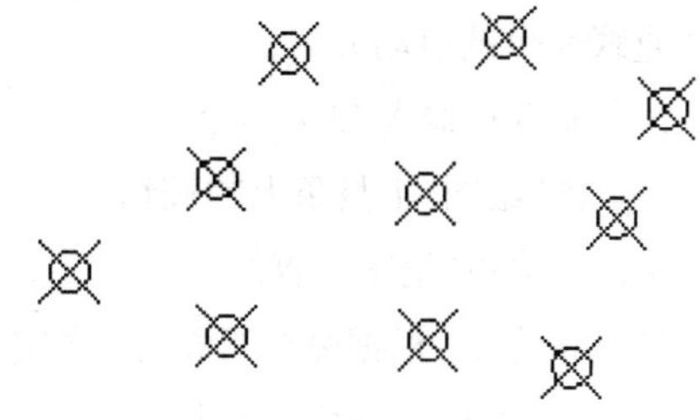

图 3-3

3)【定数等分】

此命令用于将图形按照指定的等分数目进行等分,并在等分点处放置点标记符号。

定数等分命令的启动方法:

> 单击【绘图】菜单栏中的【点】/【定数等分】命令

> 在命令行输入 Divide 或 DIV。都可执行命令。其命令行操作如下:

命令: _divide

选择要定数等分的对象: //单击事先绘制线段

输入线段数目或 [块(B)]: //5,结束命令,结果如图 3-4 所示。

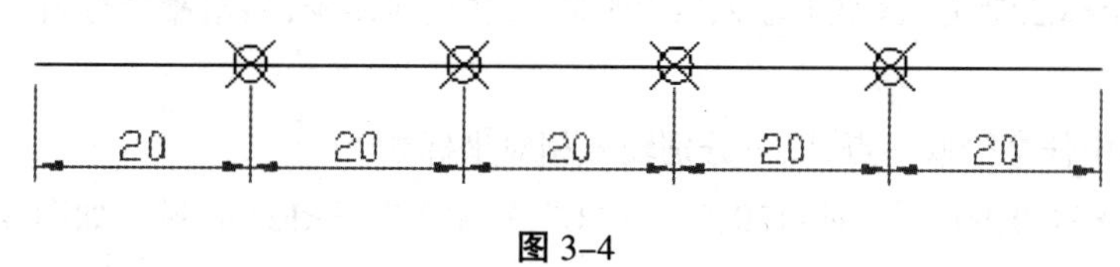

图 3-4

4)【定距等分】

此命令用于将图形按照指定的等分间距进行等分,并在等分点处放置点标记符号。

定距等分命令启动方法:

> 单击菜单【绘图】/【点】/【定距等分】命令

> 在命令行输入 Measure 或 ME。都可执行命令。其命令行操作如下:

命令: _measure

选择要定距等分的对象: //在线段左侧单击左键

指定线段长度或 [块(B)]: //25,结束命令,结果如图 3-5 所示

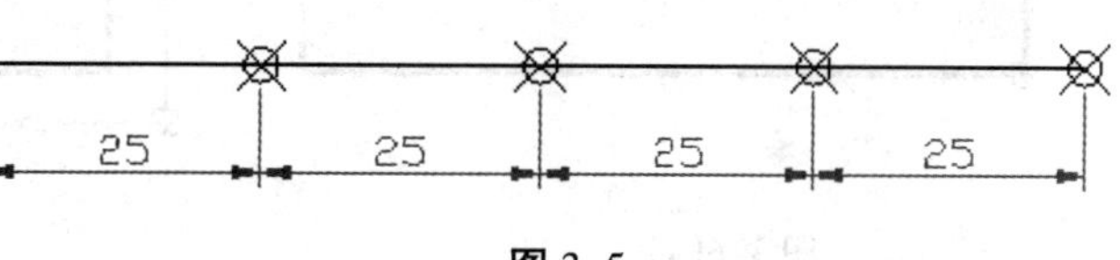

图 3-5

5) 定数等分和定距等分的区别

定距等分:是指定一个长度等分某个对象,剩余部分则放在最后一段。

定数等分:是指将一个对象平均等分成几等份。

第二节 线

1、直线

直线命令的启动方法:

> 在命令行输入 Line 命令.

> 点击“绘图”工具条上的按钮;

> 选择菜单“绘图→直线”.

启动命令后,根据命令行提示,指定直线的第1点、第2点……第n点。可以输入点的坐标值,也可以用光标在屏幕中拾取点。

绘图过程中,按<Enter>键退出命令;输入“C”按<Enter>,闭合图形并退出命令;输入“U”按<Enter>返回前一步;按<Esc>键,取消命令。

例1:用直线命令绘制一个120×90矩形框我们来看下直线命令的运用。

(1)用绝对直角坐标法绘制 键盘上输入“L”回车,启动直线命令,根据命令行窗口的提示依次输入坐标值如下:

“0,0”按<Enter>,确定起点在坐标原点,以下分别输入“120,0”→“120,90”→“0,90”→“C”(封闭图形并退出命令)。每输入需按<Enter>键。如图3-6(a)所示。

(2)用相对坐标法绘制 键盘上输入“L”回车,启动直线命令,根据命令行窗口的提示操作如下:

光标在屏幕中任意拾取一点,以下分别输入相对坐标如下:

“@120,0” → “@0,90” → “@-120,0” → “C”,每输入需按<Enter>键。如图3-6(b)所示。

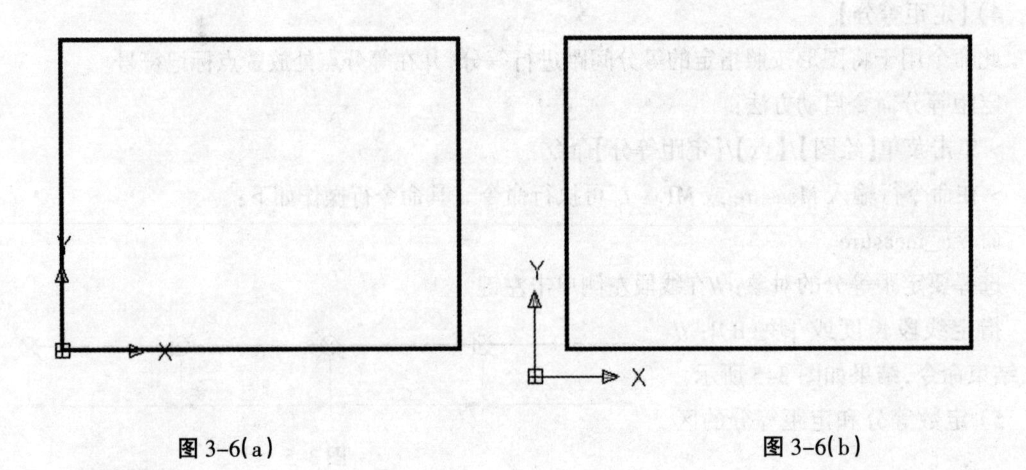

图3-6(a) 图3-6(b)

例 2:绘制如图 3-7 所示直线图形,演试相对极坐标的运用。

键盘上输入“L”回车,启动直线命令,任意拾取一点为 A 点,根据命令行窗口的提示输入相对坐标如下:

“@30<0” → “@25,30” → “@45<180” → “50<45” 每次输入需按<Enter>确定。

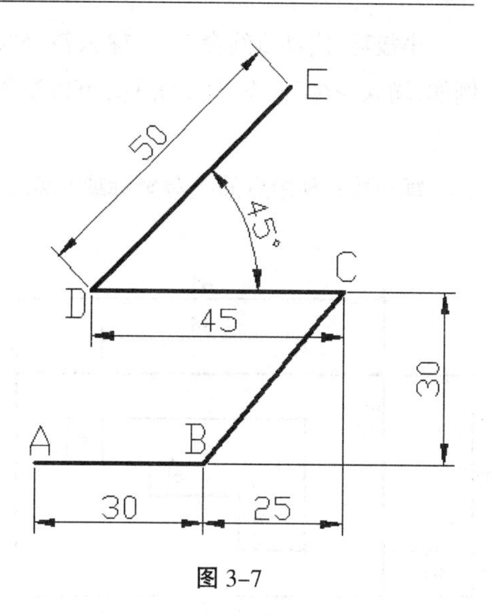

图 3-7

例 3: 如图 3-8 所示是某机机械零件的初步轮廓图,读者可以先仔细看清该图,思考其画法,然后再看操作步骤。

为绘图方便，我们将此图分为四部分来处理: ABCDE,FGHI,JKLM,NOPQ。进行了这样的分解后,就不会感到无从着手了。先画 ABCDE,键盘上输入“L”回车,启动直线命令,根据命令行窗口的提示操作如下:

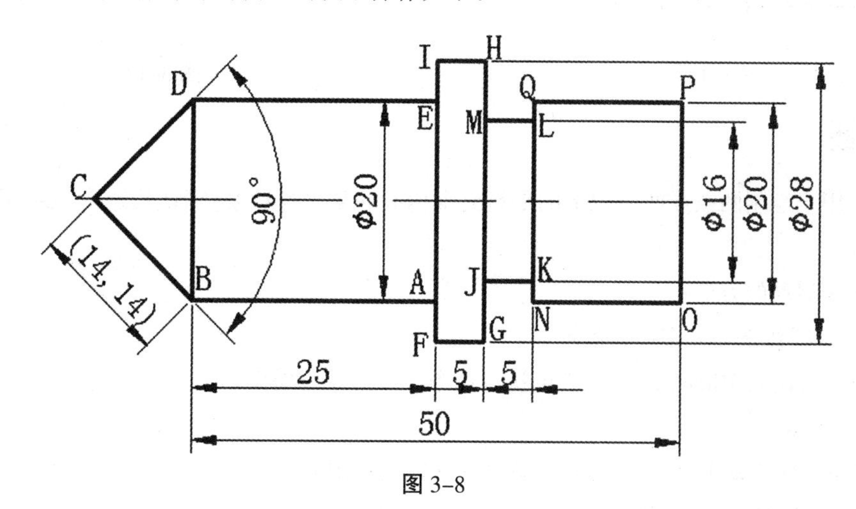

图 3-8

1) 任意拾取 A 点→“@-25,0 ”→“@11.14<135 ”→“@11.14<45 ”→“@25,0 ”→<Enter>退出命令。如图 3-9。

2) 再次启动直线命令,操作如下:

a) “Fro” →拾取 A 点→“@0,-4”→“0,28”→ “@5,0”→“0,-28”→ “C”<Enter>闭合图形退出命令。如图 3-10

b) 启动直线命令,采用捕捉自(Fro)的方法,绘制其余部分。如图 3-11 所示。

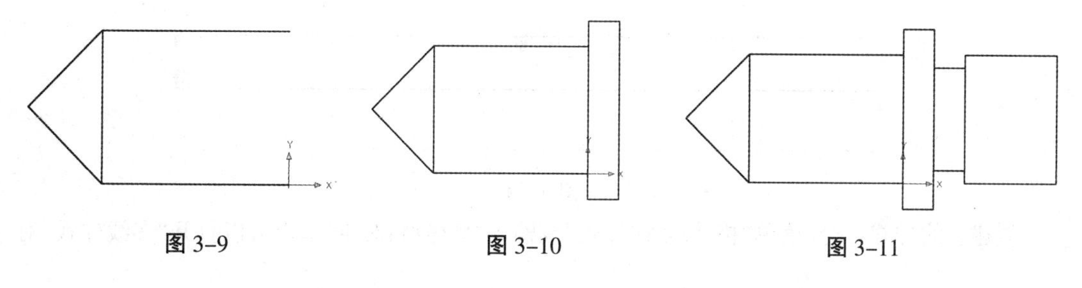

图 3-9　　图 3-10　　图 3-11

小技巧:启动直线命令后,输入符号“<”与一数字,确定后移动光标,可以锁定角度绘制直线。例如,输入“<60”回车,移动光标,可以绘制任意长度的直线,直线与水平向右方向的夹角为60°。

练一练:利用点的绝对坐标或相对坐标绘制图3-12和3-13所示图形

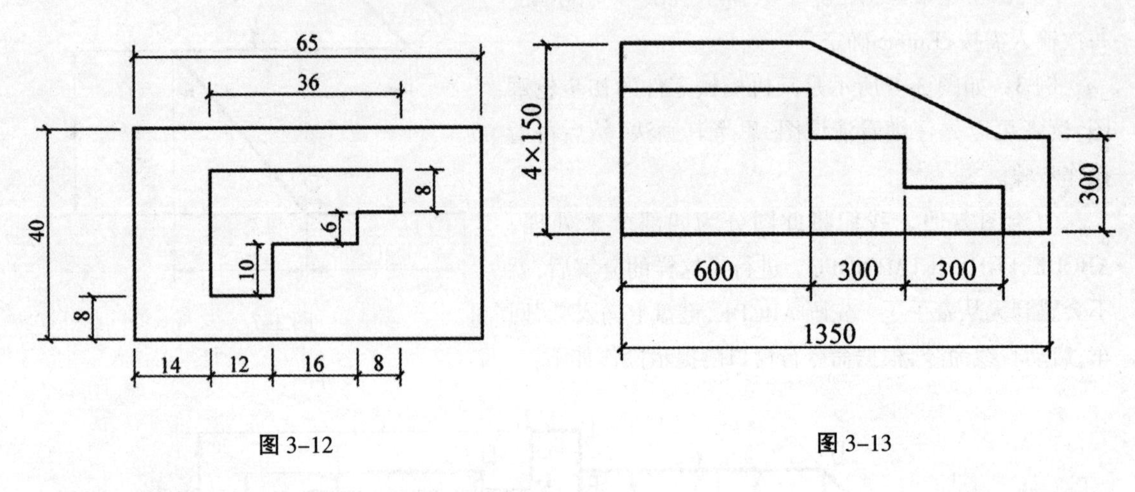

图3-12　　　　图3-13

2、多线

此命令用于绘制两条或两条以上的平行元素构成的复合线对象。默认设置下,多线由两条平行元素组成。

多线命令启动的方法:

> 单击菜单”绘图”→“多线”命令

> 在命令行输入 Mline 或 ML。都可执行命令。其命令行操作如下:

命令: _mline

当前设置: 对正 = 上,比例 = 20.00,样式 = STANDARD

指定起点或 [对正(J)/比例(S)/样式(ST)]: //s,激活【比例】选项

输入多线比例 <20.00>: //40,设置多线比例

当前设置: 对正 = 上,比例 = 50.00,样式 = STANDARD

指定起点或 [对正(J)/比例(S)/样式(ST)]: //在绘图区拾取一点

指定下一点: //@500,0

指定下一点或 [放弃(U)]: //结束命令,结果如图3-14所示。

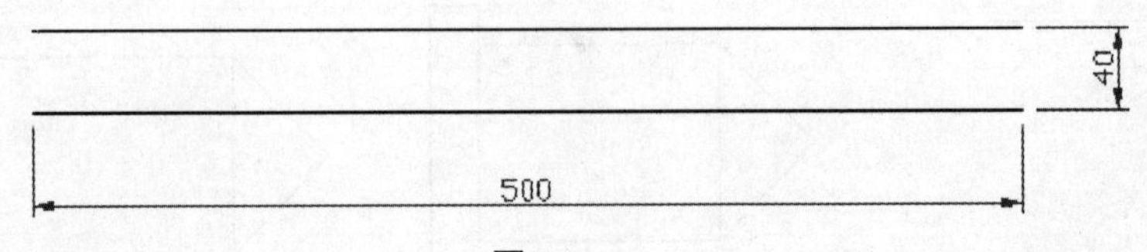

图3-14

创建多线样式:选择菜单“格式/多线样式”或输入“MLSTYLE”回车均可以打开“多线样式”对

话框,如图 3-15 所示。

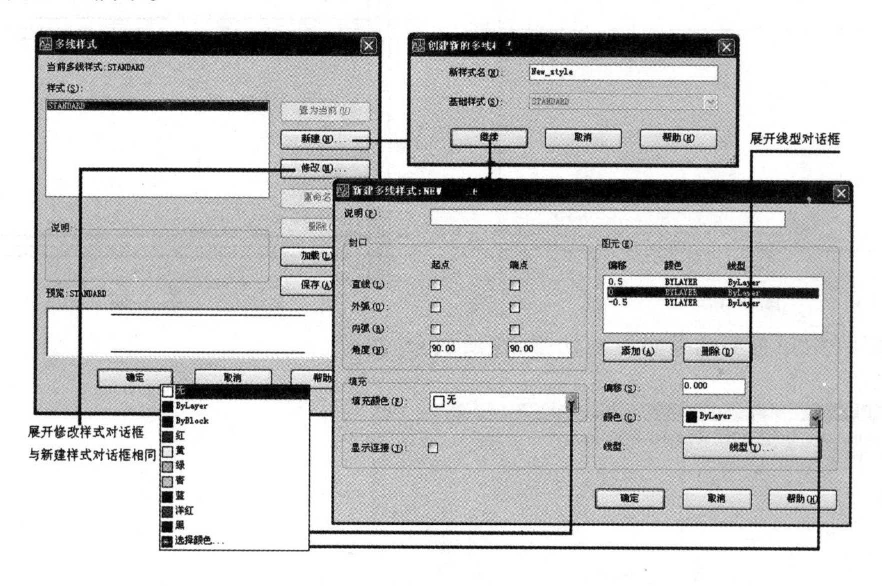

图 3-15

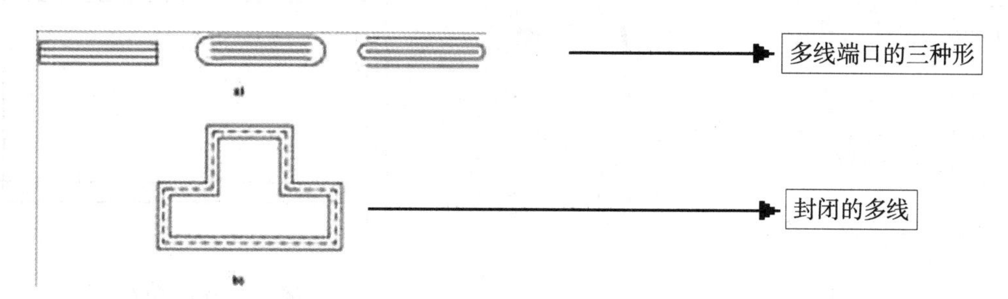

例 4:多线设置操作:(结果如图 3-16

(1)定义多线样式

1)执行“格式”/“多线样式”命令, 弹出一个“多线样式”对话框。

2)单击“新建”按钮, 弹出“创建新的多线样式”对话框。

3)单击“继续”按钮, 弹出“新建多线样式”对话框。

4)在“偏移”栏内 0.5 改为 120, -0.5 改为-120。

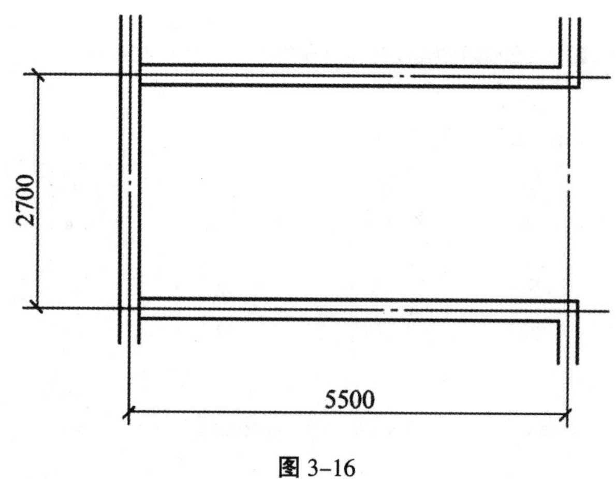

图 3-16

5)单击“确定”按钮, 退出“多线样式”对话框。

(2)绘制轴线(结果如图 3-17 所示)

(3)绘制多线(结果如图 3-18)

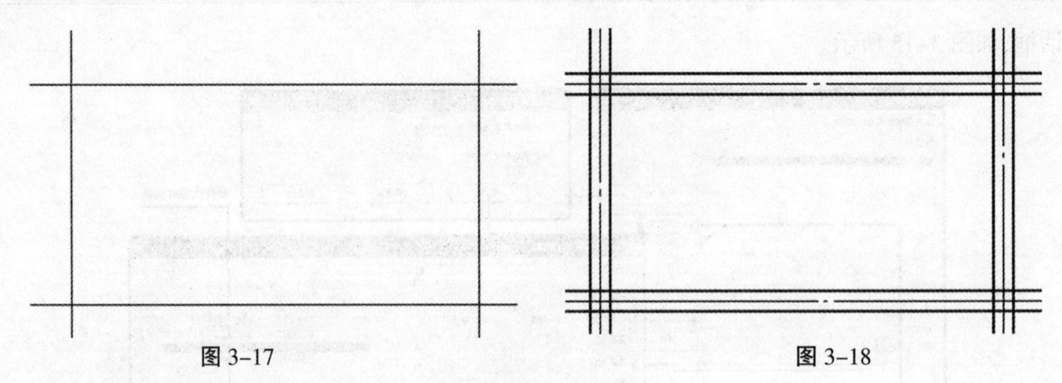

图 3-17　　　　图 3-18

(4)修剪多线(修剪结果如图 3-20,3-22 所示)

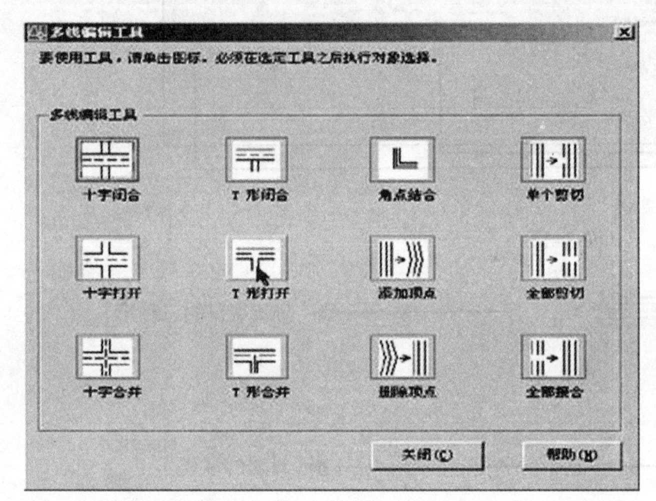

图 3-19 择 T 型打开　　　　图 3-20 修剪墙线

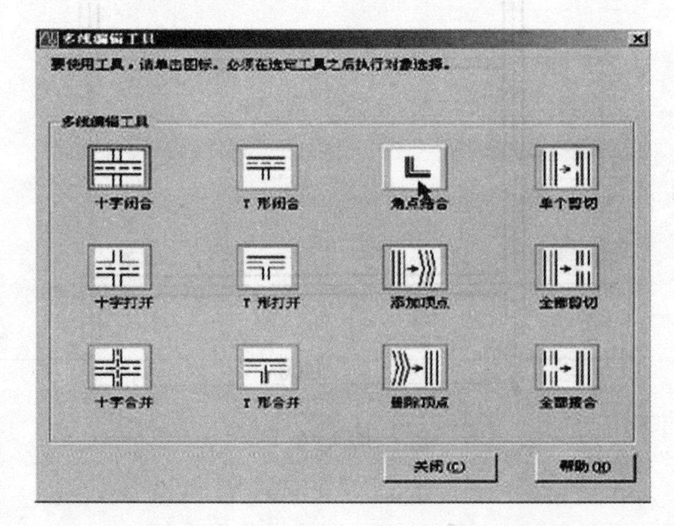

图 3-21 角点结合　图 3-22 剪墙角

3、多段线

此命令用于绘制由直线段或弧线序列组成的线图形，无论包含有多个条直线段或弧线段，系统将所有线段看作是一个独立的对象。多段线是作为单个对象创建的相互连接的序列线段，可以创建直线段、弧线段或两者的组合线段。多段线中的线条可以设置成不同的线宽以及不同的线型，具有很强的实用性。

多段线命令的启动方法：

> 单击菜单“绘图”→“多段线”命令

> 在命令行输入 Pline 或 PL。

> 点击“绘图”工具条上的按钮都可执行命令。其命令行操作如下：

命令: _pline

指定起点:

当前线宽为 0.0000

指定下一个点或 [圆弧(A)/半宽(H)/长度(L)/放弃(U)/宽度(W)]:

指定下一点或 [圆弧(A)/闭合(C)/半宽(H)/长度(L)/放弃(U)/宽度(W)]: a

指定圆弧的端点或[角度(A)/圆心(CE)/闭合(CL)/方向(D)/半宽(H)/直线(L)/半径(R)/第二个点(S)/放弃(U)/宽度(W)]:

指定圆弧的端点或[角度(A)/圆心(CE)/闭合(CL)/方向(D)/半宽(H)/直线(L)/半径(R)/第二个点(S)/放弃(U)/宽度(W)]:

指定圆弧的端点或[角度(A)/圆心(CE)/闭合(CL)/方向(D)/半宽(H)/直线(L)/半径(R)/第二个点(S)/放弃(U)/宽度(W)]:

操作说明

1)圆弧(A)：该选项使 PLINE 命令由绘直线方式变为绘圆弧方式，并给出给圆弧的提示

2)闭合(C)：执行该选项，系统从当前点到多段线的起点以当前宽度画一条直线，构成封闭的多段线，并结束 PLINE 命令的执行。

3)半宽(H)：该选项用来确定多段线的半宽度。

4)长度(L)：用于确定多段线的长度。

5)放弃(U)：可以删除多段线中刚画出的直线段(或圆弧段)。

6)宽度(W)：该选项用于确定多段线的宽度，操作方法与半宽度选项类似。

例 5：使用多线绘制如图 3-23 所示图形。

图中 A 点的坐标为(30,175)，E 点的坐标为(130,120)，A、B 、C、D 四点在一水平线上，线段 AB 宽为 0，长度为 40，线段 BC 长度为 30。B 点线宽为 40，C 点线宽为 0，线段 CD 长度为 30，D 点线宽为 20，弧 DE 的宽度为 20，线段 CD 在 D 点与弧 DE 相切。

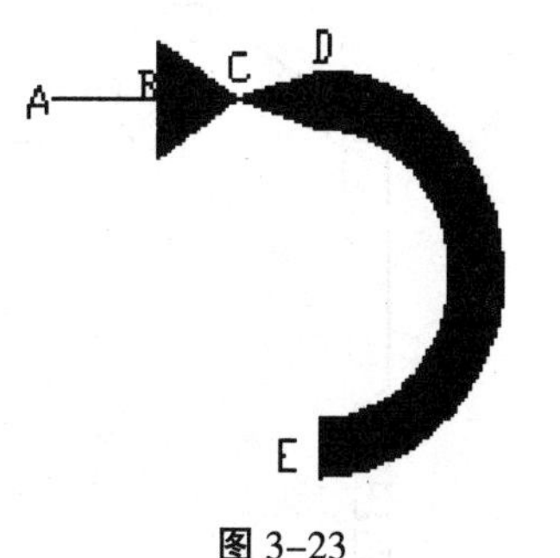

图 3-23

绘图过程如下：

命令: _pline

指定起点: 30,175

当前线宽为 0.0000

指定下一个点或 [圆弧(A)/半宽(H)/长度(L)/放弃(U)/宽度(W)]: l

指定直线的长度: 40

指定下一点或 [圆弧(A)/闭合(C)/半宽(H)/长度(L)/放弃(U)/宽度(W)]: w

指定起点宽度 <0.0000>: 40

指定端点宽度 <40.0000>: 0

指定下一点或 [圆弧(A)/闭合(C)/半宽(H)/长度(L)/放弃(U)/宽度(W)]: l

指定直线的长度: 30

指定下一点或 [圆弧(A)/闭合(C)/半宽(H)/长度(L)/放弃(U)/宽度(W)]: w

指定起点宽度 <0.0000>: 0

指定端点宽度 <0.0000>: 20

指定下一点或 [圆弧(A)/闭合(C)/半宽(H)/长度(L)/放弃(U)/宽度(W)]: l

指定直线的长度: 30

指定下一点或 [圆弧(A)/闭合(C)/半宽(H)/长度(L)/放弃(U)/宽度(W)]: w

指定起点宽度 <20.0000>:

指定端点宽度 <20.0000>:

指定下一点或 [圆弧(A)/闭合(C)/半宽(H)/长度(L)/放弃(U)/宽度(W)]: a

指定圆弧的端点或

[角度(A)/圆心(CE)/闭合(CL)/方向(D)/半宽(H)/直线(L)/半径(R)/第二个点(S)/放弃(U)/宽度(W)]: a

指定包含角: -180

指定圆弧的端点或 [圆心(CE)/半径(R)]: @130,120

练一练:用多线命令绘制下面 3-24 所示图形。

其中直线 BC 分别是弧 AB 和 CD 的切线，且 AB 弧的角度为 180,BC 长度为 50,A 点坐标为(50,180),B 点的坐标为(75,140),D 点的坐标为(150,140)

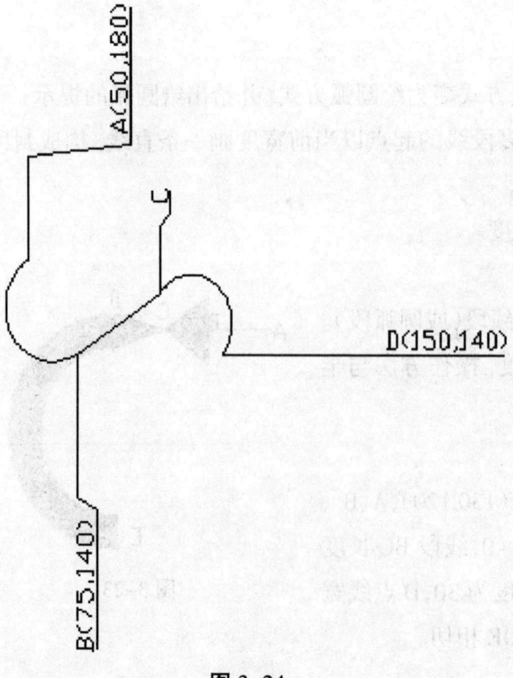

A(50,180)

C

D(150,140)

B(75,140)

图 3-24

4、射线

射线为一端固定, 另一端无限延伸的直线。在 AutoCAD 中, 射线主要用于绘制辅助线。

射线命令的启动方法：

> 单击菜单“绘图”→“射线”命令

> 在命令行输入 RAY

操作说明

1)执行“绘图”/“射线”命令。

2)单击鼠标或从键盘输入起点的坐标，以指定起点。

3）移动鼠标并单击，或输入点的坐标，即可指定通过点，同时画出了一条射线。

4)连续移动鼠标并单击，即可画出多条射线。如图 3–25 所示

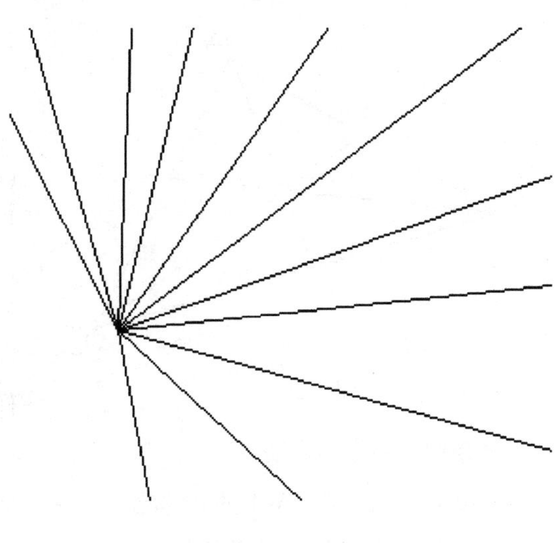

图 3–25

5)回车结束画射线的操作。

5、构造线

构造线是指在两个方向上无限延长的直线。构造线主要用作绘图时的辅助线。当绘制多视图时，为了保持投影联系，可先画出若干条构造线，再以构造线为基准画图。

构造线命令的启动方法：

> 单击“绘图”工具条上的按钮。

> 单击菜单“绘图”→“构造线”。

> 在命令行:输入 XLINE。

操作说明：

1)水平(H)：绘制通过指定点的水平构造线。

2)垂直(V)：绘制通过指定点的垂直构造线。

3)角度(A)：绘制与 X 轴正方向成指定角度的构造线。

4)二等分(B)：绘制角的平分线。

5)偏移(O)：绘制与指定直线平行的构造

例 6:用构造线绘制角平分线,结果如图 3–26

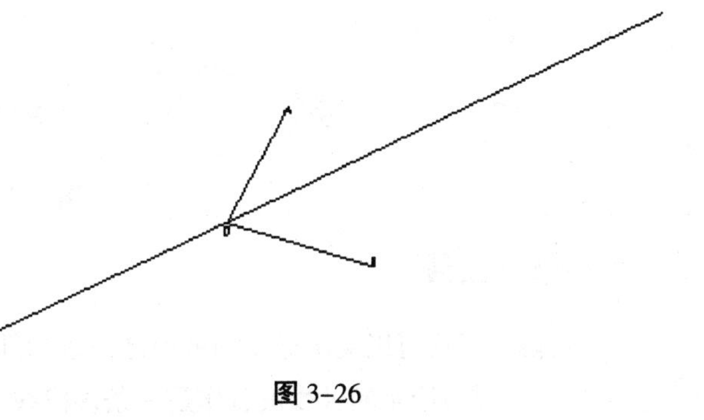

图 3–26

操作步骤：

a) 绘制角度(可自选)

b) _xline 指定点或 [水平(H)/垂直(V)/角度(A)/二等分(B)/偏移(O)]: b

指定角的顶点::O

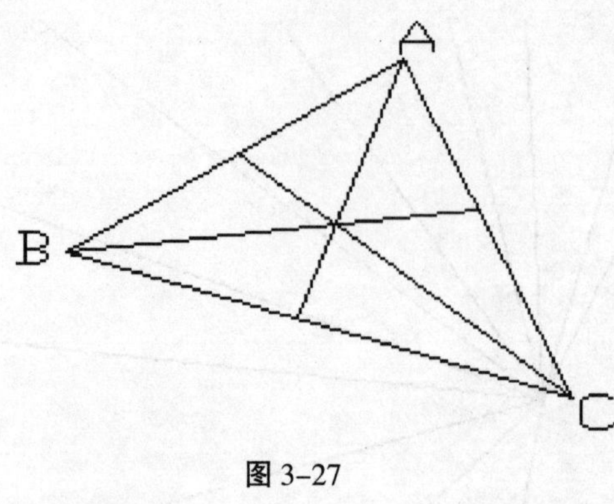
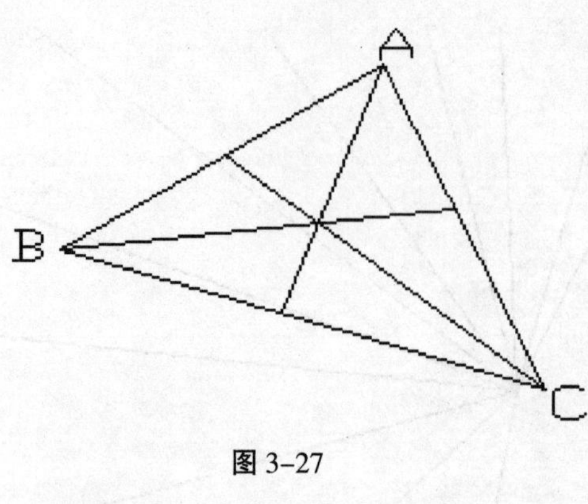

图 3-27

指定角的起点:A:

指定角的端点::B

练一练：过点 A（115,210）、B（45,150）、C（150,105）做三角形，再做出三个角的平分线。结果如图 3-27 所示。

6、样条曲线

样条曲线为一条曲线，通常用来绘制建筑图样中的波浪线。

样条曲线命令的启动方法：

> 单击“绘图”工具条上的按钮。

> 单击菜单“绘图”→“样条曲线”。

> 在命令行输入 SPLINE 命令。

A. 操作说明

指定样条线的起点，指定以下各点，样条线起点与端点的切线方向点，多次<Enter>退出命令。如图 3-28 所示。

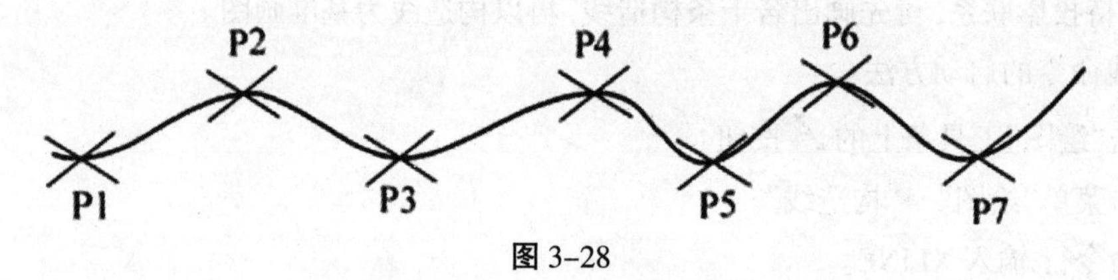

图 3-28

小提示：尽管样条线各点相同，但起点与端点切线方向不同，样条线的形状也不尽相同。如图所示，图 3-29 中的 1 点与 7 点是指定切线方向的点。

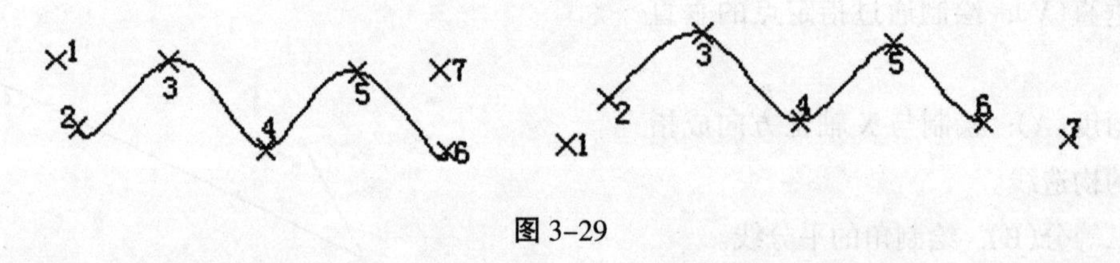

图 3-29

7、修订云线

使用修订云线可以突出显示图纸中已修改的部分。该命令能够根据用户定义的弧长用相接的弧段构成云线，绘制的云线被看作是一条多段线。既可以将已绘好的闭合对象转换成云线，也可以直接描绘出各种形状的浮云。

修订云线命令的启动方法：

> 选择“绘图”→“修订云线”命令

> 单击“绘图”工具条中的按钮

> 在命令中执行 REVCOUD 命令

还可以将闭合对象转化为修订云线、

执行过程:

命令: _revcloud //激活命令

最小弧长: 15 最大弧长: 25　样式: 普通 //系统显示当前云线的弧长值

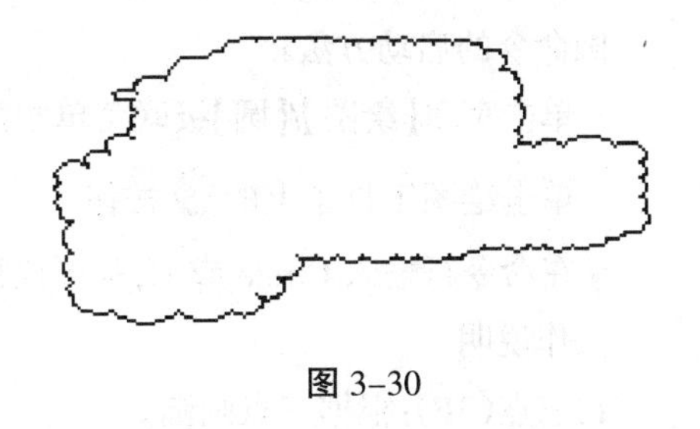

图 3-30

指定起点或 [弧长(A)/对象(O)/样式(S)] <对象>: a //选择“弧长”选项,设定云线的弧长值

指定最小弧长 <15>: 25 //指定云线的最小弧长值

指定最大弧长 <25>: 45 //指定云线的最大弧长值

指定起点或 [弧长(A)/对象(O)/样式(S)] <对象>: //按回车键,即选择“对象选项

选择对象: //选择图 3-31 中的矩形

反转方向 [是(Y)/否(N)] <否>: N //确定是否反转云线的方向,按回车键则不反转

修订云线完成。//系统提示完成绘制结果如图 3-31

若在“反转方向 [是(Y)/否(N)] <否>”提示后选择“是”选项,则云线被反转,效果如图 3-32:

图 3-31　　图 3-32

说明:

最小弧长:指定修订云线的最小弧长值

最大弧长:指定修订云线的最大弧长值。该值必须等于或大于最小弧长,但不能大于最小弧长的 3 倍。

指定修订云线的最小弧长和最大弧长后，系统将自动在最小弧长值与最大弧长值之间选择相应的弧长值来绘制修订云线。

第三节　圆与弧

1、圆

AutoCAD 为用户提供了六种画圆方式,具体有“圆心、半径”、“圆心、直径”、“两点”、“三点”、

“相切、相切、半径”、“相切、相切、相切”等。

圆命令的启动方法：

> 单击菜单【绘图】/【圆】级联菜单中的各种命令

> 单击绘图工具条上的按钮

> 在命令行输入 Circle 或 C，都可执行命令。

操作说明

1）三点（3P）：根据三点画圆。

2）两点（2P）：根据两点画圆。

3）相切、相切、半径（T）：画与两个对象相切，且半径已知的圆。

小提示：

1）相切对象可以是直线、圆、圆弧、椭圆等图线，这种绘制圆的方式在圆弧连接中经常使用。

2）用户在命令提示后输入半径或者直径时，如果所输入的值无效，如英文字母、负值等，系统将显示“需要数值距离或第二点”、“值必须为正且非零”等信息，并提示用户重新输入值，或者退出该命令。

3）使用“相切、相切、半径”命令时，系统总是在距拾取点最近的部位绘制相切的圆。

例 7：如图 3-33 所示，要求绘制圆 O 的同心圆并与直线 L 相切（用圆心半径法绘制）

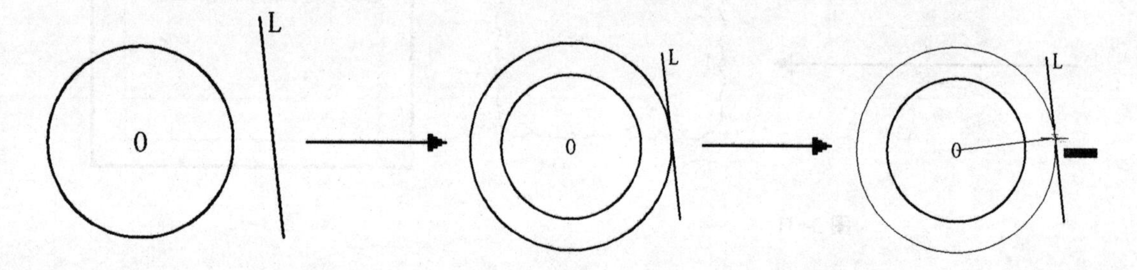

图 3-33

拾取圆 O 的圆心为圆心，捕捉切点以确定半径，完成绘图

例 8：绘制如图 3-34 所示正五边形的外接圆。（用三点命令来做）

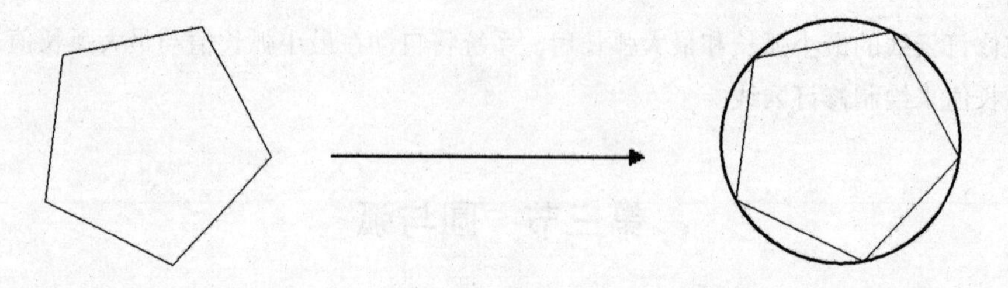

图 3-34

例 9：用两点法绘制如图 3-35 的圆。已知线段 AB、CD，请过 B、C 两点绘制一圆，且 BC 为圆的一条直径。

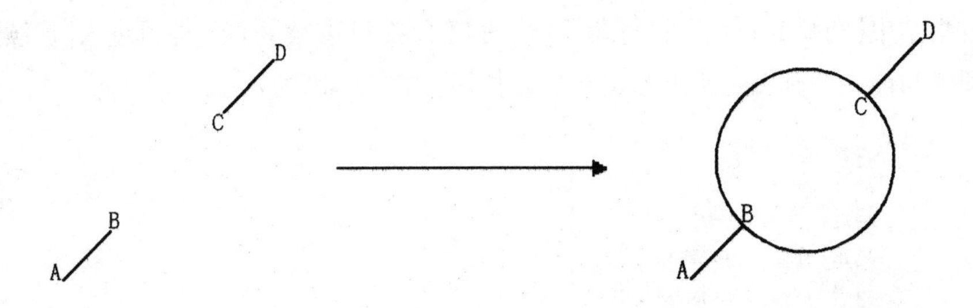

图 3-35

操作:“C”<Enter>→ “2P”<Enter>→分别用光标拾取 B 点和 C 点,完成绘图。

例 10:圆 O1 与 O2 为间距 98 的已知圆,绘制 R53 的大圆与两圆相切。如图 3-36 所示(用相切相切半径命令来完成)

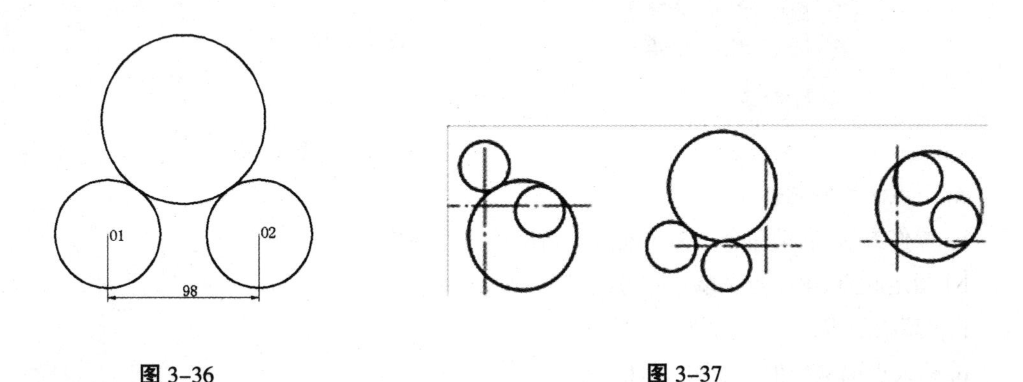

图 3-36　　　　图 3-37

使用“相切、相切、半径”命令绘制圆时产生的不同效果如图 3-37

例 11:绘制三角形的内切圆。如图 3-38 所示(用相切相切相切命令来完成)

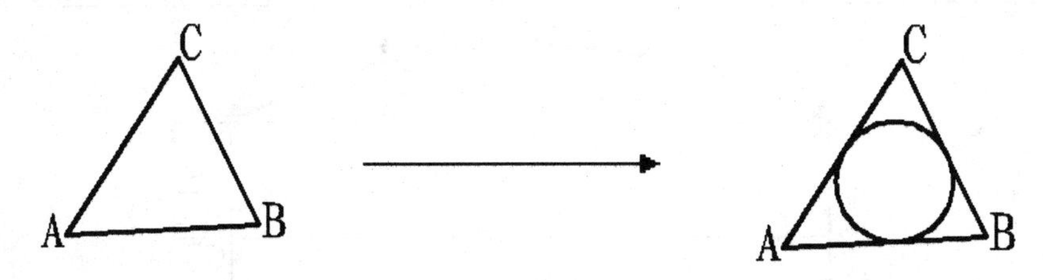

图 3-38

操作:通过菜单启动“相切、相切、相切”法画圆命令,分别用光标在屏幕上选择三角形 ABC 的三边。

小提示:

1) 这种方法只能通过菜单启动命令。

2) 椭圆与样条线不能作为相切对象。

2、圆弧

圆弧的绘制具有方向性,逆时针旋转的角度为正,顺时针旋转的角度为负。AutoCAD 提供了 11 种绘制圆弧的方法,如图 3-39 所示的菜单列出了所有方法,缺省方法为三点法绘制圆弧。

小提示：当结束【圆弧】命令后，执行菜单【绘图】/【圆弧】/【继续】命令，即可进入“连续画弧”状态，绘制的圆弧与前一个圆弧的终点连接并与之相切，如图 3-40 所示。

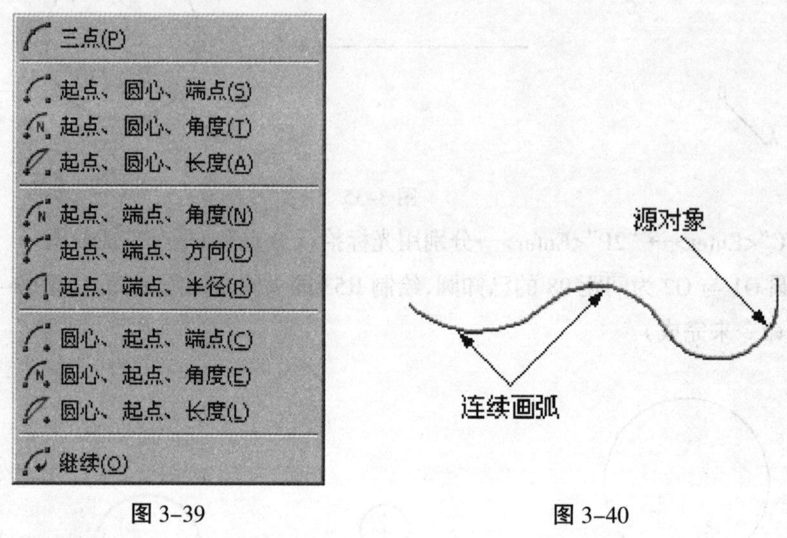

图 3-39 图 3-40

A. 三点法绘制圆弧

a）操作方法：启动命令→指定起点→指定第二点→指定端点。

b）指定起点、第二点及端点的方法：

i. 屏幕拾取点；

ii. 输入点的坐标值。如图 3-41 所示。

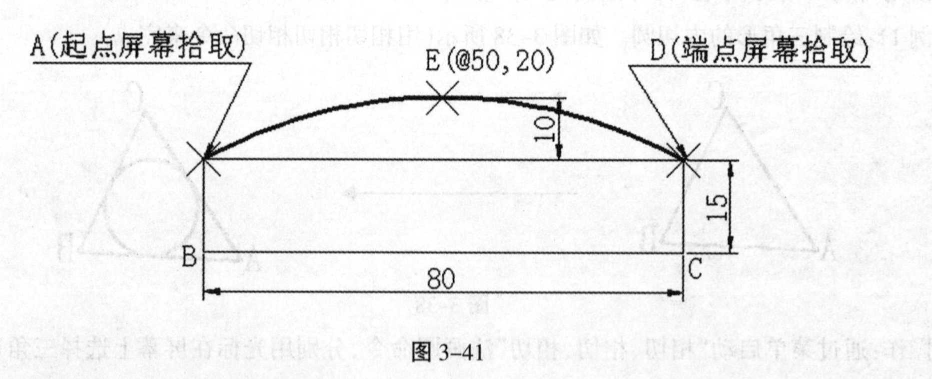

图 3-41

B. 起点、端点、半径法绘制圆弧

运用起点、端点、半径法绘制圆弧时，除了注意圆弧按逆时针旋转为正外，还得注意所画的圆弧是优弧（大半弧）还是劣弧（小半弧），在输入半径时，输入正值的半径为劣弧，输入负值的半径为优弧。

C. 其他绘制圆弧的方法

a）起点、圆心、端点：指定圆弧的起点、圆心和端点的方法绘制圆弧

b）起点、圆心、角度：指定圆弧的起点、圆心和所包含角度的方法绘制圆弧

c）起点、圆心、长度：指定圆弧的起点、圆心和弦长的方法绘制圆弧

d）起点、端点、角度：指定圆弧的起点、端点和所包含角度的方法绘制圆弧

e）圆心、起点、端点：指定圆弧的圆心、起点和端点绘制圆弧

f）圆心、起点、角度：指定圆心、起点、角度绘制圆弧

g）圆心、起点、长度：指定圆心、起点和弦长绘制圆弧

h）继续 ：只能通过菜单启动命令："绘图/圆弧/继续"。此选项严格来讲不是一种画圆弧的方法，是一种类似多段线的圆弧画法。它紧接上一个命令，以上一个命令的终点，作为圆弧的起点，且与上一个命令所产生的对象在圆弧起点处相切。

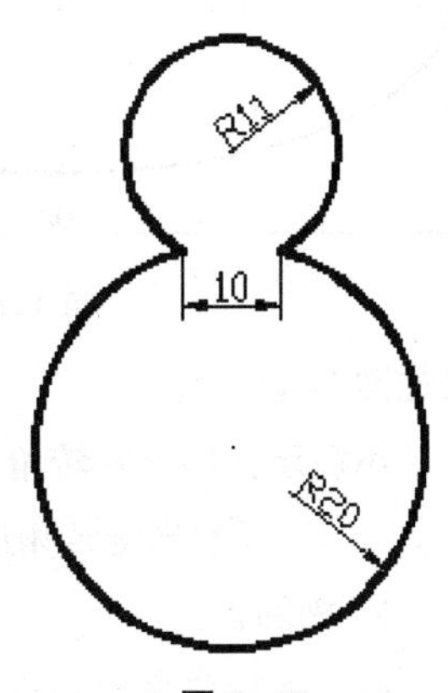

图 3–42

例 12：用画圆弧的方法，绘制如图 3–42 所示图形。

1）.绘制 R11 优弧 ："A"<Enter> →任意拾取起点→"E" <Enter> →"@–10，0" →"R" <Enter> →"–11" <Enter> 。

2）绘制 R20 优弧："A" <Enter>→拾取前面所画的 R11 圆弧左边端点为起点→"E" <Enter> →拾取 R11 圆弧右边端点为端点→"R" <Enter>→ "–20" <Enter> ，完成绘制。

例 13：绘制如图 3–43 所示，由圆弧所围成的图形

1）画圆弧 AB：菜单"绘图/圆弧/起点、端点、半径" →屏幕中任意拾取→@0，–60→120 <Enter>。

2）画圆弧 CD："绘图/圆弧/起点、端点、半径"→ "fro" <Enter> →拾取 B→@102，–9， <Enter> →@0，78， <Enter> →200 <Enter>

3）.同样的方法完成圆弧 AD 与 BC

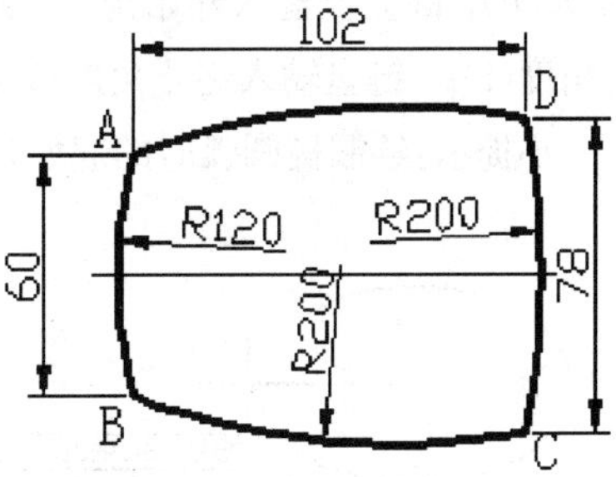

图 3–43

3、椭圆与椭圆弧

1）椭圆

A. 椭圆的要素：长轴、短轴、椭圆位置及摆放的角度。AutoCAD 提供了三种绘制椭圆的方式。

B. 椭圆命令的启动方法：

> 单击菜单"绘图"→"椭圆"。

> 命令行： ELLIPSE。

> 单击绘图工具条上的◯按钮。都可以执行椭圆命令。

指定椭圆其中一根轴的两个端点（决定椭圆的角度及第一根轴的长度）以及第二根轴的半径来绘制椭圆。

命令：_ellipse

指定椭圆轴的端点或 [圆弧（A）/中心点（C）]：//拾取一点

指定轴的另一个端点：//@150,0

指定另一条半轴长度或 [旋转?]：//30，结果如图 3–44 所示

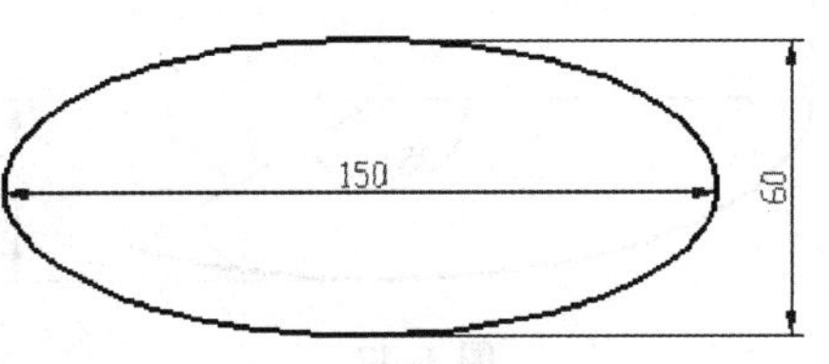

图 3–44

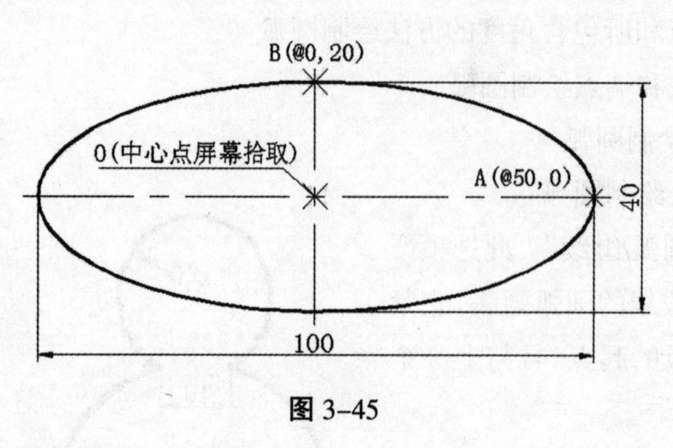

图 3-45

指定椭圆的中心和第一根轴的一个端点(中心和端点决定椭圆的角度及第一根轴的半径)以及第二根轴的半径来绘制椭圆。

命令: _ellipse

指定椭圆轴的端点或 [圆弧 (A)/中心点(C)]: c //拾取一点

指定轴的另一个端点: //@50,0

指定另一条半轴长度或 [旋转?]: //20,结果如图 3-45 所示

小提示:(1)当旋转角为 0、180、360 等角度时,图形绘制出一正圆;

(2)当旋转角度为 90、270 等角度时,不能绘制出图形;

2) 椭圆弧

椭圆弧除包含中心点、长轴和短轴等几何特征外,还具有角度特征。使用【椭圆】命令中的【圆弧】选项,可以绘制椭圆弧。此外,单击【绘图】工具栏中的【椭圆弧】按钮,也可以启动命令。

三种方法先确定椭圆,再确定椭圆弧所在椭圆上的起止角度,命令行提示:指定起始角度或[参数(P)],键盘上输入起始角度(如 180),命令行提示指定终止角:指定终止角度或[参数(P)/包含角度(I)]。键盘输入终止角度或用光标在屏幕中拾取,绘制的图形如图 3-46 所示

小提示:绘制椭圆弧时的起始角与终止角的方向为逆时针方向。

图 3-46

例 14:绘制图 3-47 所示的椭圆弧。

命令: _ellipse

指定椭圆的轴端点或 [圆弧(A)/中心点(C)]: //A,激活【圆弧】功能

指定椭圆弧的轴端点或 [中心点(C)]: //在绘图区拾取一点

指定轴的另一个端点: //@150,0,定位长轴

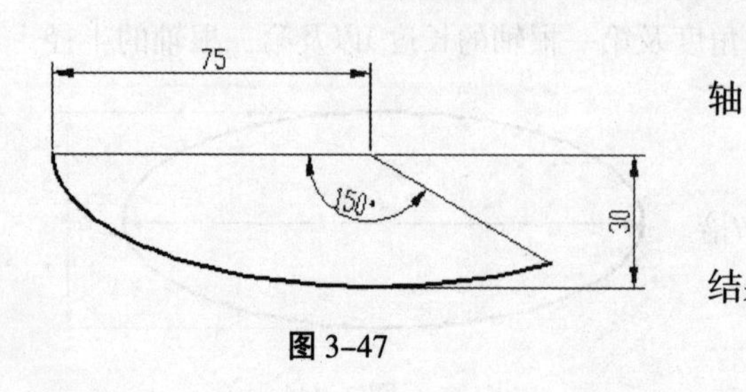

图 3-47

指定另一条半轴长度或 [旋转(R)]: //30,定位短轴

指定起始角度或 [参数(P)]: //0,定位起始角度

指定终止角度或 [参数(P)/包含角度(I)]: //150,结果图 3-47 所示。

第四节　闭合边界

1、矩形

【矩形】命令用于创建四条直线围成的闭合图形,

> 单击“绘图”菜单中的“矩形”命令

> 单击绘图工具条□按钮

> 在命令行输入 Rectang 或 REC,都可执行命令。

用户可直接绘制矩形, 也可以对矩形倒角或倒圆角, 还可以改变矩形的线宽。

例 15:绘制图 3-48 所示的矩形。

命令: _rectang

指定第一个角点或 [倒角(C)/标高(E)/圆角(F)/厚度(T)/宽度(W)]:

//拾取一点,定位矩形第一角点

指定另一个角点或 [面积(A)/尺寸(D)/旋转(R)]:

//@200,100,输入对角点坐标

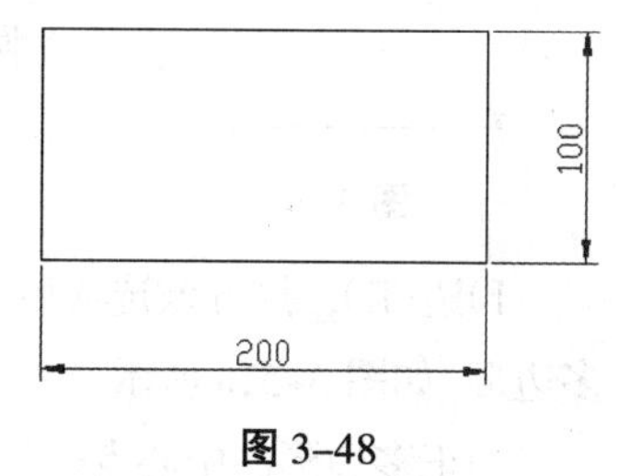

图 3-48

操作说明

1)第一角点: 该选项用于确定矩形的第一角点。

2)倒角(C): 该选项用于确定矩形的倒角。

3)圆角(F): 该选项用于确定矩形的圆角。

4)宽度(W): 该选项用于确定矩形的线宽。

5)选项标高(E)和厚度(T)分别用于在三维绘图时设置矩形的基面位置和高度。

图 3-49 使用“矩形”命令绘制图形

a)绘制矩形　b)绘制带倒角矩形　c)绘制带圆角矩形　d)绘制带宽度矩形 e)带厚度的矩形

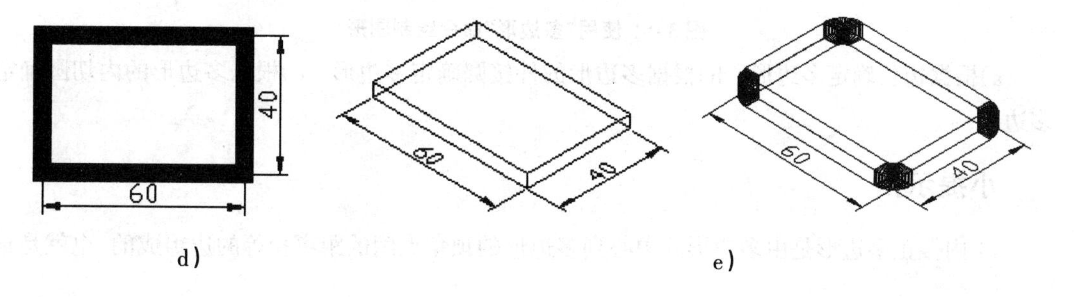

2、正多边形

创建正多边形是绘制正方形、等边三角形和八边形等图形的简单方法。

此命令用于绘制等边、等角的封闭几何图形。

> 单击绘图菜单上的正多边形命令

> 单击绘图工具条上⬠的按钮

> 在命令行输入 Polygon 或 PO L,都可执行命令。

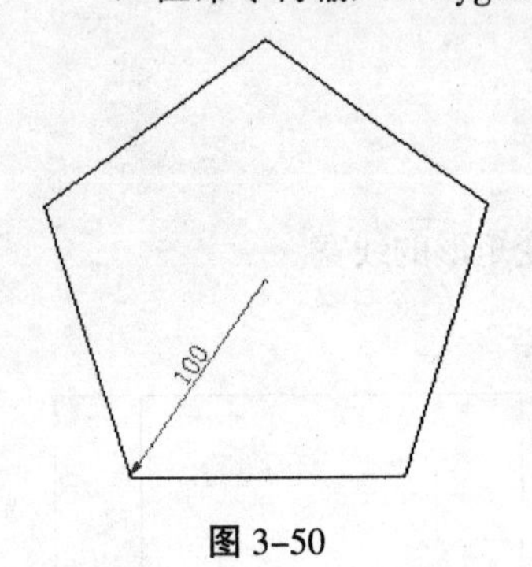

图 3-50

例 16:绘制图 3-50 所示的正多边形。

命令: _polygon

输入边的数目 <4>: //5

指定正多边形的中心点或 [边(E)]: //拾取一点作为中心点

输入选项 [内接于圆(I)/外切于圆(C)] <I>: //I,激活【内接于圆】选项

指定圆的半径: //100,结束命令

操作说明

1)边(E): 执行该选项后, 输入边的第一个端点和第二个端点, 即可由边数和一条边确定正多边形, 如图 3-51a 所示。

2)正多边形的中心点:

①选项 I 是根据多边形的外接圆确定多边形, 多边形的顶点均位于假设圆的弧上, 需要指定边数和半径, 如图 3-51b 所示。

②选项 C 是根据多边形的内切圆确定多边形, 多边形的各边与假设圆相切, 需要指定边数和半径, 如图 3-51c 所示。

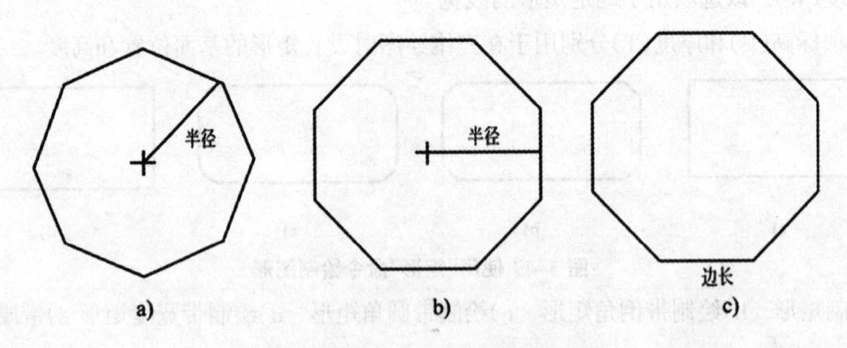

图 3-51 使用"多边形"命令绘制图形

a)根据边长确定多边形 b)根据多边形的外接圆确定多边形 c)根据多边形的内切圆确定多边形

小提示:

1) 内接正多边形是由多边形的中心到多边形的顶角点间的距离相等的边组成的,也就是整

个多边形位于一个虚构的圆中。如图 3-51(a)所示

2) 外接多边形是由多边形的中心到边中点的距离相等的边所组成的,即整个多边形外切于一个指定半径的圆,如图 3-51(b)所示。

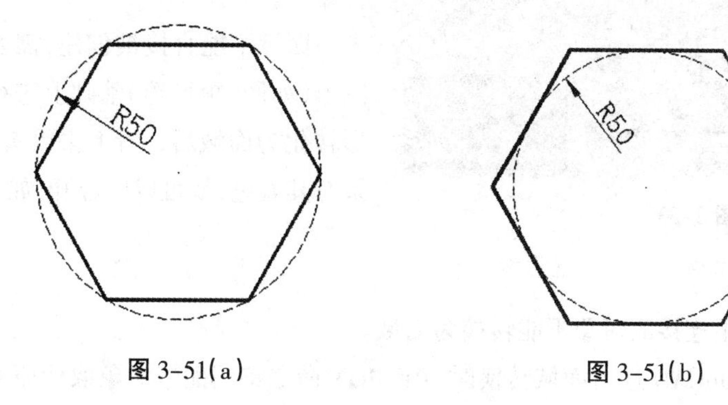

图 3-51(a)　图 3-51(b)

3、圆环

圆环命令的启动方法:

> 单击绘图菜单上的圆环命令

> 在命令行输入 DONUT 命令。

操作说明:

1) 要创建圆环,应指定它的内外直径和圆心。

2) 如果圆环内径值为 0,将绘制一个半径为圆环外径的填充圆。如图 3-52(a)所示。

3) 系统变量 FILLMODE 不同,圆环状态也不同。如图 3-52(b)所示。

图 3-52(a)　图 3-52(b)

4、面域

面域是封闭区域所形成的二维实体对象, 可将它看成一个平面实心区域。尽管 AutoCAD 中有许多命令可以生成封闭形状(如圆、多边形等), 但所有这些都只包含边的信息而没有面, 它们和面域有本质的区别。

"面域"实际上就是一个没有厚度的实体表面,它具备实体的一切特性,如面积、重心和惯性矩等,可以运用这些信息计算工程属性。

面域命令的启动方法:

> 单击绘图菜单的面域命令

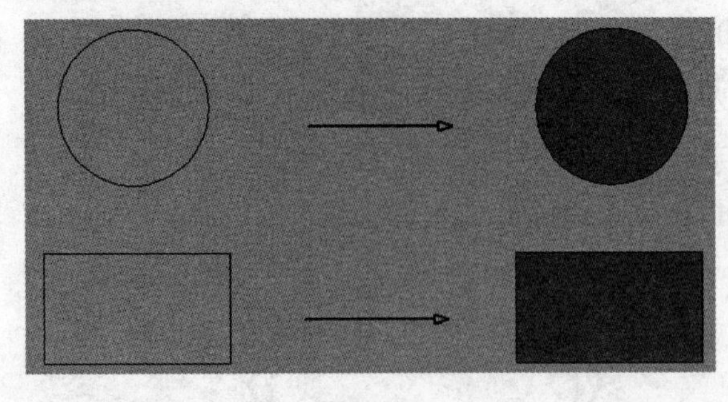

图 3-53

> 单击绘图工具条上的按钮

> 在命令行输入 Region 或 REN。都可执行命令。

面域不能直接被创建,需要在其他闭合图形(如圆、矩形等)基础上进行转化。当图形转化为面域后，看上去没有什么变化,如果对其着色,就可以区分开,如 3-53 所示。

小提示:

1)自相交或端点不连接的对象不能转换为面域。

2)缺省情况下 AutoCAD 进行面域转换时, REGION 命令将用面域对象取代原来的对象并删除原对象。

5、边界

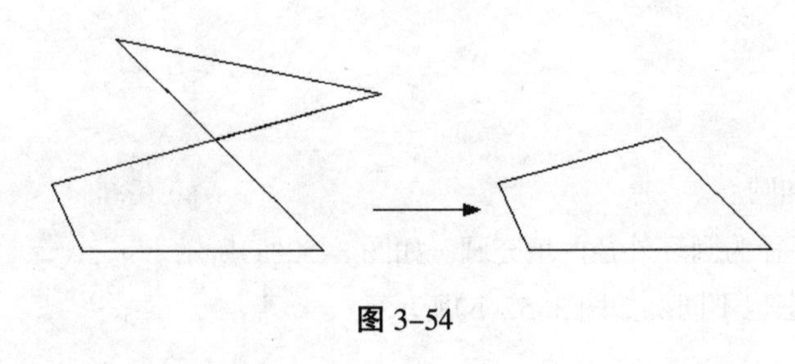

图 3-54

此命令用于从多个对象中提取一条或多条闭合边界或面域,如图 3-54 所示。

边界命令的启动方法:

> 单击绘图菜单上的边界命令

> 在命令行输入 Boundary 或 B。都可执行命令。

小结:

通过本章的二维图形绘制方法的介绍与学习,读者对点、线、面等已有了较全面的了解,并掌握各种线图元和曲线图元的绘制方法和绘制技巧，为读者接下来的二维编辑制图做好了充分的准备。希望读者通过本章学习后,能够反复练习并达到举一反三的目的。

练习:

1、按图中给出的坐标绘制三角形,绘出该三角形的内切圆和外接圆,结果如图 3-55 所示:

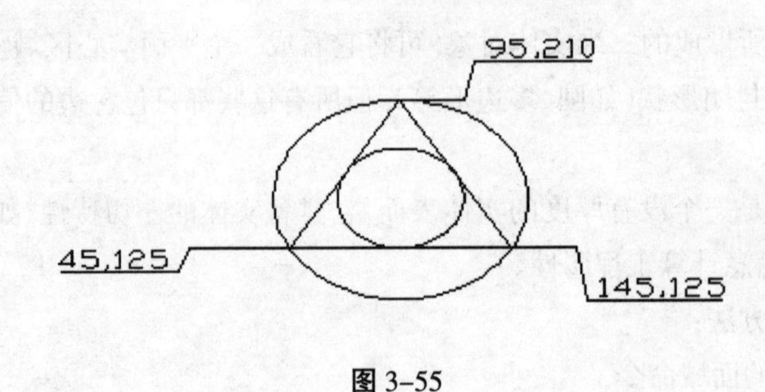

图 3-55

2、按图给出的圆心点的坐标和半径,分别绘出两个圆,绘出该两圆的两条外公切线,结果如图 3-56 所示:

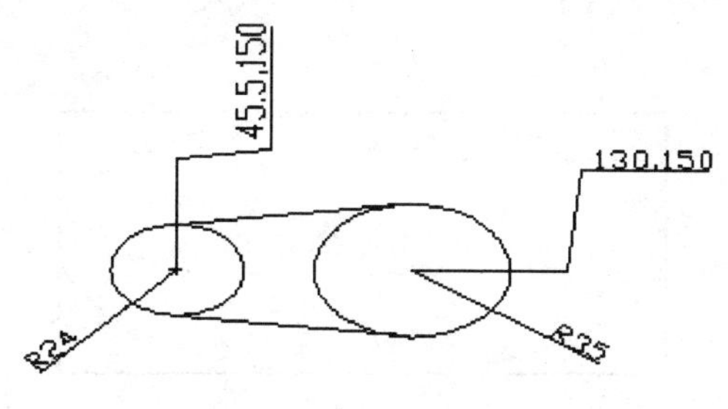

图 3-56

3、以 O(130,145)点为圆心作半径为 50 的圆,过点 A(30,145)分别作出切线 AB 和 AC。做一圆分别相切于 AB 和 AC,且半径为 20。结果如图 3-57 所示:

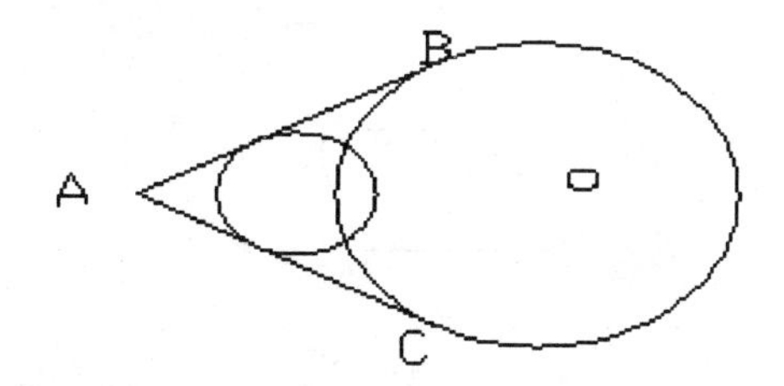

图 3-57

4、过点 A(35,115)和点 B(165,210)作直线 AB,点 C 和 D 将直线 AB 分成三等分,分别以 C、D 为圆心画圆,使两圆相切于直线 AB 的中点。结果如图 3-58 所示:

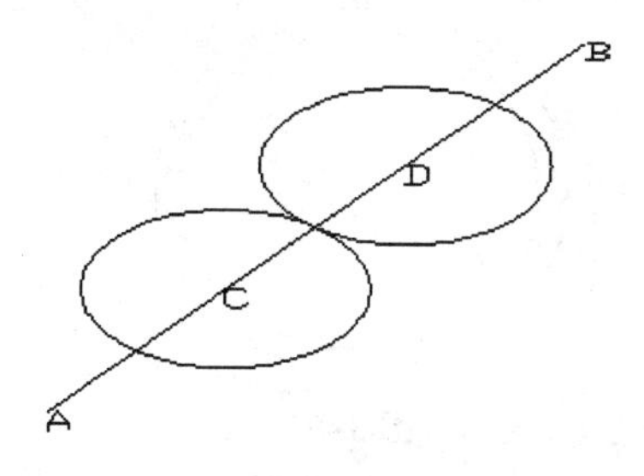

图 3-58

5、以点(95,145)为圆心,作半径为 50 的圆,作 5 个半径为 10 的小圆,将半径为 50 的大圆分成五等份。结果如图 3-59 所示:

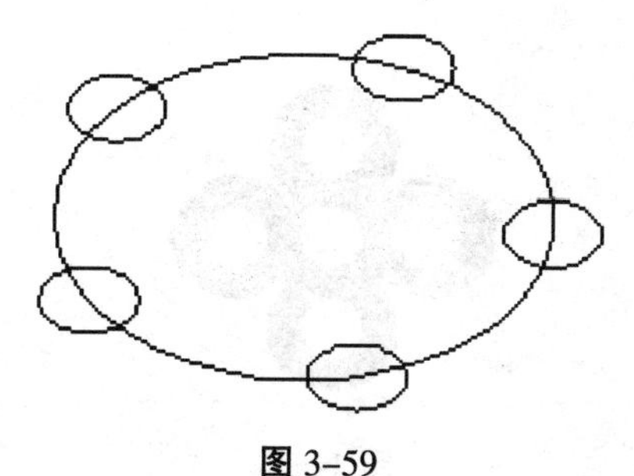

图 3-59

6、过点(40,105)和点(165,190)两点作一矩形,以矩形的中心为中心,以矩形的两边长为长短轴作一椭圆,结果如图 3-60 所示:

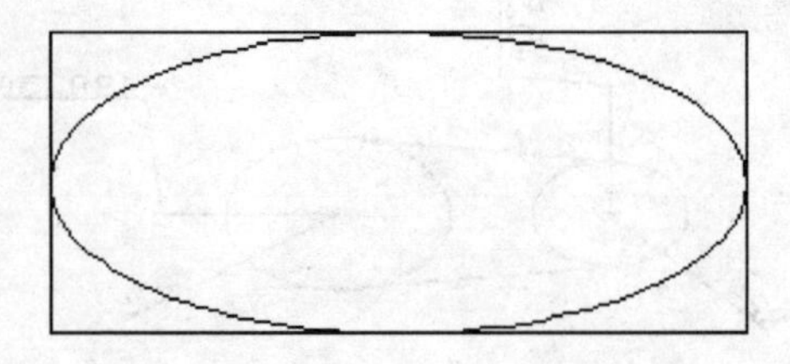

图 3-60

7、以点(90,160)为中心,作边长为 50 的等边三角形,分别以三角形三边的中点为圆心,三角形边长的一半为半径,做三个互相相交的圆。结果如图 3-61 所示:

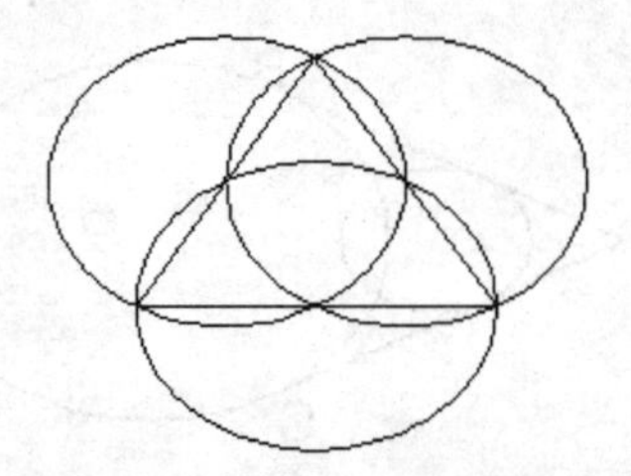

图 3-61

8、作边长为 50 的正六边形,作出正六边形的内切圆和外接圆。结果如图 3-62 所示:

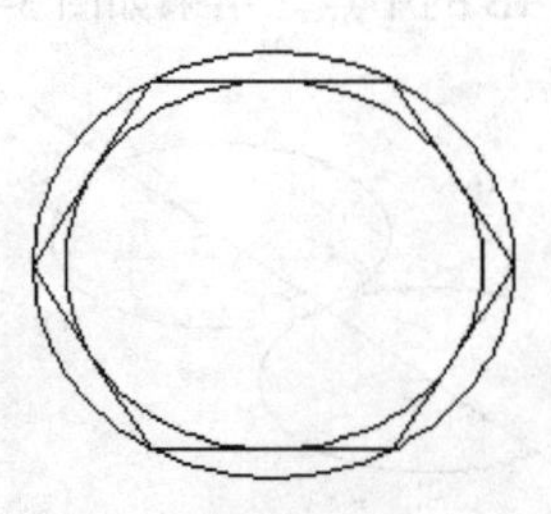

图 3-62

9、以点(100,150)为中心,作一个内径为 20,外径为 40 的圆环。在该圆环的四个四分点上作四个大小相同的圆环,外边四个圆环均以一个四分点与内圆环上的四分点相重叠,结果如图 3-63 所示:

图 3-63

10、以点(74,140)和点(135,190)作一矩形,以矩形的四个顶点为圆心做四个圆,使四个圆的圆弧在矩形的中心点相交。结果如图 3-64 所示:

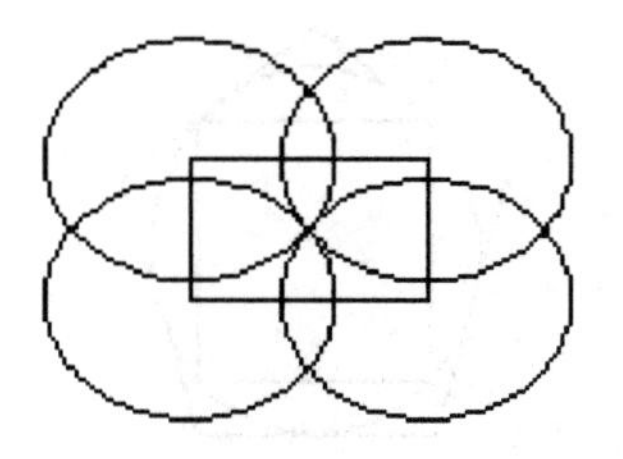

图 3-64

11、以点(100,150)为中心,作边长为 40 的正方形,在该正方形的外边再作两个正方形,外边的正方形四边的中点是里面正方形的四个顶点。结果如图 3-65 所示:

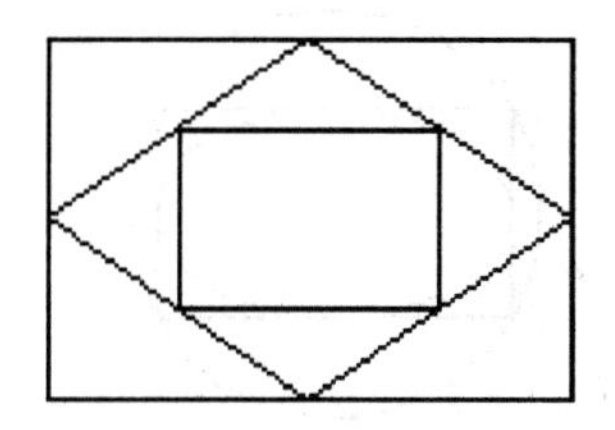

图 3-65

12、以点(100,155)为圆心作半径为 20 的圆,再作一半径为 60 的同心圆。以圆心为中心,作两个互相正交的椭圆,椭圆的短轴为小圆半径,长轴为大圆半径。结果如图 3-66 所示:

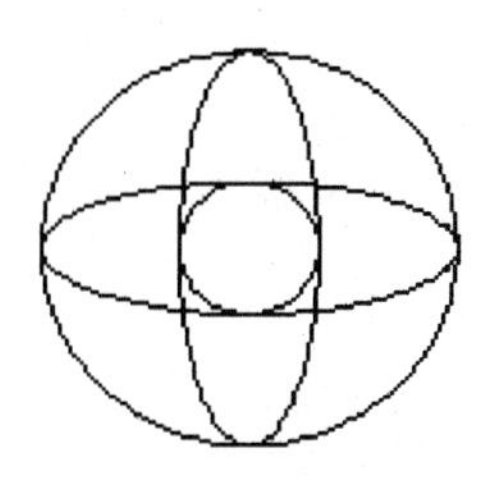

图 3-66

13、过点(115,210)、点(45,150)和点(150,105)作三角形。作出三角形三个角的角平分线,查出三条角平分线交点的坐标。结果如图 3-67 所示:

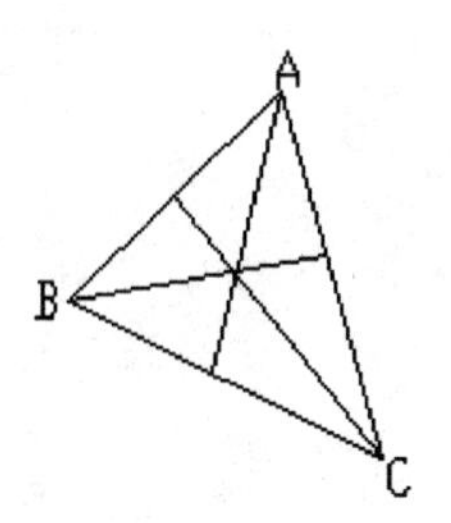

图 3-67

14、画边长为 80 的正方形,以正方形的中心为圆心,画该正方形的外接圆。作一个外切于圆的正五边形,且五边形的底边与正方形的底边平行。结果如图 3-68 所示:

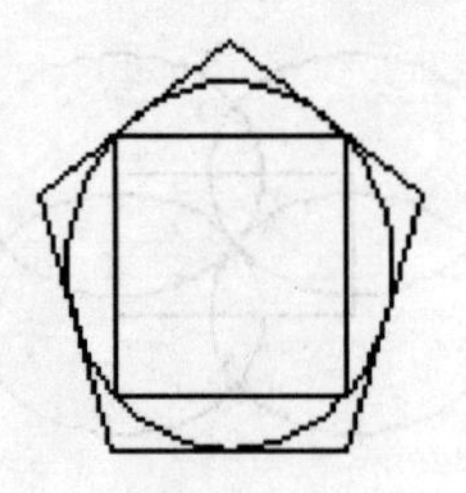

图 3-68

15、画长为 100 宽为 60 的矩形,以矩形的中心点位中心,画一椭圆与矩形四条边的中点相交。以矩形的对角线长为直径,画矩形的外接圆。结果如图 3-69 所示:

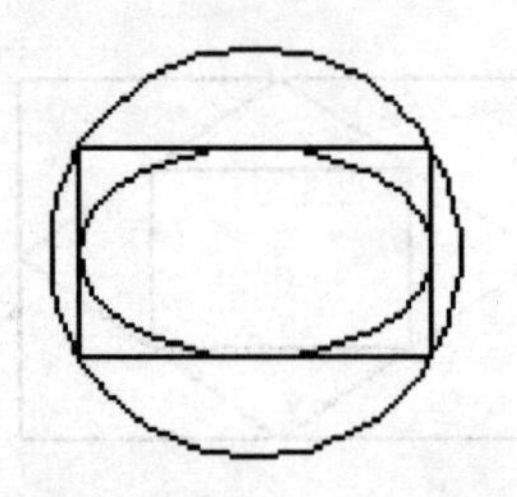

图 3-69

第四章 二维编辑命令

学习目标：

通过本章的学习，应了解和掌握图形的编辑细化工具、掌握图形位置、形状的变换工具、掌握图形的四种复制功能，以更好的组合和编辑出结构复制的图形。

学习内容：

> 删除和复制图形
> 图形的细化
> 更改位置及形状
> 夹点编辑
> 图案填充

第一节 删除和复制图形

编辑工具条如图 4-1 所示。

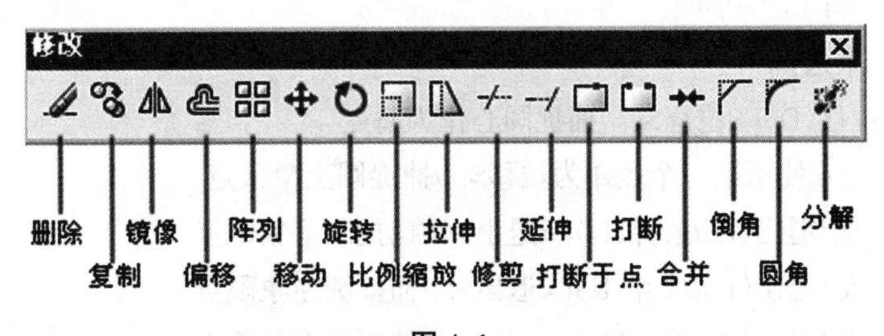

图 4-1

1、删除与恢复对象

A. 删除

1)启动命令：

①选择菜单“修改/删除”；

②单击“修改”工具条或面板上“删除”的图标按钮；

③键盘输入“E”回车

2)选择需要删除的对象,选择完毕后按回车键确认,所选对象被删除掉。

小提示:运用 AutoCAD 专用的删除命令时,可以按上述方法先启动命令后选择对象,也可以先选择对象再启动命令,同样可以执行删除。其他的 AutoCAD 编辑命令也此相同。

B. 恢复

对于用户的操作,无论是编辑、绘图还是其他操作,如果操作有误,或对操作结果不满意,均可以执行取消操作。连续输入 U 并回车,可以连续取消前面的操作。

1)执行途径

①“标准”工具栏: “放弃”按钮。

②下拉菜单: “编辑”/“放弃”。

③命令行: U。

2) 恢复刚刚取消的操作

①“标准”工具栏: “重做”按钮。

②下拉菜单: “编辑”/“重做”。

③命令行: REDO。

2、复制对象

复制命令用于对图中已有的对象进行复制。使用复制对象命令可以在保持原有对象不变的基础上,将选择好的对象复制到图中的其他位置,这样,可以减少重复绘制同样图形的工作量。用户可以通过在命令行中执行命令或者在右键快捷菜单中选择相应选项来执行该操作

单击【修改】菜单栏中的【复制】命令或在命令行输入 Copy 或 Co,都可执行命令。

命令行操作如下:

命令: _copy

选择对象: //选择内部的小圆

选择对象: //结束选择

指定基点或 [位移(D)] <位移>: //捕捉圆心作为基点

指定第二个点或 <使用第一个点作为位移>: //捕捉圆上象限点

指定第二个点或 [退出(E)/放弃(U)] <退出>: //捕捉圆下象限点

指定第二个点或 [退出(E)/放弃(U)] <退出>: //捕捉圆左象限点

指定第二个点或 [退出(E)/放弃(U)] <退出>: //捕捉圆右象限点

指定第二个点或 [退出(E)/放弃(U)] <退出>: //结束命令。结果如图 4–2 所示

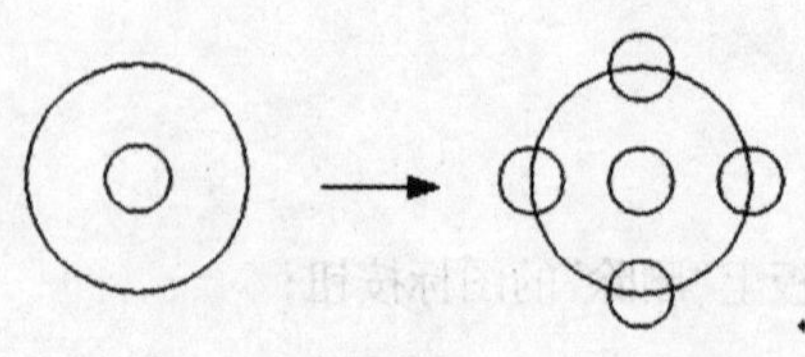

图 4–2

操作说明:

基点是在复制新对象过程中，放置新对象时，光标所在的点。目标点是放置新对象的位置点。 基点和目标点可以用光标在屏幕中拾取,也可以输入坐标。若需复制多个,则选择多个目标点。

例 1:如图 4-3 左所示,要复制左上角圆至其他三个顶点,使之形成如图 4-3 右所示图形。

操作:

启动命令: //输入“co”回车

选择对象: //选择矩形左上角圆,右键确定

选择基点: //拾取小圆圆心

选择目标点: //分别拾取矩形的其他三个顶点

退出命令: //回车退出命令

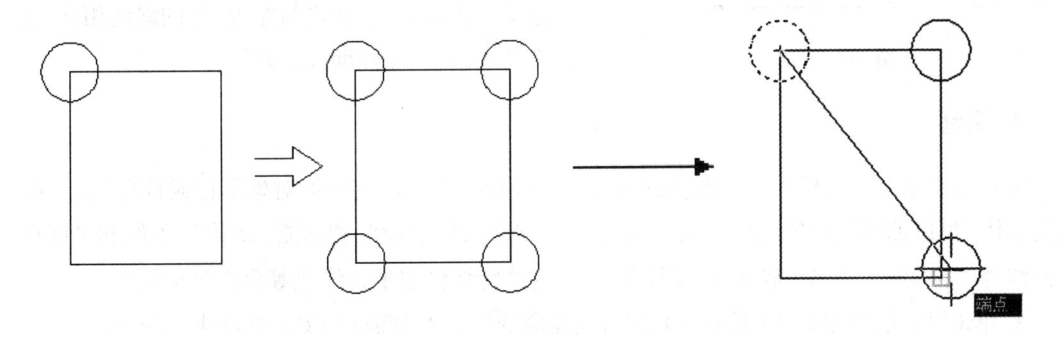

图 4-3 左　　图 4-3 右

例 2:如图 4-4 所示,复制正五边形,使五边形的中心点 O 位于 A 点处。

启动命令: //输入“co”回车

选择对象: //选择正五边形,右键确定

选择基点: //任意选取一点为基点(此处用坐标控制,所以基点可以任意拾取)

选择目标点: //输入 A 点相对于 O 点的相对坐标值“@-50,20”回车

退出命令: //回车退出命令

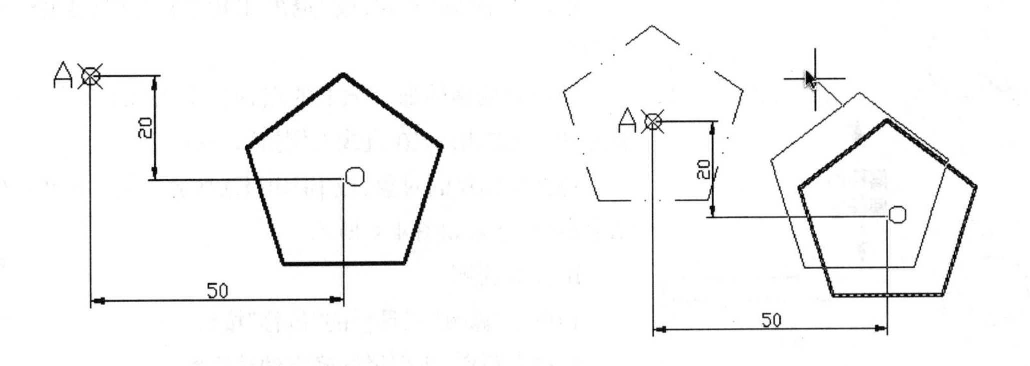

图 4-4

例 3:绘制如图 4-5 所示。

启动直线命令,任意确定起点,从左至右画一段 50 长的水平线;

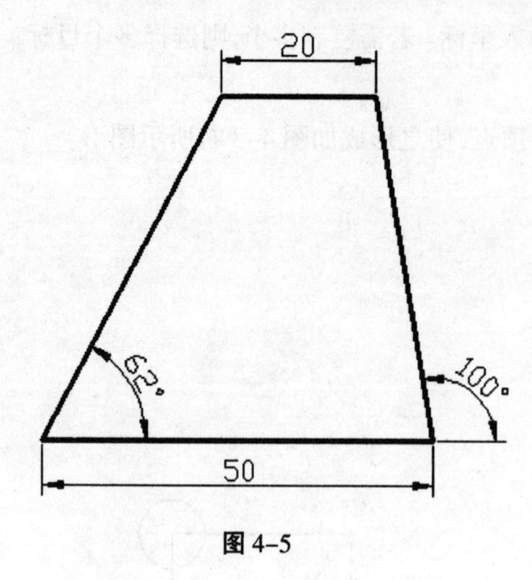

图 4-5

输入“<100”回车,锁定角度为 100°,拾取第二点,使直线长度足够长,回车退出直线命令;

再次启动直线命令,拾取水平线的左端点为起点,输入“<62”回车,锁定角度为 62°,画任意较长长度的直线,回车退出直线命令;

输入“Co”启动复制命令,选择左边 62°的斜线确认,任意拾取一点为基点,输入目标点的相对坐标为“@20,0”,向右复制该直线与右边 100°的斜线相交,回车退出命令。

过交点作水平线,使之与左边 62°的斜线相交,修剪掉多余线条,删除辅助线,即可。

3、偏移

偏移图形命令可以根据指定距离或通过点,创建一个与原有图形对象平行或具有同心 结构的形体。可以偏移的对象包括直线、圆弧、圆、二维多段线、椭圆、椭圆弧、参照线、射线和平面样条曲线等。在实际应用中,常利用“偏移”命令的这些特性创建平行线或等距离分布图形。

A. 单击【修改】菜单栏中的【偏移】命令,或在命令行输入 Offset 或 O。都可执行命令。

命令行操作如下:

命令: _offset

当前设置: 删除源=否 图层=源 OFFSETGAPTYPE=0

指定偏移距离或 [通过(T)/删除(E)/图层(L)] <10.0000>: //20,设置偏移距离

选择要偏移的对象,或 [退出(E)/放弃(U)] <退出>: //单击圆

指定要偏移的那一侧上的点,或 [退出(E)/多个(M)/放弃(U)] <退出>: //在圆的外侧拾取一点

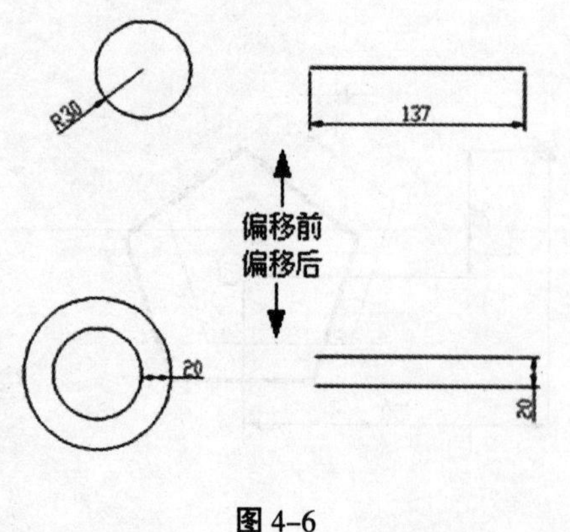

图 4-6

选择要偏移的对象,或 [退出(E)/放弃(U)] <退出>: //单击直线

指定要偏移的那一侧上的点,或 [退出(E)/多个(M)/放弃(U)] <退出>: //在直线上侧拾取一点

选择要偏移的对象,或 [退出(E)/放弃(U)] <退出>: //结束命令,结果如图 4-6 所示

B. 操作说明

1)单击“修改”工具栏的“偏移”按钮,

2)输入距离,或用鼠标确定偏移距离。

3)选择要偏移的对象。

4)在图形外任一点单击,以确定向外偏移。

5)回车结束命令,即可形成偏移结果。

小提示:

1)如果指定偏移距离,则选择要偏移复制的对象,然后指定偏移方向,以复制出对象。

2)如果在命令行输入 T,再选择要偏移复制的对象,然后指定一个通过点,这时复制出的对象将经过通过点。

3)偏移命令是一个单对象编辑命令,在使用过程中,只能以直接拾取方式选择对象。

4)使用偏移命令复制对象时,复制结果不一定与原对象相同。

例 4:如图 4-7 所示一组椭圆,已知每个椭圆间的距离为均为 12。假如先有椭圆 el2,我们可以通过等距偏移复制命令得到 el1 与 el3。

启动命令: //输入"O"回车

输入偏移距离: //键盘输入 12 回车

选择对象: //拾取椭圆 el2

指定偏移侧: //在椭圆 el2 的内侧单击左键,得椭圆 el1

选择对象: //拾取椭圆 el2

指定偏移侧: //在椭圆 el2 的外侧单击左键,得椭圆 el3

选择对象: //回车退出命令

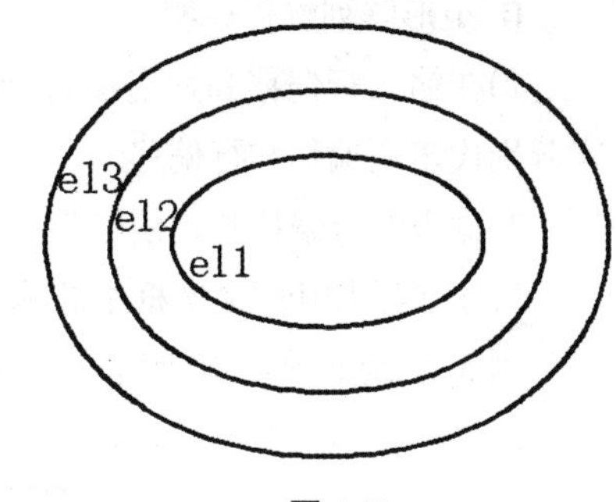

图 4-7

4、阵列

阵列是按环形或矩形形式复制对象或选择集。对于环形阵列,可以控制复制对象的数目和是否旋转对象。对于矩形阵列,可以控制行和列的数目以及间距。

A. 单击【修改】菜单栏中的【阵列】命令,或在命令行输入 Array 或 AR,都可执行命令。

启动命令后弹出阵列对话框,如图 4-8 所示,选择阵列类型并设置阵列,单击"选择对象"按钮,在屏幕中选择阵列的对象,完成后确定,退出对话框,完成阵列。

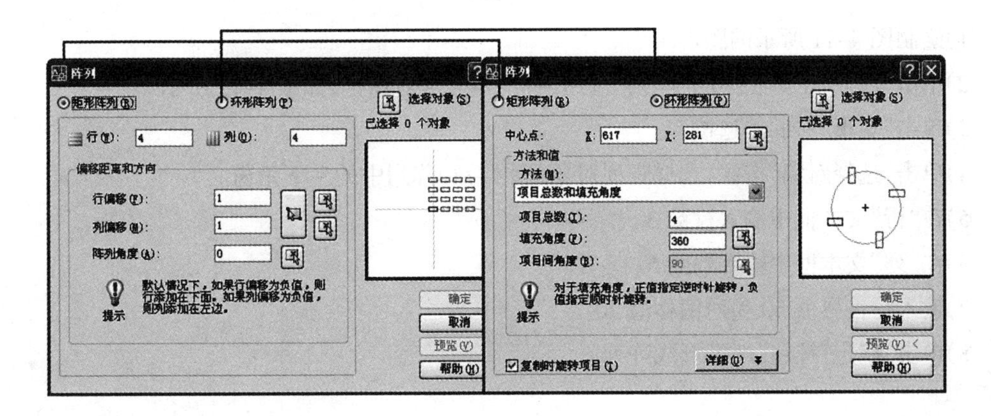

图 4-8

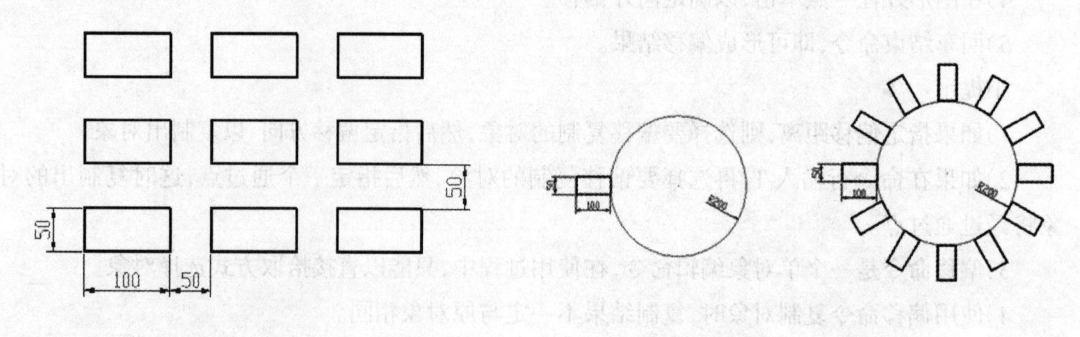

图 4-9 矩形阵列　　　　环形阵列

B. 矩形阵列操作说明

1)在输入行偏移和列偏移时,可点取“选择矩形”按钮,然后拖拽出一个矩形,该矩形的长和宽分别代表列偏移和行偏移

2)输入的行偏移和列偏移为正值时,向 X、Y 的正向阵列,否则向 X、Y 的负向阵列。

3)在“阵列角度”文本框中若输入一个角度值,则产生倾斜矩形阵列。

例 5:绘制如图 4-10 所示的图形

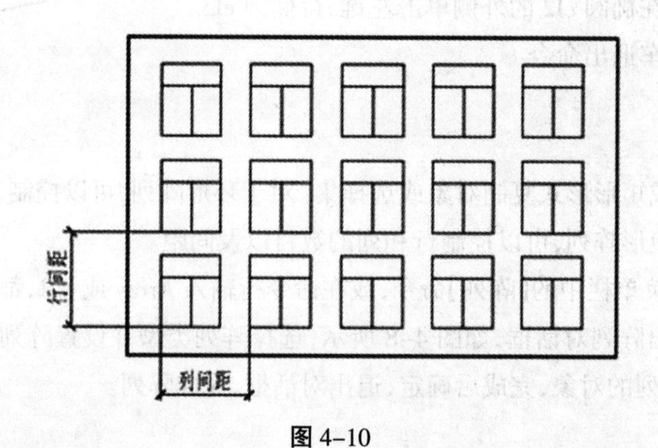

图 4-10

1)绘制图 4-11 所示的图形

2)单击“修改”工具栏中的“阵列”按钮,弹出“阵列”对话框,如图 4-12 所示。

3)单击“矩形阵列”单选按钮。

4)单击“选择对象”按钮,选择阵列对象(图 4-11)阵列中的左下角窗。

5)在“行”文本框中输入行数 3。

6)在“列”文本框中输入列数 5。

7)输入行偏移值 50 和列偏移值 70。

8)单击“确定”按钮,即可形成阵列

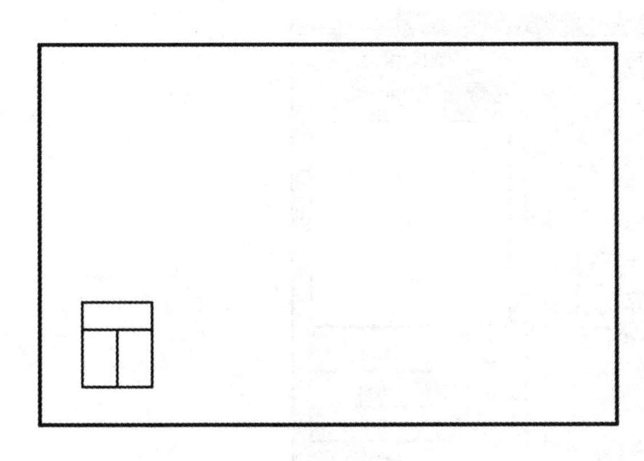

图 4-11

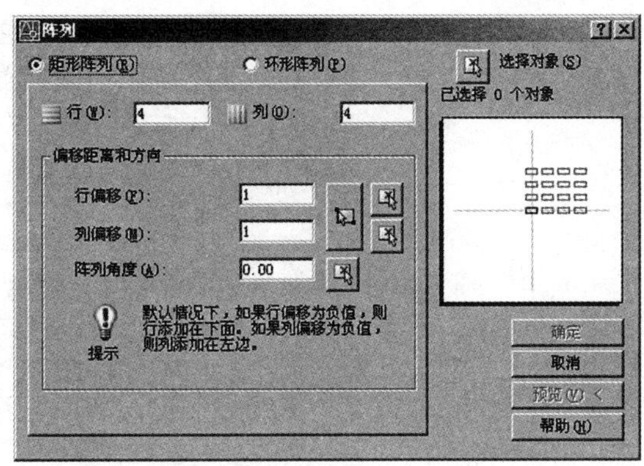

图 4-12

C. 环形阵列的操作说明

1)在“阵列”对话框中，选中“环形阵列”单选按钮，单击“选择对象”按钮，在绘图区选择要阵列的对象。

2)“方法”下拉列表框中有 3 个选项，分别为“项目总数和填充角度”、“项目总数和项目间的角度”、“填充角度和项目间的角度”选项。

3)“项目总数”文本框用于输入对象的数目，与矩形阵列一样，其中包括了复制的对象本身。

例 6:绘制如图 4-13 所示图形

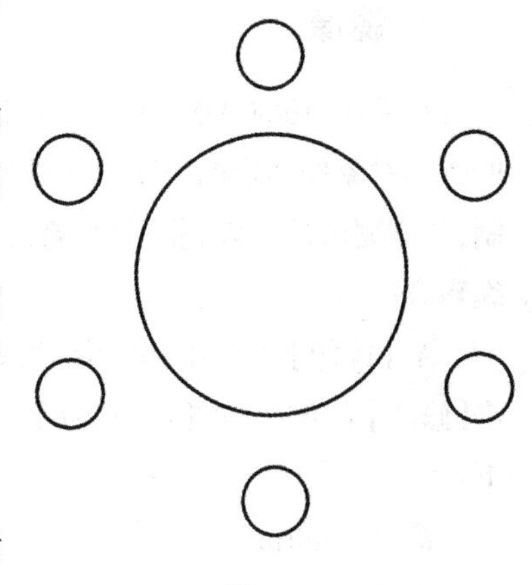

图 4-13

1)绘制如图 4-14 所示的图形

2)单击“修改”工具栏中的“阵列”按钮，弹出“阵列”对话框

3)单击“环形阵列”单选按钮，显示“环形阵列”设置界面，如图 4-15 所示。

4)单击“选择对象”按钮，选择图 4-14 所示的小圆。

5)指定阵列的中心点(大圆的中心)。

6)在“项目总数”文本框中输入阵列项目总数 6，其中包含原对象。

7)在“填充角度”文本框中输入阵列要填充的角度，使用默认值 360°。

8)确认“复制时旋转项目”被选择。

9)单击“确定”按钮，即可形成环形阵列

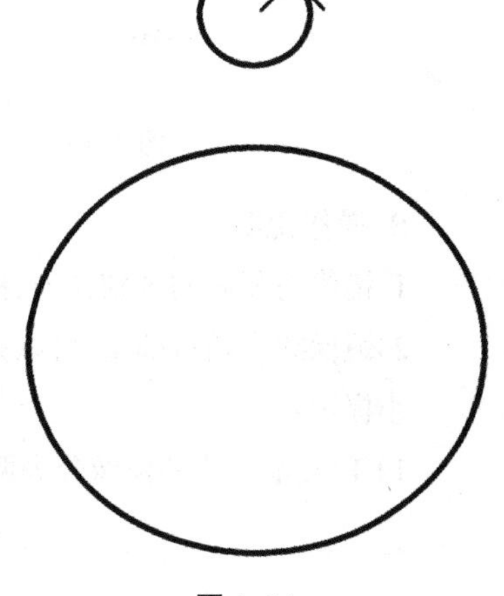

图 4-14

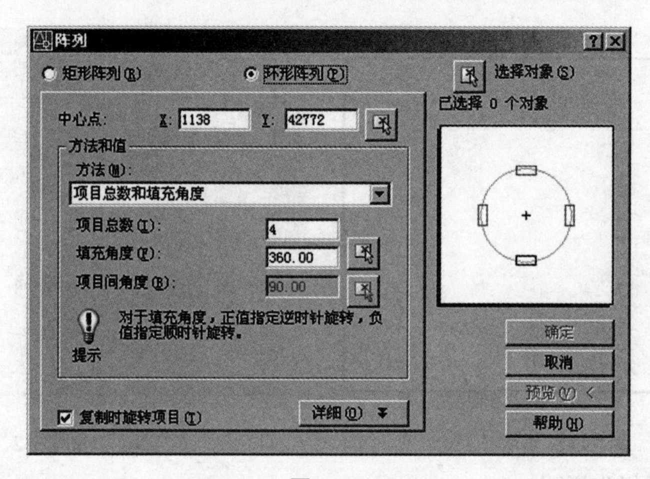

图 4-15

5、镜像

在使用 AutoCAD 2007 绘图过程中，当绘制的图形对象相对于某一对称轴对称时，可将绘制的图形对象按给定的镜像线作反像复制，即镜像。镜像是将选定的对象沿一条指定的直线对称复制，复制完成后可以删除源对象，也可以不删除源对象。镜像操作适用于对称图形，是一种常用的编辑方法。

A.【镜像】命令用于将图形沿着指定的两点进行对称复制，源对象可以保留，也可以删除。单击【修改】菜单栏中的【镜像】命令，或在命令行输入 Mirror 或 MI，都可执行命令。其命令行操作如下：

命令: _mirror

选择对象: //选择单开门图形

选择对象: //结束选择

指定镜像线的第一点: //捕捉弧线下端点

指定镜像线的第二点: //@0,1

要删除源对象吗？[是(Y)/否(N)] <N>: //结束命令。结果如图 4-16 所示

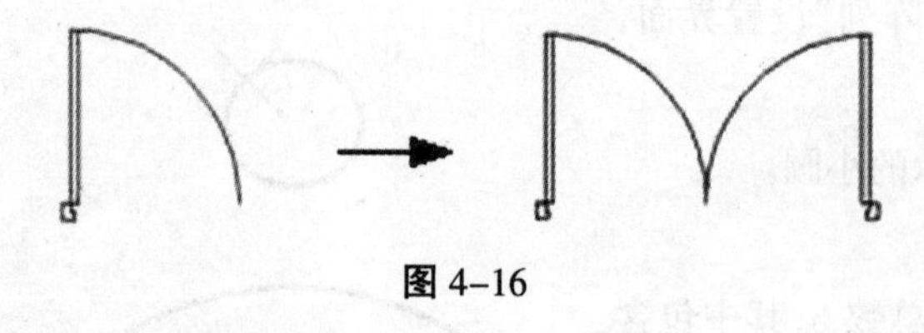

图 4-16

B. 操作说明

1)镜像与复制的区别在于，镜像是将对象反像复制。

2)镜像线由两点确定，可以是已有的直线，也可以直接指定两点。

小提示：

1) 1)文本实体的镜像分为两种状态: 完全镜像和可识读镜像，如图 4-17 所示。

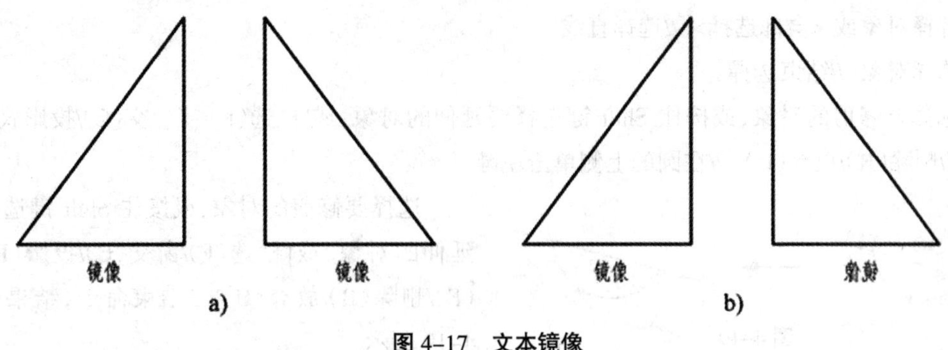

图 4-17　文本镜像

a）可识读镜像　　　　b）完全镜像

2）当镜像文字时，文字可读性取决于系统变量 MIRRTEX 的值，变量值为 1 时，镜像文字不具有可读性；为 0 时，镜像后的文字具有可读性。

例 7：镜像如图 4-18 所示图形，以线段 AB 为镜像线。

操作：输入“mi”回车→用窗交方式选择，右键确定 →拾取 A 点 →拾取 B 点 →直接回车，不删除源对象，退出命令。

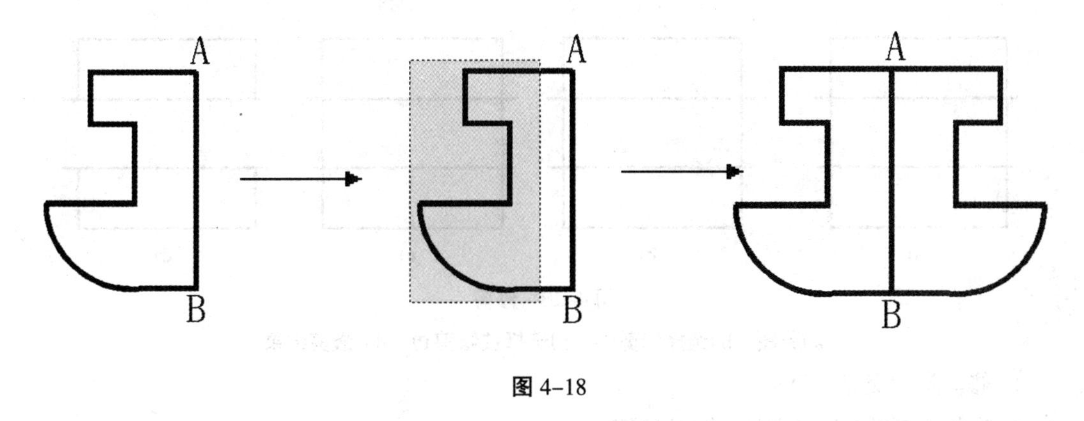

图 4-18

第二节　图形的细化

1、修剪

可以修剪的对象包括直线、射线、圆弧、椭圆弧、二维或三维多段线、构造线及样条曲线等。有效的边界包括直线、射线、圆弧、椭圆弧、二维或三维多段线、构造线和填充区域等。

A.【修剪】命令用于沿着指定的修剪边界，修剪掉图形上指定的部分。单击【修改】菜单中的【修剪】命令，或在命令行输入 Trim 或 TR，都可执行命令。命令行操作如下：

命令: _trim

当前设置:投影=UCS，边=无

选择剪切边...

选择对象或 <全部选择>: //选择直线

选择对象: //结束选择

选择要修剪的对象,或按住 Shift 键选择要延伸的对象,或[栏选(F)/窗 交(C)/投影式(P)/边(E)/删除(R)/放弃(U)]: //在圆的上侧单击左键

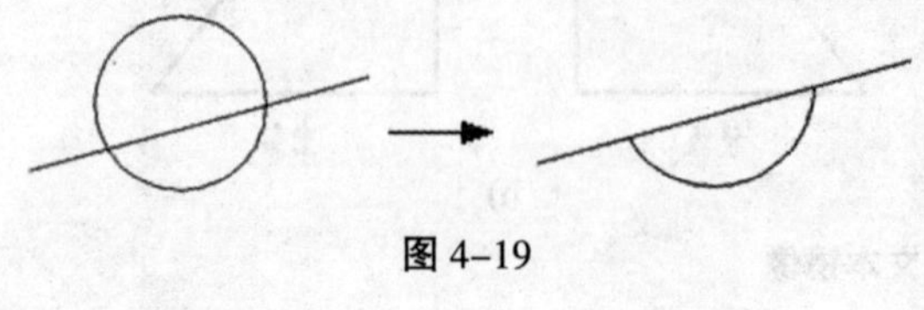

图 4-19

选择要修剪的对象,或按住 Shift 键选择要延伸的对象,或[栏选(F)/窗交(C)/投影(P)/边(E)/删除(R)/放弃(U)]: //结束命令,结果如图 4-19 所示

B. 操作说明

1)单击"修改"工具栏中的"修剪"按钮,

2)选择两条切线作为剪切边,如图 4-20b 中所示。

3)回车结束剪切边的选择。

4)选择要修剪的对象,如图 4-20c 中所示。

5)完成修剪,结果如图 4-20d 所示。

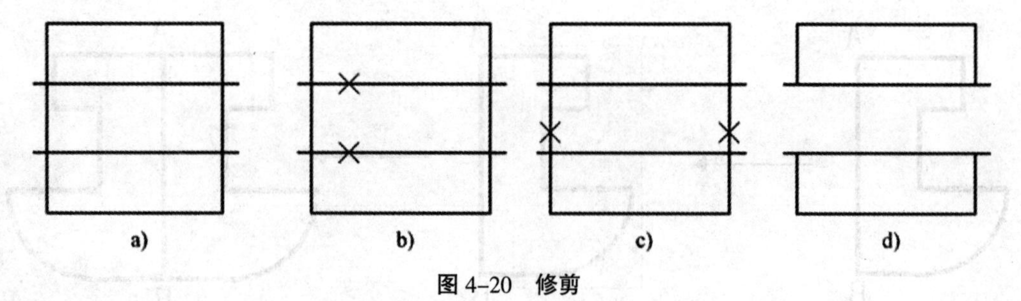

图 4-20 修剪

a)原图 b)选择修剪边 c)选择被修剪边 d) 修剪结果

C. 修剪隐含交点

1)单击"修改"工具栏中的"修剪"按钮。

2)选择剪切边,如图 4-21b 所示,回车。

3)输入 E(边)并回车,

4)回车。

5) 完成修剪,结果如图 4-21d 所示。

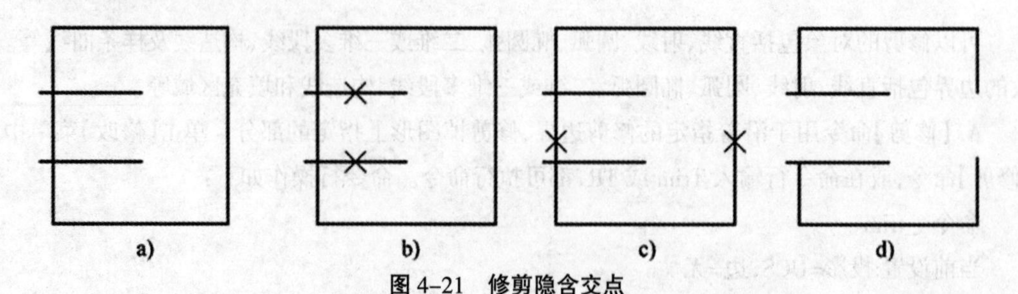

图 4-21 修剪隐含交点

a)原图 b)选择隐含修剪边 c)选择被修剪边 d)修剪结果

D. 修剪复杂对象

1)交叉窗口选择剪切边,选中正方形和直线如图 4-21b 所示。

2)选择要修剪的对象,如图 4-21c 所示。

3)完成修剪,结果如图 4-21d 所示。

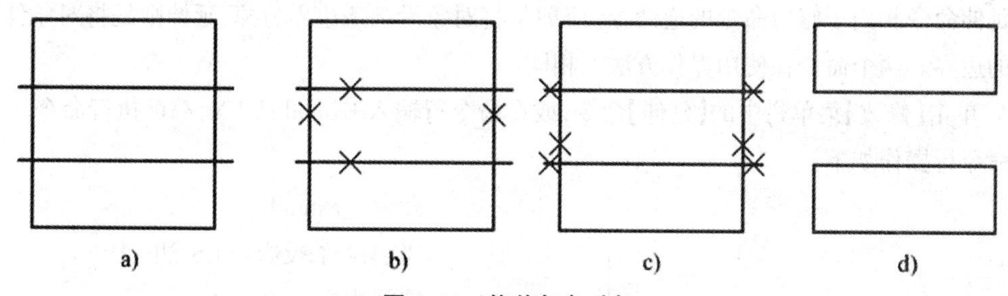

图 4-21　修剪复杂对象

a)原图　b)选择修剪边　c)选择被修剪对象　d) 修剪结果

例 8:如图 4-22 和 4-23 所示,利用修剪命令操作。

启动命令://输入“tr”回车

选择用来修剪的对象://拾取三个 φ68 的圆,按右键确认

选取被修剪的对象://拾取 φ106 的圆与两个 φ84 的圆外侧不需要的部分,

每拾取一段则修剪一条,完成后按回车键退出命令

再次启动修剪命令://输入“tr”回车

选择用来修剪的对象://拾取前一次修剪剩下的三段圆弧,按右键确认

选取被修剪的对象://拾取三个 φ68 的圆内侧不需要的部分,回车完成图形,

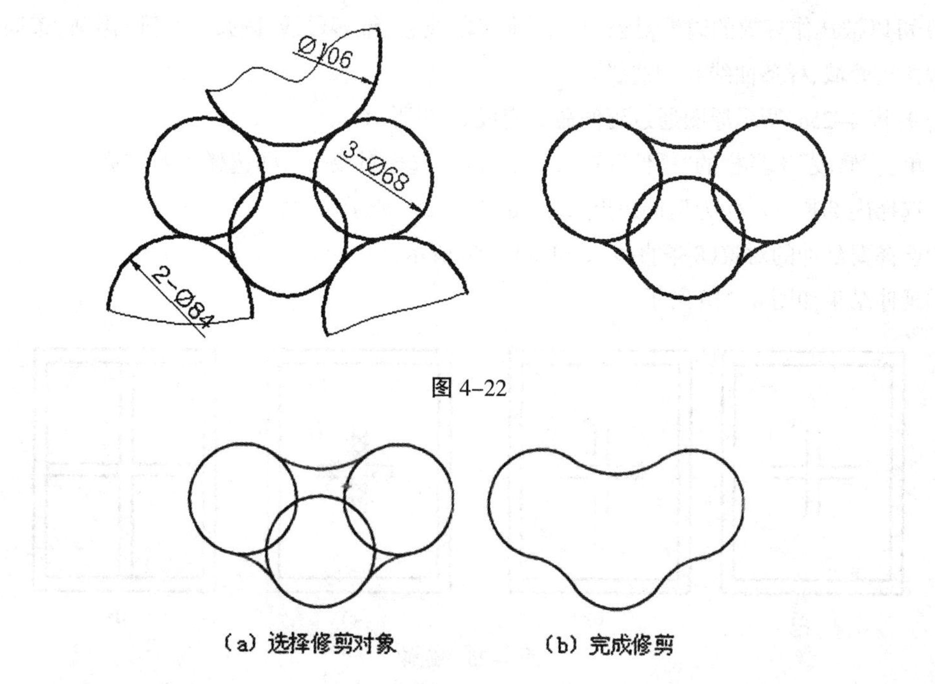

图 4-22

(a) 选择修剪对象　(b) 完成修剪

图 4-23

2、延伸

该命令可以将所选的直线、射线、圆弧、椭圆弧、非封闭的二维或三维多段线延伸到指定的直线、射线、圆弧、椭圆弧、圆、椭圆、二维或三维多段线、构造线和区域等的上面。

延伸命令相当于修剪命令的逆命令。修剪是将对象沿某条边界剪掉，延伸则是将对象伸长至选定的边界。两个命令在使用操作方法上相同。

A. 单击【修改】菜单栏中的【延伸】命令，或在命令行输入 Extend 或 EX，都可执行命令。

命令行操作如下：

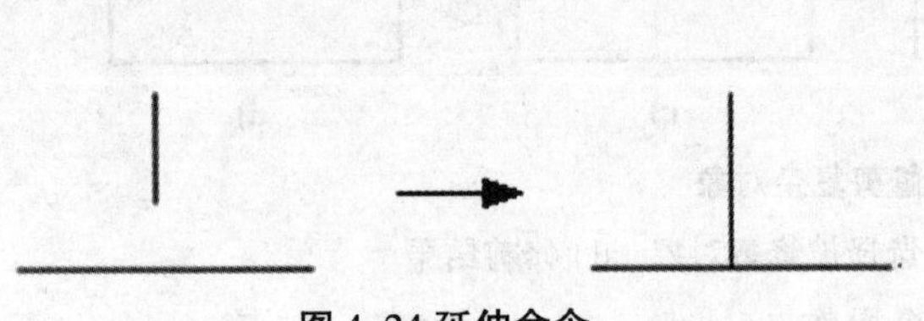

图 4-24 延伸命令

命令: _extend

当前设置:投影=UCS，边=无

选择边界的边...

选择对象或 <全部选择>: //选择水平线段

选择对象: //结束选择

选择要延伸的对象，或按住 Shift 键选择要修剪的对象，或[栏选(F)/窗交(C)/投影(P)/边(E)/放弃(U)]: //在垂直线段的下端单击

选择要延伸的对象，或按住 Shift 键选择要修剪的对象，或[栏选(F)/窗交(C)/投影(P)/边(E)/放弃(U)]: //结束命令

小提示：

1）可被延伸的对象包括：圆弧、椭圆弧、直线、开放的二维多段线和三维多段线以及射线。样条曲线不能延伸。

2）可以被选作有效的边界对象包括二维多段线、三维多段线、圆弧、块、圆、椭圆、布局视口、直线、射线、面域、样条曲线和构造线。

例 9：将 4-25a)所示原图通过延伸命令变成 d)图所示：

1)单击“修改”工具栏的“延伸”按钮，系统提示“选择对象：”，即选择边界对象。

2)选择内部长方形作为延伸边界对象，如图 4-25b 所示。

3)选择要延伸的对象(8 条直线)，如图 4-25c 所示。

4)延伸结果如图 4-25d 所示

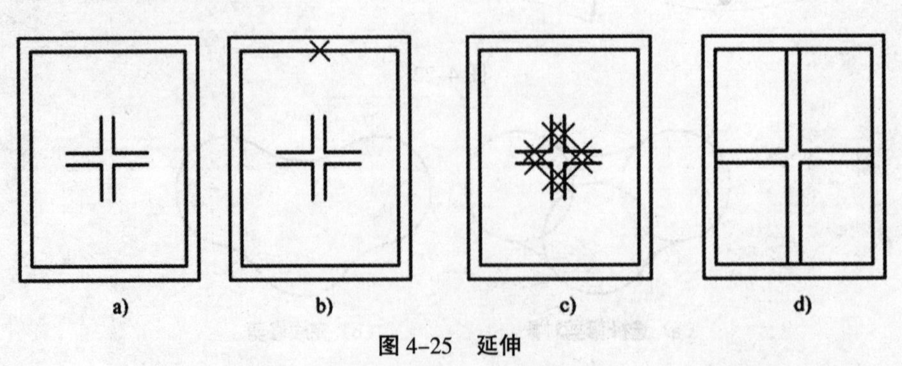

图 4-25 延伸

a)原图 b)选择延伸边界对象 c)选择要延伸对象 d)延伸结果

3、打断

打断命令用于打断所选的对象，即将所选的对象分成两部分，或删除对象上的某一部分。该命令作用于直线、射线、圆弧、椭圆弧、二维或三维多段线和构造线等。

A. 单击【修改】菜单栏中的【打断】命令，或在命令行输入 Break 或 BR，都可执行命令。命令行操作如下：

命令: _break

选择对象: //选择直线段

指定第二个打断点 或 [第一点(F)]: //f，激活【第一点】选项

指定第一个打断点: //捕捉中点作为第一断点

指定第二个打断点: //@50,0，打断结果如图 4-26 所示。

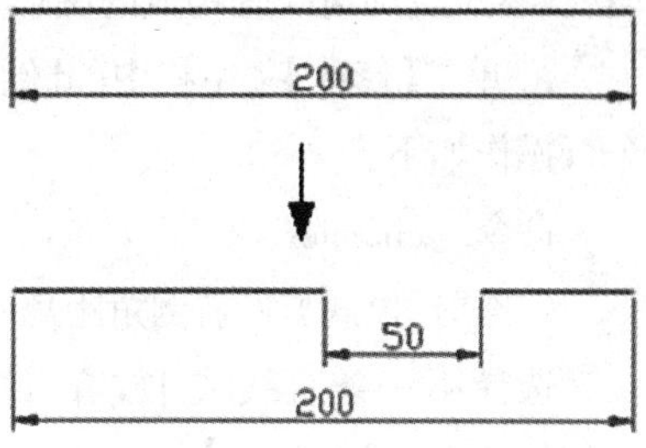

图 4-26

例 10：用打断命令完成如图 4-27 所示图形

1）单击“修改”工具栏中的“打断”按钮。

2）选择要打断的对象(图 4-27b)。

3）在中心线的延长线上(不需特别准确)单击鼠标，即输入了第二个断点，两点之间的线段即可被删除。

4）如果删除的线段需要特别准确，可利用捕捉确定两个断点。

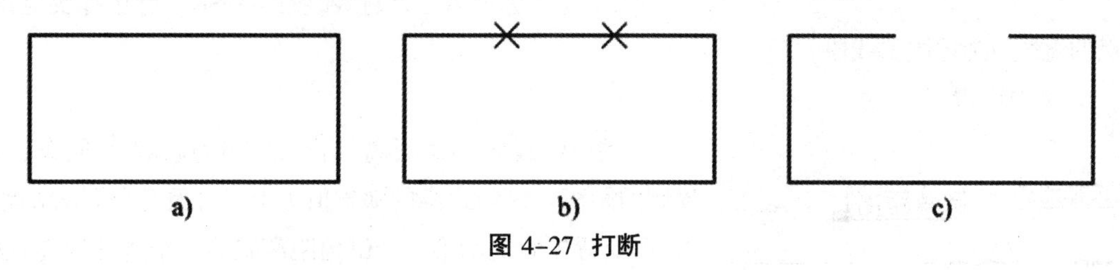

图 4-27 打断

a)原图 b)选择要打断的对象 c)打断结果

B. 打断于点

在“修改”工具栏中单击“打断于点”按钮，可以将对象在一点处断开成两个对象，该命令是从“打断”命令中派生出来的。

1、合并

【合并】命令用于将同角度的两条或多条线段合并为一条线段，将圆弧或椭圆弧合并为一个整圆和椭圆，如图 4-28 所示。

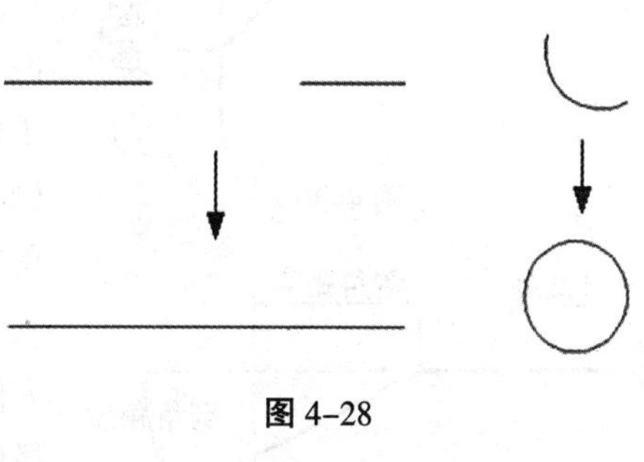

图 4-28

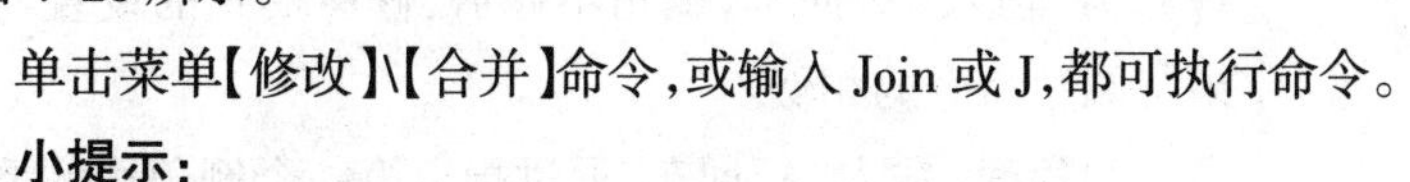

单击菜单【修改】\【合并】命令，或输入 Join 或 J，都可执行命令。

小提示：

1) 源对象只有一个，可以是一条直线、多段线、圆弧、椭圆弧、样条曲线或螺旋。

2) 选择一个或多个对象,完成后确认,会发现合并后多个对象合并成为一个对象。要合并到源的对象根据前面所选的源对象确定对象的属性。

4、倒角

倒角是通过延伸或修剪使两个非平行的直线类对象相交或利用斜线连接。可以对由直线、多段线、参照线和射线等构成的图形对象进行倒角。

A. 单击【修改】菜单栏中的【倒角】命令,或在命令行输入 Chamfer 或 CHA ,都可执行命令。命令行操作如下:

命令: _chamfer

(“修剪”模式) 当前倒角距离 1 = 0.0000,距离 2 = 0.0000

选择第一条直线或 [放弃(U)/多段线(P)/距离(D)/角度(A)/修剪(T)/方式(E)/多个(M)]: //d,激活【距离】选项

指定第一个倒角距离 <0.0000>: //150,设置第一倒角长度

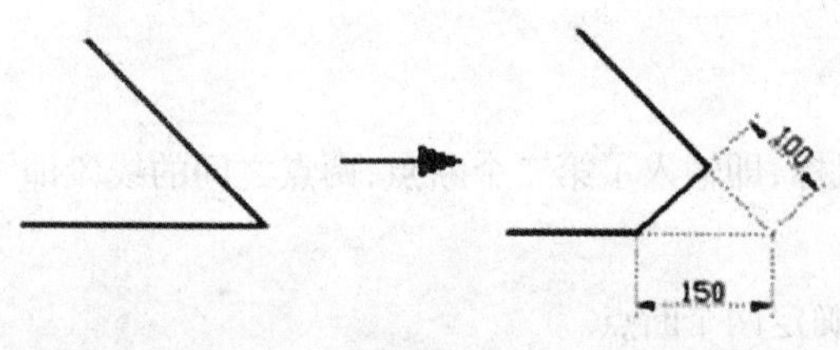

图 4-29 倒角

指定第二个倒角距离 <25.0000>: //100,设置第二倒角长度

选择第一条直线或 [放弃(U)/多段线(P)/距离 (D)/角度 (A)/修剪 (T)/方式 (E)/多个(M)]: //选择水平线段

选择第二条直线,或按住 Shift 键选择要应用角点的直线://选择倾斜线段

B. 选项设置

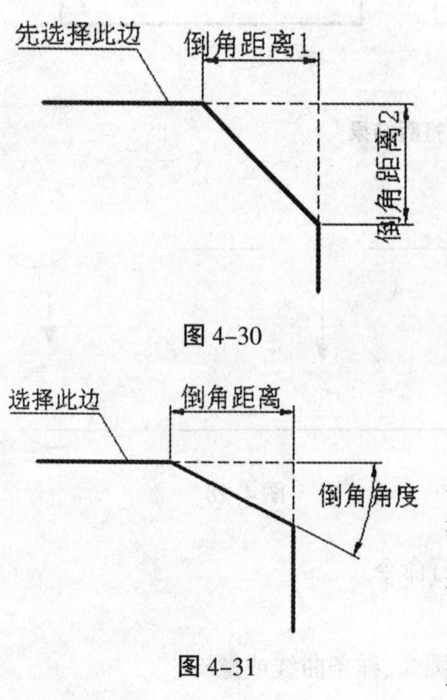

图 4-30

图 4-31

1)距离 设置倒角距离:启动命令后输入“D”回车,设置倒角距离。倒角距离的缺省值为上一次倒角所设置的距离。命令行先后提示第一个倒角距离和第二个倒角距离。命令行中所提示的倒角距离是指倒角后两个打断点与原角度顶点的距离,而不是倒角形成的斜线长度,如图 4-30 所示。两个倒角距离一般相等,因为一般倒角的角度都是 45°,如工程图中经常标注的 C2、C1.5 等,但也有时不相等。当两个倒角距离不相等时, 先选择的那一边形成的倒角距离为倒角距离 1,后选择的那一边形成的倒角距离为倒角距离 2。

2)修剪 设置修剪模式:输入“T”回车,命令行提示:输入修剪模式选项 [修剪(T)/不修剪(N)] <修剪>。输入“T”选择修剪,输入“N”回车,倒角不修剪,修剪模式的设置与效果与圆角命令的相似。

3)角度 输入“A”回车,通过指定第一个倒角边的倒角距离和倒角形成的斜线与第一条边的夹角来设定倒角。根

据命令行提示先后输入第一个倒角边的距离和角度。如图 4-31 所示。

4)方式　输入“E”回车,选择倒角的方式,是以指定倒角距离的方式(D 选项)还是以倒角角度(A 选项)的方式。

5)多段线　倒角的对象是矩形、多边形、多段线等对象时,可以输入“P”回车,AutoCAD 以多段线的形式处理对象,即只起动一次命令,一次选择对象,将每个角均倒角。当然,对于以上对象也可以以一般的对象处理,但一次选择对象只能倒一个角。

6)多个　输入“M”回车,一次启动命令可以多次选择对象,倒角多个,直到按回车键退出命令。

5、圆角

倒圆角是通过一个指定半径的圆弧光滑连接两个对象。可以进行倒圆角的对象有直线。多段线的直线段、样条曲线、构造线、射线、圆、圆弧和椭圆。直线、构造线和射线在相互平行时也可倒圆角,圆角半径由 AutoCAD 自动计算。

A. 单击【修改】菜单中的【圆角】命令,或在命令行输入 Fillet 或 F,都可执行命令。命令行执行如下:

命令: _fillet

当前设置: 模式 = 修剪,半径 = 0.0000

选择第一个对象或 [放弃(U)/多段线(P)/半径(R)/修剪(T)/多个(M)]: //r,激活【半径】选项

指定圆角半径 <0.0000>: //100,设置圆角半径

选择第一个对象或 [放弃(U)/多段线(P)/半径(R)/修剪(T)/多个(M)]: //选择倾斜线段

选择第二个对象，或按住 Shift 键选择要应用角点的对象: //选择圆弧

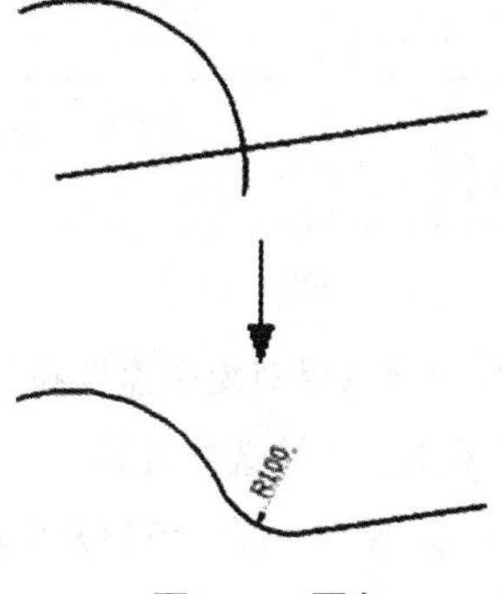

图 4-32　圆角

B. 选项设置

启动命令后,命令行提示:选择第一个对象或 [放弃(U)/多段线(P)/半径(R)/修剪(T)/多个(M)]。

1)半径　设置圆角半径　输入“R”回车,再输入半径值回车。

2)修剪　设置修剪模式　输入“T”回车,命令行提示确定修剪模式:输入修剪模式选项 [修剪(T)/不修剪(N)] <修剪>。输入“T”选择修剪,输入“N”回车,圆角不修剪,。

3)多段线　需要倒圆角的对象是矩形、多边形、多段线等对象时,可以输入“P”回车,AutoCAD 系统会对对象以多段线的形式处理,即只起动一次命令,一次选择对象,将每个角均圆角。对于以上对象也可以以一般的对象处理,但一次选择对象只能圆一个角。

4)多个　输入“M”回车,一次启动命令可以多次选择对象,倒圆角多个,直到按回车键退出命令。

5)、6)项与倒角的意义相同

第三节　更改位置及形状

1、拉伸

拉伸图形命令可以拉伸对象中选定的部分,没有选定的部分保持不变。在使用拉伸图形命令时,图形选择窗口外的部分不会有任何改变; 图形选择窗口内的部分会随图形选择窗口的移动而移动,但也不会有形状的改变,只有与图形选择窗口相交的部分会被拉伸。

A.【拉伸】命令用于通过拉伸图形中的部分元素,达到修改图形的目的。单击【修改】菜单栏中的【拉伸】命令,或在命令行输入 Stretch 或 S,都可执行命令。命令行操作如下:

命令: _stretch

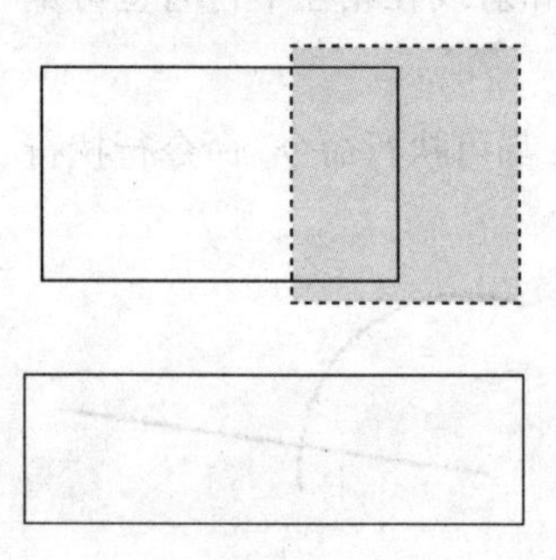

图 4-33

以交叉窗口或交叉多边形选择要拉伸的对象...

选择对象: //拉出如左图所示的窗交选择框

选择对象: //结束选择

指定基点或 [位移(D)] <位移>: //捕捉矩形左下角点

指定第二个点或 <使用第一个点作为位移>: /捕捉矩形右下角点,拉伸结果如图 4-33 所示

小提示:

1）屏幕中选择对象,一次只能选择拉伸一个对象。拉伸对象时,只能选择对象中需要拉伸的部分,不能将对象全部选择,若全部选择,则成移动对象,因此,需要采用窗交的选择方式。

2）直线: 位于窗口外的端点不动,位于窗口内的端点移动。

3）圆弧: 与直线类似,但在圆弧改变的过程中,圆弧的弦高保持不变,同时由此来调整圆心的位置和圆弧起始角、终止角的值。

4）区域填充: 位于窗口外的端点不动,位于窗口内的端点移动。

5）多段线: 与直线或圆弧相似，但多段线两端的宽度、切线方向以及曲线拟合信息均不改变。

例 11:完成如图 4-34 所示的操作:

1)单击“修改”工具栏内的“拉伸”按钮。

2)用交叉窗口(1,2)确定拉伸对象,如图 4-34b 所示。

3)指定拉伸的基点(点 P)和位移量(线段 PR),如图 4-34c 所示。

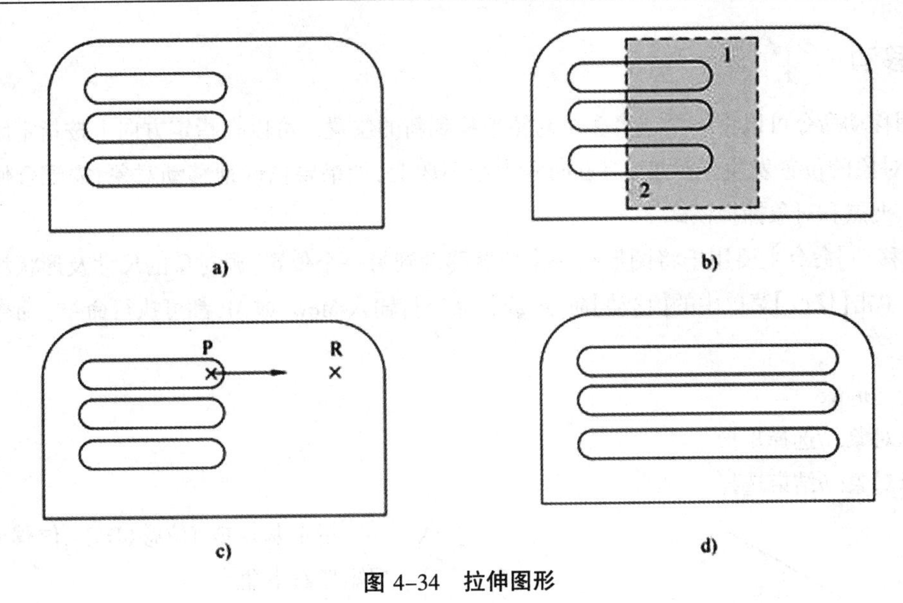

图 4-34　拉伸图形

a)原图　b)以交叉窗口方式选目标　c)定基点和第二点　d)结果

2、拉长

非闭合的直线、圆弧、多段线、椭圆弧和样条曲线的长度可以通过拉长改变，还可以改变圆弧的角度。

A.【拉长】命令主要用于更改直线的长度或弧线的角度。单击【修改】菜单栏中的【拉长】命令，或在命令行输入 Lengthen 或 LEN，都可执行命令。命令行操作如下：

命令: _lengthen

选择对象或 [增量(DE)/百分数(P)/全部(T)/动态(DY)]: //DE

输入长度增量或 [角度(A)] <0.0000>: //50

选择要修改的对象或 [放弃(U)]: //在直线左端单击左键

选择要修改的对象或 [放弃(U)]: //结束命令，结果如图 4-35 所示

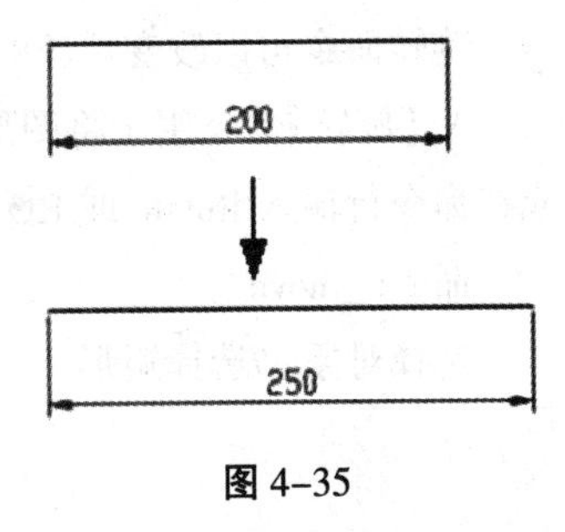

图 4-35

B. 操作说明

1)“增量(DE)”选项: 以增量方式修改圆弧的长度。

2)“百分数(P)”选项: 以相对于原长度的百分比来修改直线或者圆弧的长度。

3)“全部(T)”选项: 以给定直线新的总长度或圆弧的新包含角来改变长度。

4)“动态(DY)”选项: 允许用户动态地改变圆弧或者直线的长度。

小提示：拉长对象可以调整非封闭对象大小，使其在一个方向上是按比例增大或缩小，可以通过移动端点、顶点或控制点来拉伸某些对象，可以更改圆弧的包含角和某些对象的长度，还可以修改开放直线、圆弧、开放多段线、椭圆弧和开放样条曲线的长度。

3、移动

使用移动命令可以将一个或者多个对象平移到新的位置，可以在指定方向上按指定距离移动对象，对象的位置发生了改变，但方向和大小不改变，如果要精确地移动对象，需配合使用捕捉、坐标、夹点和对象捕捉模式。

A.【移动】命令主要用于将图形从一个位置移动到另一个位置，源对象的尺寸及形状均不发生变化。单击【修改】菜单中的【移动】命令，或在命令行输入 Move 或 M，都可执行命令。命令行操作如下：

命令: _move

选择对象: //选择矩形

选择对象: //结束选择

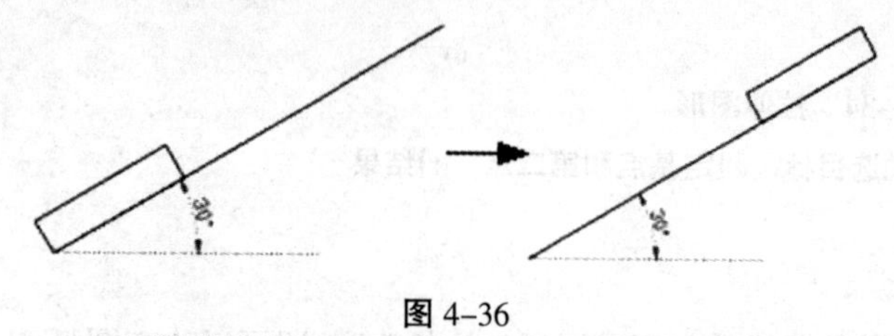

图 4-36

指定基点或 [位移(D)] <位移>: //捕捉矩形右下角点

指定第二个点或 <使用第一个点作为位移>: //捕捉斜线的上端点，结果如图 4-36 所示。

B. 操作说明

1）基点是在移动对象过程中，光标所在的点为基点。

2）目标点是放置新位置的点。目标点确定后，移动完成，自动退出命令。

1、旋转

旋转命令可以改变对象的方向，并按指定的基点和角度定位新的方向。

A.【旋转】命令用于将图形围绕指定的基点进行旋转。单击【修改】菜单栏中的【旋转】命令，或在命令行输入 Rotate 或 RO，都可执行命令。命令行操作如下：

命令: _move

选择对象: //选择矩形

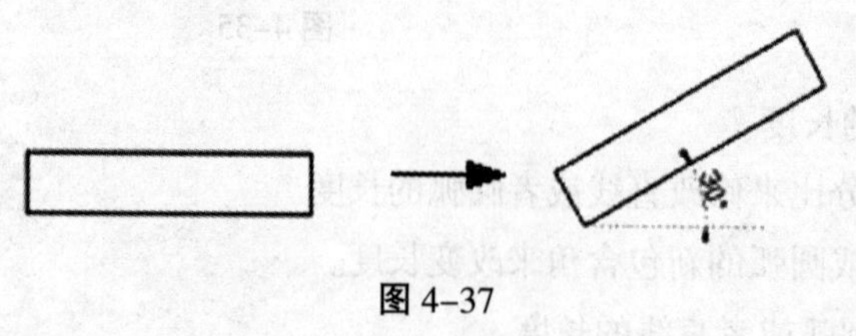

图 4-37

选择对象: //结束选择

指定基点或 [位移(D)] <位移>: //捕捉矩形右下角点

指定第二个点或 <使用第一个点作为位移>: //捕捉斜线的上端点，结果如图 4-37 所示。

例 12：如图 4-38 所示，旋转实线图形，使之与中心线方向一致。

启动命令：//输入 Ro 回车

选择对象：//窗口选择粗实线部分

选择基点：//拾取 A 点

指定旋转角度[或参照(R)]：//输入 R 回车

指定参照角://先后拾取 A 点与 O 点

指定新角度://拾取 B 点

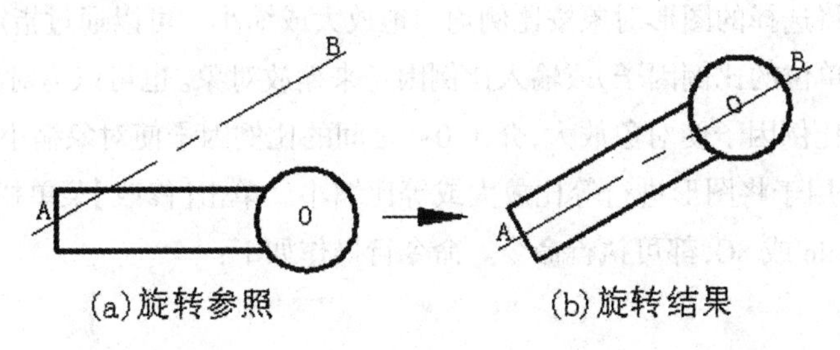

图 4-38

例 13:绘制如图 4-39 所示。

绘制水平直线 AB 及斜线 AD

以 D 点为第一点,绘制水平线 AC=15

以 D 为圆心,拾取 B 点,以 DB 为半径画圆

以 C 点为起点,保证 140°角度绘制斜线,与圆相交

启动旋转命令,以 D 为基点,输入 R 采用参照方式确定角度,先后拾取 D 点,斜线与圆的交点,B 点。

最后修剪多余线段,完成绘图。

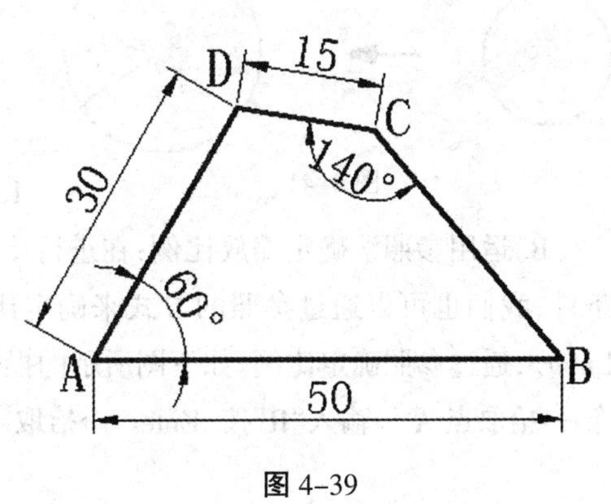

图 4-39

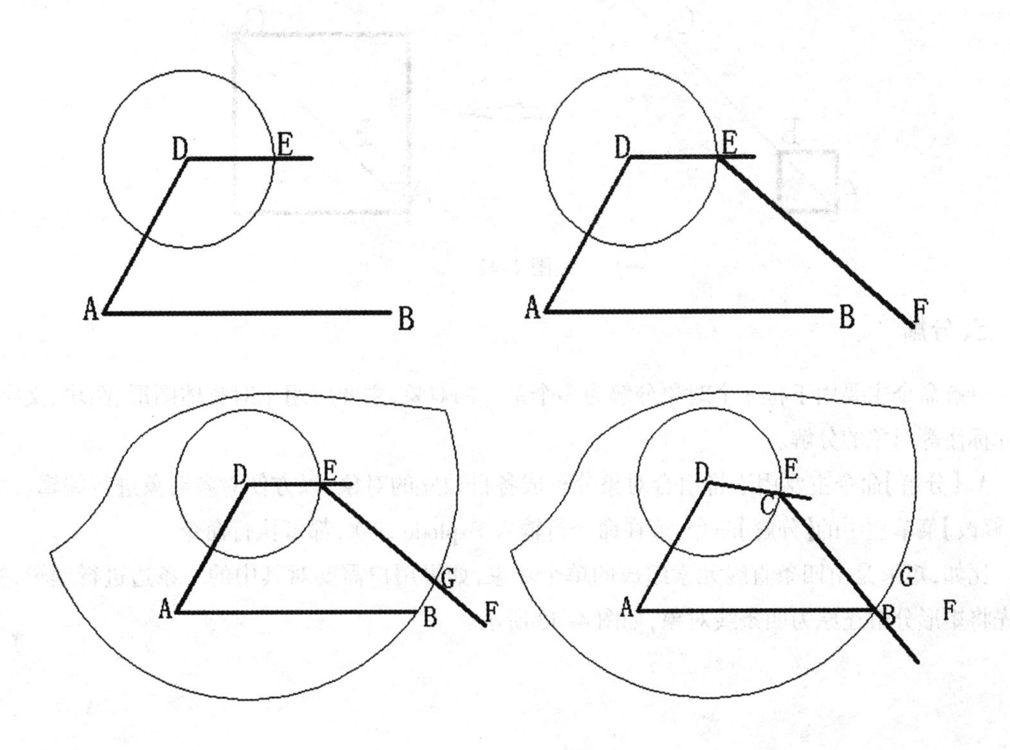

图 4-40 绘制过程

4、缩放

缩放命令是指将选择的图形对象按比例均匀地放大或缩小。可以通过指定基点和长度（被用做基于当前图形单位的比例因子）或输入比例因子来缩放对象。也可以为对象指定当前长度和新长度。大于 1 的比例因子使对象放大，介于 0~l 之间的比例因子使对象缩小。

A.【缩放】命令用于将图形进行等比放大或等比缩小。单击【修改】菜单栏中的【缩放】命令，或在命令行输入 Scale 或 SC，都可执行命令。命令行操作如下：

命令: _scale

选择对象: //选择圆

选择对象: //结束选择

指定基点: //捕捉圆心

指定比例因子或 [复制(C)/参照(R)] <1.0000>: //1.5，结束命令，结果如图 4-41 所示

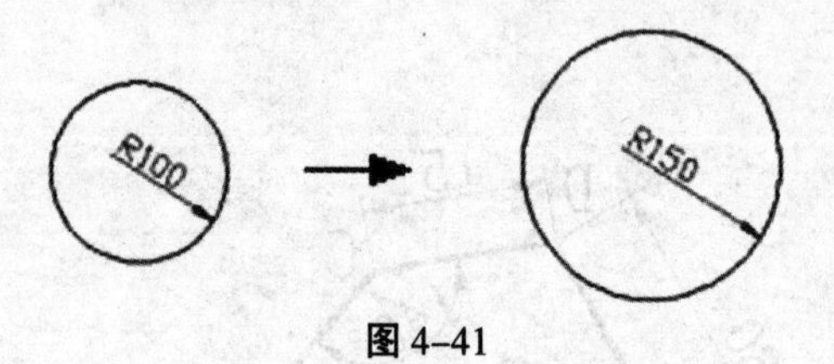

图 4-41

B. 运用参照法确定缩放比例：在进行比例缩放时，有时不知道具体比例值，只知道一些参照条件，我们也可以通过参照的方式来确定比例因子 。当命令行提示给定比例时，输入“R”按<Enter>，通过参照确定比例。如下图所示的操作：输入“sc”<Enter> →选择小正方形，选择完成后回车 →拾取点 A →输入“R”按<Enter>→拾取 A 点 →拾取 B 点 →拾取 C 点 。结果如图 4-42

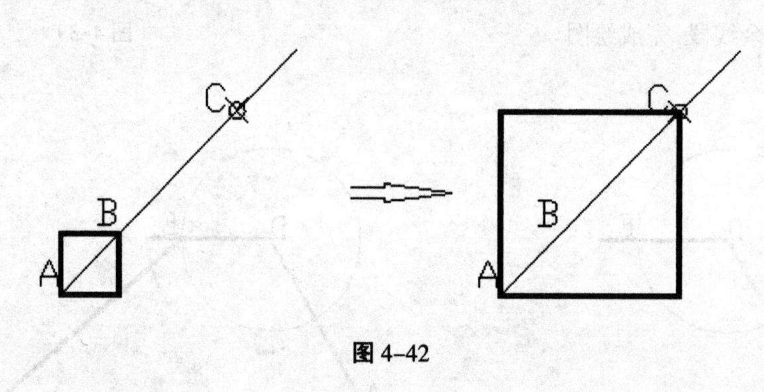

图 4-42

5、分解

分解命令主要用于将一个对象分解为多个单一的对象，主要应用于对整体图形、图块、文字、尺寸标注等对象的分解。

A.【分解】命令主要用于将组合对象分解成各自独立的对象，以方便对各对象进行编辑。单击【修改】菜单栏中的【分解】命令，或在命令行输入 Explode 或 X，都可执行命令。

比如，矩形是由四条直线元素组成的单个对象，如果用户需要对其中的一条边进行编辑，则首先将矩形分解还原为四条线对象，如图 4-43 所示。

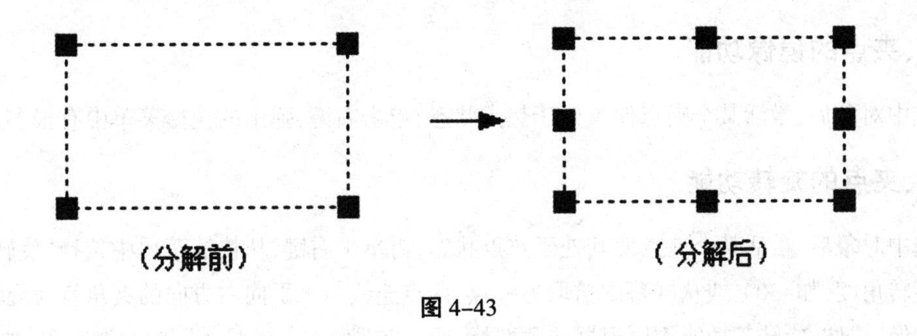

图 4-43

第四节　夹点编辑

夹点是选中对象后，对象上的一些特殊点，如圆心、象限点、端点、中点等。用户可以通过“选项”对话框的“选择”选项按钮来设置夹点。

对于不同的图形特征，不同位置的夹点，在编辑图形时所起的作用也不同，通常，运用夹点用得较多的编辑方式是拉伸、移动、缩放、镜像、旋转等。

1、夹点的拉伸功能

选中直线、多边形、矩形、椭圆、多段线以及样条线等，激活直线两端夹点、矩形或多边形的顶点、多段线或样条线的端点或节点、椭圆上的四顶点，移动鼠标，可以拉伸对象，如图 4-44 所示。

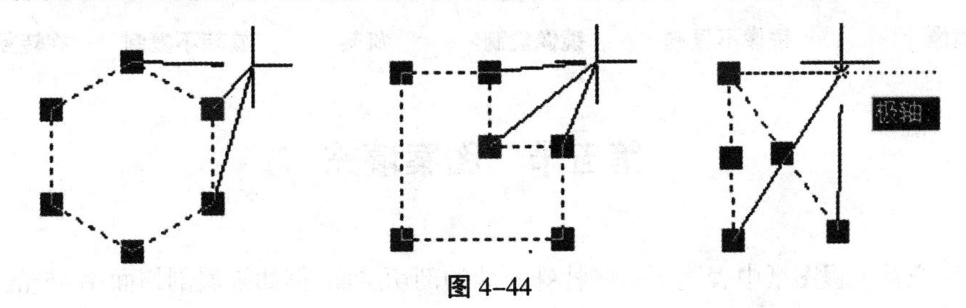

图 4-44

2、夹点的移动功能

选中直线、构造线、圆、椭圆等对象后，再激活直线或构造线的中间夹点、圆或椭圆的中心夹点，移动鼠标，可以移动对象，如图 4-45 所示。

3、夹点的缩放功能　选中圆等对象后，激活象限点上的夹点，移动鼠标，可缩小或放大对象 。如图 4-46 所示

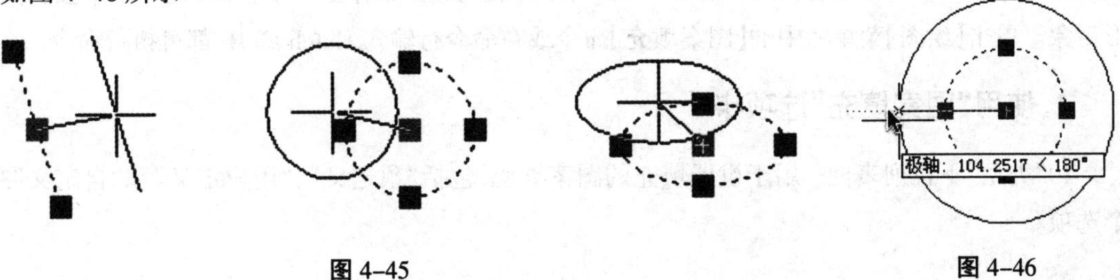

图 4-45　　图 4-46

3、夹点的镜像功能

选中对象后，激活某个夹点使其处于热点状态，单击右键，弹出的快捷菜单中有很多选项 。

4、夹点的旋转功能

选中对象后，激活某个夹点使其处于热点状态，再单击右键，从快捷菜单中选择“旋转”选项，输入旋转角度（如-30），或从屏幕中拾取另一点，两点连线与水平向右方向的夹角就为旋转角。

镜像、拉伸、旋转等功能均可根据选项选择，输入“C”按<Enter>是否同时复制对象，如图 4-47 所示。

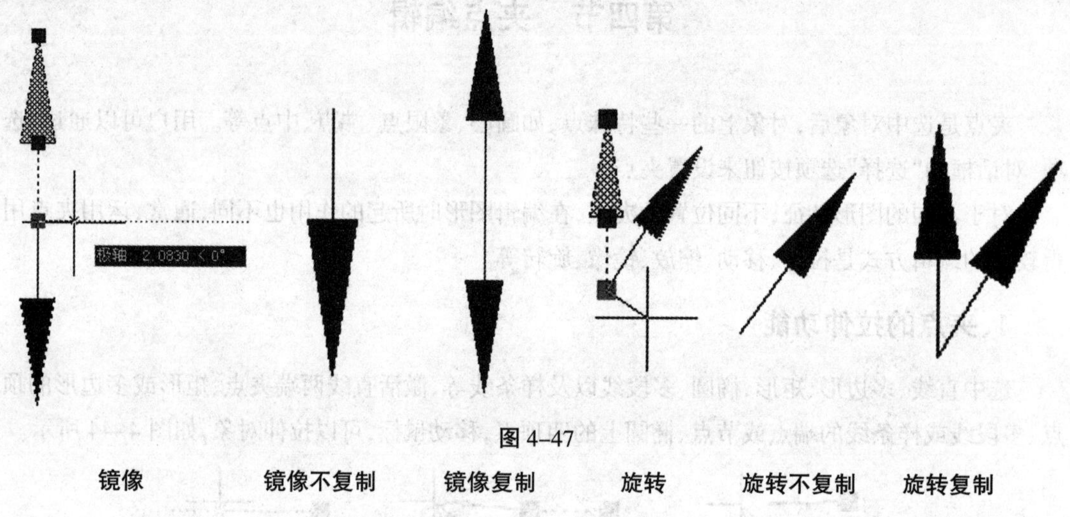

图 4-47

第五节 图案填充

图案填充在工程图纸中表达了一些特殊质地的剖切层面，例如金属剖切面用 45°的细实斜线表示。在 AutoCAD 中的操作是将事先设好的封闭图形作基本图形元素，填入一种表达一定意义的图案

AutoCAD 为用户提供了图案填充功能。在进行图案填充时，用户需要确定的内容有三个：一是填充的区域，二是填充的图案，三是图案填充方式。

【图案填充】命令主要用于为封闭区域填充矢量图案。所谓“图案”，指的就是由多种类型的矢量线条构成的一个图案集合。另外，AutoCAD 将填充后的图案看作是一个整体，是一个单独的图形对象。单击【绘图】菜单栏中的【图案填充】命令或在命令行输入 Hatch 或 H，都可执行命令。

1、使用“图案填充”选项卡

1）“类型”下拉列表框：用于设置填充的图案类型，包括“预定义”、“用户定义”和“自定义”3 个选项。

2)“图案”下拉列表框：当在“类型”下拉列表框中选择“预定义”选项时，该下拉列表框才可用，并且该下拉列表框主要用于设置填充的图案。

3)“样例”预览窗口：用于显示当前选中的图案样例。

4)“自定义图案”下拉列表框：当填充的图案采用“自定义”类型时，该选项才可用。

5)“角度”下拉列表框：用于设置填充的图案旋转角度，每种图案在定义时的旋转角度都为零。

6)“比例”下拉列表框：用于设置图案填充时的比例值。

7)“相对图纸空间”复选框：用于决定该比例因子是否为相对于图纸空间的比例。

8)“间距”文本框：用于设置填充平行线之间的距离，当在“类型”下拉列表框中选择“用户自定义”选项时，该选项才可用。

9)“ISO 笔宽”下拉列表框：用于设置笔的宽度，当填充图案采用 ISO 图案时，该选项可用。

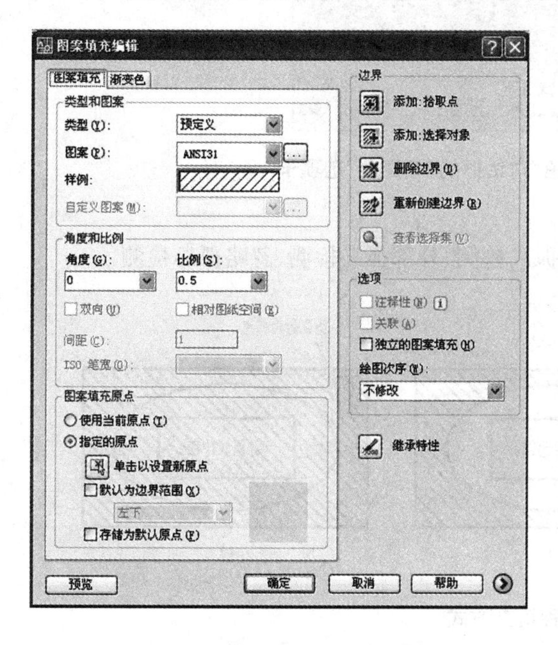

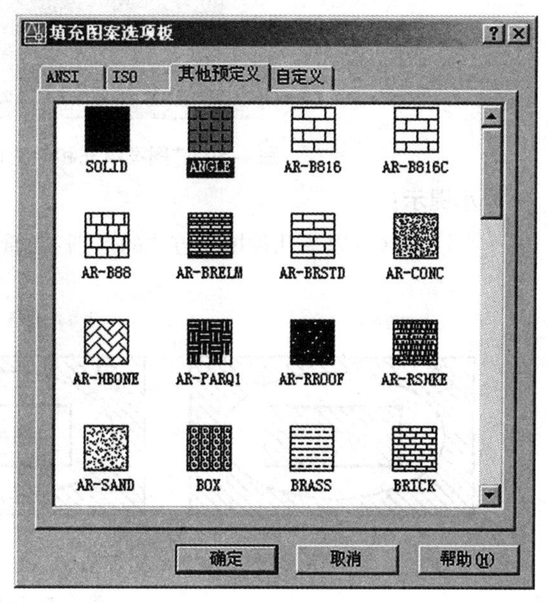

图 4-48　“图案填充和渐变色”对话框图　　4-49【图案】下拉列表

2、使用“渐变色”选项卡

1)“单色”单选按钮：选中该单选按钮，可以使用由一种颜色产生的渐变色来填充图形。

2)“双色”单选按钮：选中该单选按钮，可以使用两种颜色产生的渐变色来填充图形。

3)“渐变图案”预览窗口：显示了当前设置的渐变色效果。

4)“居中”复选框：选中该复选框，所创建的渐变色为均匀渐变。

5)“角度”下拉列表框：用于设置渐变色的角度。

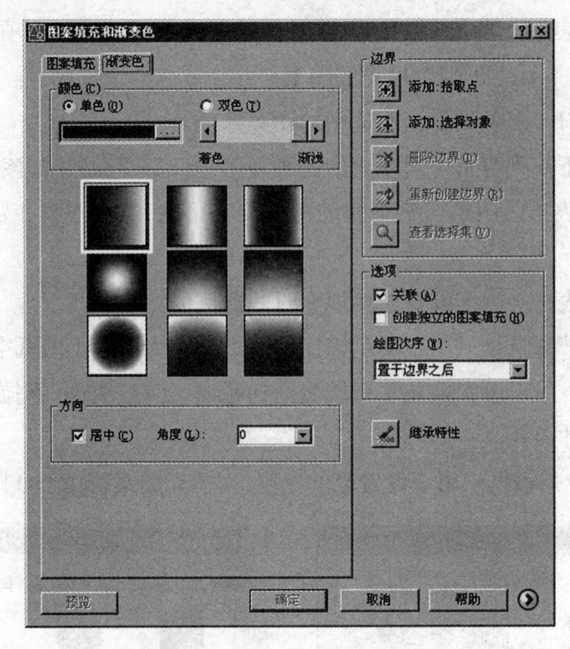

图 4-50 “图案填充和渐变色”对话框的“渐变色”选项卡

小提示:

要注意区分以下几种填充方式的区别:普通孤岛检测、外部孤岛检测、忽略孤岛检测

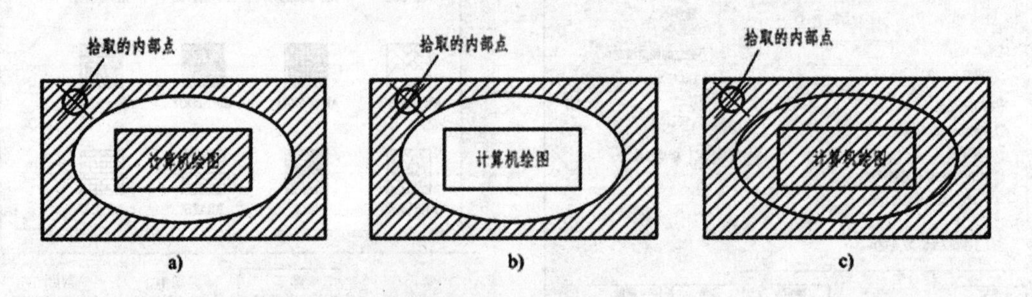

图 4-51 三种填充方式

a)普通孤岛检测 b)外部孤岛检测 c)忽略孤岛检测

例 14:不同比例的图案填充

1)点取“图案填充”按钮,屏幕弹出如图 4-48 所示的“图案填充和渐变色”对话框。

2)单击“类型”右侧的下拉框中,选择“预定义”。

3)单击“图案”右侧按钮,选择所需要的填充图案。

4)在“比例”框内分别输入 1、0.1 和 0.05。

5)点取“拾取点”按钮,

6)在图形最外轮廓线内部单击鼠标左键,此时图线以高亮显示。

7)回车,结束填充区域的选择。

8)点取“确定”按钮,完成图案填充。

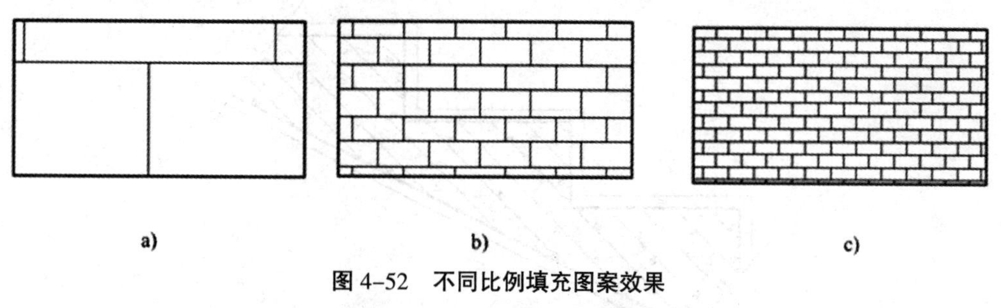

图 4-52　不同比例填充图案效果

a)比例=1　b)比例=0.1　c)比例=0.05

例 15:钢筋混凝土图例

1)采用 1:10 的比例绘制钢筋混凝土楼梯踏步(规格 300mm×150mm),如图 4-53 所示。

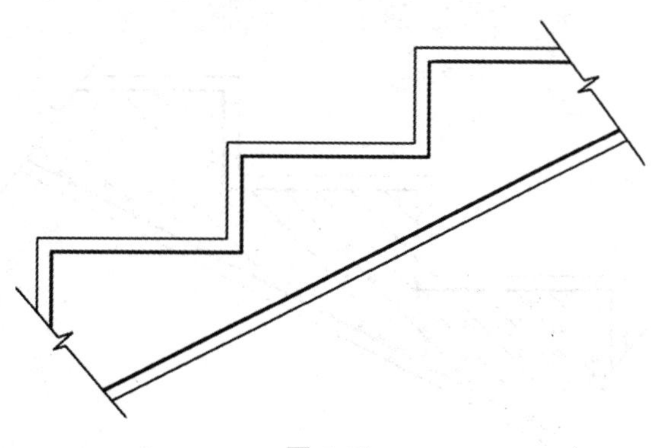

图 4-53

2)单击“图案填充”命令,在“图案填充和渐变色”对话框中,选择图案“ANSI31”输入“比例”600,单击“添加: 拾取点”命令回到图面,在图框内任一处单击一下,回到对话框单击“确定”按钮,填充斜线如图 4-54 所示。

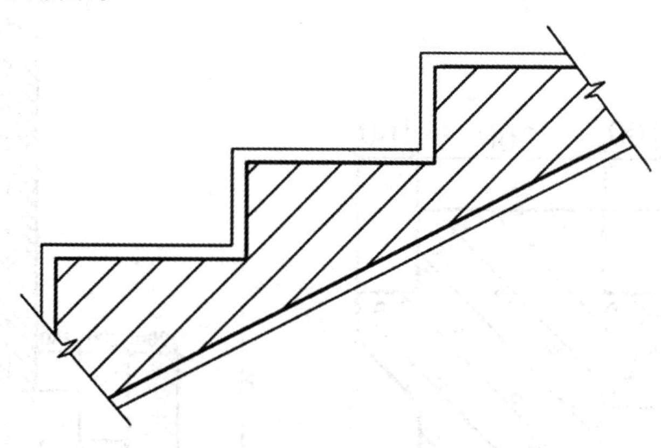

图 4-54

3)按照上述方法,继续单击“图案填充”命令,选择图案“AR-CONC”,设定“比例”为 30,填充混凝土图例,完成钢筋混凝土图例填充,如图 4-55 所示。

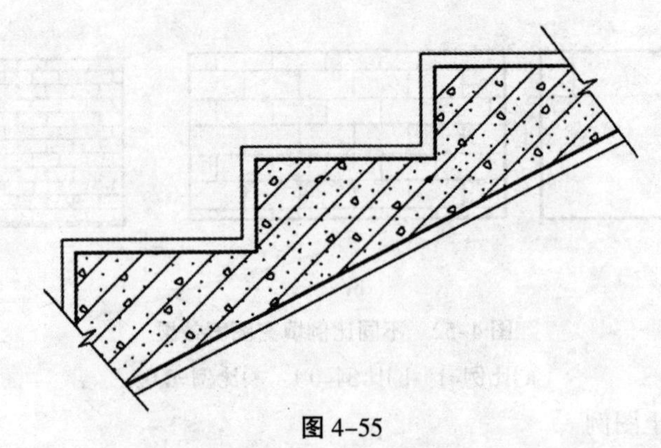

图 4-55

4)再使用“图案填充”命令，选择图案“AR-SAND”，设定“比例”为 20，填充砂浆面层图例，如图 4-56。

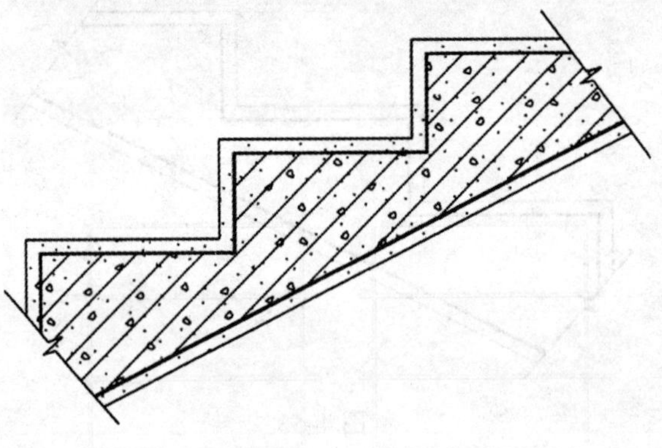

图 4-56

练一练：完成图 4-57、4-58 所示的图形

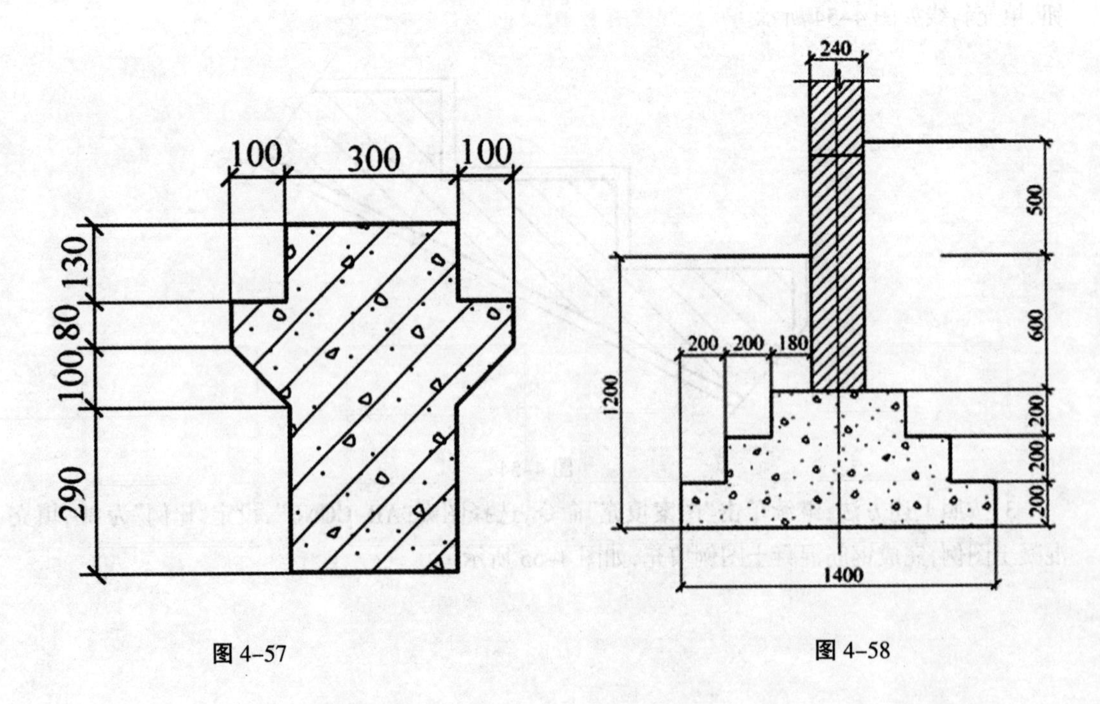

图 4-57

图 4-58

小结：

通过本章的二维图形编辑方法的介绍与学习，读者对二维图形的编辑命令已有了较全面的了解，并掌握各种编辑方法和使用技巧，为读者接下来的精确制图做好了充分的准备。希望读者通过本章学习后，能够反复练习并达到举一反三的目的。

习题：

1、使用二维编辑命令把左图编辑成右图

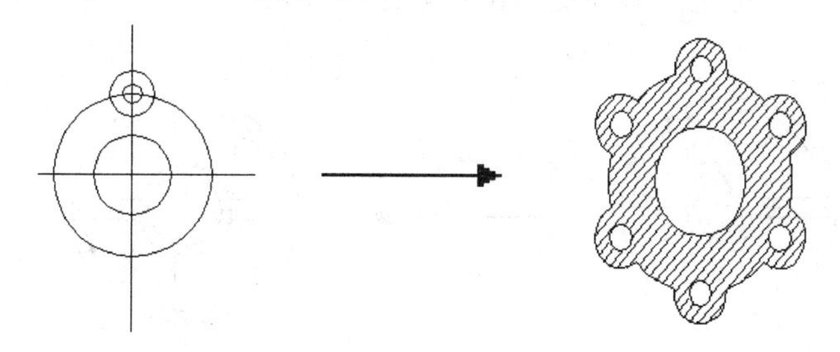

2、使用二维编辑命令把左图编辑成右图，图中外围一条粗实线，线宽为 0.05 的封闭多义线。

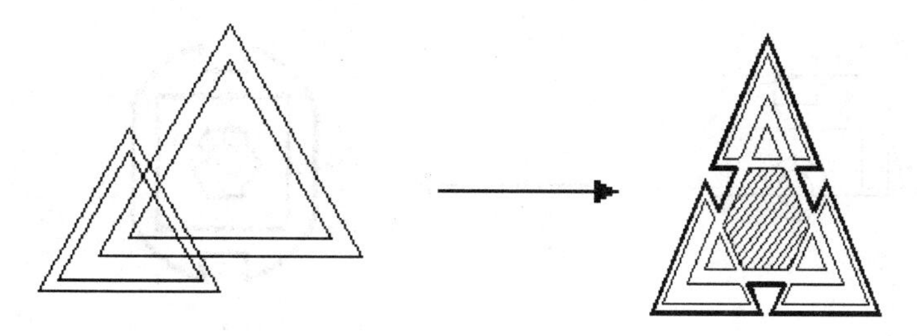

3、使用二维编辑命令把左图编辑成右图

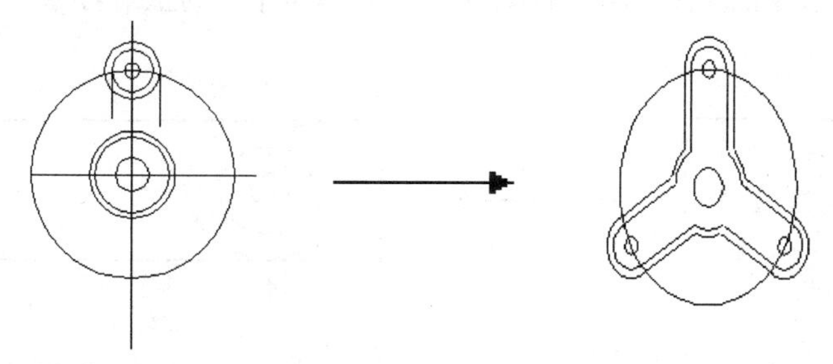

4、使用二维编辑命令把上图编辑成下图，整个图形以水平线为上下对称。

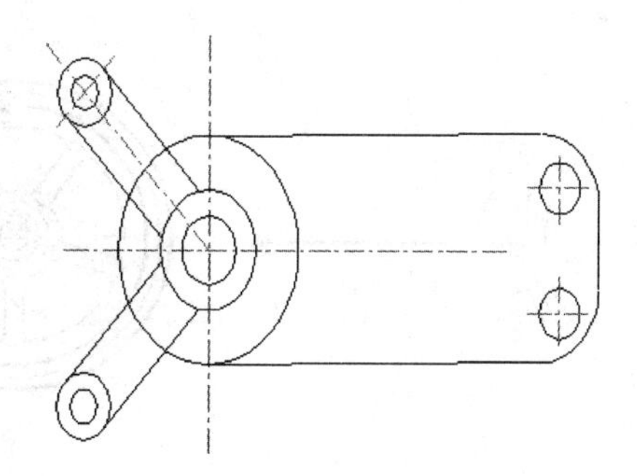

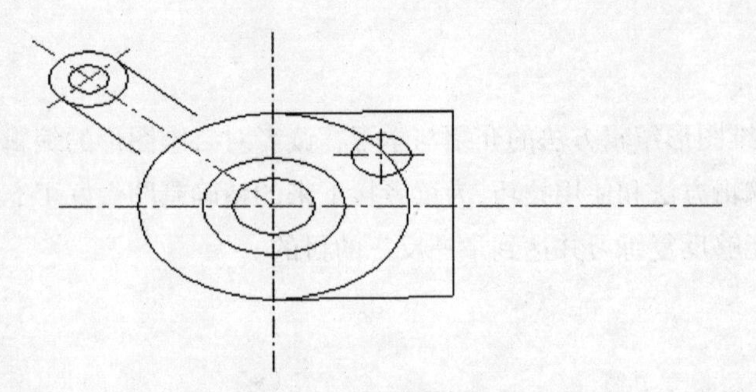

5、使用二维编辑命令把左图编辑成右图,缩放比例为 1.5

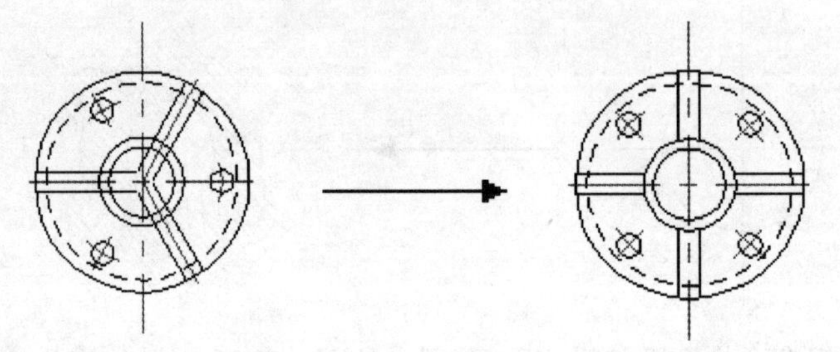

6、使用二维编辑命令把左图编辑成右图,图中粗实线的线宽为 0.1

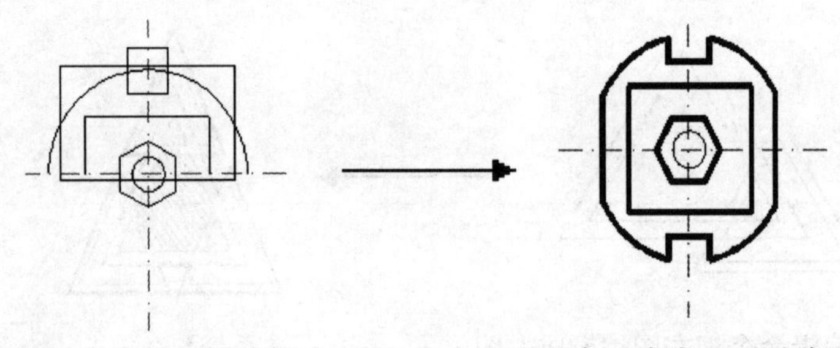

7、使用二维编辑命令把左图编辑成右图,整个图形以水平线为上下对称。

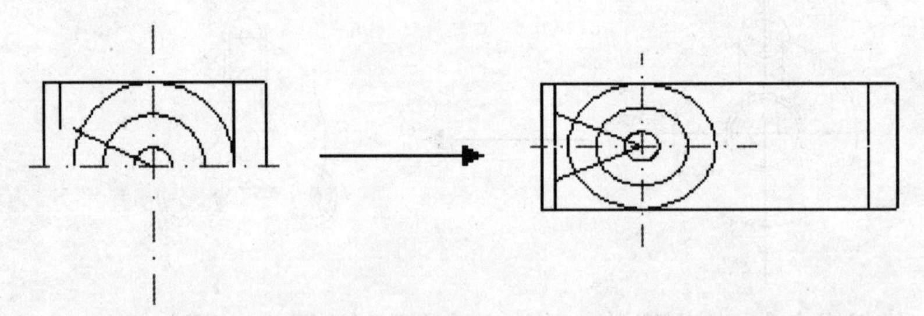

8、使用二维编辑命令把左图编辑成右图,整个图形以垂直中心线为左右对称。多义线的线宽均为 0.03

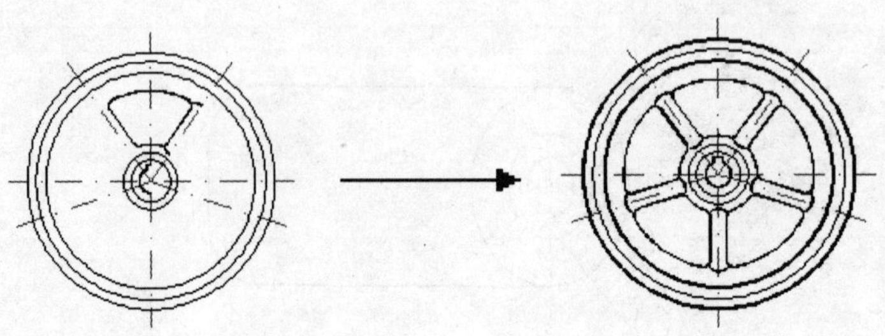

9、使用二维编辑命令把左图编辑成右图,图中粗实线线宽为 0.03

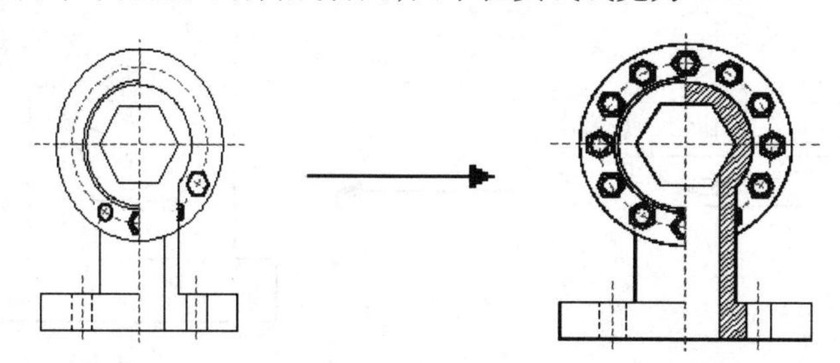

10、使用二维编辑命令把上图编辑成下图，整个图形以水平线为上下对称，粗实线线宽为 0.05

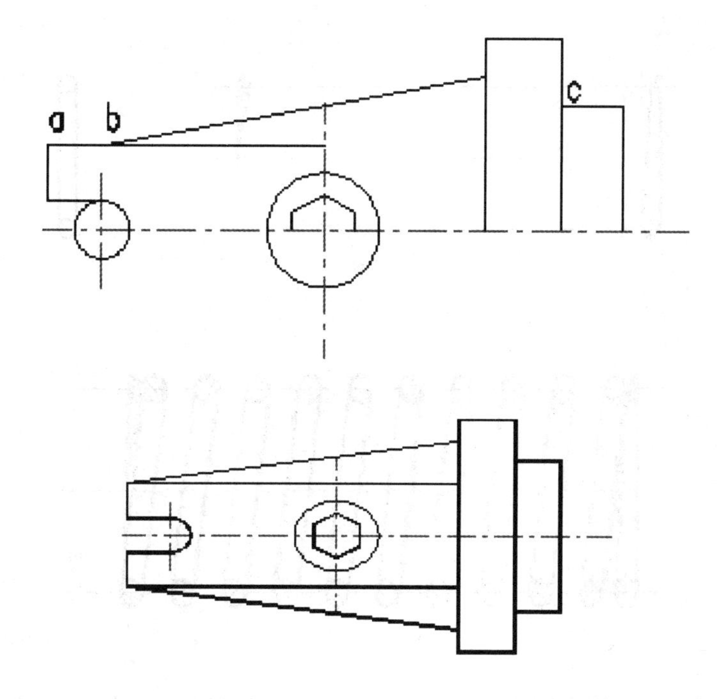

11、使用二维编辑命令把左图编辑成右图,整个图形以垂直中心线为左右对称。多义线的线宽均为 0.03

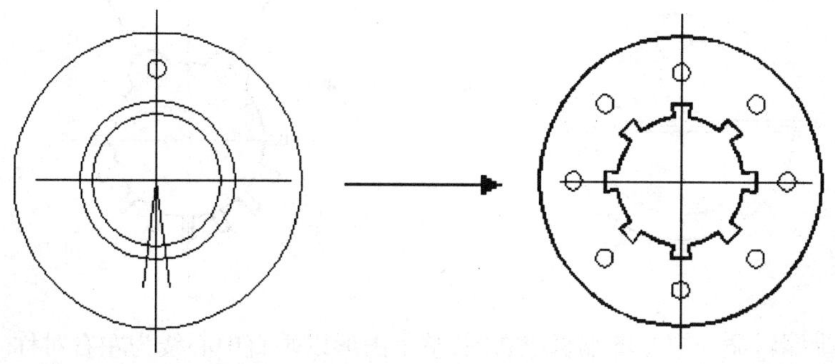

12、使用二维编辑命令把左图编辑成右图,整个图形以垂直中心线为左右对称。b、c 两点经编辑后与 a 点在一水平线上。

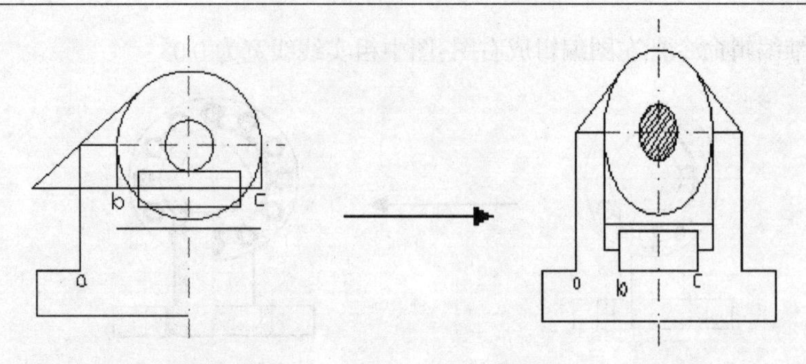

13、使用二维编辑命令把上图编辑成下图

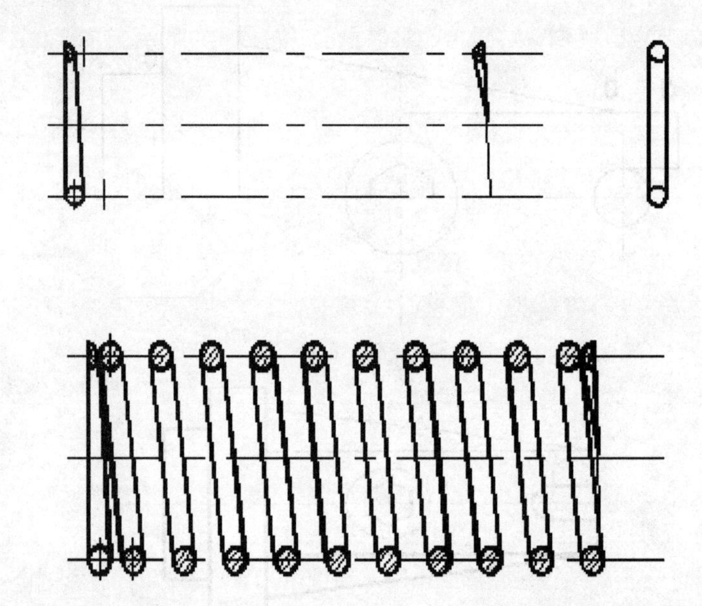

14、使用二维编辑命令把左图编辑成右图，整个图形以垂直中心线为左右对称。图中粗实线线宽为 0.03。

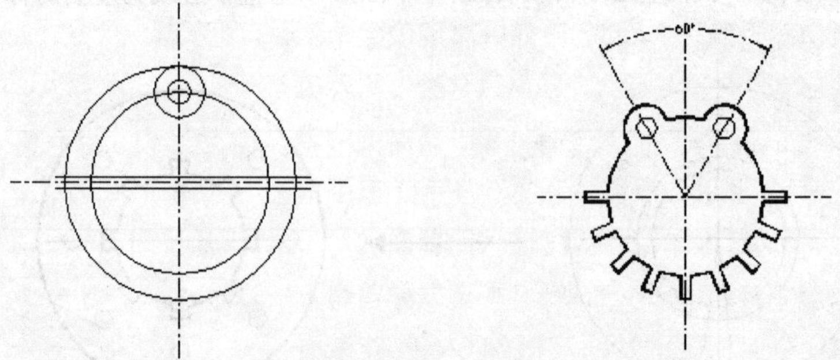

15、使用二维编辑命令把左图编辑成右图，整个图形以垂直中心线为左右对称。图中粗实线线宽为 0.03。

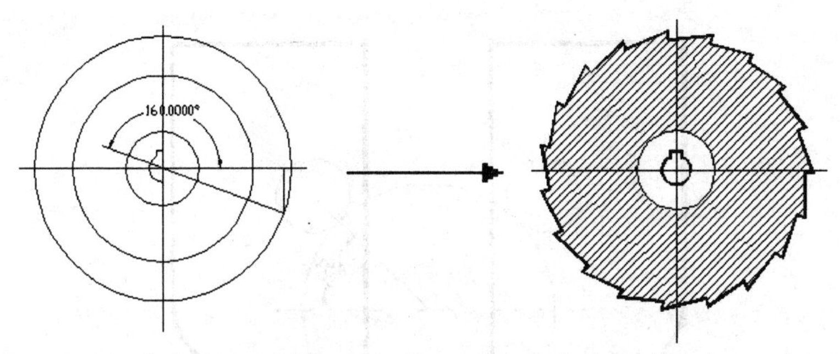

16、使用二维编辑命令把左图编辑成右图,图中两条直线的线性为 CENTER,颜色为红色。

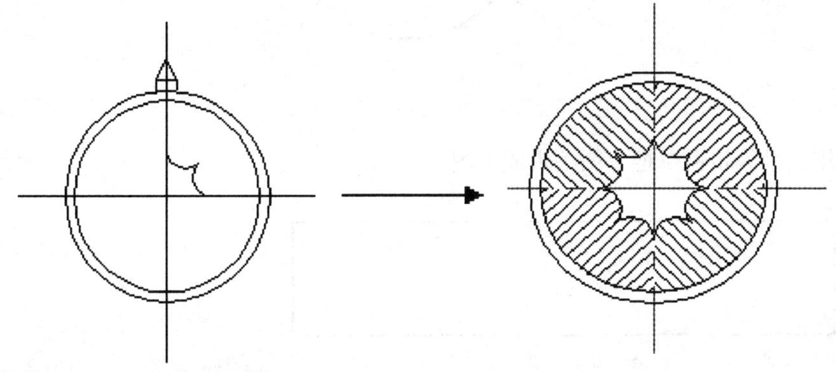

17、使用二维编辑命令把左图编辑成右图,图中粗实线线宽为 0.05。

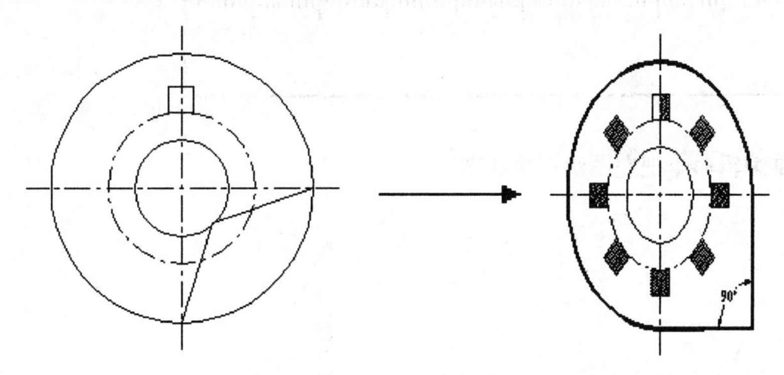

18、使用二维编辑命令把上图编辑成下图,整个图形以垂直中心线为左右对称。多义线的线宽均为 0.05

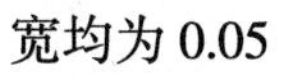

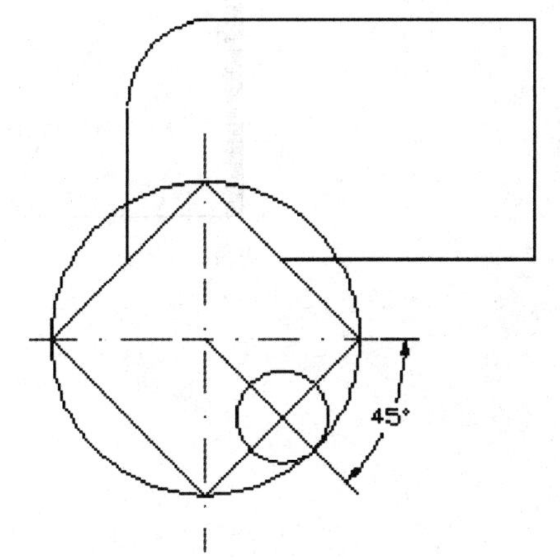

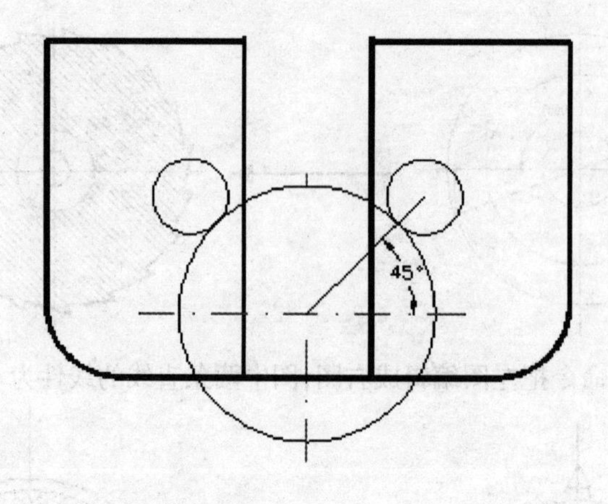

19、使用二维编辑命令把上图编辑成下图

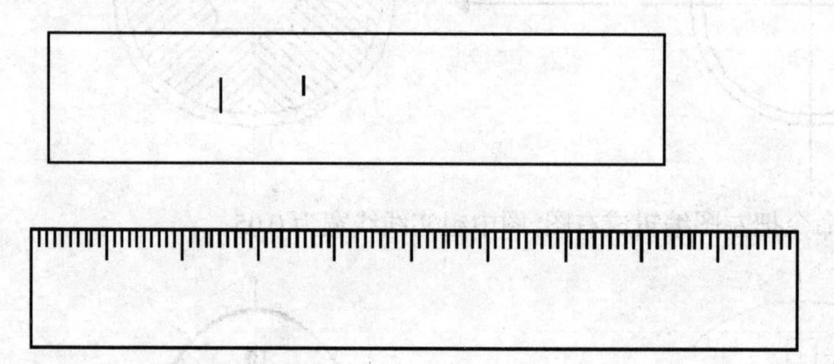

20、使用二维编辑命令把左图编辑成右图

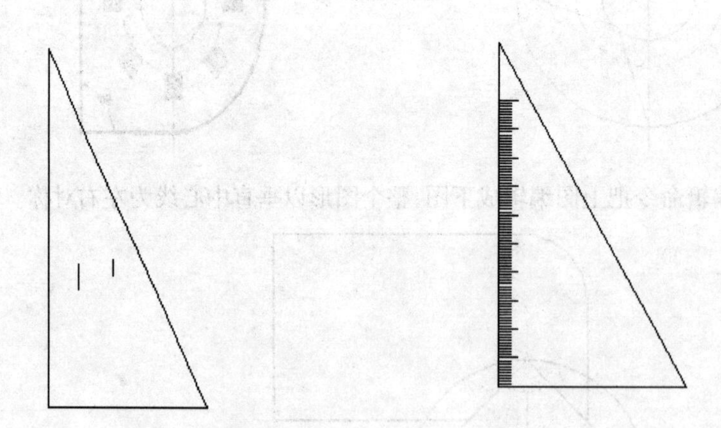

第五章 文本及表格

学习目标:

通过本章的学习,应了解和掌握单行文字与多行文字的区别、创建方式及编辑技巧;掌握文字样式的设置及特殊字符的输入技巧;除此之外,还需要掌握表格的设置、创建、填充以及图形信息的查询功能。

学习内容:

> 创建编辑文字
> 创建表格
> 信息查询

第一节 创建编辑文字

文本是工程图的一部分,是线条图形的有效补充和必要说明,它可以用作图形的注释说明、工程技术要求的规定、图形图号与零件名称、标题、BOM 表格中的内容等等。

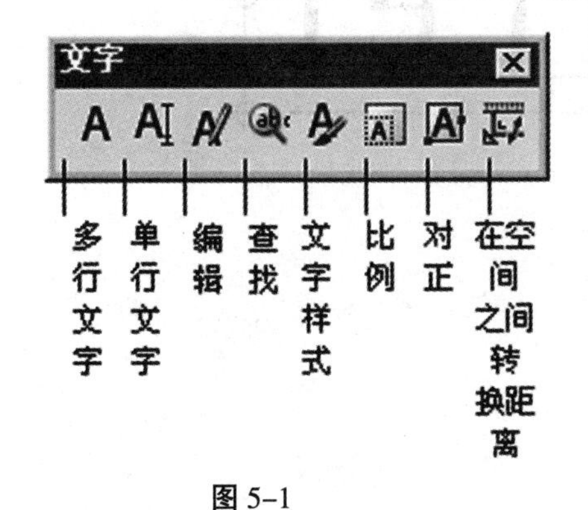

图 5-1

AutoCAD 中的文本写入有单行文字和多行文字两种形式。单行文字以回车键换行,每行是一个对象;多行文字则整个文本是一个对象。

在"标准"工具栏上,单击鼠标右键,在弹出的菜单上选中"文字"选项,即可打开"文字"工具栏。如图 5-1 所示。

1、单行文本

该命令用于在图中注写一行或多行文字。每行文字是一个单独的对象,可对其进行重新定位、调整或进行其他修改。

A. 单击【绘图】菜单栏中的【文字】/【单行文字】命令,或在命令行输入 Dtext 或 DT,都可执行命令。命令行操作如下:

命令: _dtext

当前文字样式:“Standard” 文字高度: 2.5000 注释性: 否

指定文字的起点或 [对正(J)/样式(S)]: //在绘图区拾取一点

指定高度 <2.5000>: //15

指定文字的旋转角度 <0>: //按 Enter 键,然后输入“青岛科大苑”文字后,按两次 Enter 键,结结束命令,结果如图 5-2 所示。

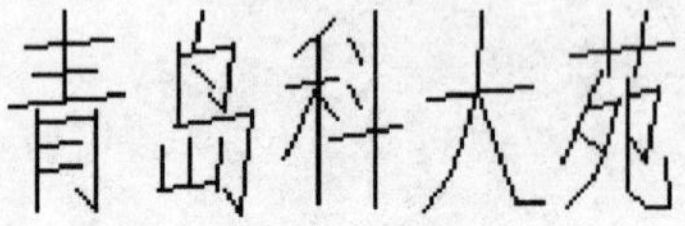

青岛科大苑

图 5-2

小提示:所谓“对正文字”,指的就是文字的哪一位置与插入点对齐,文字的各种对正方式是基于如图所示的四条参考线而言的,这四条参考线分别为顶线、中线、基线、底线见图 5-3 所示。另外,文字的各种对正方式可参见图 5-4 所示。

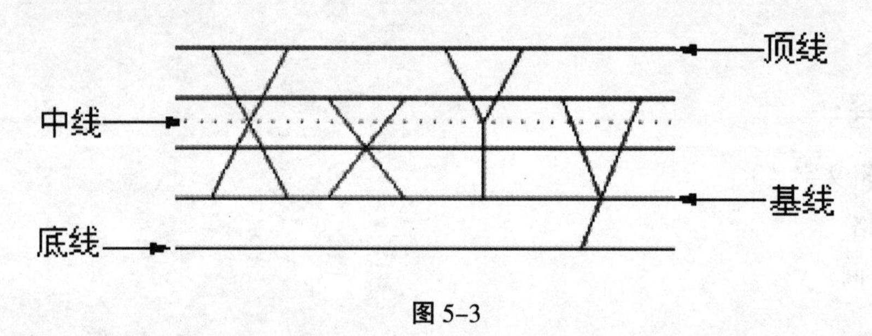

图 5-3

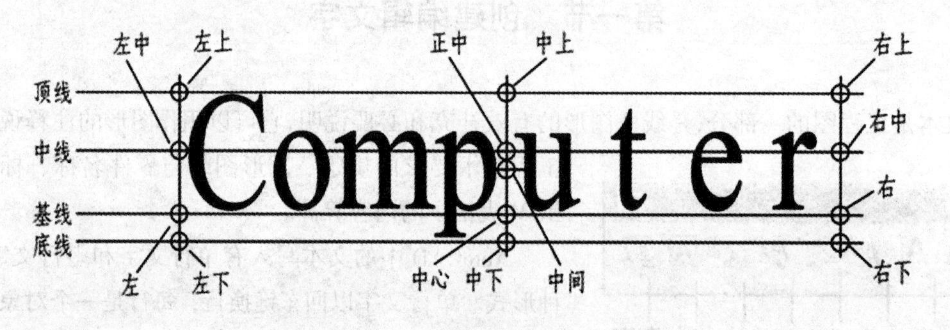

图 5-4

B. 操作说明

1)对齐(A): 用于确定文字基线的起点和终点。

2)调整(F): 用于确定文字基线的起点和终点。

3)中心(C): 用于确定文字基线的中心点位置。

4)中间(M): 用于确定文字的中间点位置。

5)右(R): 用于确定文字基线的右端点位置。

C. 编辑单行文字

单行文字可进行单独编辑。编辑单行文字包括编辑文字的内容、对正方式及缩放比例,可以选择“修改”|“对象”|“文字”子菜单中的命令进行设置。各命令的功能如下。

1)“编辑”命令(DDEDIT):选择该命令,然后在绘图窗口中单击需要编辑的单行文字,进入文字编辑状态,可以重新输入文本内容。

2)“比例”命令(SCALETEXT):选择该命令,然后在绘图窗口中单击需要编辑的单行文字,此时需要输入缩放的基点以及指定新高度、匹配对象(M)或缩放比例(S)。

3)“对正”命令(JUSTIFYTEXT):选择该命令,然后在绘图窗口中单击需要编辑的单行文字,此时可以重新设置文字的对正方式。

2、多行文本

在工程图中注写文字常用多行文字命令。多行文字由任意数目的单行文字或段落组成。无论文字有多少行,每段文字构成一个图元,可以对其进行移动、旋转、删除、复制、镜像、拉伸或缩放等编辑操作。多行文字有更多编辑项,可用下划线、字体、颜色和文字高度来修改段落。

A.【多行文字】命令适合于创建较为复杂的文字,比如单行文字、多行文字以及段落性文字,其文字编辑器如图 5-5 所示。

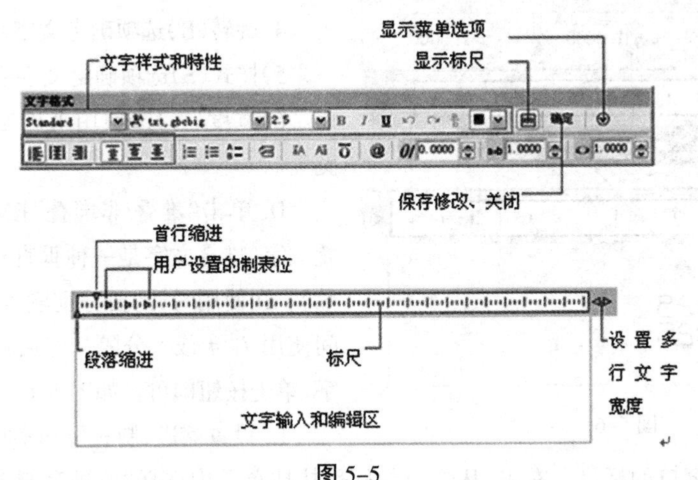

图 5-5

1)“字体名”: 当前文字样式的名字。

2)“字体”: 这是一个下拉列表框,可以从中选择一种文字字体作为当前文字的字体(当前文字即是选择的文字或选项后要输入的文字)。

3)“字高”: 这是一个文字编辑框,也是一个下拉列表框,为当前文字的高度。

4)“粗体”: 选择该按钮将使当前文字变成粗体字。

5)“斜体”: 选择该按钮将使当前文字变成斜体字。

6)“下划线”: 选择该按钮将使当前文字加上一条下划线。

7)“上划线”: 选择该按钮将使当前文字加上一条上划线。

8)“撤消/重做”: 选择该按钮,将撤消和恢复最近一次编辑操作。

9)“堆叠/非堆叠”: 选择该按钮,可将含有“/”符号的字符串文字以该符号为界,变成分式形式表示;可将含有“∧”符号的字符串文字以该符号为界,变成上下两部分,其间没有横线。

10)“颜色”: 这是一个下拉列表框,用来设置当前文字的颜色。

11)“标尺”: 选择该按钮将使显示或隐藏标尺。

无论创建的文字包含多少行、多少段,AutoCAD 都将其作为一个独立的对象。

B. 单击【绘图】菜单栏中的【文字】/【多行文字】命令,或在命令行输入 Mtext 或 T,都可执行命令。命令行如下:

命令: _mtext 当前文字样式:"Standard" 当前文字高度:2.5

指定第一角点:

指定对角点或 [高度(H)/对正(J)/行距(L)/旋转(R)/样式(S)/宽度(W)]:

C. 操作说明

1)高度(H)选项用于确定标注文字框的高度, 用户可以在屏幕上拾取一点, 该点与第一角点的距离即为文字的高度, 或者在命令行中输入高度值。

2)对正(J)选项用来确定文字的排列方式。

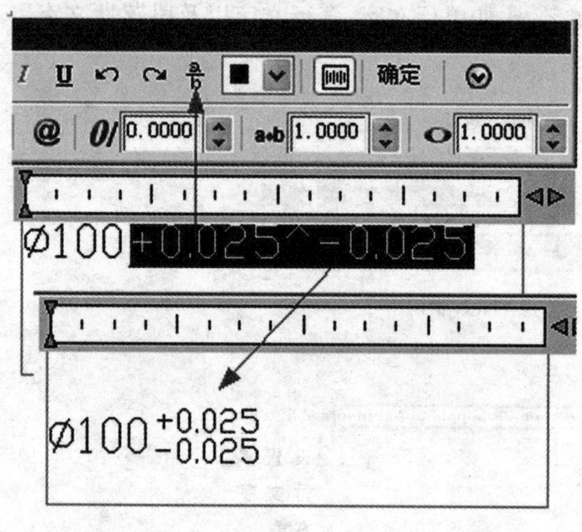

图 5-6

3)行距(L)选项为多行文字对象制定行与行之间的间距。

4)旋转(R)选项确定文字倾斜角度。

5)样式(S)选项确定文字字体样式。

6)宽度(W)选项用来确定标注文字框的宽度。

D. 单击"堆叠/非堆叠"按钮,可以创建堆叠文字(堆叠文字是一种垂直对齐的文字或分数)。在使用时,需要分别输入分子和分母,其间使用 / 、# 或 ^ 分隔, 然后选择这一部分文字,单击按钮即可。如图 5-6 所示。

E. 设置缩进、制表位和多行文字宽度

在文字输入窗口的标尺上右击,从弹出的标尺快捷菜单中选择"缩进和制表位"命令,打开"缩进和制表位"对话框,可以从中设置缩进和制表位位置。其中,在"缩进"选项组的"第一行"文本框和"段落"文本框中设置首行和段落的缩进位置;在"制表位"列表框中可设置制表符的位置,单击"设置"按钮可设置新制表位,单击"清除"按钮可清除列表框中的所有设置。如图 5-7 所示。

在标尺快捷菜单中选择"设置多行文字宽度"子命令,可打开"设置多行文字宽度"对话框,在"宽度"文本框中可以设置多行文字的宽度。 如图 5-8 所示。

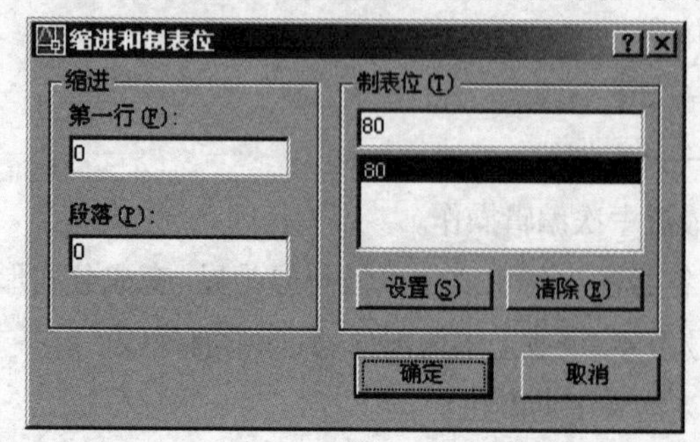

图 5-7

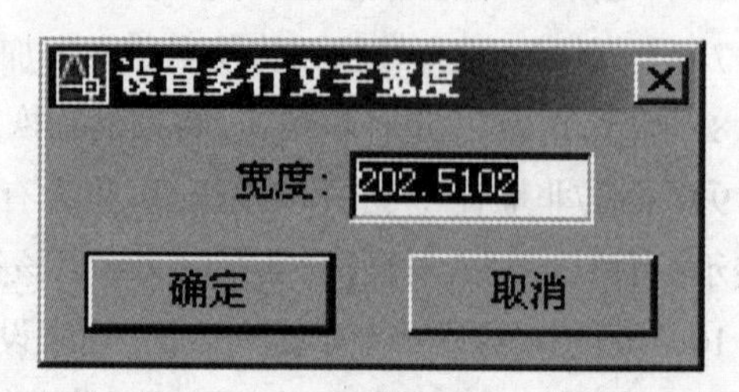

图 5-8

3、文字样式

在 AutoCAD 中，所有文字都有与之相关联的文字样式。在创建文字注释和尺寸标注时，AutoCAD 通常使用当前的文字样式。也可以根据具体要求重新设置文字样式或创建新的样式。文字样式包括文字“字体”、“字型”、“高度”、“宽度系数”、“倾斜角”、“反向”、“倒置”以及“垂直”等参数。

选择“格式”|“文字样式”命令，打开“文字样式”对话框。利用该对话框可以修改或创建文字样式，并设置文字的当前样式。如图 5-9 所示。

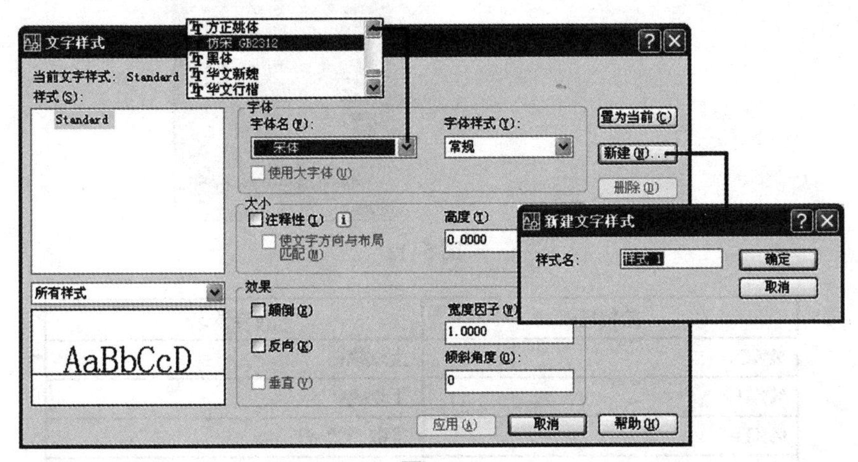

图 5-9

在“文字样式”对话框中，使用“效果”选项组中的选项可以设置文字的颠倒、反向、垂直等显示效果，如图 5-10 所示。在“宽度比例”文本框中可以设置文字字符的高度和宽度之比，当“宽度比例”值为 1 时，将按系统定义的高宽比书写文字；当“宽度比例”小于 1 时，字符会变窄；当“宽度比例”大于 1 时，字符则变宽。在“倾斜角度”文本框中可以设置文字的倾斜角度，角度为 0°时不倾斜；角度为正值时向右倾斜；为负值时向左倾斜。 如图 5-11 所示。

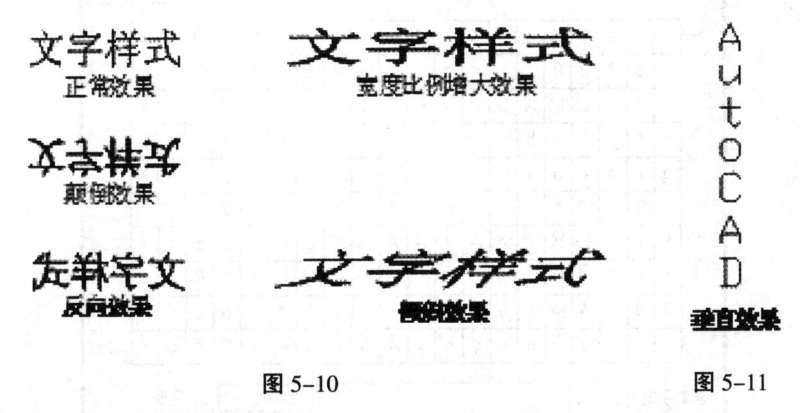

图 5-10　　图 5-11

4、文本中插入特殊符号

使用【多行文字】命令中的字符功能，可以非常方便的创建一些特殊符号，如度数、直径符号以及正负号等,如图 5-12 所示。

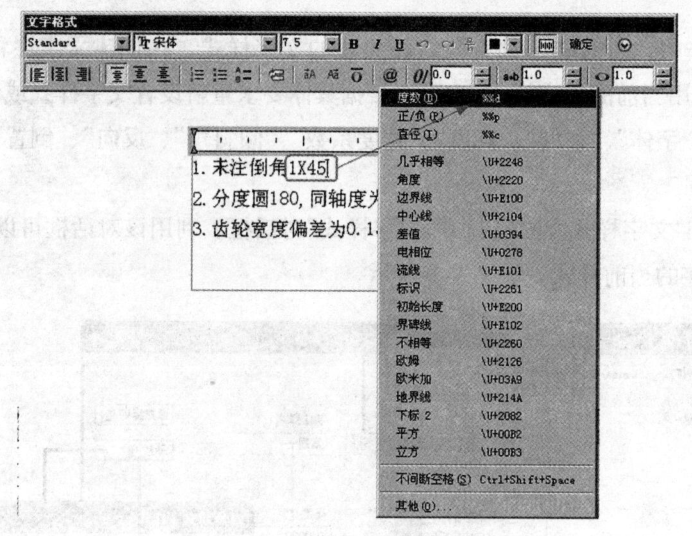

图 5-12

控制码	符号意义
%%O	上划线
%%U	下划线
%%D	度数 "°"
%%P	公差符号 "±"
%%C	圆直径 "Ø"
%%%	单个百分比符号 "%"

表 5-1

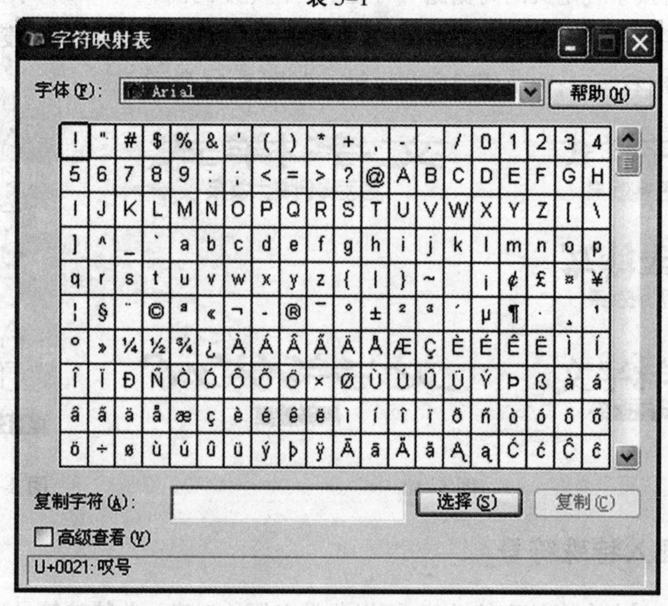

图 5-13 字符映射表

5、修改文字的特性及内容

用“修改特性”命令修改编辑文字。该命令可修改各绘图实体的特性，也用于修改文字特性。其可修改文字的颜色、图层、线型、内容、高度、旋转角、对正模式、文字样式等。

小提示：

1）关于单行文字和多行文字：单行文字和多行文字是AutoCAD文本的两种输入方式。单行文字通常用于动态地添加单行文本，在命令行输入文字时，屏幕上同步显示正在输入的每个字符，如有需要还可通过“Enter”键进行换行，变为多行文字，但这种多行文字中的每一行都是一个单独的对象。多行文字主要用于图形中以段落的方式添加文本，AutoCAD将输入的文本当作一个对象，可以统一地进行样式、字体等特性的编辑和修改。建议读者使用多行文字。

2）在输入完成退出文字功能后，若需修改文字，双击文字区域，系统会回到输入状态，可任意修改文字。

例1：

1)用前面介绍过的命令“矩形”、“偏移”、“剪切”画出标题栏，如图5-14所示。

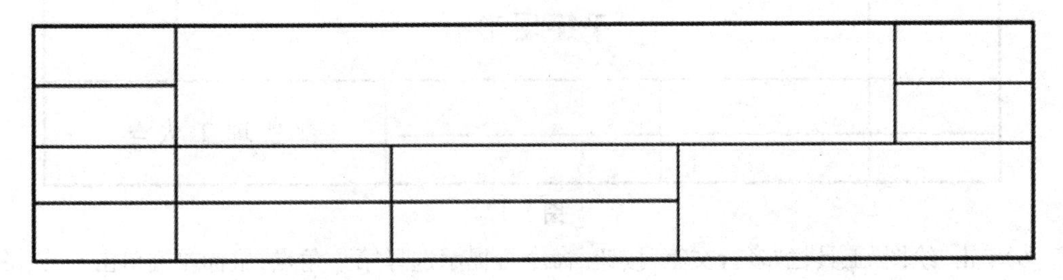

图5-14

2)按前面介绍的步骤，定义5号字和7号字两种文字样式，字体是宋体，字高分别是5mm和7mm，宽度因子是0.7。

3)单击“绘图”工具栏“多行文字”按钮，命令行提示“指定第一角点：” 鼠标左键单击A点，命令行提示“指定对角点：”鼠标左键单击B点，如图5-15所示。

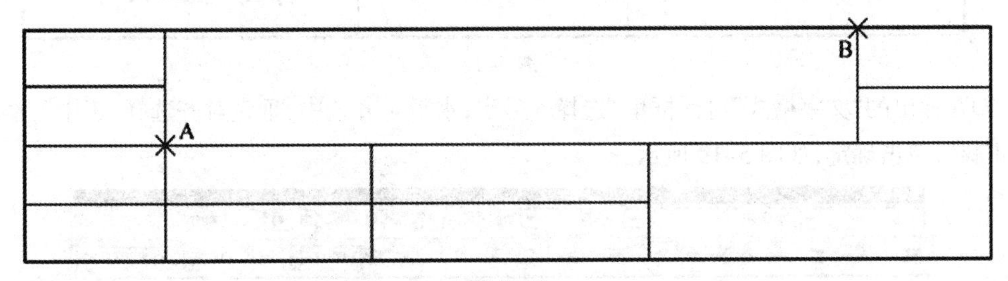

图5-15

4)在弹出的“文字格式”对话框里，选择7号字。

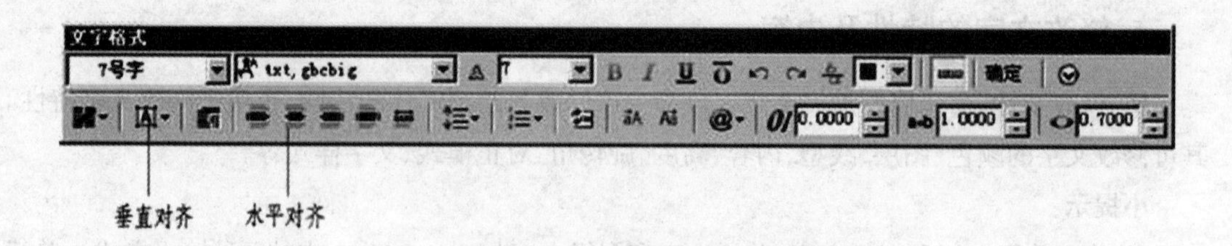

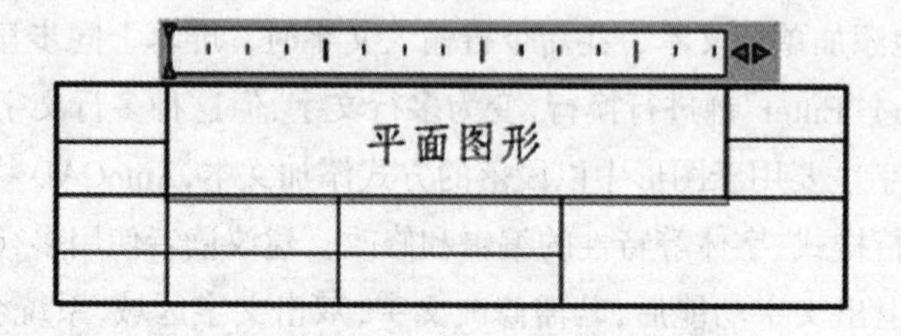

图 5–16 填写“平面图形”

5)用同样方法注写“青岛理工大学”, 如图 5–17 所示。

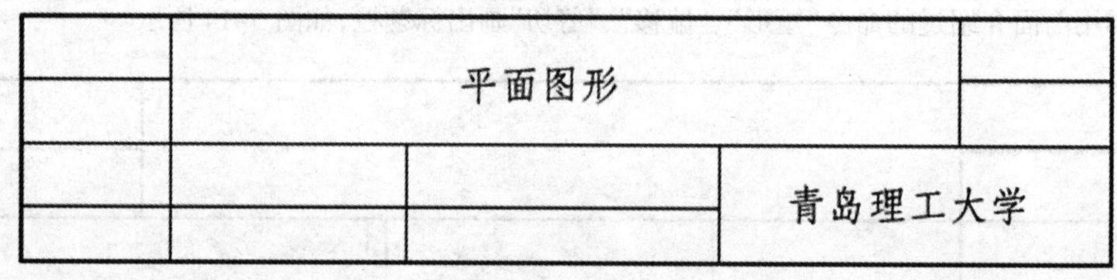

图 5–17

6)单击“绘图”工具栏“多行文字”按钮, 命令行提示选择第一角点,鼠标左键单击 C 点, 命令行提示选择第二角点,鼠标左键单击 D 点,如图 5–18 所示。

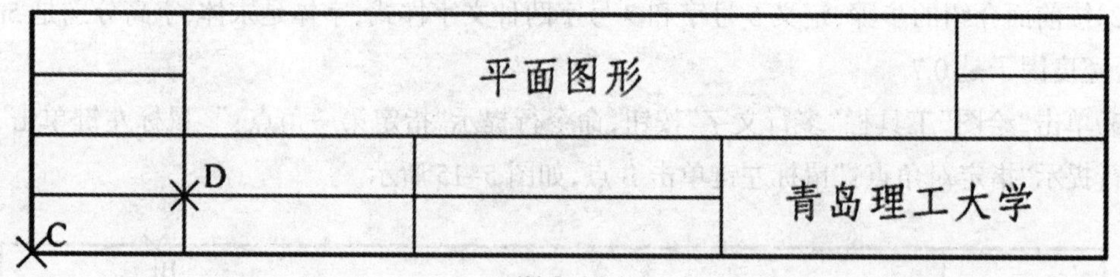

图 5–18

7)在弹出的“文字格式”对话框里, 选择 5 号字;水平对齐选中,垂直对齐选择“正中”;输入汉字“审核”,单击确定,如图 5–19 所示。

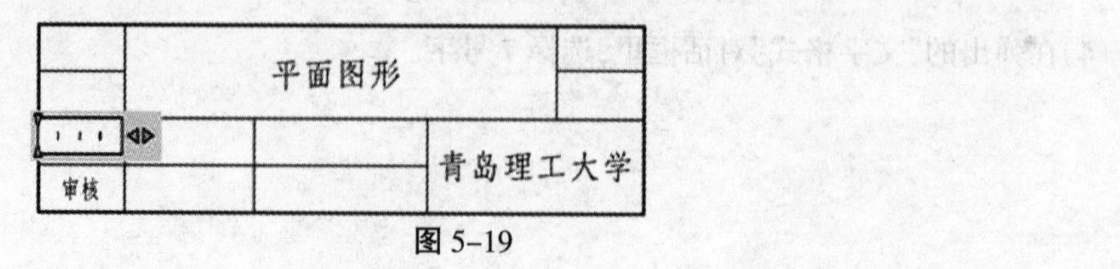

图 5–19

8)同样方法注写其他的文字,如图 5-20 所示。

No.6	平面图形		班级
M1:1			建筑 2
制图	周雯		青岛理工大学
审核			

图 5-20

第二节　创建表格

表格是二维工程图的一项不可缺少的工作,例如工程图中的标题栏,明细表(BOM 清单)以及许多表格图等。

表格使用行和列以一种简洁清晰的形式提供信息,常用于一些组件的图形中。表格样式控制一个表格的外观,用于保证标准的字体、颜色、文本、高度和行距。用户可以使用默认的表格样式,也可以根据需要自定义表格样式。

1、新建表格样式

A. 单击【绘图】菜单栏中的【表格】命令,或在命令行输入 Table 或 TB,都可执行命令,打开如图 5-21 所示的对话框,其选项功能如下:

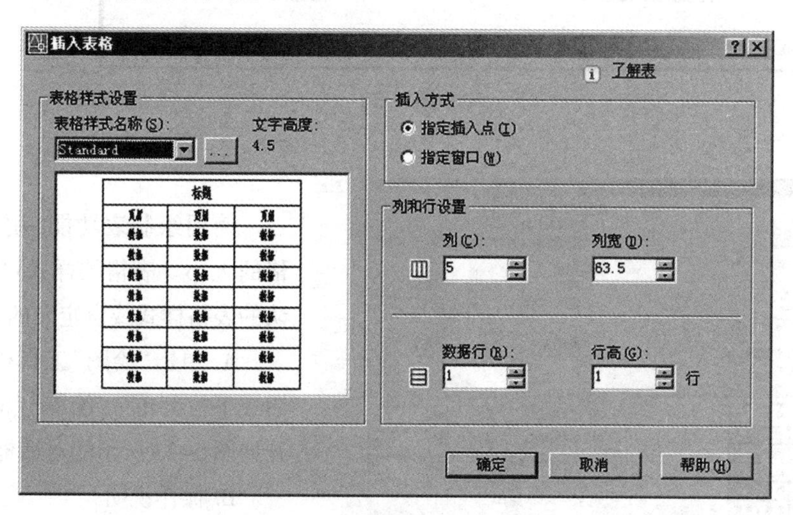

图 5-21

1)【表格样式设置】选项组用于设置、新建或修改当前样式,以及对表格提前预览。

2)【插入方式】选项组用于设置表格的插入方式,默认为“插入点”,如果使用“窗口”方式,系统将按照指定的区域自动生成表格的数据行,而其它参数仍使用当前设置。

3)【列和行设置】选项组用于设置表格的列参数、行数以及列宽和行宽参数。

B. 单击【表格样式名称】列表右侧的按钮，系统可打开【表格样式】对话框，在此对话框内用于设置新的表格样式、修改已有表格样式或设置当前样式等。另外，单击【格式】菜单中的【表格样式】命令，或在命令行输入 Tablestyle 或 TS，也可以激活【表格样式】命令，如图 5–22 所示。

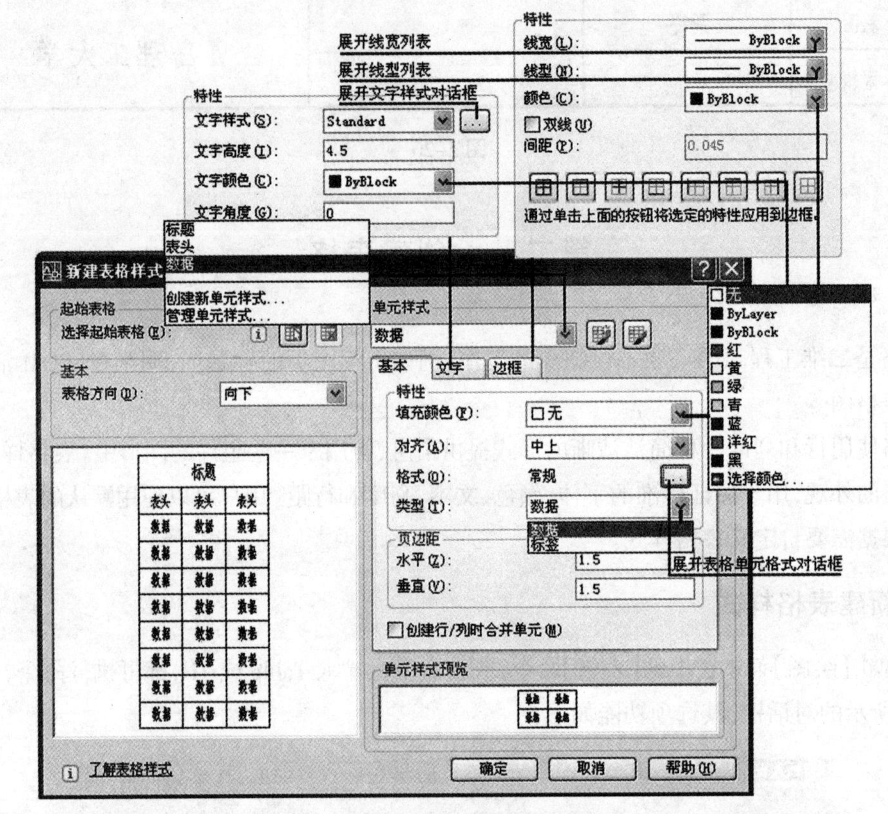

图 5–22

2、插入表格

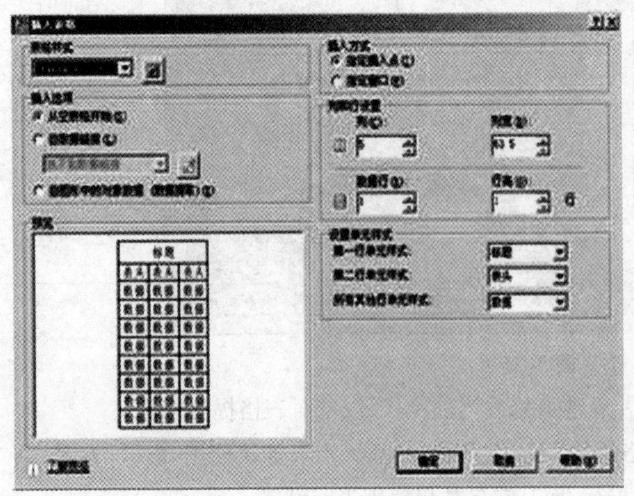

图 5–23

使用绘制表功能，用户可绘制表格的大小。表格的样式可以是软件默认的表格样式或自定义的表格样式。

A. 单击“绘图”工具栏：“表格”按钮或下拉菜单：“绘图”/“表格”即可打开如图 5–23 所示的对话框。

B. 操作说明

1)“表格样式”下拉列表框：用来选择系统提供的，或者用户已经创建好的表格样式单击其后的按钮，可以在打开的对话框中对所选表格样式进行修改。

2)“指定插入点”单选按钮：选择该选项，可以在绘图窗口中的某点插入固定大小的表格。

3)“指定窗口” 单选按钮：选择该选项，可以在绘图窗口中通过拖动表格边框来创建任意大小的表格。

4)“列和行设置”选项区域：通过改变“列”、“列宽”、“数据行”和“行高”文本框。

3、表格操作

1) 输入文字　插入表格完成后，即可立即在表格中填入文字，也可以在插入表格后，双击单元格输入文字 。可以在表格中输入中西文字符、阿拉伯数字、特殊符号等。输入文字时，表格上方自动弹出文字格式，可以在输入过程中，更改文字格式。

2) 单元格的修改　选中任意一个或多个单元格，进入单元格修改的环境，可以对单元格进行修改。

3) 表格上方自动弹出修改表格的工具条，常用的按钮如图中的标识，单击相应的按钮可以进行相应的修改，如图 5-24 所示。

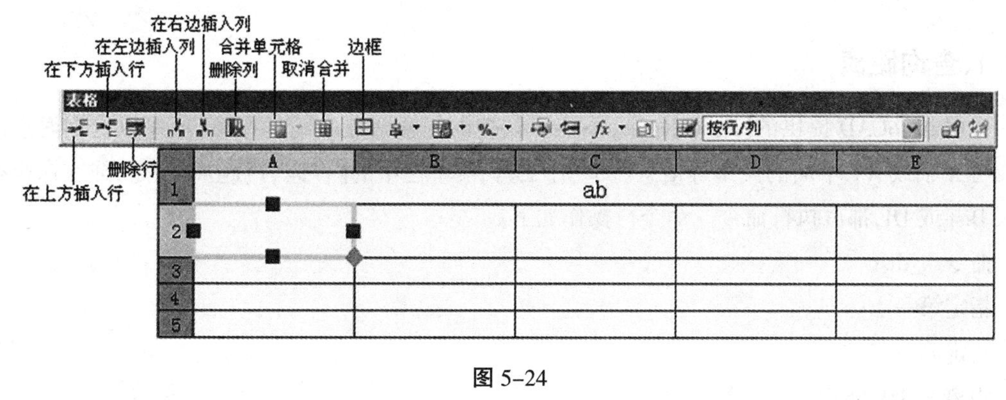

图 5-24

4) 在单元格中单击，选中该单元格，可以通过夹点来控制和调整它，如图 5-25 所示。

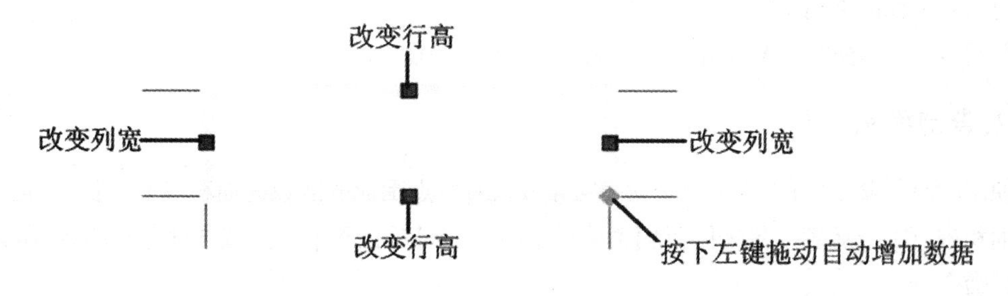

图 5-25

5) 单击该表格上的任意网格线以选中该表格，可以通过夹点及“特性”选项板来修改表格，如图 5-26 所示。

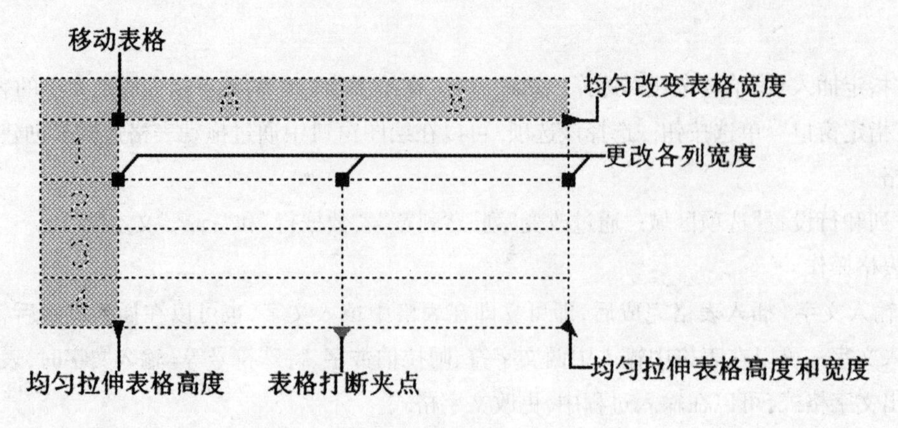

图 5-26

第三节 信息查询

1、查询距离

使用 AutoCAD 提供的【距离】命令，不但可以查询任意两点之间的距离，还可以查询两点的连线与 X 轴或 XY 平面的夹角等信息。单击【工具】菜单栏中的【查询】/【距离】命令，或在命令行输入 Dist 或 DI，都可执行命令。命令行操作如下：

命令: ´_dist

指定第一点:

指定第二点:

距离 = 359.5637

XY 平面中的倾角 = 0

与 XY 平面的夹角 = 0

X 增量 = 359.5637， Y 增量 = 0.0000， Z 增量 = 0.0000

2、查询面积

使用【面积】命令，可以查询单个封闭对象或由若干点围成的区域的面积以及周长，而且还可以对面积进行加减运算。单击【工具】菜单栏中的【查询】/【面积】命令，或在命令行输入 Area，都可执行命令。

当拾取若干点后，系统会自动测量出由这些点所围成的区域面积及周长。

3、查询坐标

【点坐标】命令用于查询点的 X 轴向坐标值和 Y 轴向坐标值，所查询出的坐标值为点的绝对坐标值。单击【工具】菜单栏中的【查询】/【点坐标】命令，或在命令行输入 Id，都可执行命令。命令行操作如下：

命令：´_Id

指定点：//捕捉需要查询的坐标点。

AutoCAD 报告如下信息：

X = <X 坐标值>　Y =<Y 坐标值>　Z = <Z 坐标值>

4、列表查询

使用 AutoCAD 提供的【列表】命令，可以快速地查询图形所包含的众多的内部信息，如图层、面积、点坐标以及其他的空间等特性参数。

当执行【列表】命令后，选择需要查询信息的图形对象，AutoCAD 会自动切换到文本窗口，并滚动显示所有选择对象的有关特性参数，如右图所示。

单击【工具】菜单栏中的【查询】/【列表显示】命令，或在命令行输入 List 或 LI 或 LS，都可执行命令。如图 5-27 所示。

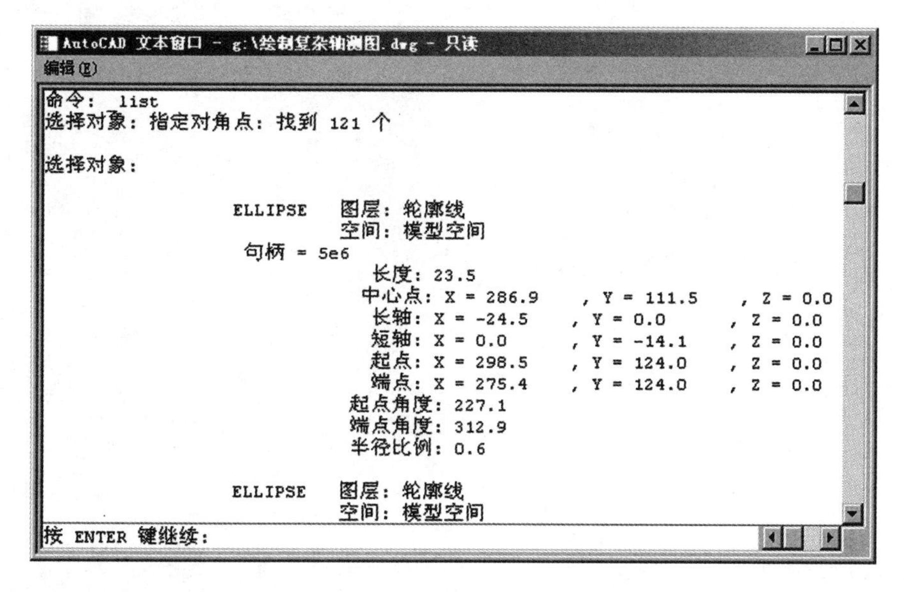

图 5-27

小结：

通过本章的介绍与学习，读者对掌握单行文字与多行文字的区别、创建方式及编辑技巧；掌握文字样式的设置及特殊字符的输入技巧已有了较全面的了解，并掌握表格的设置、创建、填充以及图形信息的查询功能，为读者接下来的精确制图做好了充分的准备。希望读者通过本章学习后，能够反复练习并达到举一反三的目的。

习题：

标注下图所示的房间功能及面积。

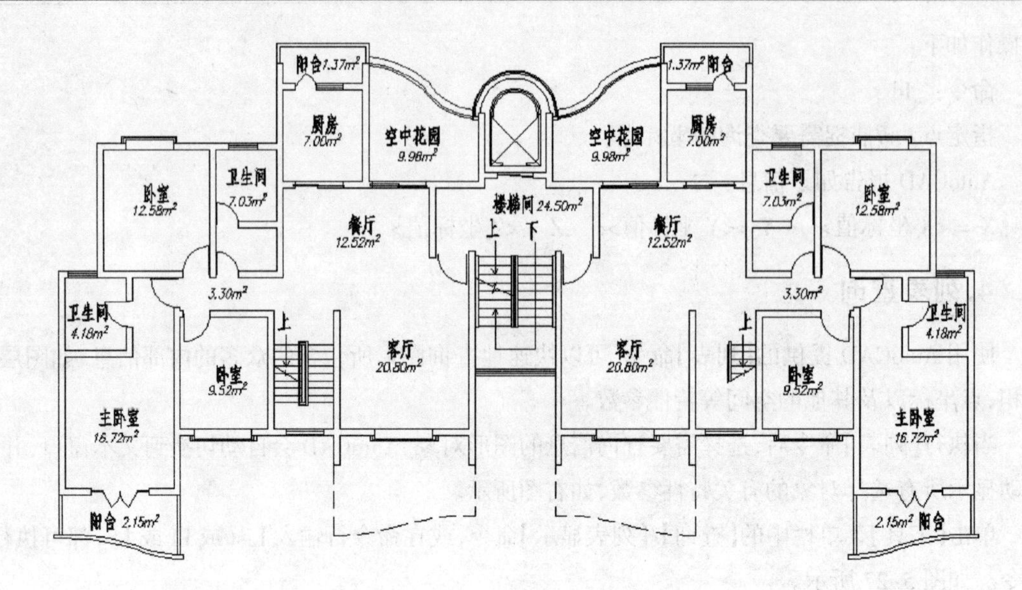
阳台 1.37m²
1.37m² 阳台
厨房 7.00m²
空中花园 9.98m²
空中花园 9.98m²
厨房 7.00m²
卧室 12.58m²
卫生间 7.03m²
楼梯间 24.50m²
上 下
餐厅 12.52m²
餐厅 12.52m²
卫生间 7.03m²
卧室 12.58m²
3.30m²
3.30m²
卫生间 4.18m²
上
客厅 20.80m²
客厅 20.80m²
上
卫生间 4.18m²
卧室 9.52m²
卧室 9.52m²
主卧室 16.72m²
主卧室 16.72m²
阳台 2.15m²
2.15m² 阳台

第六章　图形尺寸的标注与编辑

学习目标

通过本章的学习，不仅需要掌握各种基本尺寸、复合尺寸的标注方法和技巧，还需要了解和掌握尺寸的管理与协调技巧、掌握各种尺寸的编辑、更新以及尺寸文字的修改技巧等，以方便日后灵活地为各类图形标注尺寸，将图形进行参数化。

学习内容

> 尺寸概述
> 基本尺寸
> 复合尺寸
> 编辑与更新尺寸
> 管理与协调尺寸

第一节　尺寸概述

在图形设计中，尺寸标注是绘图设计工作中的一项重要内容，因为绘制图形的根本目的是反映对象的形状，而图形中各个对象的真实大小和相互位置只有经过尺寸标注后才能确定。AutoCAD 2007 包含了一套完整的尺寸标注命令和实用程序，用户使用它们足以完成图纸中要求的尺寸标注。用户在进行尺寸标注之前，必须了解 AutoCAD 2007 尺寸标注的组成，标注样式的创建和设置方法。

1、尺寸标注的规则

在 AutoCAD 2007 中，对绘制的图形进行尺寸标注时应遵循以下规则：

1）物体的真实大小应以图样上所标注的尺寸数值为依据，与图形的大小及绘图的准确度无关。

2）图样中的尺寸以毫米为单位时，不需要标注计量单位的代号或名称。如采用其他单位，则必须注明相应计量单位的代号或名称，如度、厘米及米等。

3）图样中所标注的尺寸为该图样所表示的物体的最后完工尺寸，否则应另加说明。

4）一般物体的每一尺寸只标注一次，并应标注在最后反映该结构最清晰的图形上。

2、尺寸标注的组成

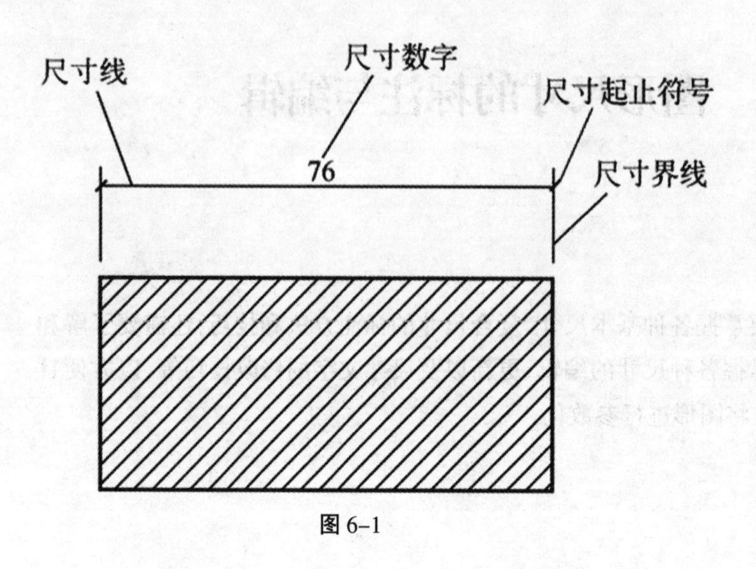

图 6-1

在机械制图或其他工程绘图中，一个完整的尺寸标注应由标注文字、尺寸线、尺寸界线、尺寸线的端点符号及起点等组成 。 如图 6-1 所示。其中尺寸文字是用于表明对象的实际测量值、尺寸线是用于表明标注的方向和范围、箭头用于指出测量的开始位置和结束位置、尺寸界线是从被标注的对象延伸到尺寸线的短线。

3、尺寸标注的类型

AutoCAD 2007 提供了十余种标注工具用以标注图形对象，分别位于“标注”菜单或“标注”工具栏中，如图 6-2 所示。使用它们可以进行角度、直径、半径、线性、对齐、连续、圆心及基线等标注。

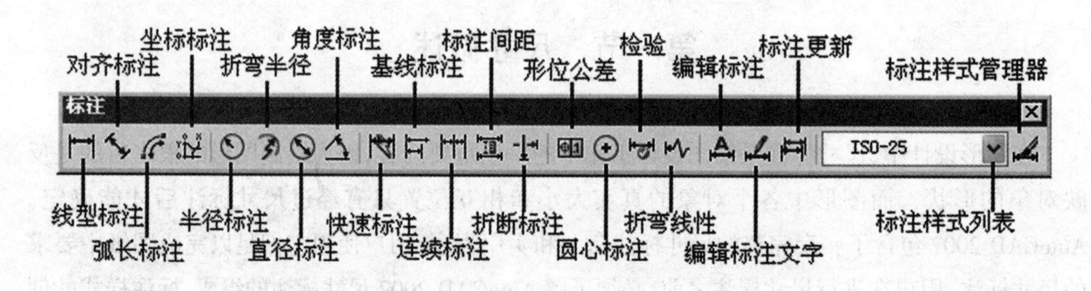

图 6-2

4、创建尺寸标注的基本步骤

在 AutoCAD 中对图形进行尺寸标注的基本步骤如下：

（1）选择“格式”|“图层”命令，在打开的“图层特性管理器”对话框中创建一个独立的图层，用于尺寸标注。

（2）选择“格式”|“文字样式”命令，在打开的“文字样式”对话框中创建一种文字样式，用于尺寸标注。

（3）选择“格式”|“标注样式”命令，在打开的“标注样式管理器”对话框设置标注样式。

（4）使用对象捕捉和标注等功能，对图形中的元素进行标注。

第二节　基本尺寸

1、线性

【线性】命令用于标注图形的水平尺寸或垂直尺寸，如下图所示。单击【标注】菜单栏中的【线性】命令，或在命令行输入 Dimlinear 或 Dimlin，都可执行命令。命令行操作如下：

命令: _dimlinear

指定第一条尺寸界线原点或 <选择对象>: //捕捉矩形左下角点

指定第二条尺寸界线原点: //捕捉矩形右下角点

指定尺寸线位置或[多行文字(M)/文字(T)/角度(A)/水平(H)/垂直(V)/旋转(R)]: //在适当位置定位尺寸线，结果如图6–3 所示。

标注文字 = 50

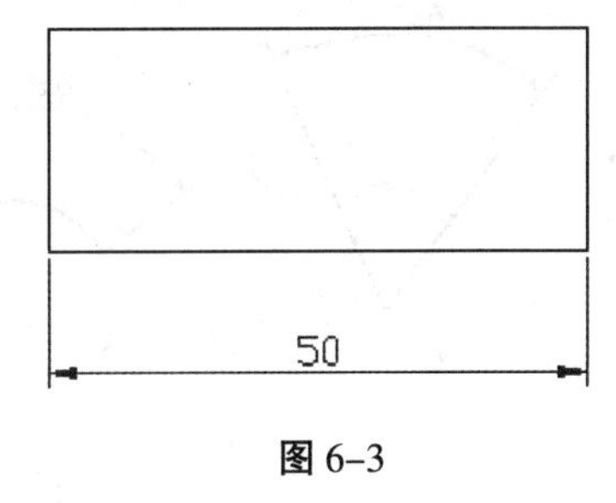

图 6–3

2、对齐

【对齐】命令用于标注平行于所选对象或平行于两尺寸界线原点连线的直线型尺寸，如右图所示。此命令比较适合于标注倾斜图线的尺寸。单击【标注】菜单栏中的【对齐】命令，或在命令行输入 Dimaligned 或 Dimali，都可执行命令。命令行操作如下：

命令: _dimaligned

指定第一条尺寸界线原点或 <选择对象>: //捕捉线段的左下角点

指定第二条尺寸界线原点: //捕捉线段的右上角点

指定尺寸线位置或[多行文字(M)/文字(T)/角度(A)]://在适当位置指定尺寸线位置。结果如图 6–4 所示。

标注文字 = 98

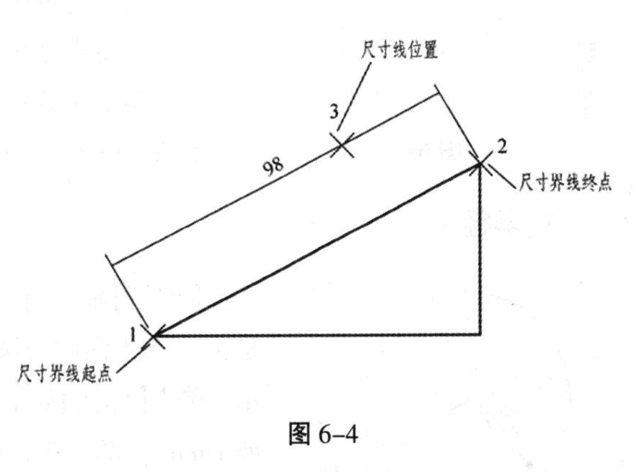

图 6–4

3、角度

角度形尺寸标注用于标注两条直线或 3 个点之间的角度。要测量圆的两条半径之间的角度，可以选择此圆，然后指定角度端点。对于其他对象，则需要先选择对象，然后指定标注位置。

单击【标注】菜单栏中的【角度】命令，或在命令行输入 Dimangular 或 Angular，都可执行命令。命令行操作如下：

命令: _dimangular

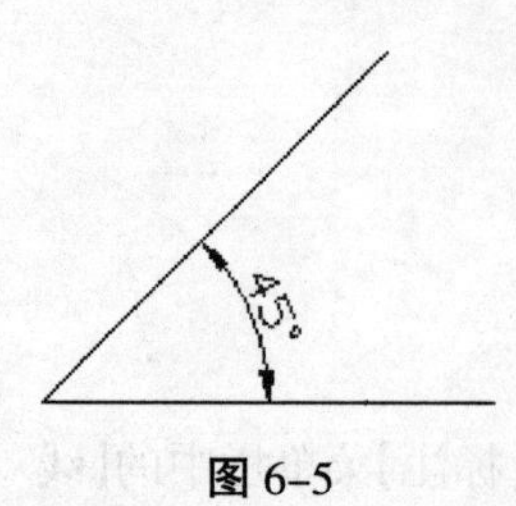

图 6-5

选择圆弧、圆、直线或 <指定顶点>: //选择水平线段

选择第二条直线: //选择倾斜线段

指定标注弧线位置或 [多行文字(M)/文字(T)/角度(A)]: //在适当位置指定尺寸线位置,结果如图 6-5 所示。

标注文字 = 45

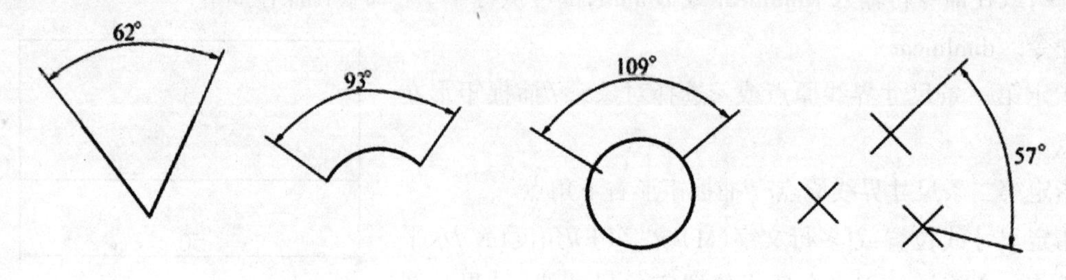

图 6-6 角度标注

4、坐标

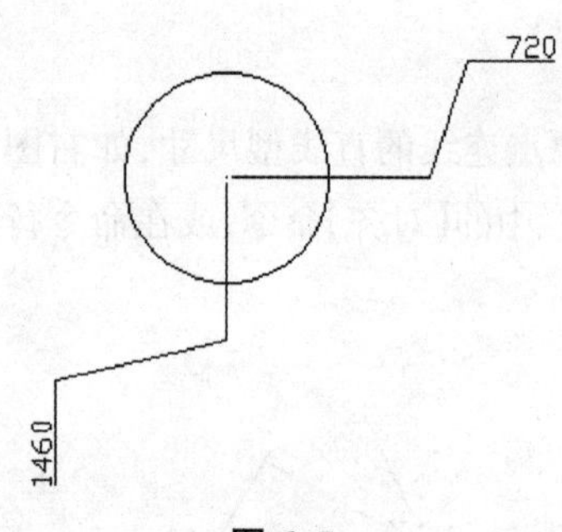

图 6-7

【坐标】命令用于标注点的 X 坐标值和 Y 坐标值,如下图所示。此命令仅能标注坐标为点的绝对坐标。单击【标注】菜单栏中的【坐标】命令,或在命令行输入 Dimordinate 或 Dimord,都可执行命令。命令行操作如下:

命令: _dimordinate

指定点坐标: //捕捉点

指定引线端点或 [X 基准(X)/Y 基准(Y)/多行文字(M)/文字(T)/角度(A)]: //定位引线端点,结果如图 6-7 所示

5、半径

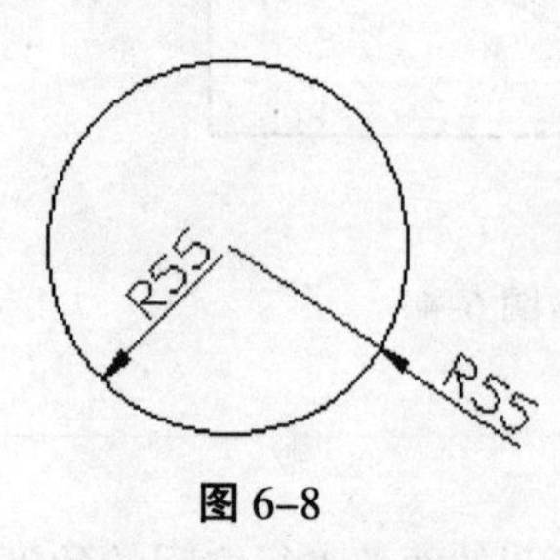

图 6-8

【半径】命令用于标注圆、圆弧的半径尺寸,所标注的半径尺寸是由一条指向圆或圆弧的带箭头的半径尺寸线组成, 如图 6-8 所示。单击【标注】菜单栏中的【半径】命令,或在命令行输入 Dimradius 或 Dimrad,都可执行命令。

6、直径

【直径】命令用于标注圆或圆弧的直径尺寸,如图 6-9 所示。单击【标注】菜单栏中的【直径】命令,或在命令行输入 Dimdiameter 或 Dimdia,都可执行命令。命令行操作如下:

命令: _dimdiameter

选择圆弧或圆: //选择需要标注的圆或圆弧

标注文字 = 110

指定尺寸线位置或 [多行文字(M)/文字(T)/角度(A)]: //指定尺寸的位置

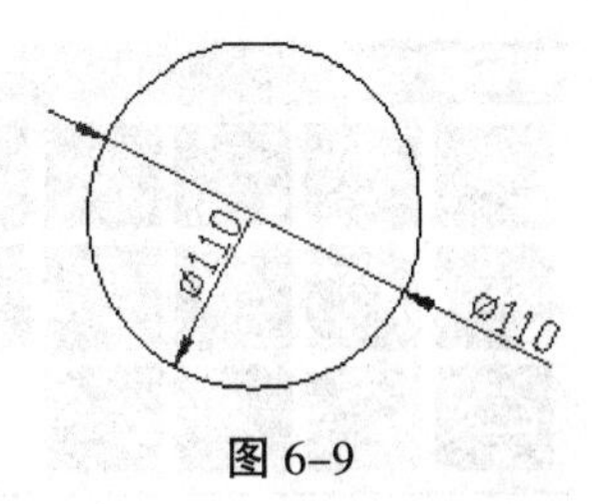

图 6-9

7、折弯

【折弯】命令用于标注含有折弯的半径尺寸。单击【标注】菜单栏中的【折弯】命令，或在命令行输入 Dimjogged，都可执行命令。命令行操作如下：

命令: _dimjogged

选择圆弧或圆: //选择弧或圆作为标注对象

指定中心位置替代: //指定中心线位置

标注文字 = 175

指定尺寸线位置或 [多行文字(M)/文字(T)/角度(A)]: //指定尺寸线位置

指定折弯位置: //定位折弯位置结果如图 6-10 所示。

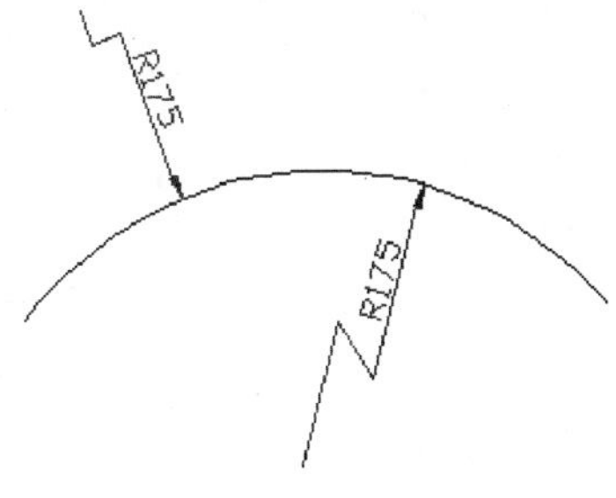

图 6-10

8、弧长

【弧长】命令用于标注圆弧或多段线弧的长度尺寸，默认设置下，会在尺寸数字的一端添加弧长符号，如图 6-11 所示。单击【标注】菜单栏中的【弧长】命令，或在命令行输入 Dimarc，都可执行命令。

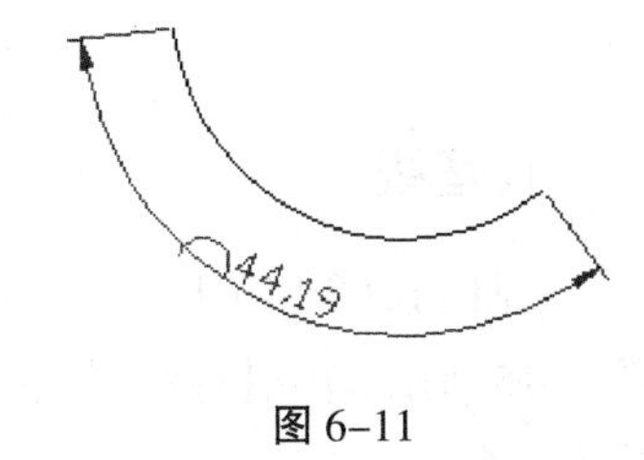

图 6-11

9、公差

【公差】命令主要用于为零件图标注形状和位置公差，单击【标注】菜单栏中的【公差】命令，或在命令行输入 Tolerance 或 TOL，都可执行命令，打开如图 6-12 所示的对话框，用于设置公差符号、公差值以及附加符号等。

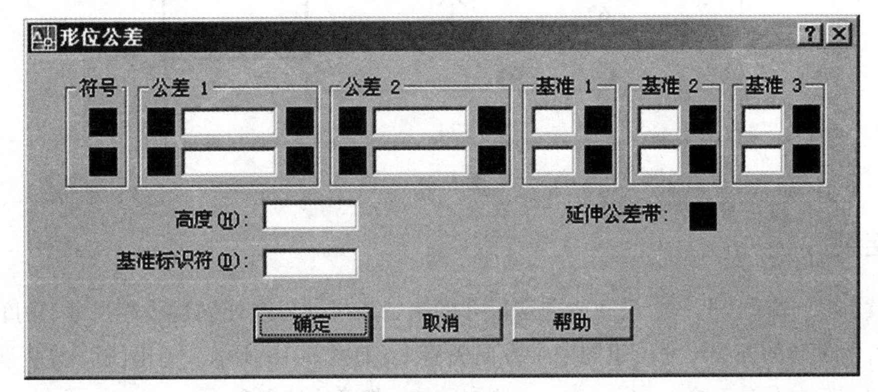

图 6-12

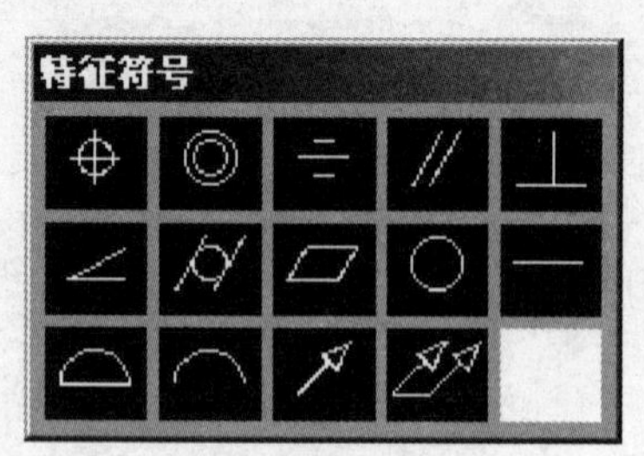

图 6-13

单击【符号】选项组中的颜色块，打开如图 6-13 所示的对话框，用户可以选择相应的形位公差符号。

10、圆心标记

【圆心标记】命令用于为圆或圆弧标注圆心标记，也可以标注中心线，如图 6-14 所示。单击【标注】菜单栏的【圆心标记】命令，或在命令行输入 Dimangular 或 Angular，都可执行命令。

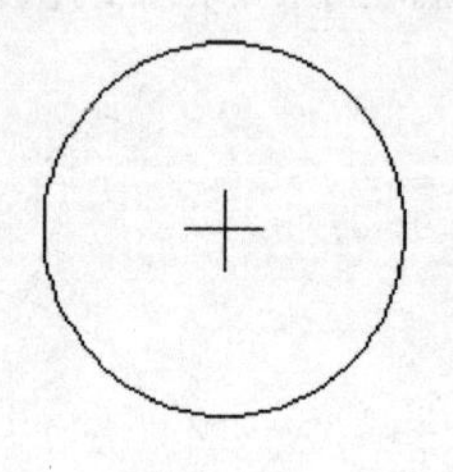

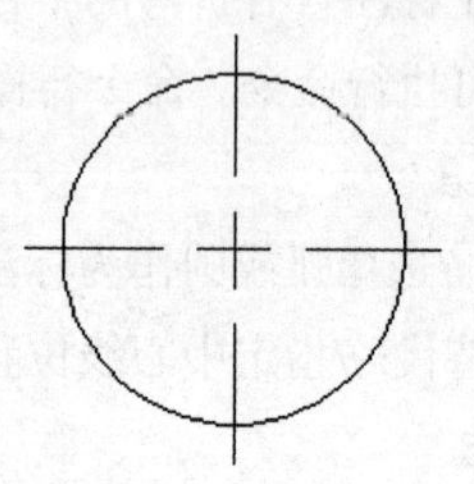

图 6-14

第三节 复合尺寸

1、基线

【基线】命令用于从上一个尺寸或选定尺寸的基线处创建线性尺寸、角度尺寸或坐标尺寸，如图 6-15 所示。单击【标注】菜单栏中的【基线】命令，或在命令行输入 Dimbaseline 或 Dimbase，都可执行命令。

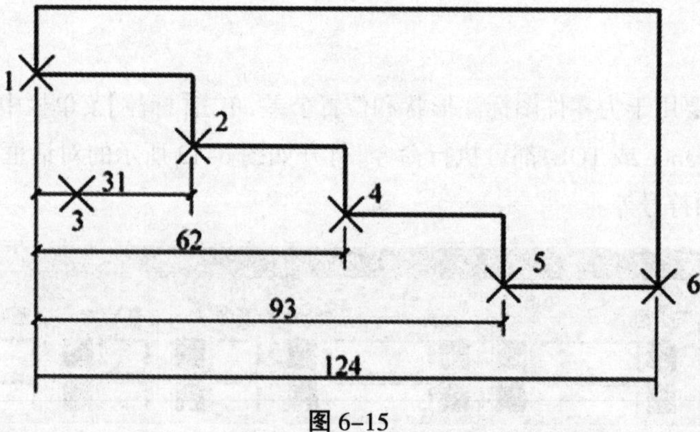

图 6-15

2、连续

【连续】命令用于从上一个尺寸或选定尺寸的第二条尺寸界线处创建线性尺寸、角度尺寸或坐标尺寸，所创建的连续尺寸位于同一个方向矢量上，如图 6-16 所示。单击【标注】菜单栏中的【连续】命令，或在命令行输入 Dimcontinue 或 Dimcont，都可执行命令。

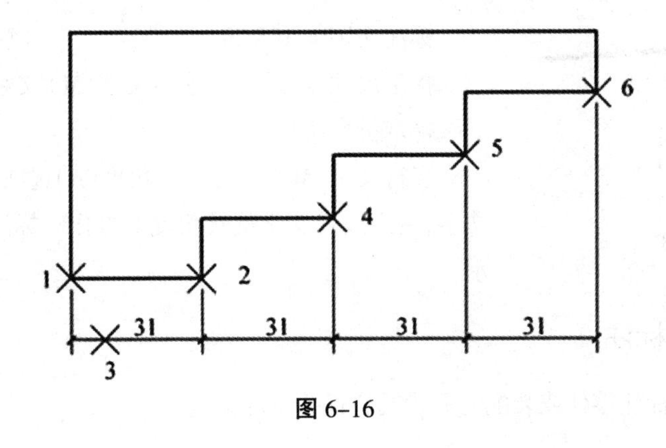

图 6–16

3、快速标注

【快速标注】命令用于一次标注多个对象间的水平尺寸或垂直尺寸单击【标注】菜单栏中的【快速标注】命令，或在命令行输入 Qdim，都可执行命令。命令行操作如下：

命令: _qdim

选择要标注的几何图形: //选择对象

选择要标注的几何图形: //选择对象

选择要标注的几何图形: //选择对象

……

选择要标注的几何图形: //按回车键

指定尺寸线位置或 [连续(C)/并列(S)/基线(B)/坐标(O)/半径(R)/直径(D)/基准点(P)/编辑(E)/设置(T)] <连续>: //在适当位置拾取一点，定位尺寸线位置

4、快速引线

【快速引线】命令主要用于创建一端带有箭头、一端带有文字注释的引线尺寸，如图 6–17 所示。单击【标注】菜单栏中的【引线】命令，或在命令行输入 Qleader 或 LE，都可执行命令。

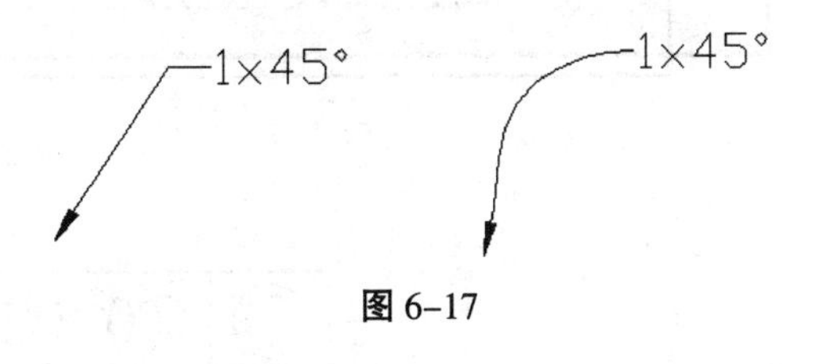

图 6–17

5、折弯标注

在机械工程图中，有的圆弧半径标注不便于标出圆心位置，常用这种折弯半径的标注方法。

单击标注工具条折弯半径标注的按钮或选择菜单“标注/折弯”或命令行输入“DJO”回车。可以执行命令。命令行如下：

_dimjogged

选择圆弧或圆:

指定中心位置替代:

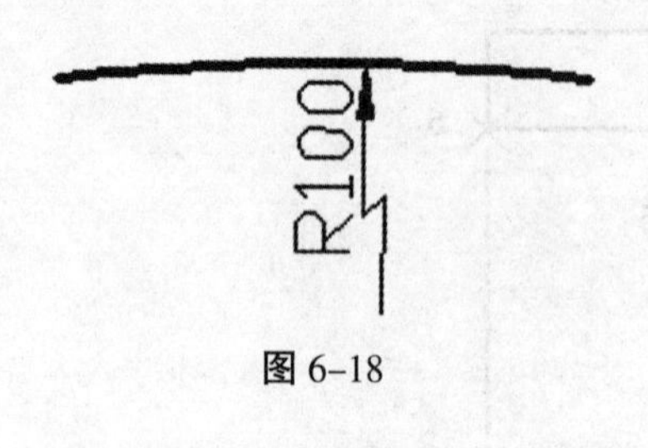

图 6-18

标注文字 = 158.29

指定尺寸线位置或 [多行文字(M)/文字(T)/角度(A)]:

指定折弯位置:

多行文字(M)、文字(T)、角度(A)选项分别可以输入多行文字,文字或者文字旋转角度的操作。标注完成如图 6-18 所示。

6、形位公差标注

形位公差用来标注零件或装配的形状或位置关系的偏差。

启动命令:

(1)单击标注工具条公差标注的按钮;

(2)选择菜单"标注/公差";

(3)命令行中输入"TOL"回车。

启动命令后,弹出"形位公差"对话框,如图 6-19 在对话框中选择、公差值及基准名称。设置完毕后确认,在屏幕中指定标注位置。

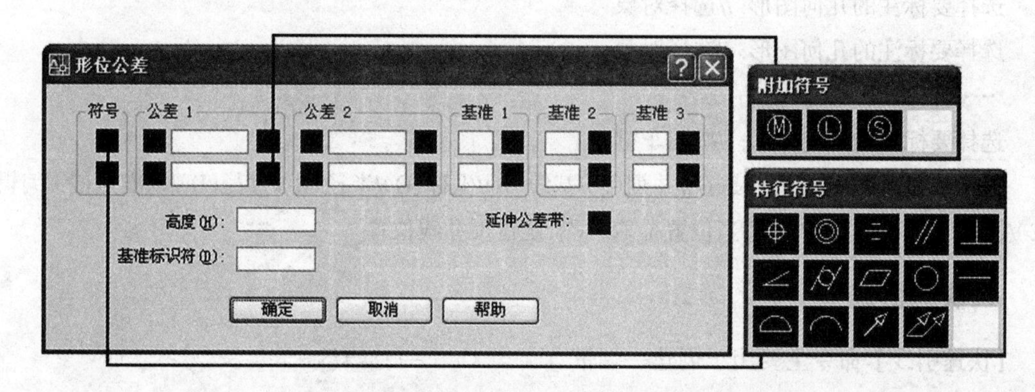

图 6-19

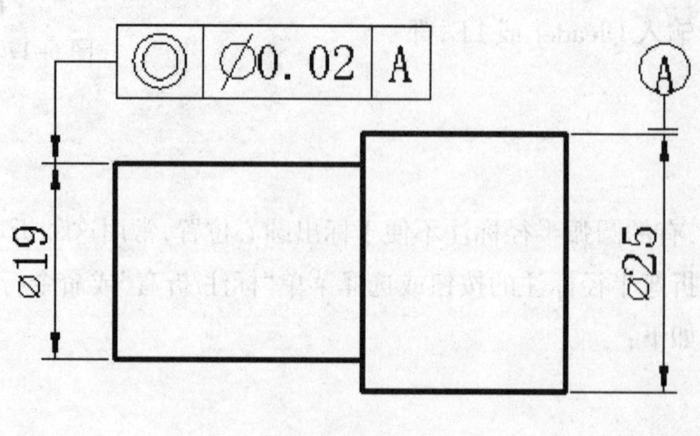

图 6-20

第四节　编辑和更新标注

1、编辑标注

该命令用来进行修改已有尺寸标注的文本内容和文本放置方向。如图 6-21 所示。

A. 单击【标注】菜单中的【倾斜】命令，或在命令行输入 Dimedit，都可执行命令，命令行会出现“输入标注编辑类型 [默认(H)/新建(N)/旋转(R)/倾斜(O)] <默认> ”的操作提示，用于对现有尺寸进行编辑。

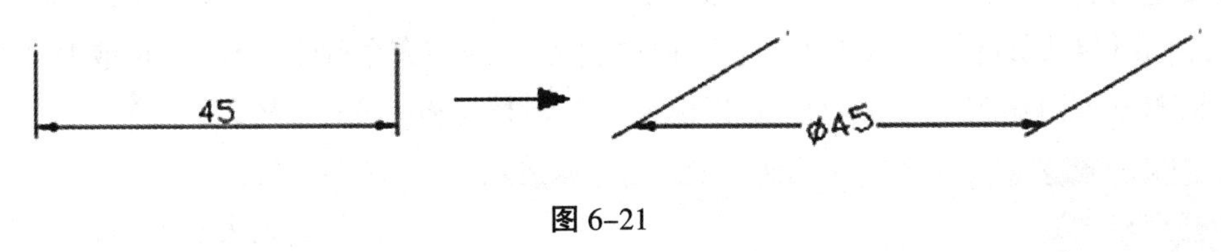

图 6-21

B. 操作说明

1)“默认”(H)选项：此选项用于将尺寸文本按 DDIM 所定义的默认位置，方向重新置放。

2)“新建”(N)选项：此选项用于更新所选择的尺寸标注的尺寸文本。

3)“旋转”(R)选项：此选项用于旋转所选择的尺寸文本。

4)“倾斜”(O)选项：此选项用于倾斜标注，即编辑线性尺寸标注，使其尺寸界线倾斜一个角度，不再与尺寸线相垂直，常用于标注锥形图形。

2、更新标注

【标注更新】命令用于更新尺寸对象的标注样式，还可以将当前的标注样式保存起来，以供随时调用。

单击【标注】菜单栏中的【更新】命令，或单击【标注】工具栏中的按钮，都可执行命令，然后仅选择需要更新的尺寸，AutoCAD 则以当前的标注样式进行更新。

3、编辑标注文字

【编辑标注文字】命令主要用于编辑尺寸文字的放置位置及旋转角度。

A. 单击【标注】工具栏上的按钮，或在命令行输入 Dimtedit，都可执行命令。命令行操作如下：

命令: _dimtedit

选择标注:

指定标注文字的新位置或 [左(L)/右(R)/中心(C)/默认(H)/角度(A)]:

指定标注文字的角度:

B. 操作说明

1)"左"(L)选项: 此选项用于将尺寸文本按尺寸线左端置放。

2)"右"(R)选项: 此选项用于将尺寸文本按尺寸线右端置放。

3)"中心"(C)选项: 此选项用于将尺寸文本按尺寸线中心置放。

4)"默认"(H)选项: 此选项用于将尺寸文本按 DDIM 所定义的默认位置放置。

5)"角度"(A)选项: 此选项用于将尺寸文本按一定角度置放。

第五节 管理与协调尺寸

由于一个完整的尺寸是由多种变量集合而成的,而所有构成尺寸的变量都可以使用【标注样式】命令进行管理、控制与协调,以标注出千变万化的尺寸。

1、单击【格式】或【标注】菜单栏中【标注样式】命令,或在命令行输入 Dimstyle 或 D,都可以执行命令,打开如图 6-22 所示的对话框,以设置 、修改、替代和比较标注样式。

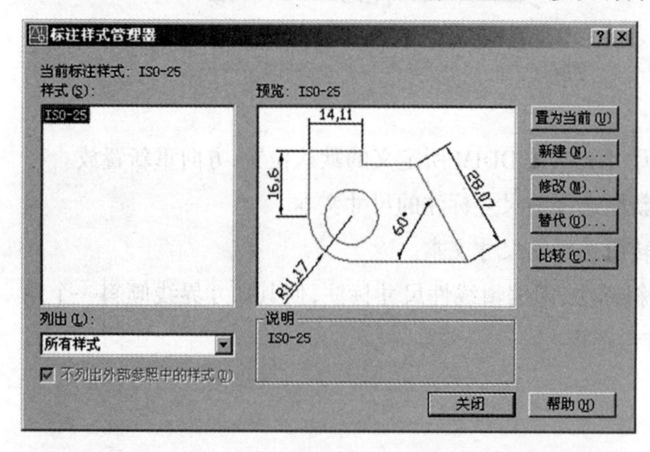

图 6-22

选项解析:

【样式】列表框用于显示当前文件中的所有标注样式，并且当前的标注样式被亮显;

【预览】区域主要显示【样式】区中选定的标注样式的标注效果;

【列出】下拉列表框 用于控制在标注样式的显示。

"置为当前"按钮用于将所选样式设置为当前标注样式。

"修改"按钮用于修改选择的标注样式。当用户修改了标注样式后,当前文件的所有尺寸标注都会自动改变为所修改的标注样式。

"替代"按钮用于设置当前标注样式的临时替代值。 当用户创建了替代样式后,当前标注样式将被应用到以后所有尺寸标注中,直到用户删除替代样式为止,而不会改变替代样式之前的标注样式。

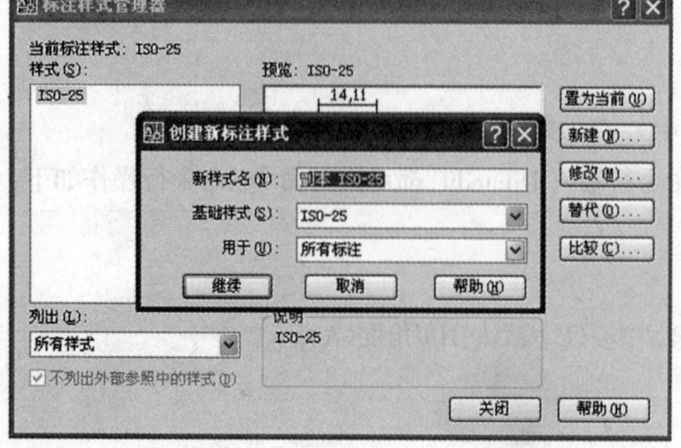

6-23

比较:此按钮用于比较两种标注样式的特性或浏览一种标注样式的全部特性,并将比较结果输出到 Windows 剪贴板上,然后再粘贴到其他应用程序中。

新建: 此按钮用于设置新的标注样式。单击此按钮,系统弹出如图 6-23 所示的【创建新标注样式】对话框,其中【新样式名】文本框用以为标注样式赋名；【基础样式】下拉列表框用于设置作为新样式的基础样式;【用于】下拉列表框用于创建一种仅适用于特定标注类型的样式。

在对话框中可进行标注样式的创建、修改、置为当前等操作。

2、从样式列表下方选择样式，单击右侧的“修改”按钮，弹出修改样式对话框，对选中的样式进行重新修改设置。如图 6–24 所示。

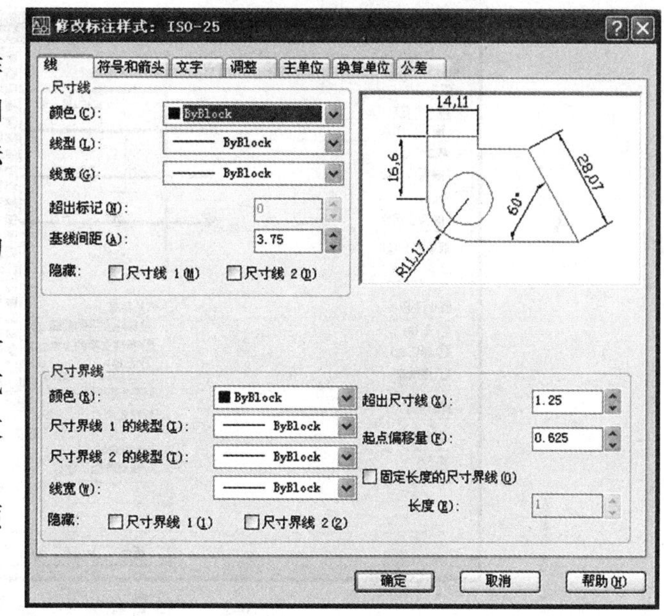

图 6–24

“新建标注样式 ”对话框各选项卡设置

(1)“线”选项卡

1)在“尺寸线”选项组中,“颜色”下拉列表框用于设置尺寸线的颜色; “线宽”下拉列表框用于设定尺寸线的宽度; “超出标记”微调框用于设定使用倾斜尺寸界线时,尺寸线超过尺寸界线的距离; “基线间距”微调框用于设定使用基线标注时各尺寸线间的距离; “隐藏”及其复选框用于控制尺寸线的显示,“尺寸界线 1”复选框用于控制第 1 条尺寸线的显示,“尺寸界线 2”复选框用于控制第 2 条尺寸线的显示。

2)在“尺寸界线”选项组中,“颜色”下拉列表框用于设置尺寸界线的颜色; “线宽”下拉列表框用于设定尺寸界线的宽度; “超出尺寸线”微调框用于设定尺寸界线超过尺寸线的距离; “起点偏移量”微调框用于设置尺寸界线相对于尺寸界线起点的偏移距离; “隐藏”及其复选框用于设置尺寸界线的显示,“尺寸界线 1”复选框用于控制第 1 条尺寸界线的显示,“尺寸界线 2”复选框用于控制第 2 条尺寸界线的显示。

(2)“符号和箭头”选项卡

1)在“箭头”选项组中,“箭头”下拉列表框用于选定表示尺寸线端点的箭头的外观形式; “第一个”下拉列表框和“第二个”下拉列表框列出了常见的箭头形式; “引线”下拉列表框中列了尺寸线引线部分的形式; “箭头大小”微调框用于设定箭头相对其他尺寸标注元素的大小。

2)“圆心标记”选项组用于控制当标注半径和直径尺寸时,中心线和中心标记的外观。

3)“弧长符号”选项组用于控制弧长符号的放置位置。

4)“半径折弯标注”选项组可以使用户利用折弯来标注半径,如果圆弧或圆的圆心位于图形边界之外。

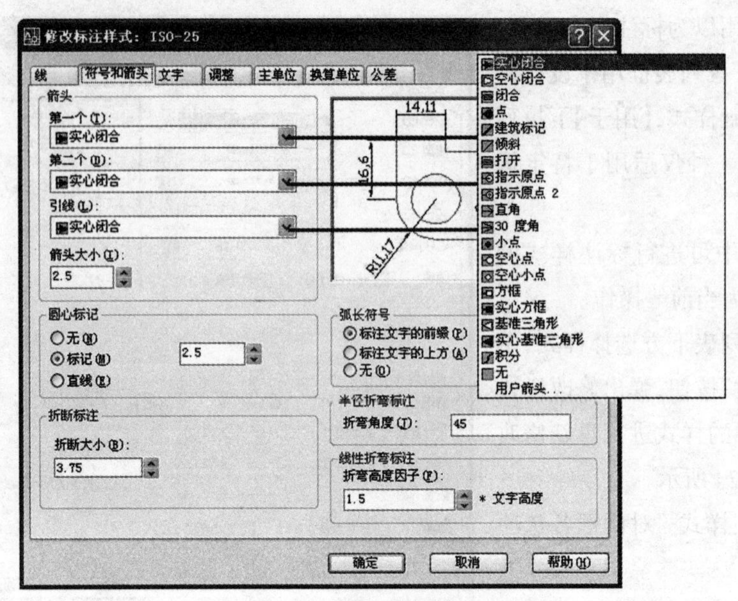

图 6-25 “符号和箭头”选项卡

(3)“文字”选项卡

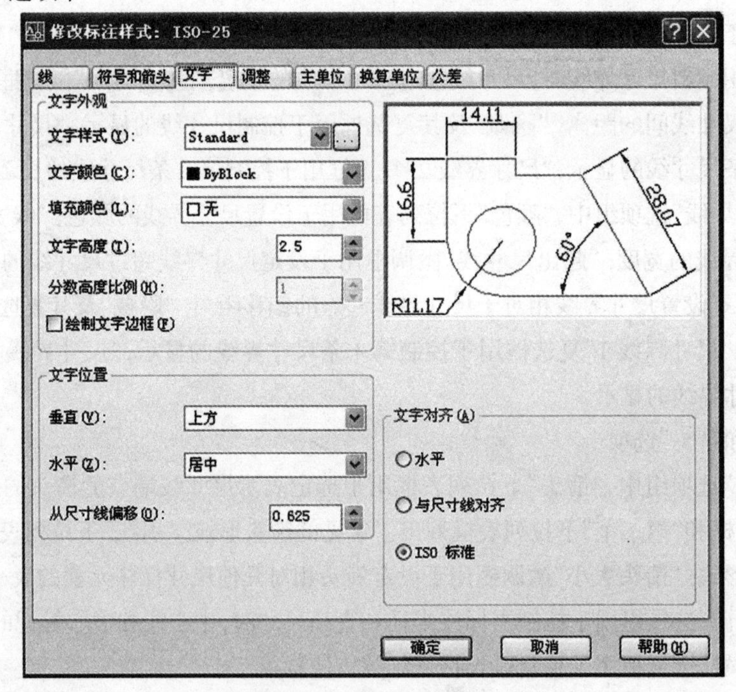

图 6-26 “文字”选项卡

1)“文字外观”选项组中可设置标注文字的格式和大小。

2)“文字位置”选项组中可设置标注文字的位置。

3)“文字对齐”选项组中可设置标注文字的方向。

(4)“调整”选项卡

1)“调整选项” 区用来确定在何处绘制箭头和尺寸数字。

①“文字或箭头(最佳效果)单选按钮: 该选项将根据两尺寸界线间的距离,以适当方式放置尺寸数字与箭头。

②“箭头”单选按钮: 选择该选项时,如果空间允许,就将尺寸数字与箭头都放在尺寸界线内; 如果尺寸数字与箭头两者仅够放一种,则将尺寸箭头放在尺寸界线内,尺寸数字放在尺寸界线外; 但若尺寸箭头也不足以放在尺寸界线内,则尺寸数字与箭头都放在尺寸界线外。

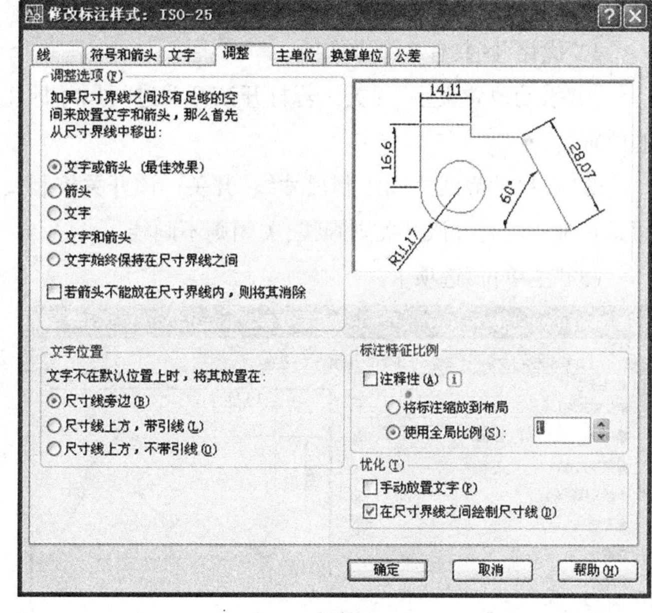

图 6-27“调整”选项卡

③“文字”单选按钮: 选择该选项时,如果空间允许,就将尺寸数字与箭头都放在尺寸界线内; 如果箭头与尺寸数字两者仅够放一种,则将尺寸数字放在尺寸界线内,箭头放在尺寸界线外; 但若尺寸数字也不足以放在尺寸界线内,则尺寸数字与箭头都放在尺寸界线外。

④“文字和箭头”单选按钮: 选择该选项时,如果空间允许,就将尺寸数字与箭头都放在尺寸界线之内,否则都放在尺寸界线之外。

⑤“文字始终保持在尺寸界线之间”单选按钮: 选择该选项时,任何情况下都将尺寸数字放在两尺寸界线之中。

⑥“若箭头不能放在尺寸界线内,则将其消除”开关: 选择该开关时,如果空间不够,就省略箭头。

2)“文字位置”区共有 3 个单选按钮,

①“尺寸线旁边”单选按钮: 该选项控制当尺寸数字不在默认位置时,在尺寸线旁放置尺寸数字。

②“尺寸线上方,带引线”单选按钮: 该选项控制当尺寸数字不在默认位置时,若尺寸数字与箭头都不足以放到尺寸界线内,可移动鼠标绘出一条引线标注尺寸数字。

③“尺寸线上方,不带引线”单选按钮: 该选项控制当尺寸数字不在默认位置时,若尺寸数字与箭头都不足以放到尺寸界线内,承引线模式,但不画出引线。

3)“标注特征比例”区该区共有 2 个操作项,

①“将标注缩放到布局”单选按钮: 控制是在图纸空间还是在当前的模型空间视窗上使用整体比例系数。

②“使用全局比例”单选按钮: 用来设定整体比例系数。其控制各尺寸要素,即该尺寸标注样式中所有尺寸四要素的大小及偏移量的尺寸标注变量都会乘上整体比例系数。整体比例的默认

值为“1”,其可以在右边的文字编辑框中指定。

4)“优化”区共有 2 个操作项,

①“手动放置文字”开关：若打开该开关进行尺寸标注时,AutoCAD 允许自行指定尺寸数字的位置。

②“在尺寸界线之间绘制尺寸线”开关：该开关控制尺寸箭头在尺寸界线外时,两尺寸界线间是否画线。打开该开关则画线,关闭则不画线。

(5)“主单位”选项卡

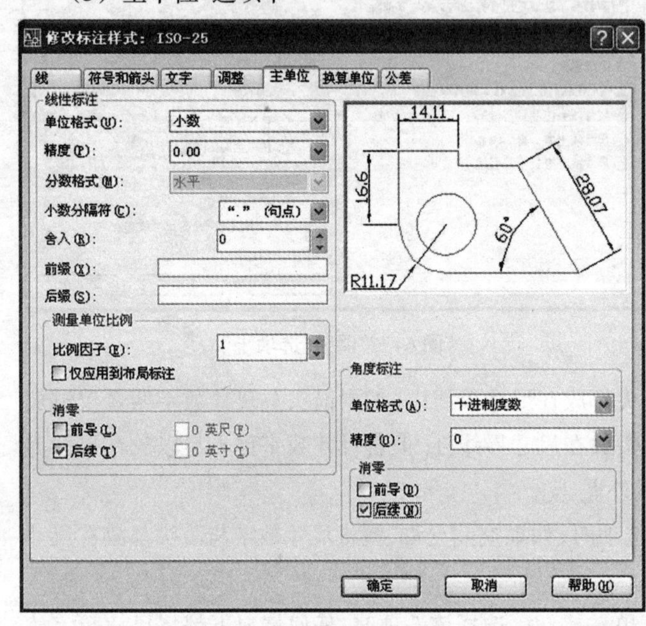

图 6-28“主单位”选项卡

1)在“线性标注”选项组中可设置线性标注的单位格式及精度。

①“单位格式”下拉列表框用于设置所有尺寸标注类型(除角度标注外)的当前单位格式。

②“精度”下拉列表框用于设置在十进制单位下用多少小数位来显示标注文字。

③“分数格式”下拉列表框用于设置分数的格式。

④“小数分隔符”下拉列表框用于设置小数格式的分隔符号。

⑤“舍入”微调框用于设置所有尺寸标注类型(除角度标注外)的测量值的取整规则。

⑥“前缀”微调框用于对标注文字加上一个前缀。

⑦“后缀”微调框用于对标注文字加上一个后缀。

2)“测量单位比例”选项组用于确定测量时的缩放系数。

3)“角度标注”选项组用于设置角度标注的角度格式。

4)“清零”选项组控制是否显示前导 0 或后续 0。

(6)“换算单位”选项卡

(7)“公差”选项卡

1)“方式”下拉列表框用来指定公差标注方式。

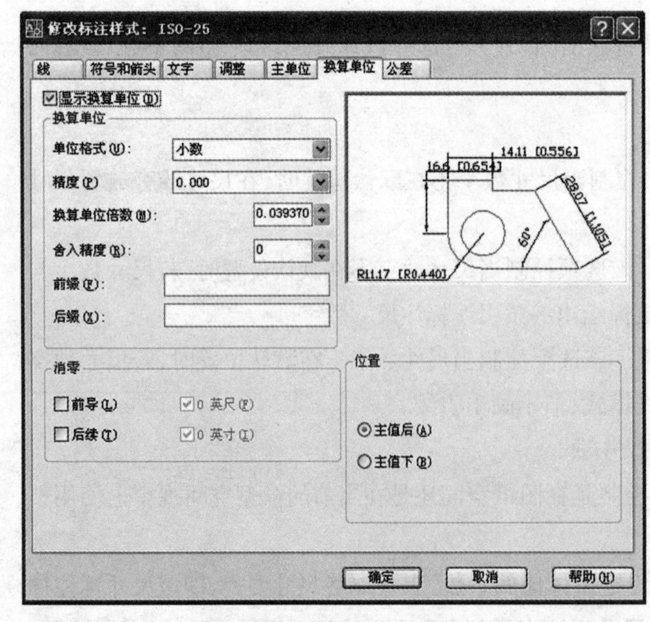

图 6-29“换算单位”选项卡

2)“精度”下拉列表框：用来指定公差值小数点后保留的位数。

3)“上偏差”文字编辑框：用来输入尺寸的上偏差值。

4)“下偏差”文字编辑框：用来输入尺寸的下偏差值。

5)“高度比例”文字编辑框：用来设定尺寸公差数字的高度。

6)“垂直位置”下拉列表框：用来控制尺寸公差相对于基本尺寸的位置。

7)“前导”开关：用来控制是否对尺寸公差值中的前导“0”加以显示。

8)“后续”开关：用来控制是否对尺寸公差值中的后续“0”加以显示。

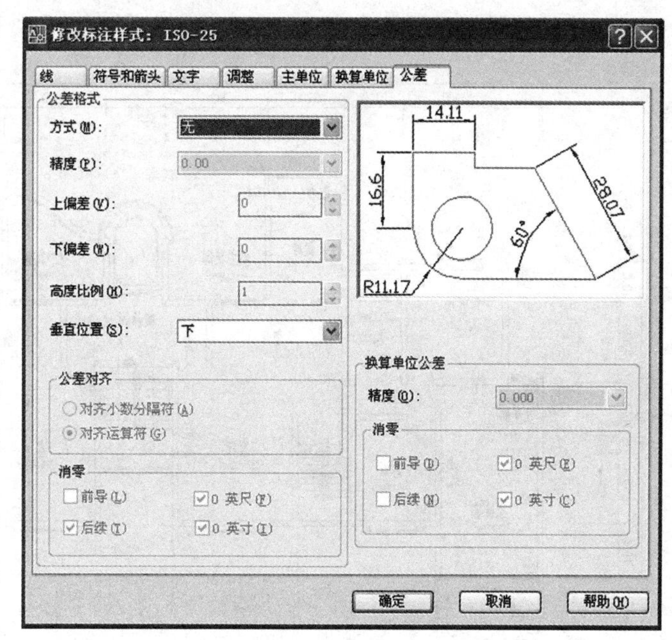

图 6-30“公差”选项卡

小结：

通过本章的介绍与学习，读者对掌握各种基本尺寸、复合尺寸的标注方法和技巧；掌握各种尺寸的编辑、更新以及尺寸文字的修改技巧等有了较全面的了解，并掌握尺寸的管理与协调技巧。为读者接下来的精确制图做好了充分的准备。希望读者通过本章学习后，能够反复练习并达到举一反三的目的。

练一练：

为户型图标注尺寸尺寸。

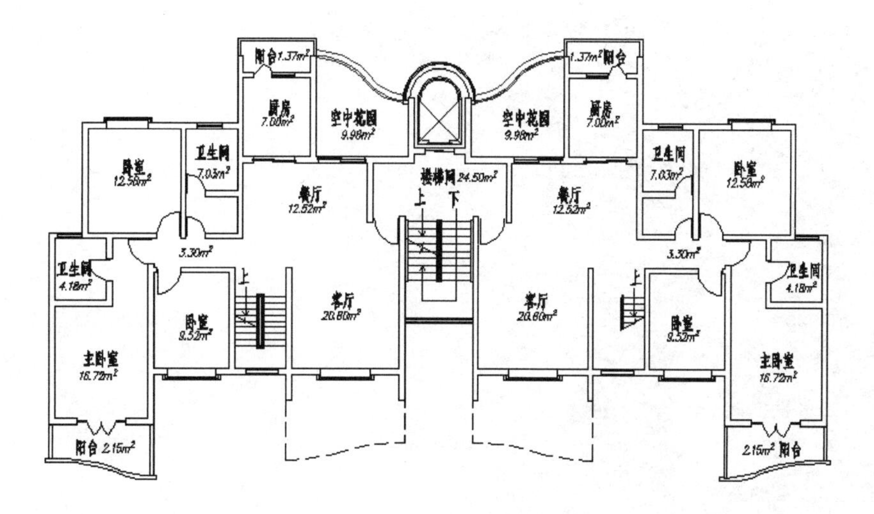

标注的结果如下图所示：

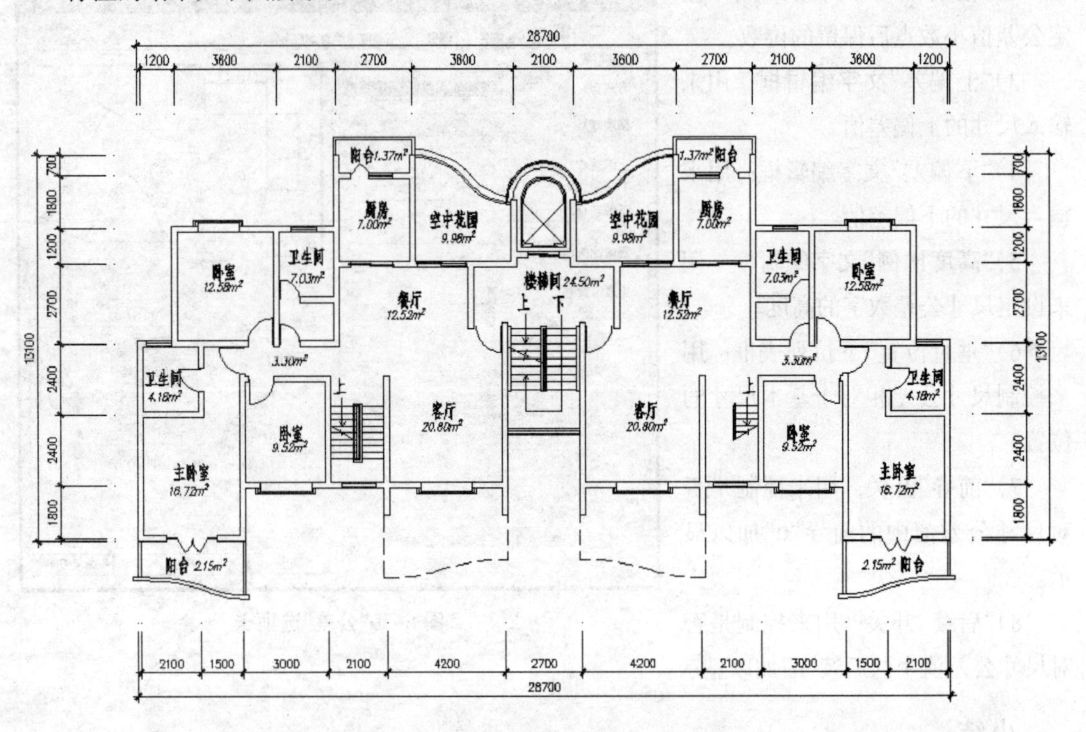
28700
1200 3600 2100 2700 3600 2100 3600 2700 2100 3600 1200
700 1800 1200 2700 2400 2400 1800
13100
阳台 1.37m^2
厨房 7.00m^2
空中花园 9.98m^2
楼梯间 24.50m^2
上 下
卧室 12.58m^2
卫生间 7.03m^2
餐厅 12.52m^2
3.30m^2
卫生间 4.18m^2
卧室 9.52m^2
客厅 20.80m^2
主卧室 16.72m^2
阳台 2.15m^2
2100 1500 3000 2100 4200 2700 4200 2100 3000 1500 2100
28700

第七章　熟能生巧

在前面几章,我们介绍了 AUTOCAD 绘制二维图形的方法,相信大家已经对相关的内容有了较为全面的了解,这一章,我们精选了相关的习题,供大家作为练习之用,因为 AUTOCAD 必须通过大量的练习来熟练,才能达到举一反三,熟能生巧的效果,在这一章中,我们分为两个部分进行练习,第一部分是而为编辑命令的练习,第二部分是精确绘图练习。

第一节　二维编辑命令练习

1、

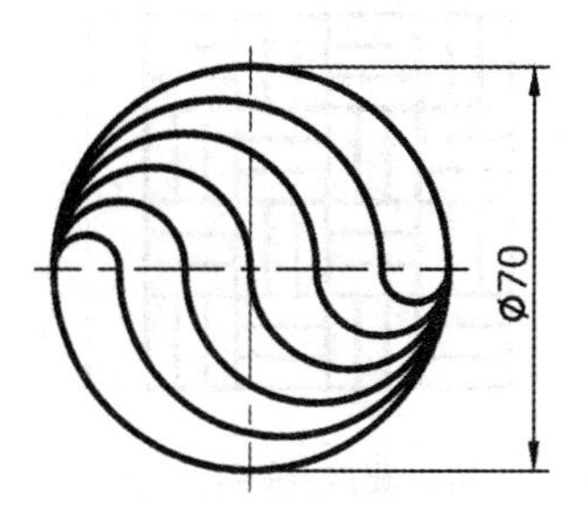

知识要点:圆弧的绘制方法

2、

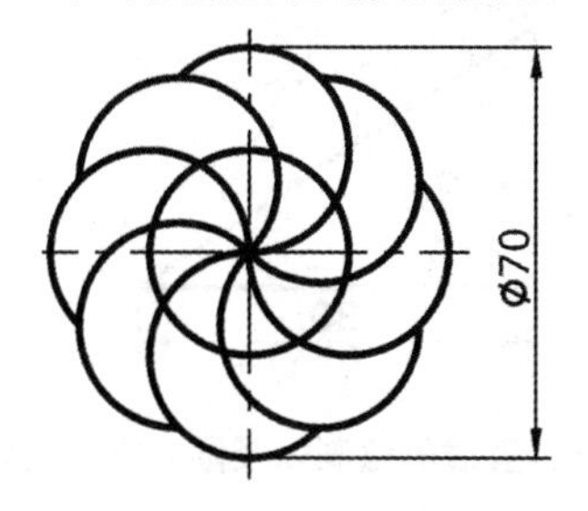

知识要点:阵列、圆的绘制

3、

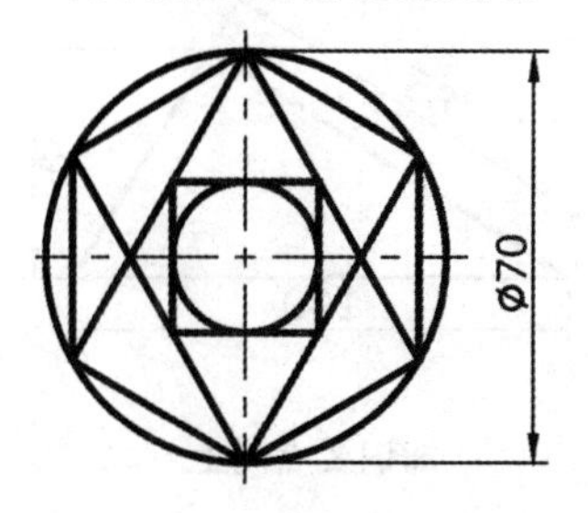

知识要点:多边形的绘制

4、

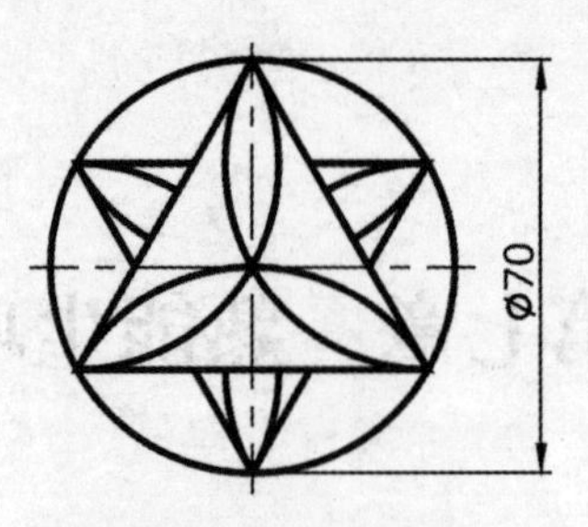

知识要点:旋转、圆的绘制

5、

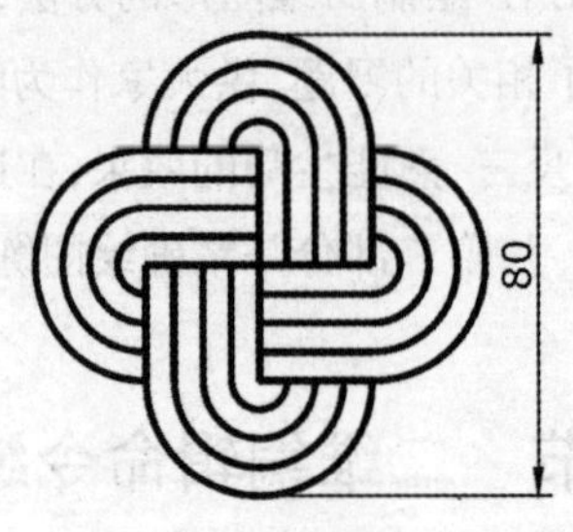

知识要点:偏移、多段线的绘制

6、

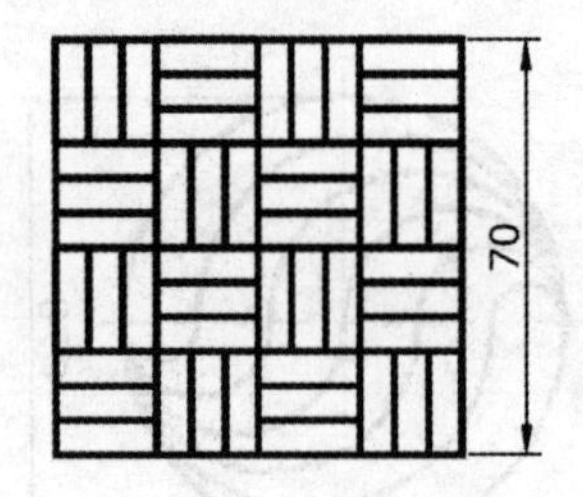

知识要点:阵列、旋转

7、

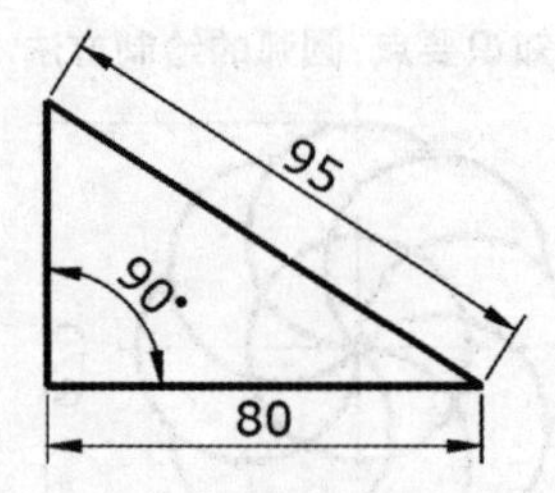

知识要点:直线的绘制以及圆内直线的特性

8、

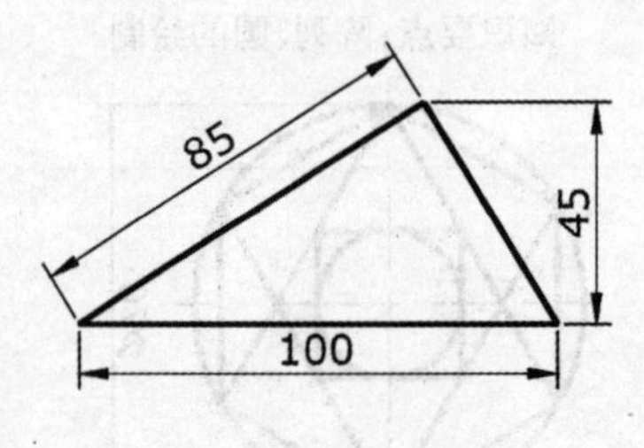

知识要点同上

9、

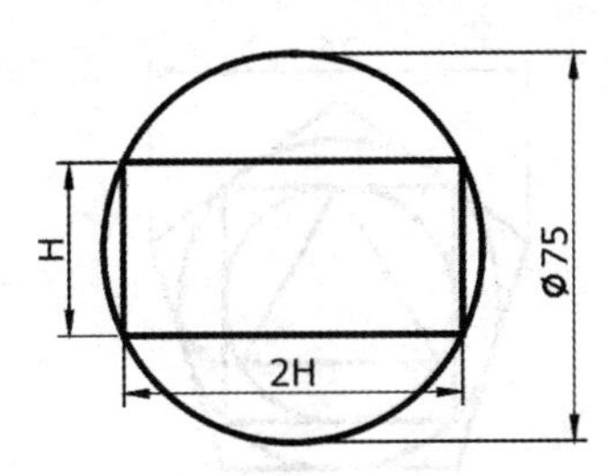

知识要点:矩形的绘制,H 和 2H 表示长是宽的 2 倍。

10、

知识要点:阵列、圆的绘制

11、

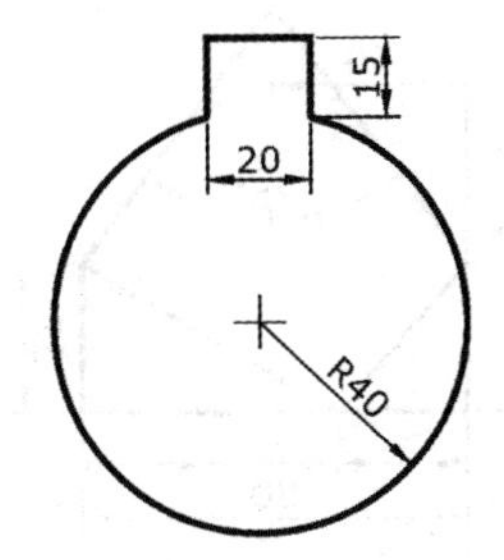

知识要点:同上

12、

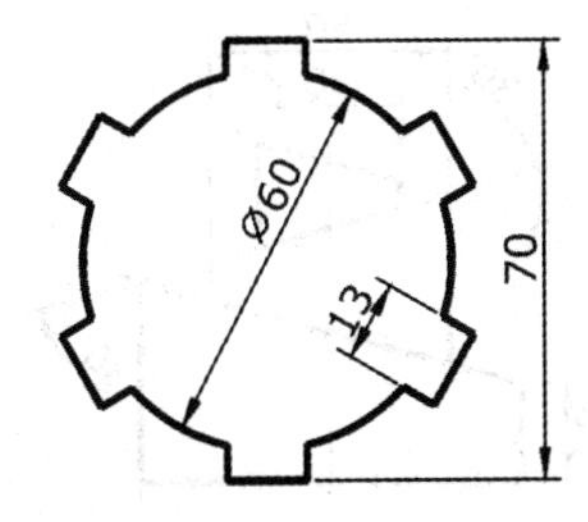

知识要点:偏移。阵列,修剪

13、

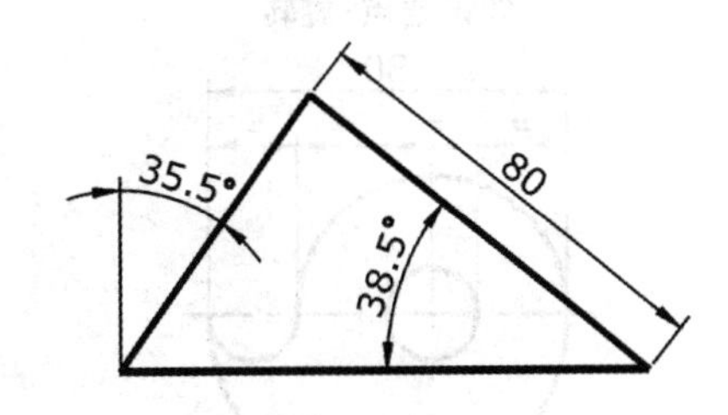

知识要点:同第 7 题

14、

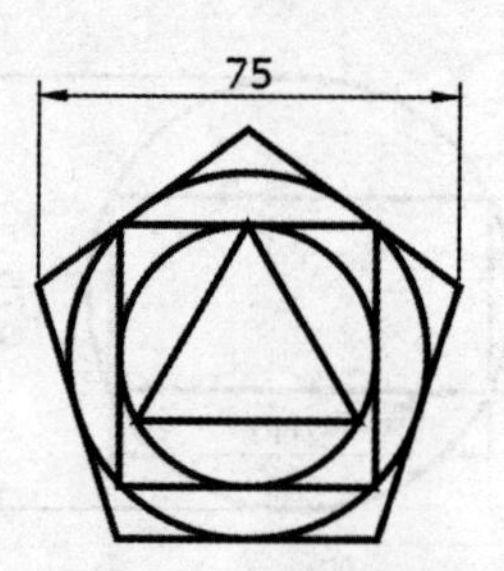

知识要点:多边形的绘制

15、

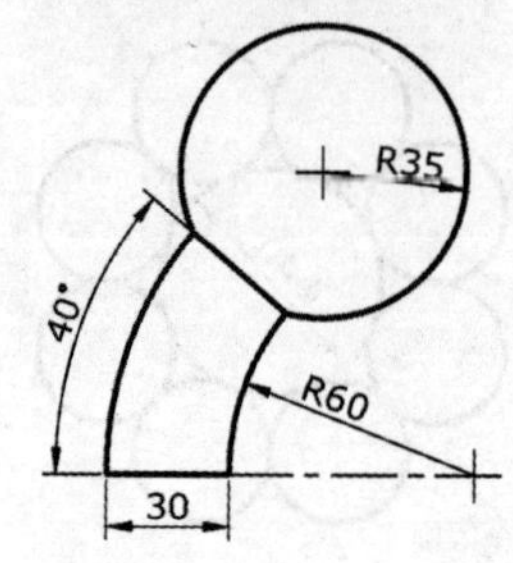

知识要点:旋转、圆的绘制、圆弧的绘制

16、

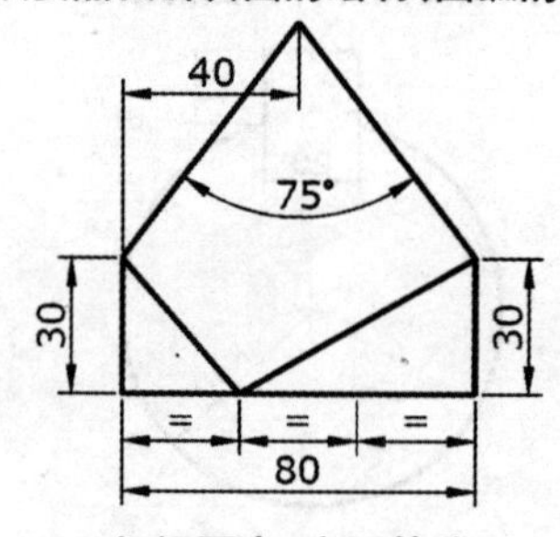

知识要点:定距等分

17、

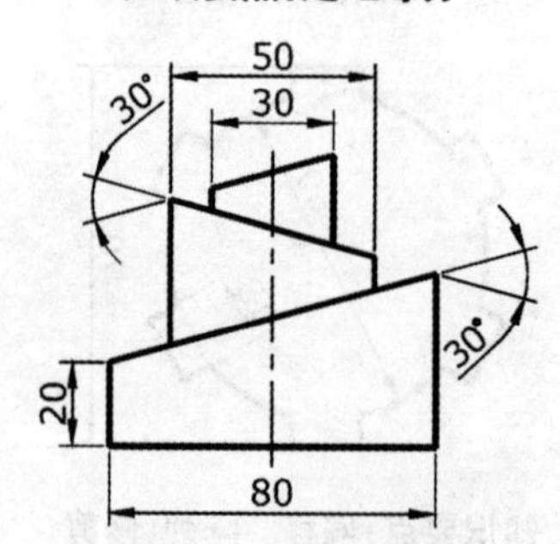

知识要点:旋转

18、

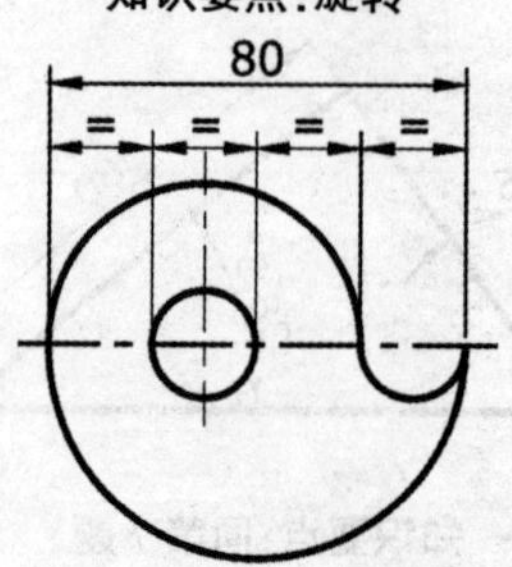

知识要点:定距等分、圆弧的绘制

19、

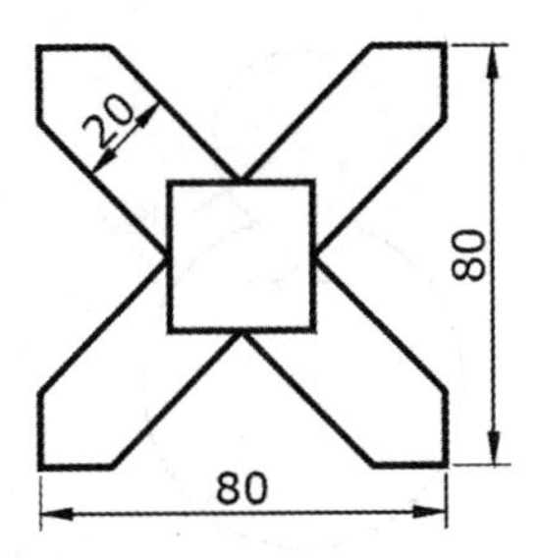

知识要点:偏移、阵列

20、

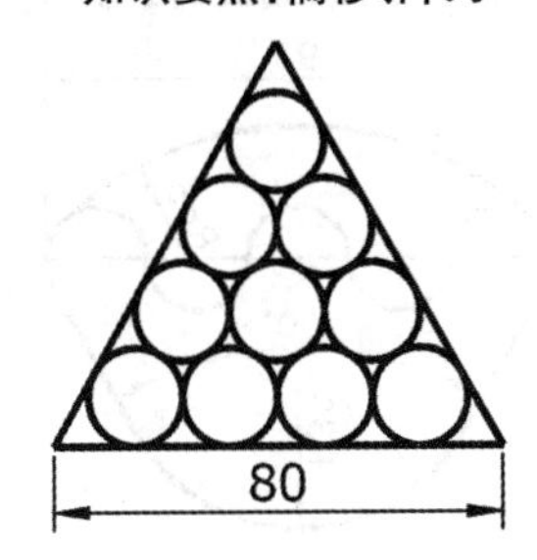

知识要点:阵列、缩放

21、

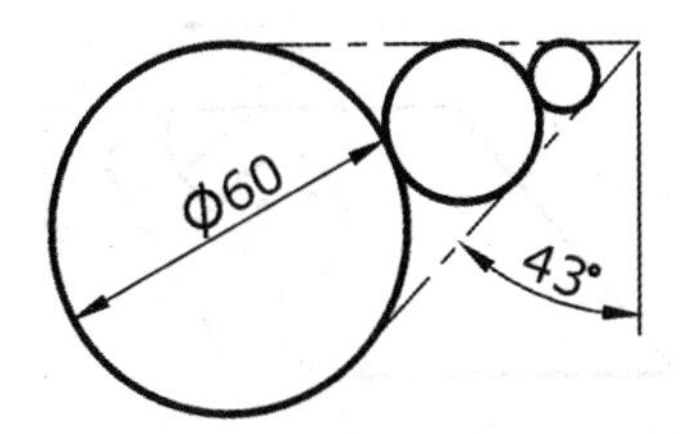

知识要点:旋转、圆的绘制

22、

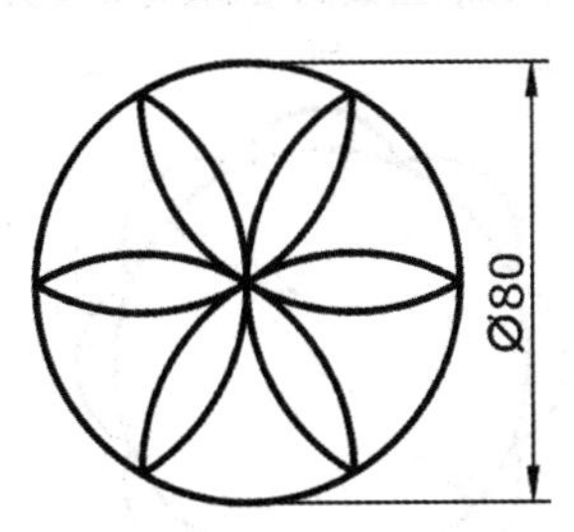

知识要点:修剪、阵列

23、

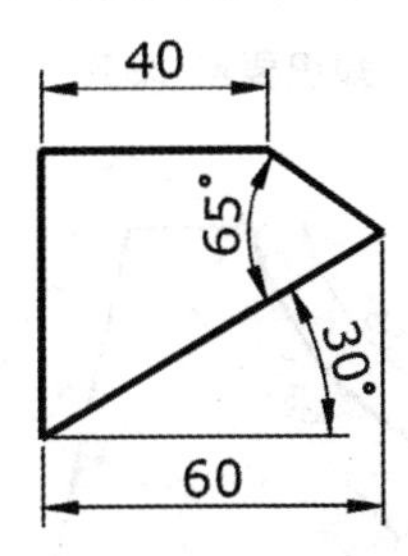

知识要点:旋转、直线的绘制

24、

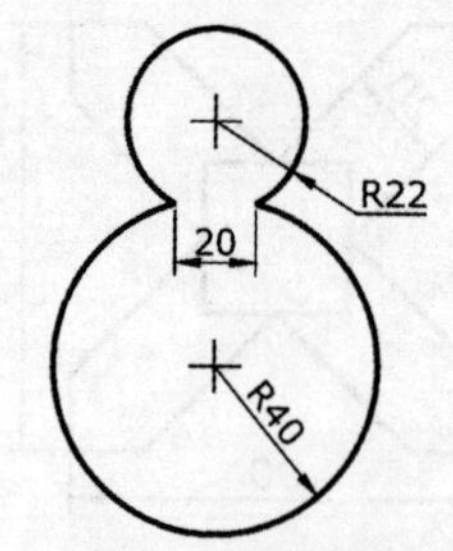

知识要点:圆弧的绘制

25、

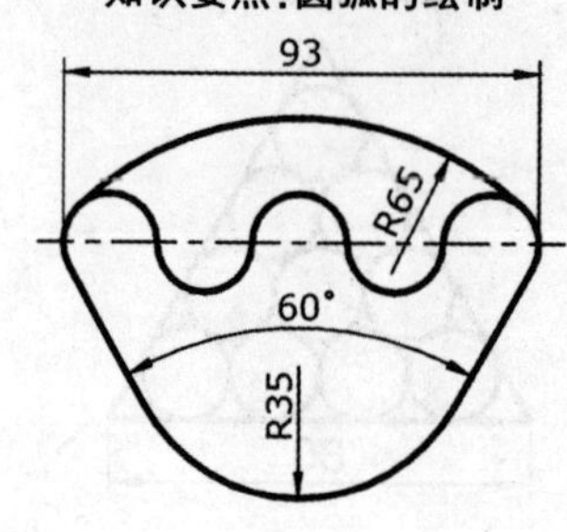

知识要点:定距等分、圆弧的绘制

26、

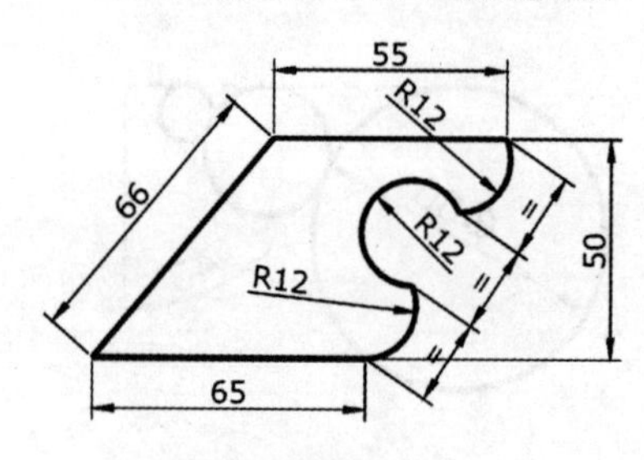

知识要点:直线的绘制、定距等分

27、

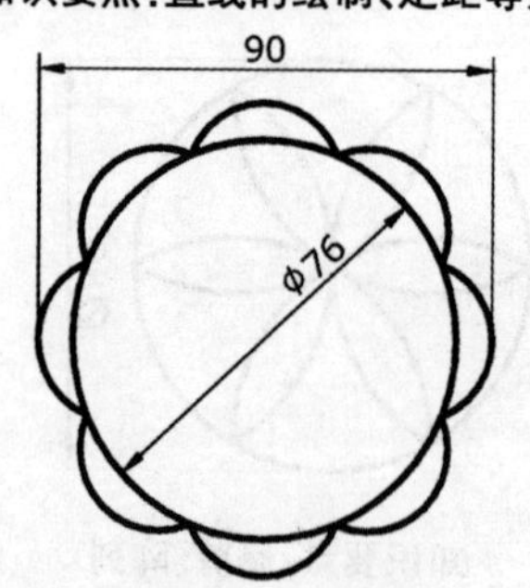

知识要点:阵列

28、

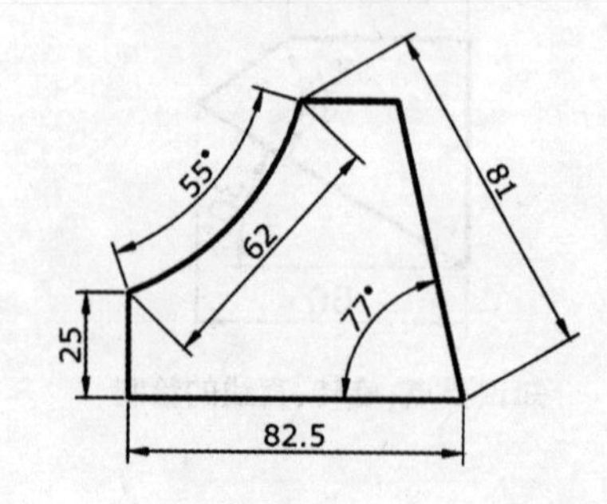

29、

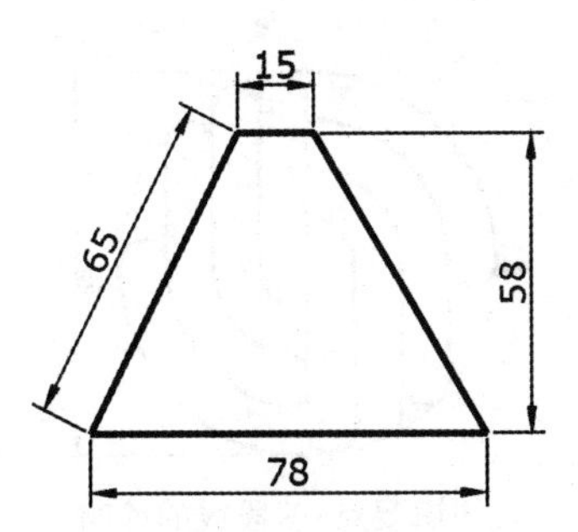

30、

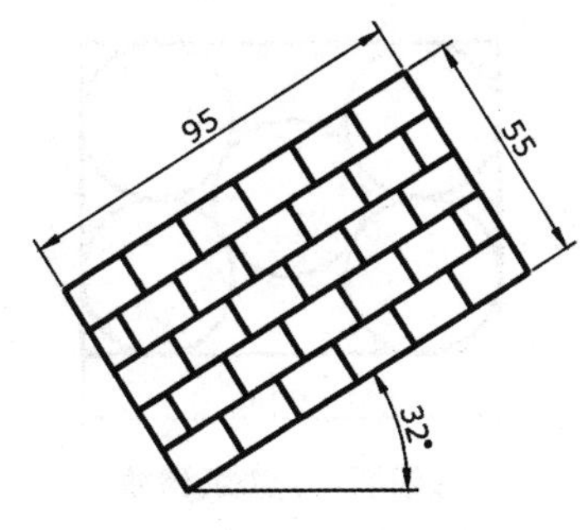

知识要点:阵列、旋转

31、

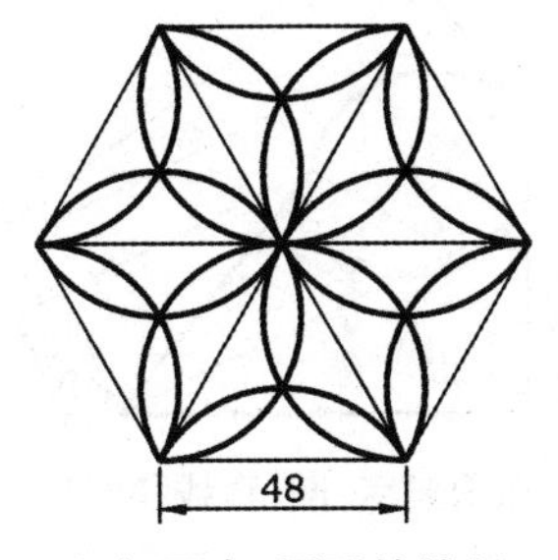

知识要点:圆弧的绘制

32、

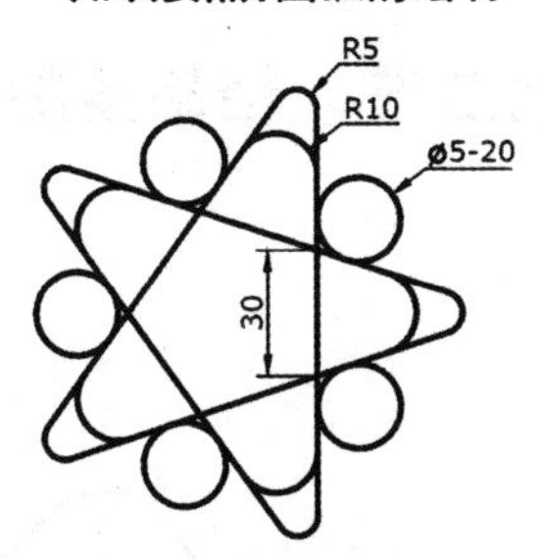

知识要点:五角星的绘制、圆角

33、

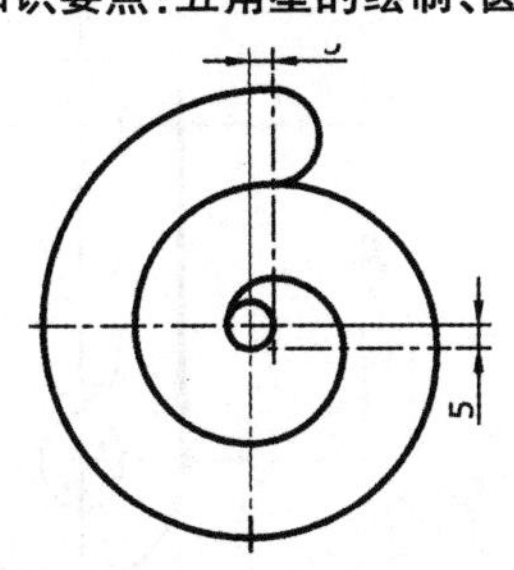

知识要点:圆弧的绘制

34、

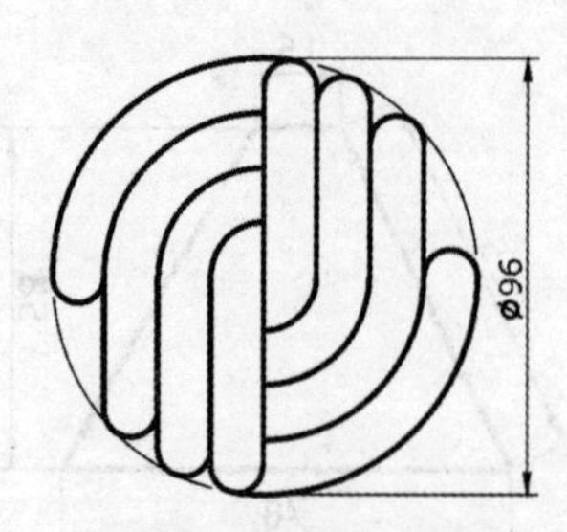

知识要点：多段线的绘制

35、

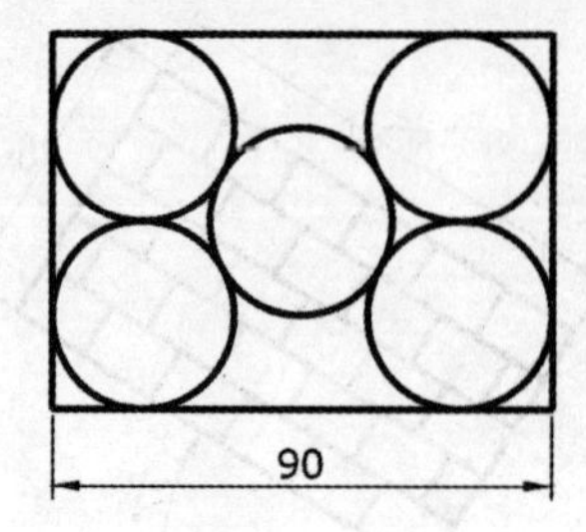

知识要点：复制、缩放

36、

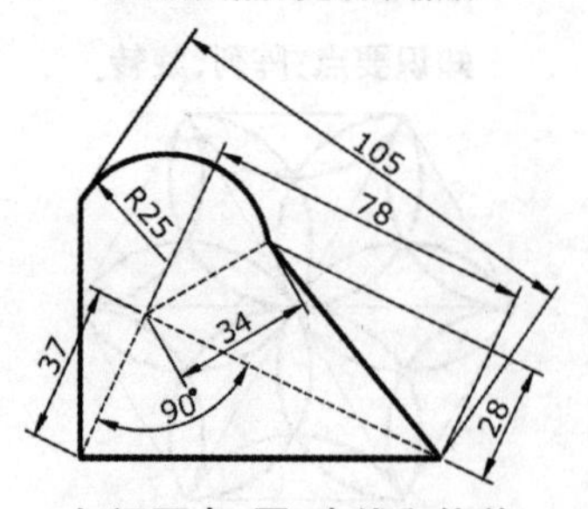

知识要点：圆、直线和修剪

第二节　精确绘图

1. 建立合适的模型空间及栅格距离。图中的中心线应放在 L1 层上，线型为 CENTER，颜色为红色。图中的标注应放在 L2 层上，线型为 CENTER，颜色为绿色。图中的外轮廓线为封闭的多义线，线宽为 0.5，要求轮廓线连接平滑。

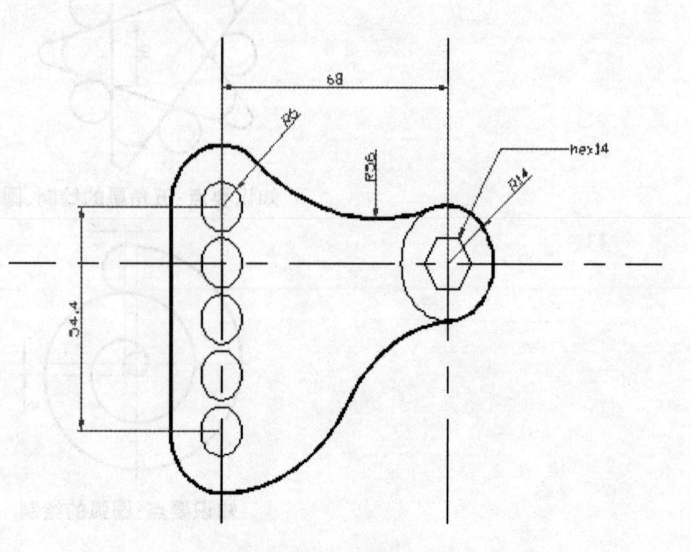

2. 建立合适的模型空间及栅格距离。图中的中心线应放在 L1 层上,线型为 CENTER,颜色为红色。图中的标注应放在 L2 层上,线型为 CENTER,颜色为绿色。

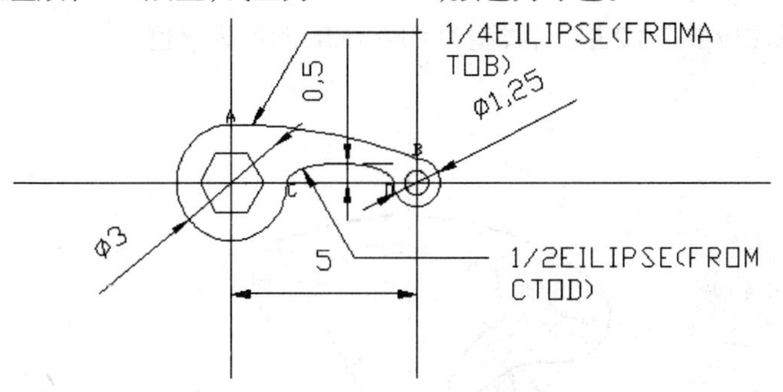

3. 建立合适的模型空间及栅格距离。图中的中心线应放在 L1 层上,线型为 CENTER,颜色为红色。图中的外轮廓线为封闭的多义线,线宽为 0.05,要求轮廓线连接平滑。图中的标注应放在 L2 层上,线型为 CENTER,颜色为绿色。

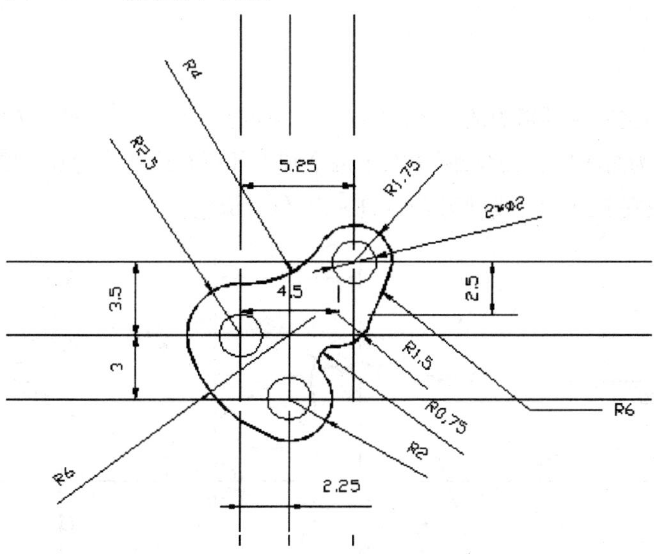

4. 建立合适的模型空间及栅格距离。图中的中心线应放在 L1 层上,线型为 CENTER,颜色为红色。图中的外轮廓线为封闭的多义线,线宽为 0.05,要求轮廓线连接平滑。图中的标注应放在 L2 层上,线型为 CENTER,颜色为绿色。

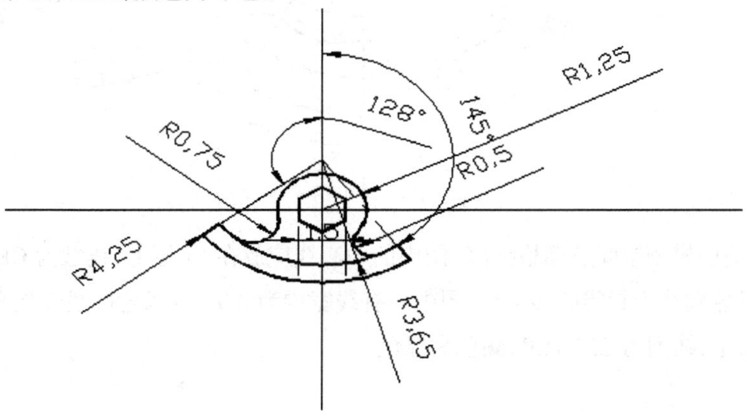

5. 建立合适的模型空间及栅格距离。图中的中心线应放在 L1 层上,线型为 CENTER,颜色为红色。图中的外轮廓线为封闭的多义线,图中除了两个圆以外所有线宽均为 0.02,要求轮廓线连接平滑。图中的标注应放在 L2 层上,线型为 CENTER,颜色为绿色。

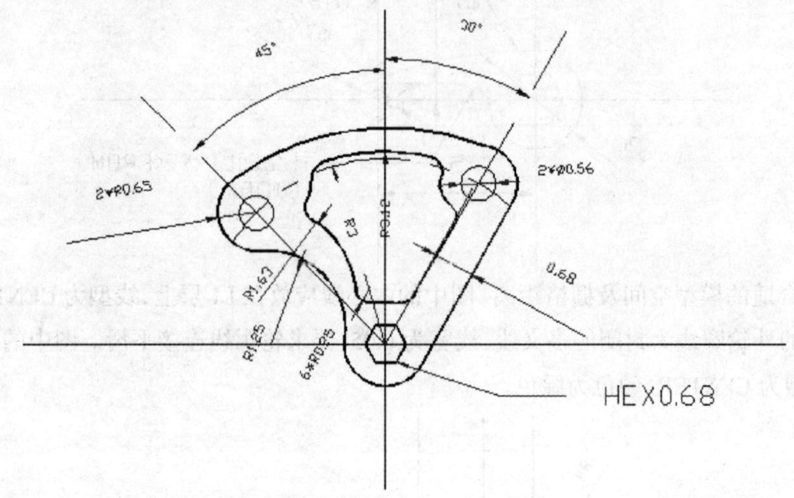

6. 建立合适的模型空间及栅格距离。图中的中心线应放在 L1 层上,线型为 CENTER,颜色为红色。图中的外轮廓线为封闭的多义线,图中除了两个圆以外所有线宽均为 0.3,要求轮廓线连接平滑。图中的标注应放在 L2 层上,线型为 CENTER,颜色为绿色。

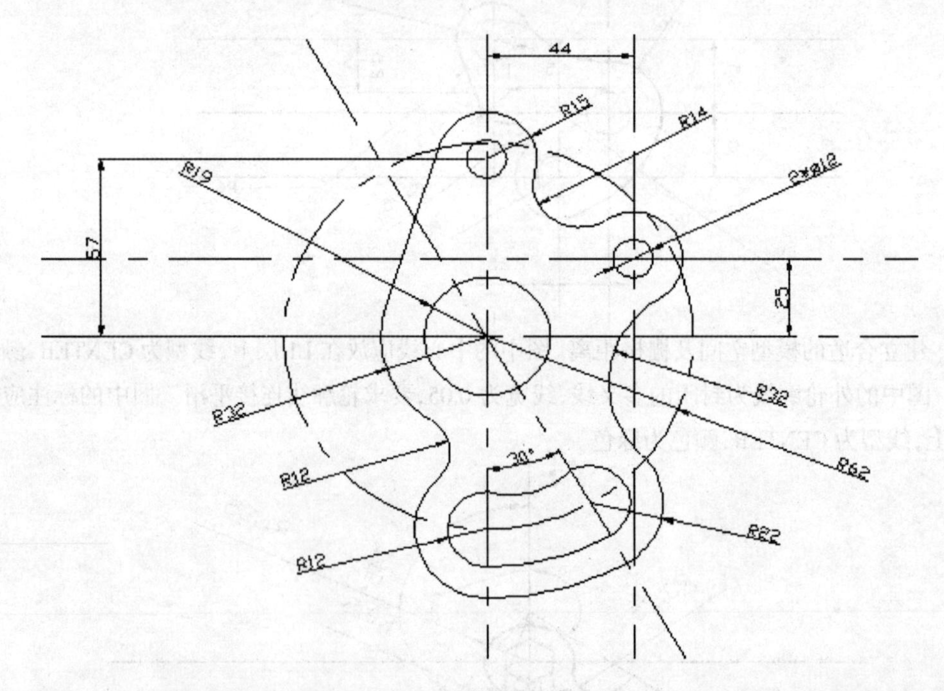

7. 建立合适的模型空间及栅格距离。图中的中心线应放在 L1 层上,线型为 CENTER,颜色为红色。图中的外轮廓线为封闭的多义线,图中所有线宽均为 0.05,要求轮廓线连接平滑。图中的标注应放在 L2 层上,线型为 CENTER,颜色为绿色。

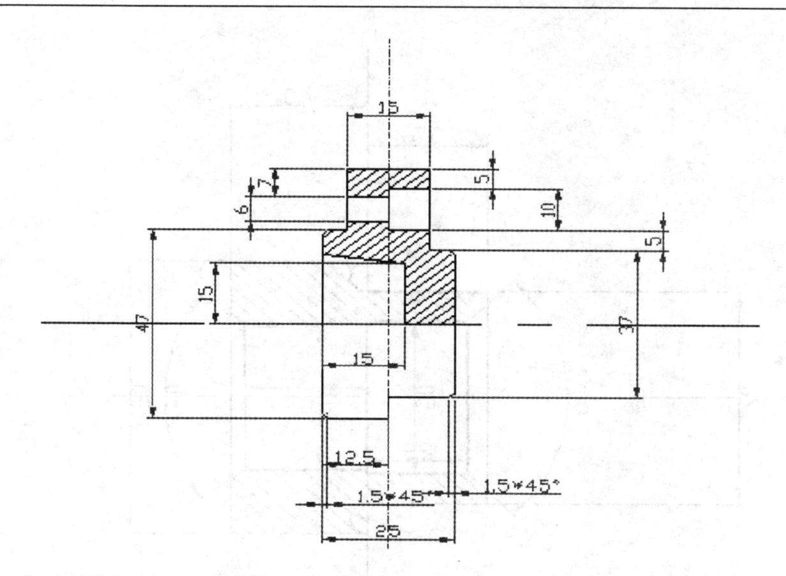

8. 建立合适的模型空间及栅格距离。图中的中心线应放在 L1 层上,线型为 CENTER,颜色为红色。图中的外轮廓线为封闭的多义线,图中所有线宽均为 0.02,要求轮廓线连接平滑。图中的标注应放在 L2 层上,线型为 CENTER,颜色为绿色。

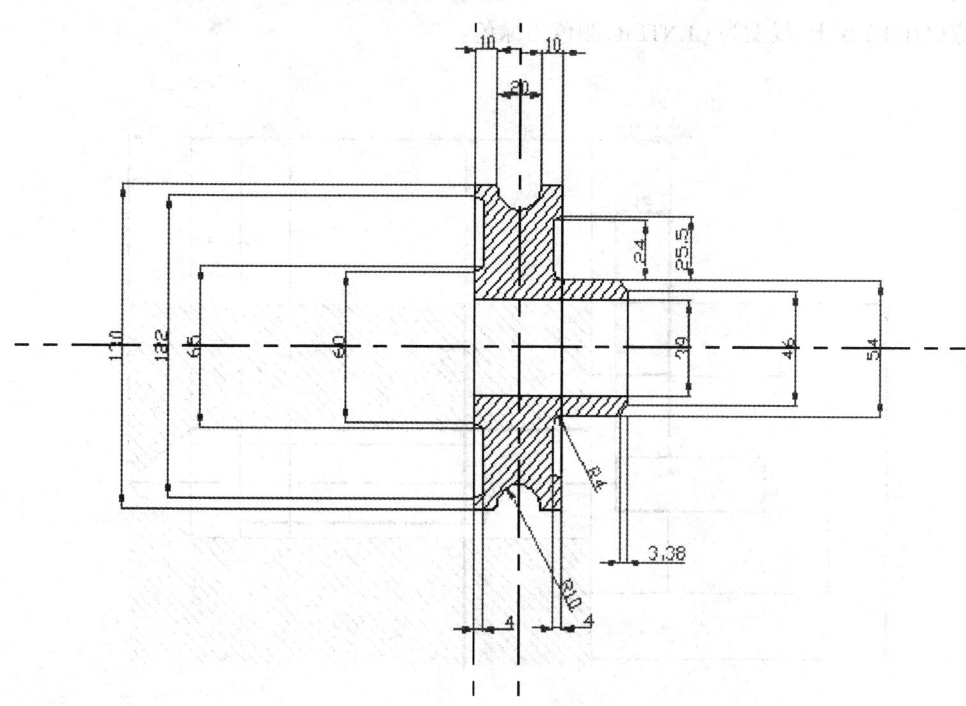

9. 建立合适的模型空间及栅格距离。图中的中心线应放在 L1 层上,线型为 CENTER,颜色为红色。图中的外轮廓线为封闭的多义线,图中所有线宽均为 0.3,要求轮廓线连接平滑。图中的标注应放在 L2 层上,线型为 CENTER,颜色为绿色。

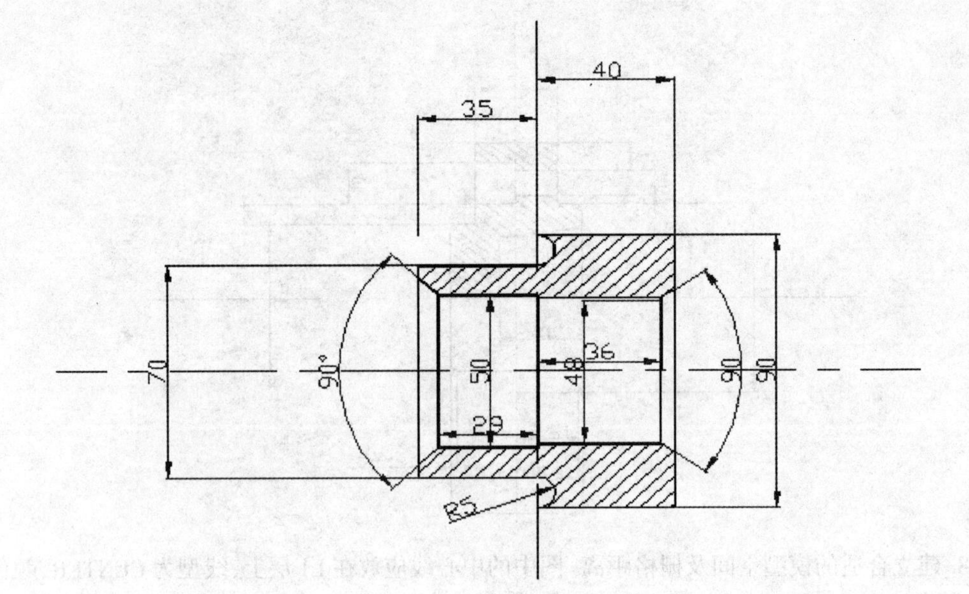

10. 建立合适的模型空间及栅格距离。图中的中心线应放在 L1 层上，线型为 CENTER，颜色为红色。图中的外轮廓线为封闭的多义线，图中所有线宽均为 0.3，要求轮廓线连接平滑。图中的标注应放在 L2 层上，线型为 CENTER，颜色为绿色。

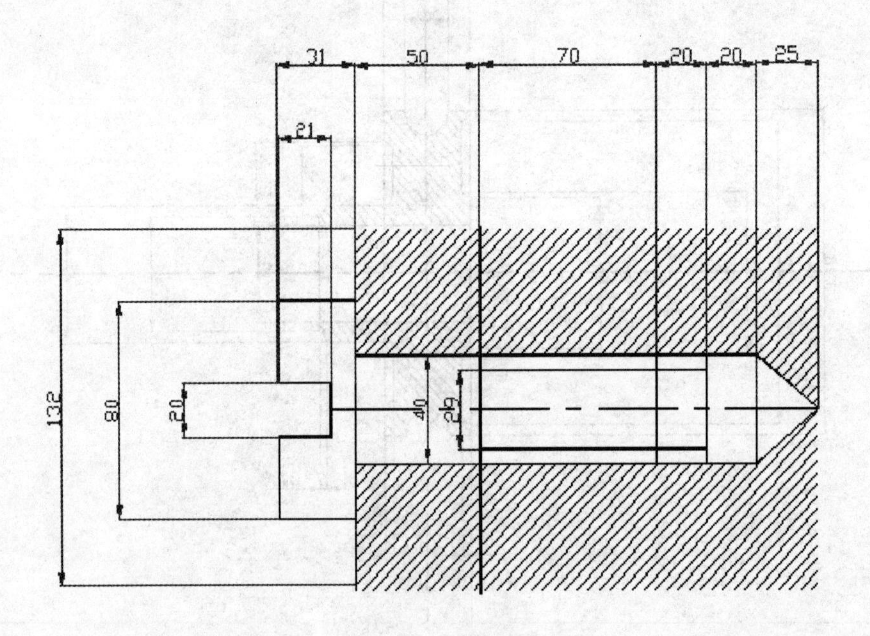

11. 建立合适的模型空间及栅格距离。图中的中心线应放在 L1 层上，线型为 CENTER，颜色为红色。图中的外轮廓线为封闭的多义线，图中所有线宽均为 0.4，要求轮廓线连接平滑。图中的标注应放在 L2 层上，线型为 CENTER，颜色为绿色。

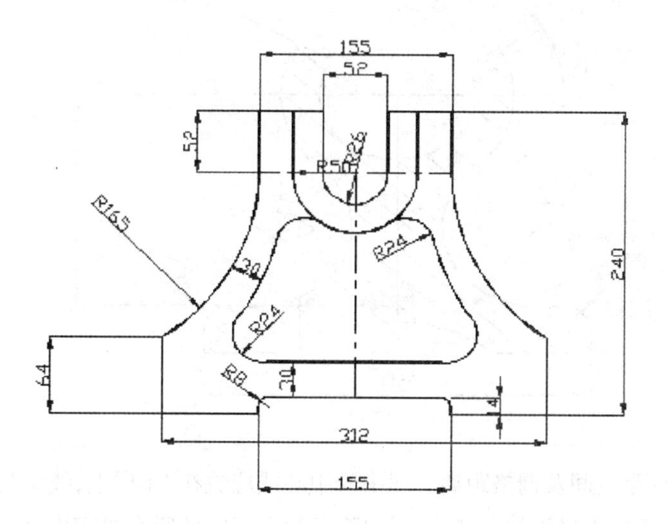

12. 建立合适的模型空间及栅格距离。图中的中心线应放在 L1 层上，线型为 CENTER，颜色为红色。图中的外轮廓线为封闭的多义线，图中所有线宽均为 0.3，要求轮廓线连接平滑。图中的标注应放在 L2 层上，线型为 CENTER，颜色为绿色。

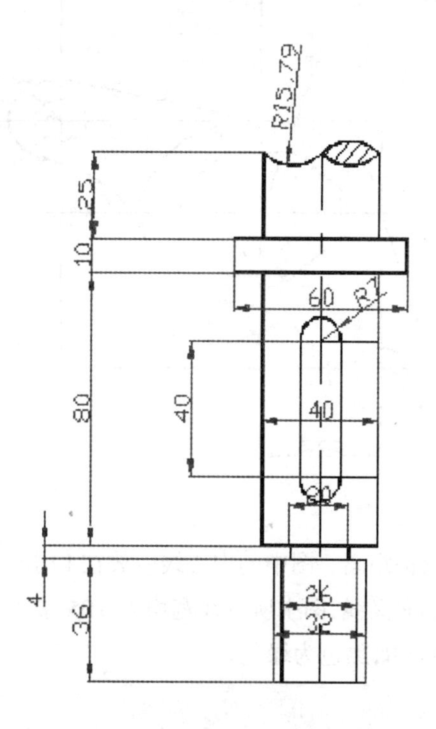

13. 建立合适的模型空间及栅格距离。图中的中心线应放在 L1 层上，线型为 CENTER，颜色为红色。图中的外轮廓线为封闭的多义线，图中所有线宽均为 0.2，要求轮廓线连接平滑。图中的标注应放在 L2 层上，线型为 CENTER，颜色为绿色。

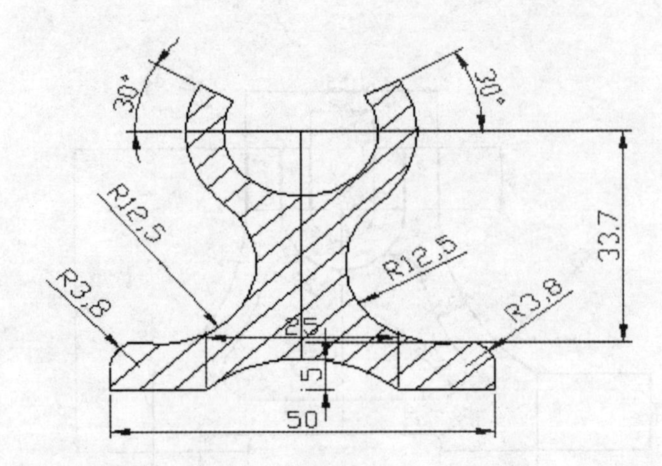

14. 建立合适的模型空间及栅格距离。图中的中心线应放在 L1 层上,线型为 CENTER,颜色为红色。图中的外轮廓线为封闭的多义线,图中除了两个圆以外所有线宽均为 0.05,要求轮廓线连接平滑。图中的标注应放在 L2 层上,线型为 CENTER,颜色为绿色。

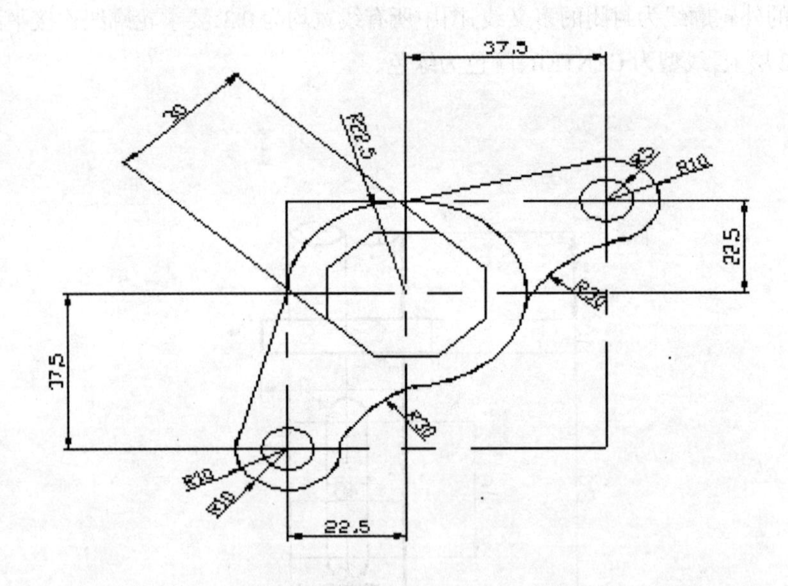

15. 建立合适的模型空间及栅格距离。图中的中心线应放在 L1 层上,线型为 CENTER,颜色为红色。图中的外轮廓线为封闭的多义线,图中所有线宽均为 0.05,要求轮廓线连接平滑。图中的标注应放在 L2 层上,线型为 CENTER,颜色为绿色。

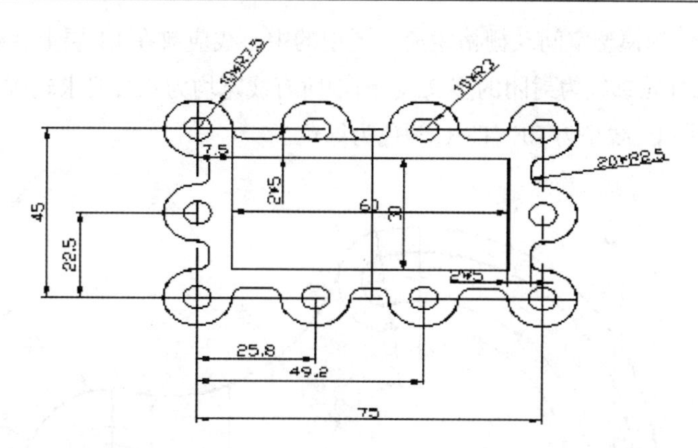

16. 建立合适的模型空间及栅格距离。图中的中心线应放在 L1 层上,线型为 CENTER,颜色为红色。图中的外轮廓线为封闭的多义线,图中所有线宽均为 0.02,要求轮廓线连接平滑。图中的标注应放在 L2 层上,线型为 CENTER,颜色为绿色。

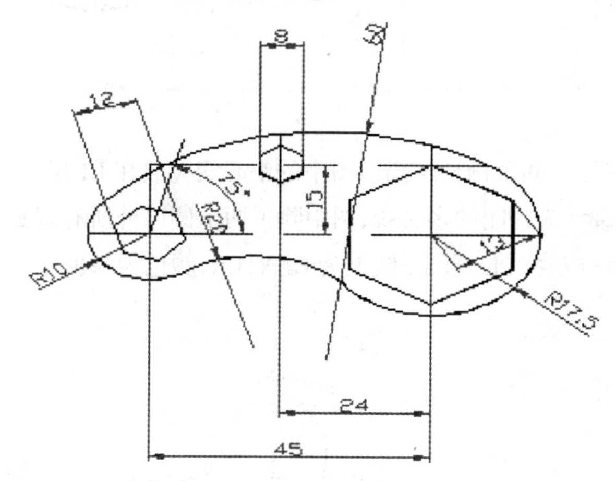

17. 建立合适的模型空间及栅格距离。图中的中心线应放在 L1 层上,线型为 CENTER,颜色为红色。图中的外轮廓线为封闭的多义线,图中所有线宽均为 0.03,要求轮廓线连接平滑。图中的标注应放在 L2 层上,线型为 CENTER,颜色为绿色。

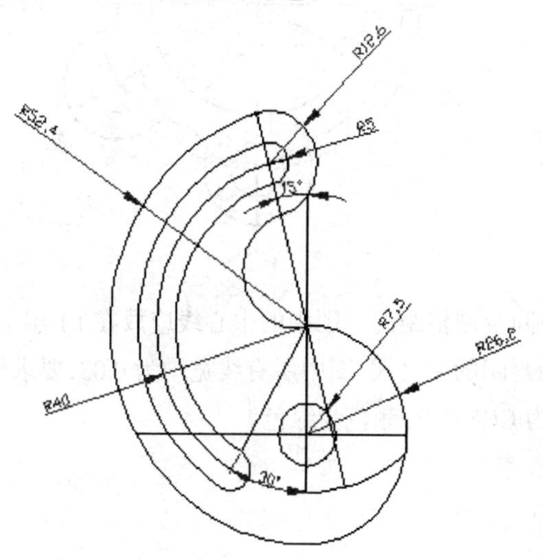

18. 建立合适的模型空间及栅格距离。图中的中心线应放在 L1 层上，线型为 CENTER，颜色为红色。图中的外轮廓线为封闭的多义线，图中所有线宽均为 0.2，要求轮廓线连接平滑。图中的标注应放在 L2 层上，线型为 CENTER，颜色为绿色。

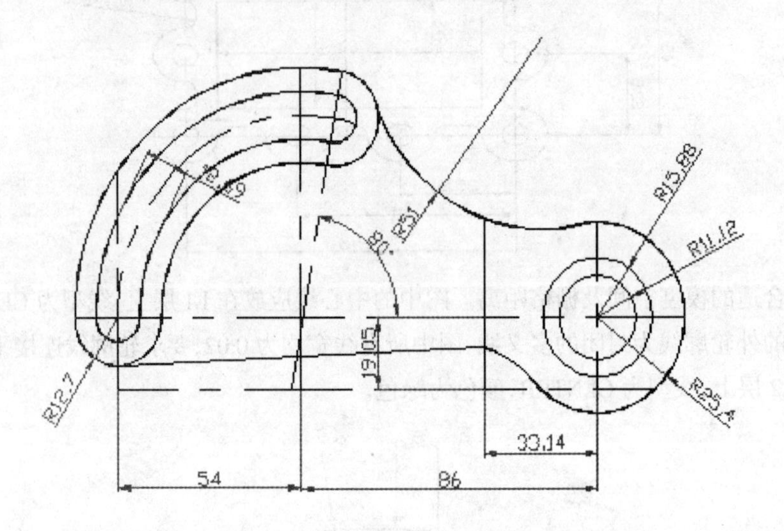

19. 建立合适的模型空间及栅格距离。图中的中心线应放在 L1 层上，线型为 CENTER，颜色为红色。图中的外轮廓线为封闭的多义线，图中除了两个圆以外所有线宽均为 0.03，要求轮廓线连接平滑。图中的标注应放在 L2 层上，线型为 CENTER，颜色为绿色。

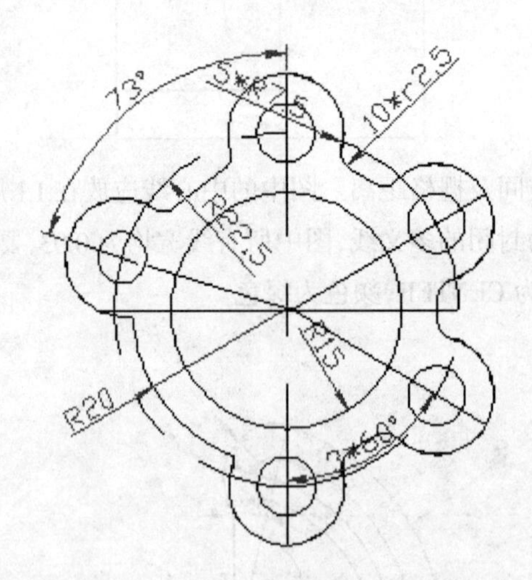

20. 建立合适的模型空间及栅格距离。图中的中心线应放在 L1 层上，线型为 CENTER，颜色为红色。图中的外轮廓线为封闭的多义线，图中所有线宽均为 0.03，要求轮廓线连接平滑。图中的标注应放在 L2 层上，线型为 CENTER，颜色为绿色。

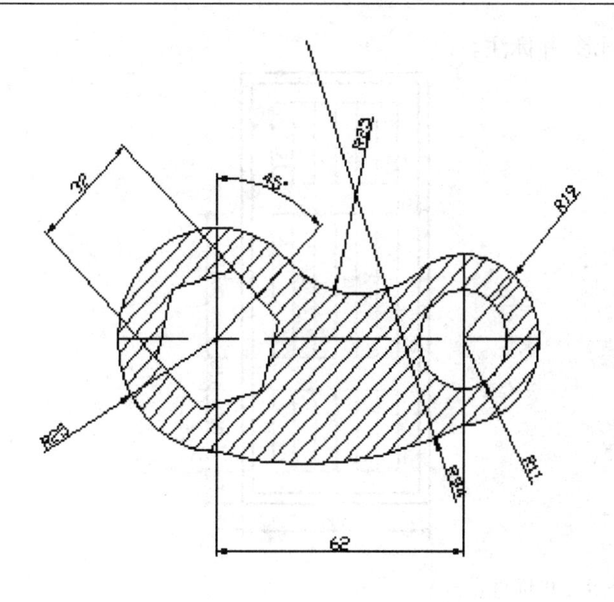

21. 绘制下面的图形,并标注。

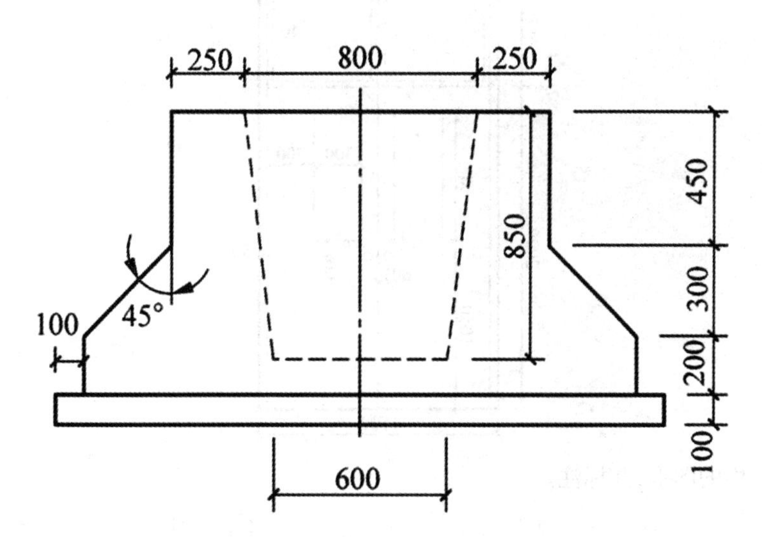

22.　绘制下面的图形,并标注。

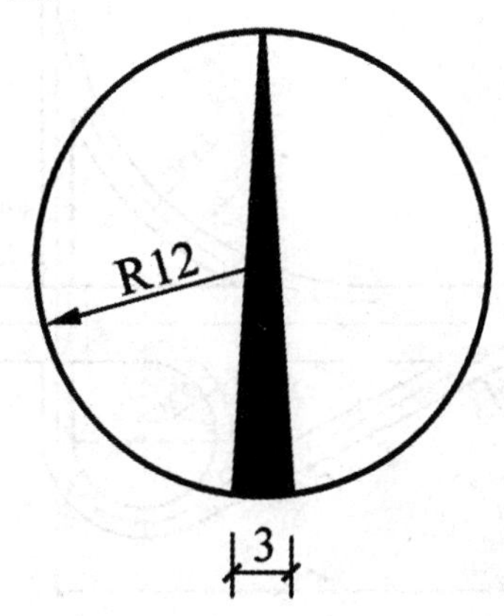

23. 绘制下面的图形，并标注。

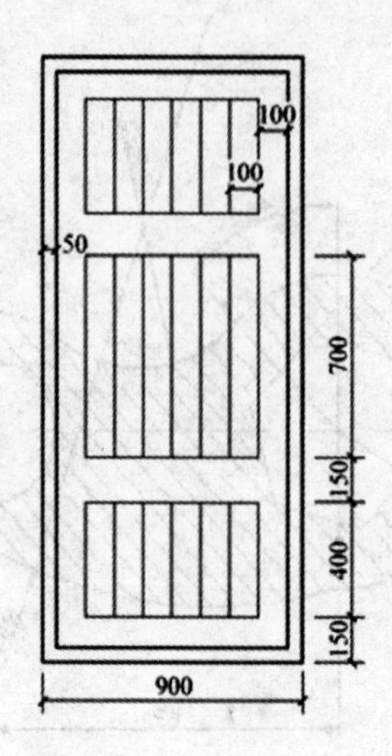

24. 绘制下面的图形，并标注。

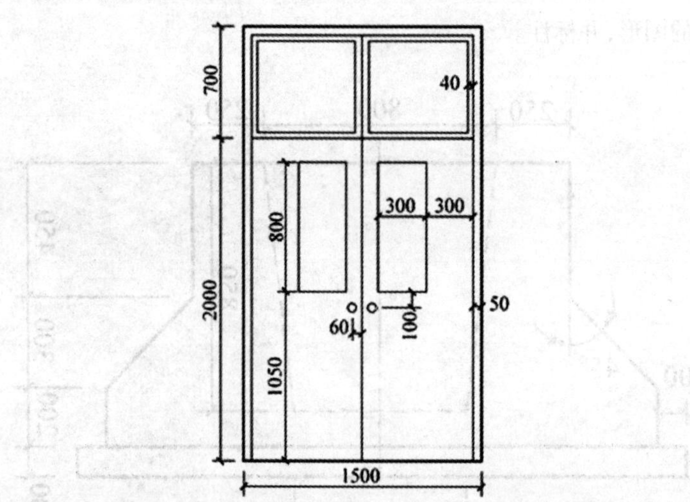

25. 绘制下面的图形，并标注。

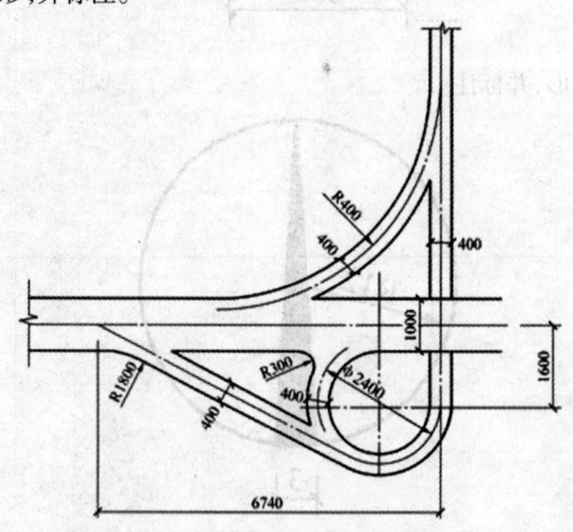

26. 绘制下面的图形，并标注。

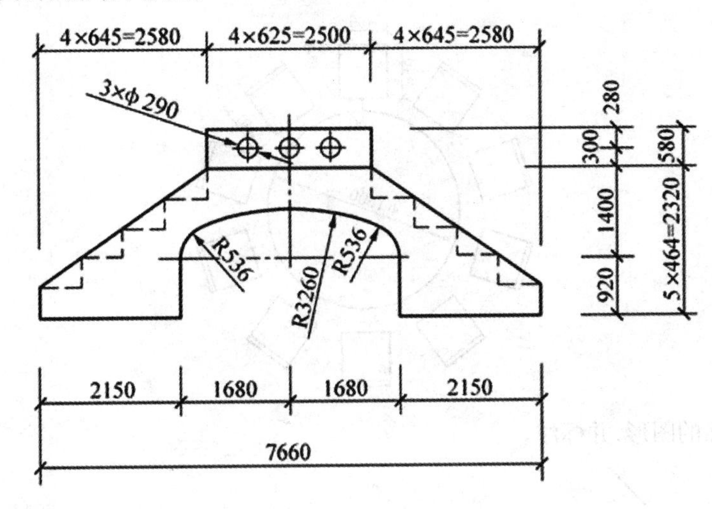

27. 绘制下面的图形，并标注。

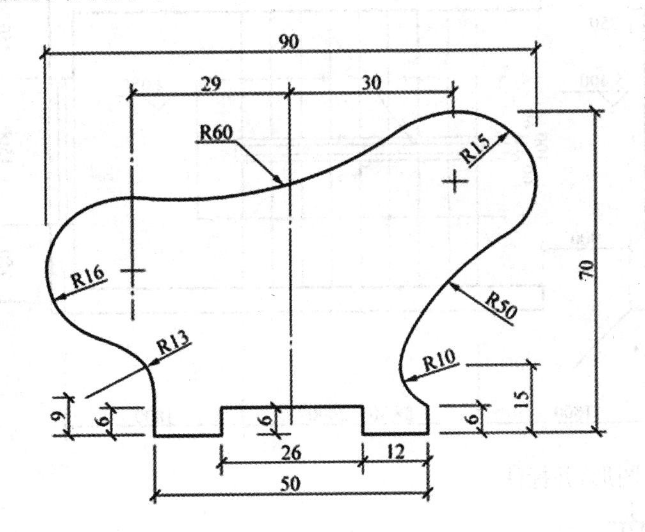

28. 绘制下面的图形，并标注。

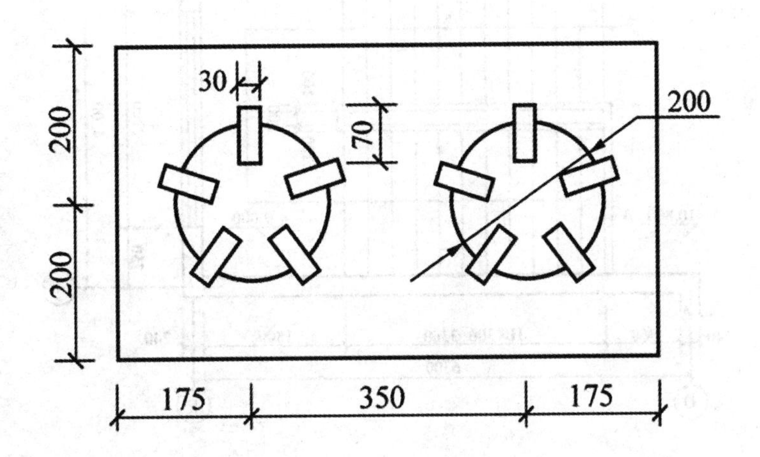

29. 绘制下面的图形,并标注。

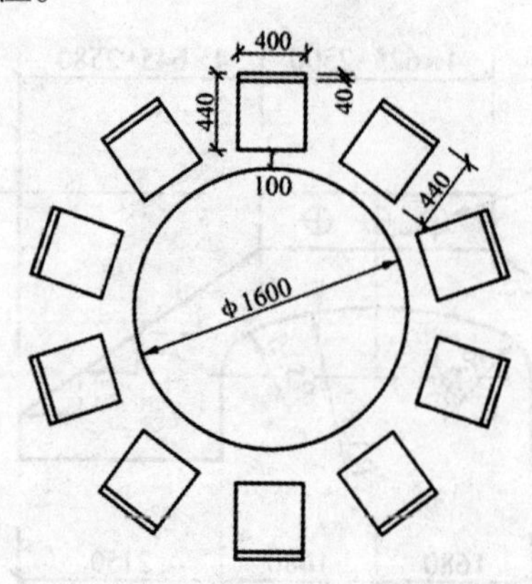

30. 绘制下面的图形,并标注。

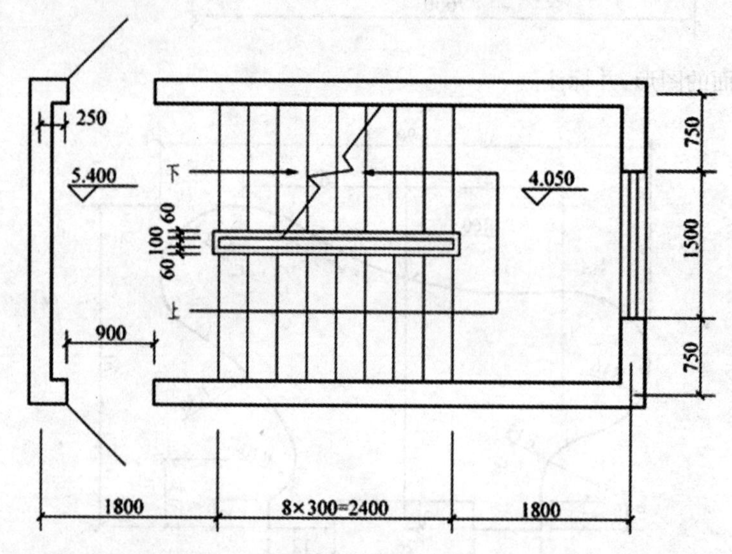

31. 绘制下面的图形,并标注。

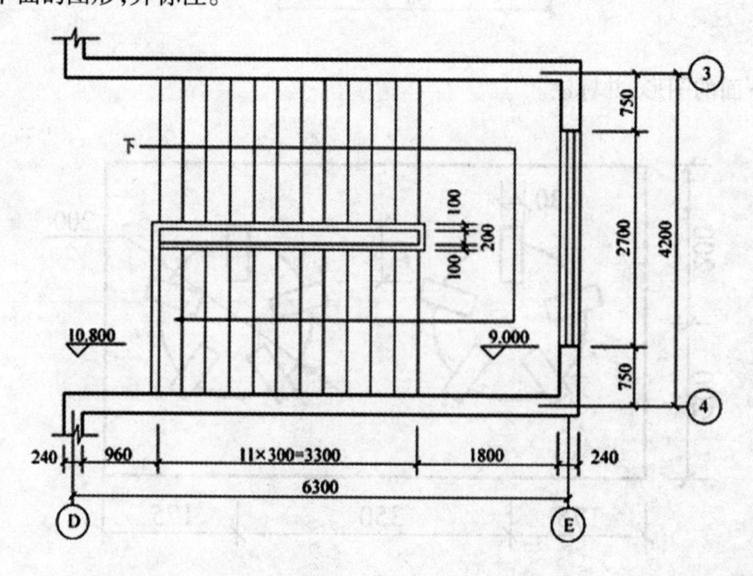

32. 绘制下面的图形,并标注。

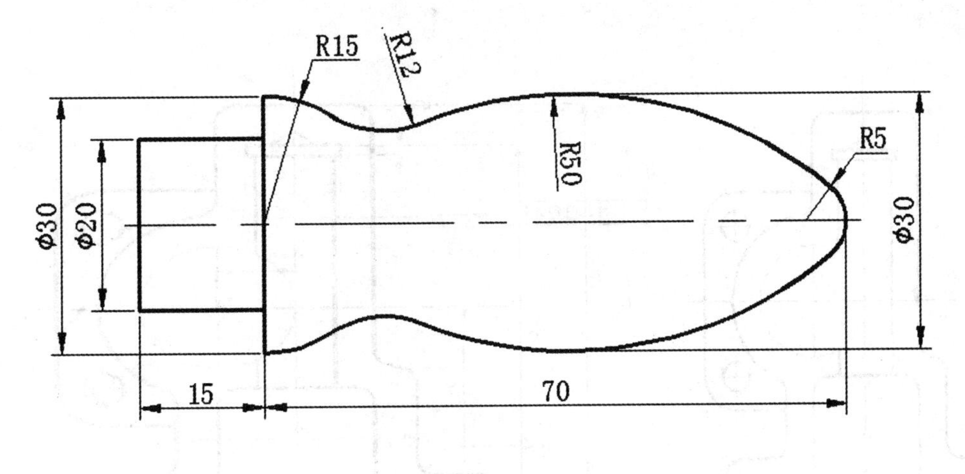

第三节　标注练习

1、标注下面的图形,结果如图 1 所示:

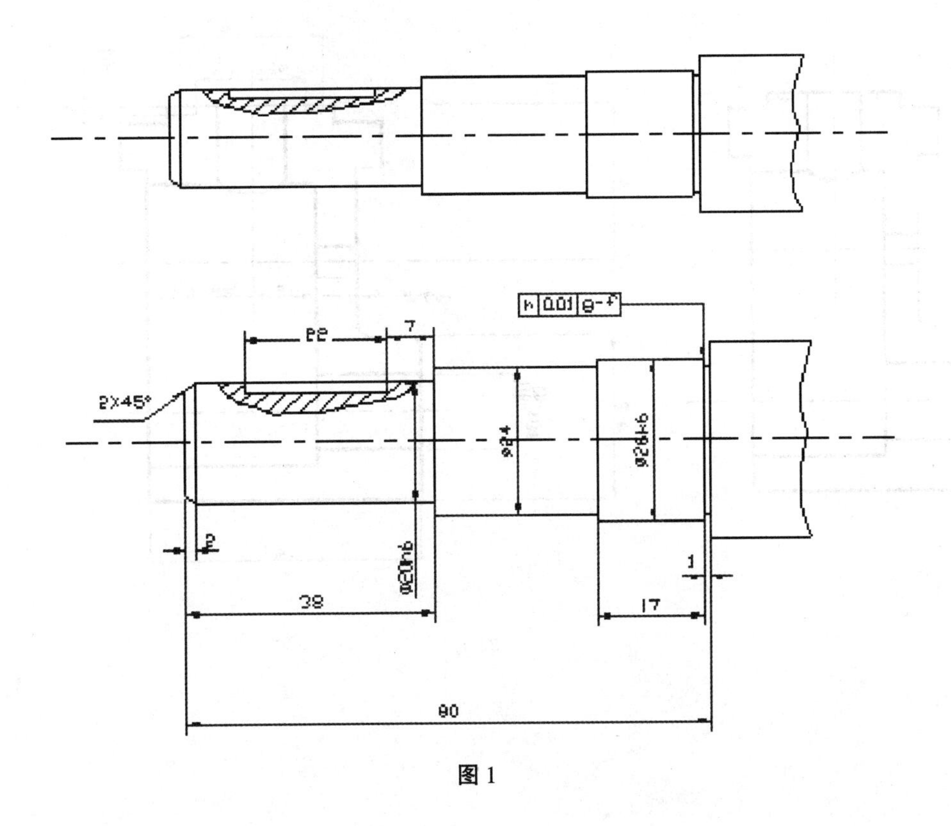

图 1

2、标注下面的图形，结果如图 2 所示：

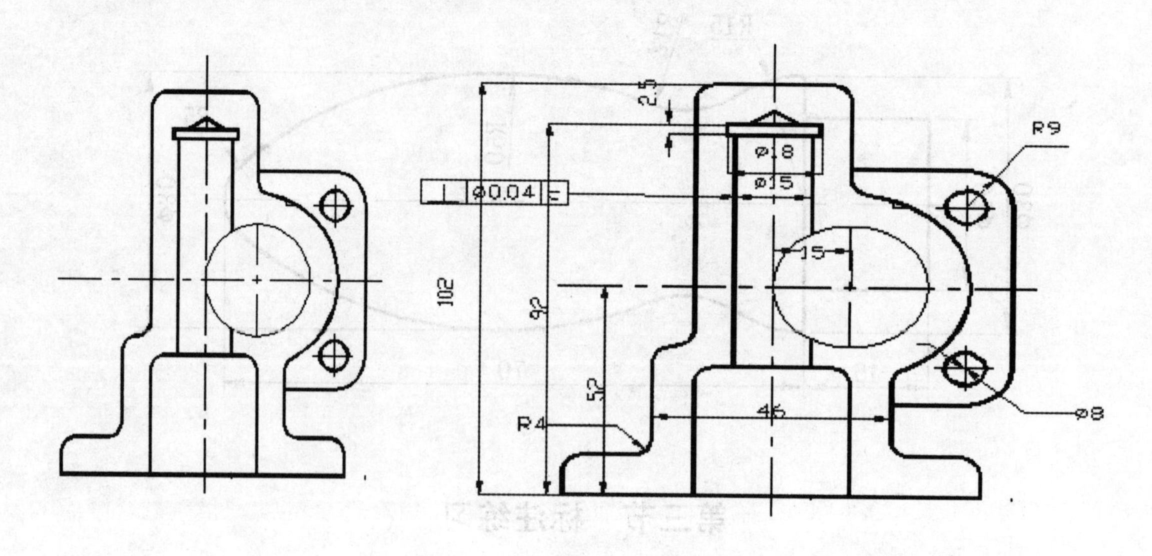

图 2

3、标注下面的图形，结果如图 3 所示：

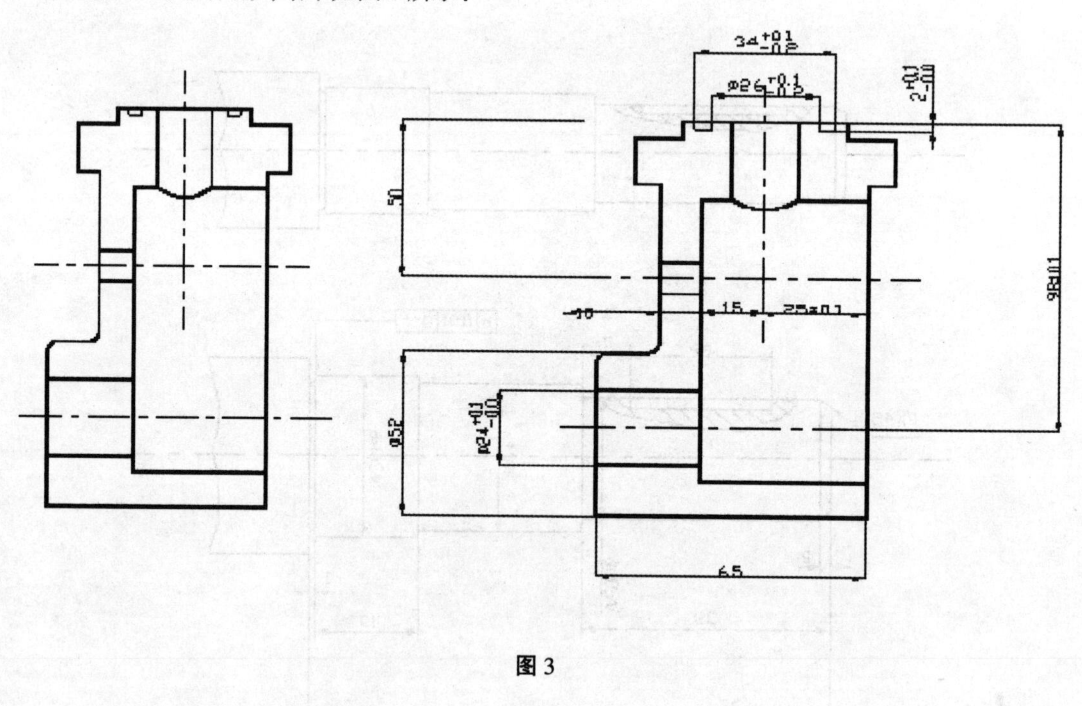

图 3

4、标注下面的图形,结果如图 4 所示:

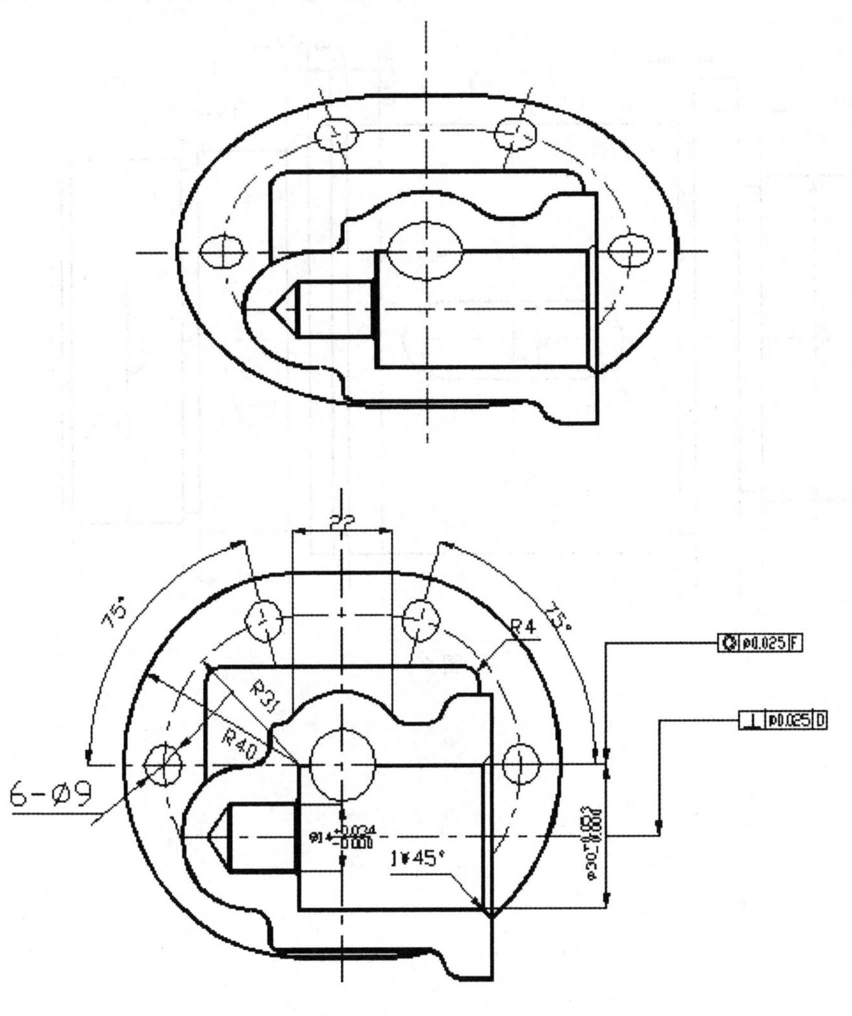

图 4

5、标注下面的图形,结果如图 5 所示:

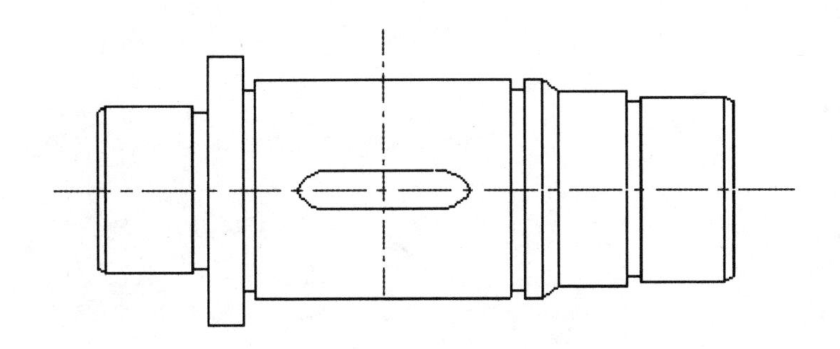

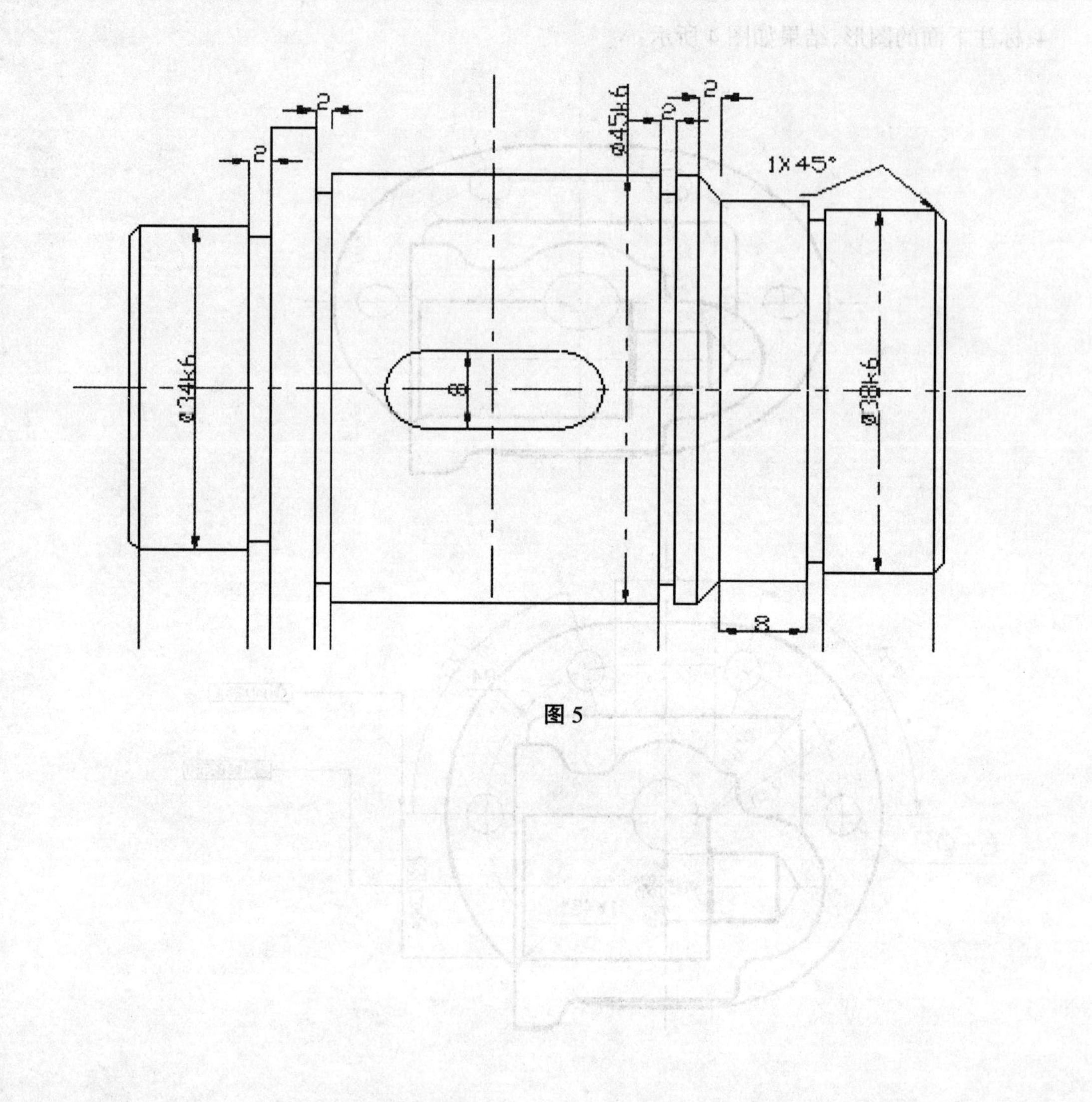

图 5

第八章　图块与外部参照

学习目标：

通过本章的学习，读者应掌握创建与编辑块、编辑和管理属性块的方法，并能够在图形中附着外部参照图形。

学习内容：

> 图块的用途和性质

> 创建图块和调用图块

> 定义带有属性的图块

> 外部参照

在绘制图形时，如果图形中有大量相同或相似的内容，或者所绘制的图形与已有的图形文件相同，则可以把要重复绘制的图形创建成块(也称为图块)，并根据需要为块创建属性，指定块的名称、用途及设计者等信息，在需要时直接插入它们，从而提高绘图效率。

当然，用户也可以把已有的图形文件以参照的形式插入到当前图形中(即外部参照)，或是通过 AutoCAD 设计中心浏览、查找、预览、使用和管理 AutoCAD 图形、块、外部参照等不同的资源文件。

第一节　图块的用途和性质

块是一个或多个对象组成的对象集合，常用于绘制复杂、重复的图形。一旦一组对象组合成块，就可以根据作图需要将这组对象插入到图中任意指定位置，而且还可以按不同的比例和旋转角度插入。在 AutoCAD 中，使用块可以提高绘图速度、节省存储空间、便于修改图形。

1、图块的用途

图块功能把设计绘图人员从某些重复性绘图中解脱出来，可大大提高绘图效率。块的具体功用如下：

(1)便于图形的修改

(2)节省磁盘空间

(3)建立图形库

(4)加入属性

2、图块的性质

(1)图块的嵌套

(2)图块与图层、线型、颜色的关系

1）可以把不同图层上颜色和线型各不相同的对象定义为一个图块，并可以在图块中保持对象的图层、颜色和线型信息。

2）如果图块的组成对象在 0 图层并且对象的颜色和线型设置为随层，那么当把此块插入到当前图层时，AutoCAD 将指定该块的颜色和线型与当前图层的特性一样。

3）如果组成图块的对象的颜色或线型设置为随块，那么当插入此块时，组成块的对象的颜色和线型将设置为系统的当前值。

(3)图库修改的一致性

第二节　创建图块和调用图块

1、块的创建

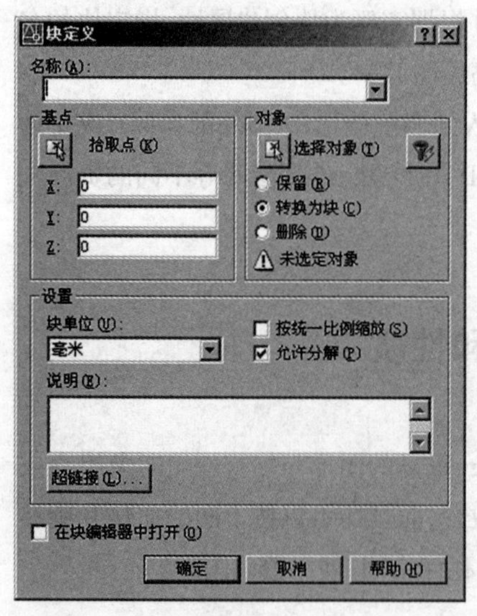

图 8-1

块的创建有两种命令：通过“Block”定义块和通过“WBlock”写块。

A. 创建内部快

【创建块】命令用于将多个图形组合为一个整体单元，并保存于当前文件内，以供当前文件重复使用。单击【绘图】菜单栏中的【块】/【创建】命令，或在命令行输入 Block，都可执行命令。打开“块定义”对话框，可以将已绘制的对象创建为块。如图 8-1 所示。

操作说明

(1)“块定义”对话框简介

1)“名称” 下拉列表框用于输入当前要创建的图块的名称。

2)“基点”选项组用于确定插入点的位置。

3)“对象”选项组用于指定包括在新块中的对象。在该对话框中有三个单选项，用于对块源对象进行取舍，具体内容如下：

【保留】单选项用于确定在创建完图块后是否保留这些组成图块的图形对象。激活此选项，则在创建完图块后，组成图块的图形对象继续存在。

【转换为块】单选项用于确定在创建完图块后，是否将这些组成图块的图形对象转换为一个图块。激活此选项，则在创建完图块后，组成图块的图形对象自动转化为图块。

【删除】此单选项用于确定在创建完图块后，系统是否将这些组成图块的图形对象从当前绘图区中删除。

4)“设置”选项组包括“块单位”、“说明”、“超级链接”三项。

B. 创建图块步骤

1)在“名称”对话框中输入块名。

2)在“基点”选项组中单击“拾取点”按钮。

3)选择插入基点。

4)在“选择”选项组中单击“选择对象”按钮。

5）利用框选选择要定义成块的对象。

6)单击“确定”按钮, 即可将所选对象定义成块。

C. 创建外部块

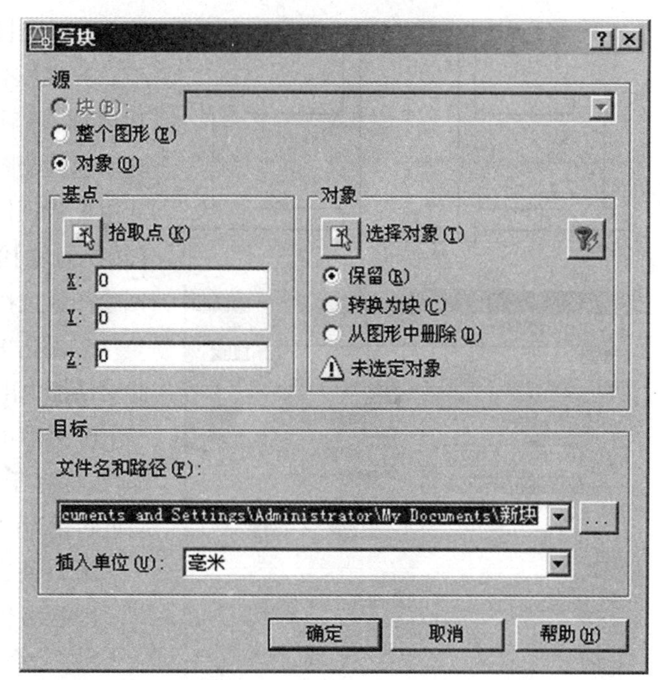

图 8-2

【写块】命令用于将当前文件中的个别图形、所有图形或者内部块等提取出来，直接作为独立的图形文件进行存盘，这种能作为单独文件存盘的块称之为“外部块”。在命令行中输入 Wblock，或在命令行输入 W，都可执行命令。

执行 WBLOCK 命令将打开“写块”对话框。如图 8-2 所示。

操作说明

(1)“源”选项组

1)选择“块”单选框, 用户可以通过此下拉框选择一个块名将块进行保存。

2)选择“整个图形”单选框, 可以将整个图形作为块进行存储。

3)选择“对象”单选框, 可以将用户选择的对象作为块进行存储, 其他选项和块定义相同。

(2)“目标”选项组

1)“文件名”用于指定保存块的文件名。

2)用户可以在“路径”框中直接输入, 也可以单击右边的按钮。

3)用户可以通过“插入单位”下拉列表选择从 AutoCAD 设计中心拖动块时的缩放单位, 单击“确定”按钮, 完成图块的保存。

小提示：写块得到的块，其他文件也可以引用到。创建块只能在当前文件使用。

例 1：创建内部块。

1. 打开任意图形，如下图所示。

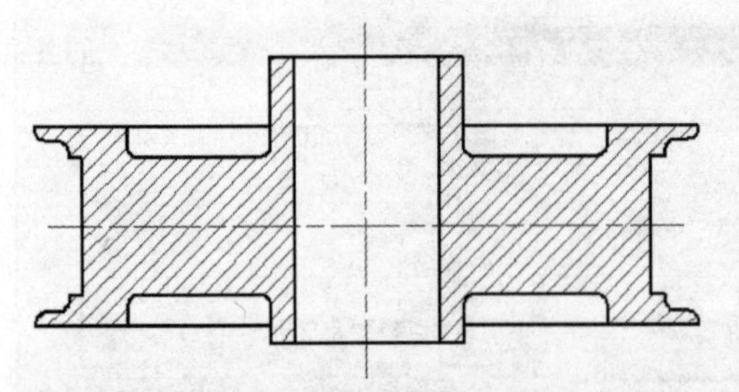

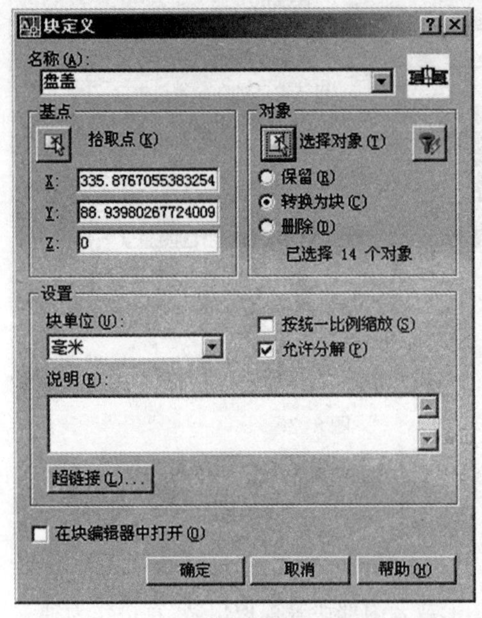

图 8-3

2. 执行【创建块】命令，打开【块定义】对话框。

3. 在【名称】文本列表框内输入“盘盖”作为图块名称，然后在【基点】组合框内单击【拾取点】按钮。返回绘图区，捕捉中心线的交点为块的基点。

4. 返回【块定义】对话框，在【对象】组合框激活【转换为块】单选项，同时单击【选择对象】按钮，返回绘图区选择盘盖剖视图。

5. 敲击 Enter 键返回到【块定义】对话框，则在此对话框内出现图块的预览图标，如图 8-3 所示。

6. 最后单击按钮，即可将盘盖剖视图创建为内部块，保存于当前图形文件内，同时源剖视图也自动被转化为内部块 。

例 2：创建外部快

1. 继续上一练习操作。

2.在命令行输入 Wblock 并按 Enter 键，打开图 8-2 所示的对话框。

3. 单击【块】单选项，此时该选项右侧的下拉列表处于激活状态，单击该下拉列表框，选择“盘盖”内部块，如图 8-4 所示。

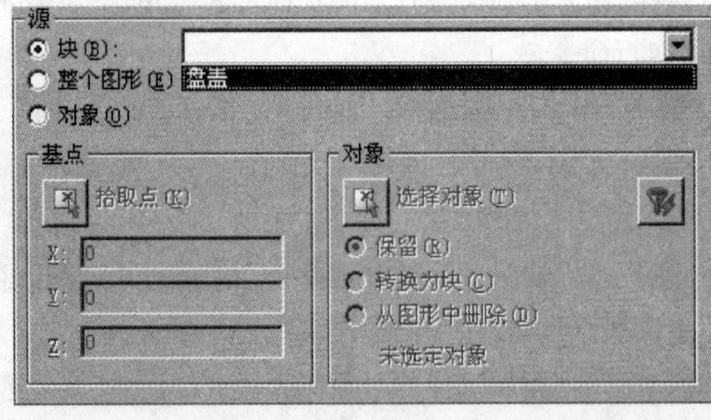

图 8-4

4. 在下侧的【文件名和路径】下拉列表框中设置外部块的存盘路径和文件名，如图 8-5 所示。

图 8-5

5.单击“确定”按钮，即可将“盘盖”内部块转换为外部块，以图形文件的形式进行存盘。

2、调用图块

【插入块】命令用于在当前文件中插入内部块、外部块或已存盘的“.dwg”文件。在插入的过程中，还可以设置块的缩放比例和旋转角度。单击【插入】菜单栏中的【块】命令，或在命令行输入Insert或I，都可执行命令。打开“插入”对话框，如图8-6所示。

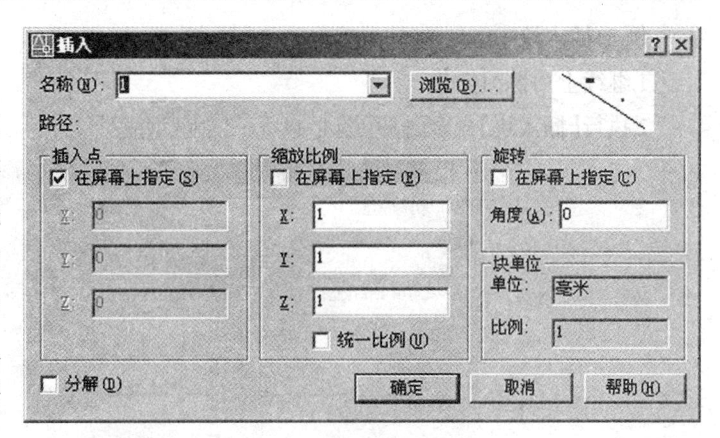

图 8-6

A. 操作说明

（1）“插入”对话框简介

1）在“名称”下拉列表框中选择已定义的需要插入到图形中的图块，或者单击“浏览”按钮，弹出如图8-7所示的“选择文件”对话框，找到要插入的图块，单击“打开”按钮，返回“插入”对话框进行其他参数设置。

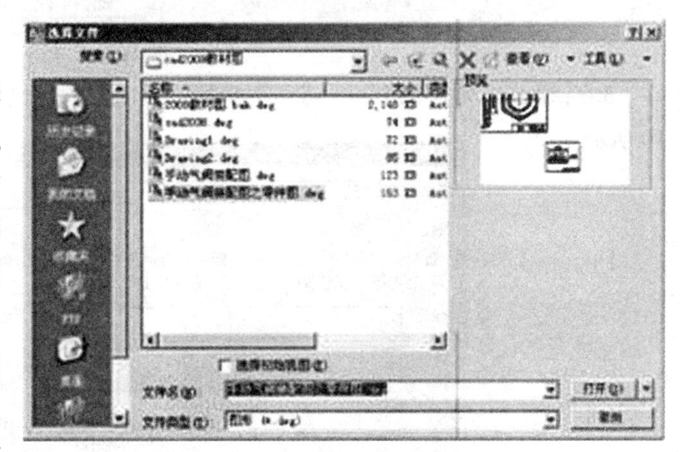

图 8-7

2）“插入点”选项组用于指定图块的插入位置，通常选中“在屏幕上指定”复选框，在绘图区以拾取点方式配合“对象捕捉”功能指定。

3）“缩放比例”选项组用于设置图块插入后的比例。

4）“旋转”选项组用于设定图块插入后的角度。

（2）“插入”图块的步骤

1）单击“插入块”按钮，弹出一个“插入”对话框。

2）从该框中选择要插入的块名。

3）确定块的插入位置、比例和旋转角度，将块插入。

4）单击“确定”，完成图块的插入。

小提示：

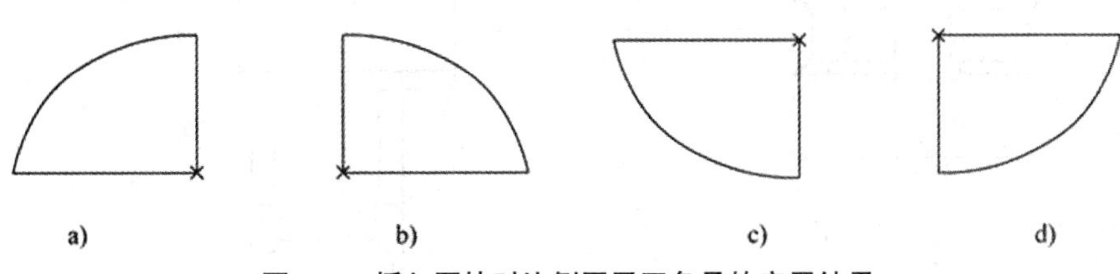

图 8-8　插入图块时比例因子正负号的应用结果

a）X=Y=1　b）X=-1，Y=1　c）X=1，Y=-1　d）X=Y=-1

例 3:插入块

1.继续上一练习操作。

2.执行【插入块】命令,打开图 8-9 所示的对话框。

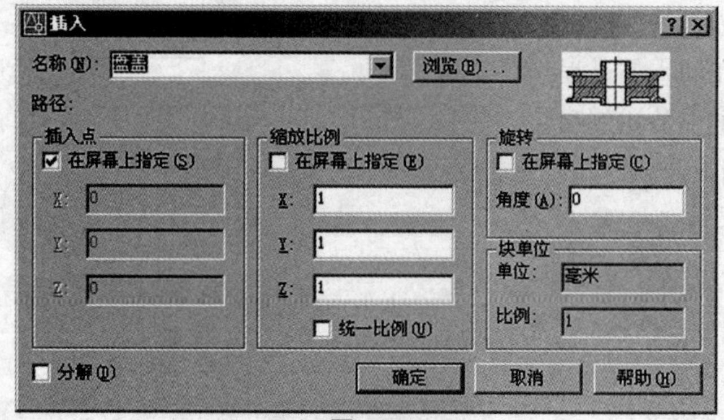

图 8-9

3.在【缩放比例】选项组中,将三个坐标轴方向上的比例都设置为 2,角度设置为 90,如图 8-10 所示.

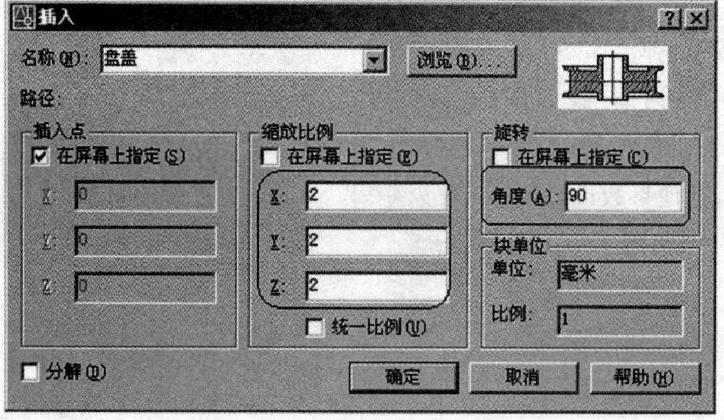

图 8-10

4.单击“确定”按钮,在绘图区拾取一点作为插入点,即可将盘盖内部块引用到当前文件中,如图 8-11 所示。

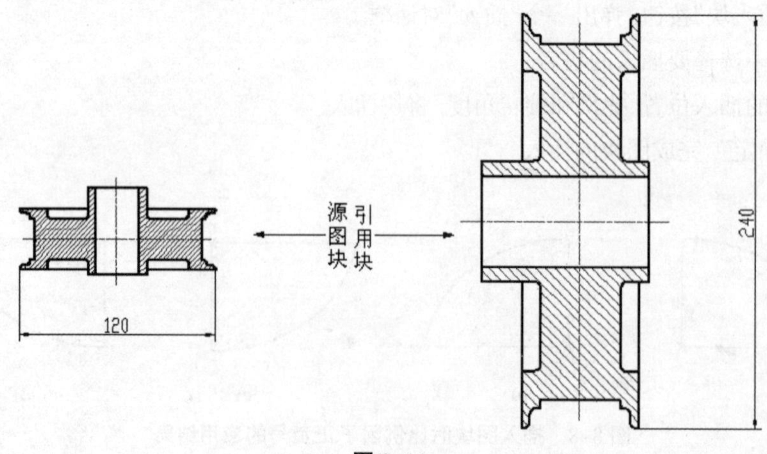

图 8-11

第三节　定义带有属性的图块

块的属性是与块相关联的文字信息，例如：机械工程图上面的表面粗糙度标注中，表面粗糙度的值 1.6、3.2、12.5 等。属性定义是创建属性的样板，它指定属性的特性及插入块时将显示的提示信息。块定义了属性后，就是一个带有属性的块，在插入块时，属性就会根据提示，自动赋予到块所在的当前图形中。在定义一个块时，属性必须预先定义而后选定。通常属性用于在块的插入过程中进行自动注释。

1、定义属性

“属性”是从属于图块的一种文字信息，用于对图块进行文字说明它不能独立存在和使用。单击【绘图】菜单栏中的【块】/【定义属性】命令，或在命令行输入 Attdef，都可执行【定义属性】命令。打开的“属性定义”对话框创建块属性 。 如图 8-12 所示。

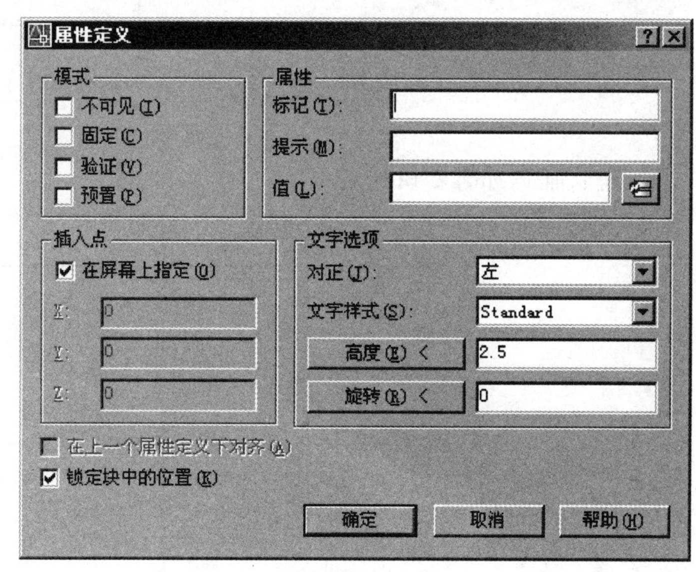

图 8-12

A. 操作说明

1)“模式”选项组用于设置属性模式

2)“属性”选项组用于设置属性的一些参数。

3)“插入点”选项组用于指定图块属性的显示位置。

4)“文字设置”选项组用于设定属性值的基本参数。

5)“在上一个属性定义下对齐”复选框仅在当前文件中已有属性设置时有效，选中则表示此次属性设定继承上一次属性定义的参数。

小提示：属性定义完成后，需要在创建块的时候，与构成块的对象一起选择，才能成为块的一部分。

B. 创建带属性图块的步骤

1)画出要做成图块的图形。

2)选择下拉菜单“绘图”/“块”/“定义属性”，对所画图形添加属性。

3)单击“绘图”工具栏“绘制”/“创建块”，定义图块。

4)从命令行输入： WBLOCK, 保存图块。

5)单击“绘图”工具栏“绘图”/“插入块”，插入图块。

例 4：插入带属性的块

下面以轴线编号为例,如图 8-13 所示,练习带属性块的创建和插入。

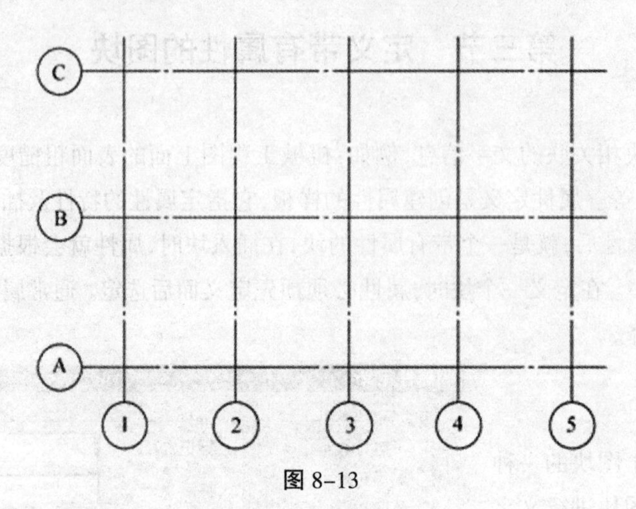

图 8-13

1)绘制轴线,如图 8-14 所示。

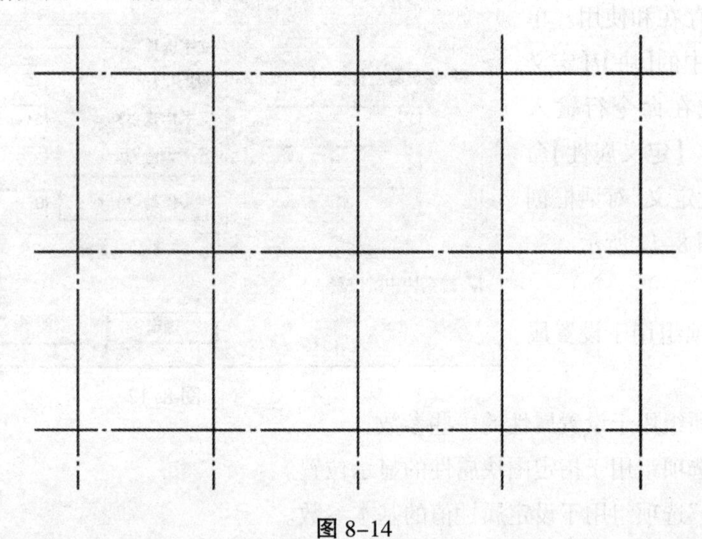

图 8-14

2)按制图标准画出轴线编号符号,如图 8-15 所示。

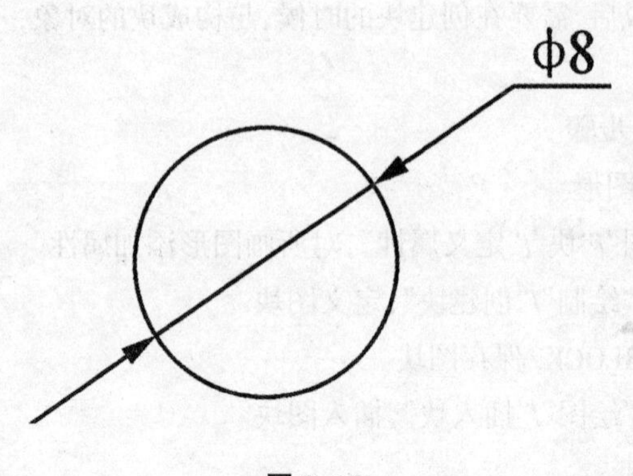

图 8-15

3)选择下拉菜单“绘图”/“块”/“定义属性”，对所画图形添加属性，设置如图 8-16 所示。

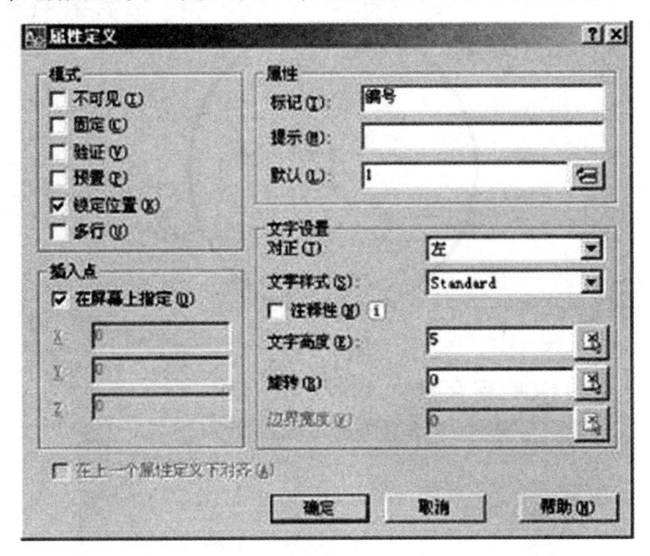

图 8-16

4)选择插入点“在屏幕上指定”并按图示位置放到轴线符号的正中，如图 8-17 所示。

图 8-17

5)单击工具栏“绘图”/“创建块”，定义图块，如图 8-18 所示。

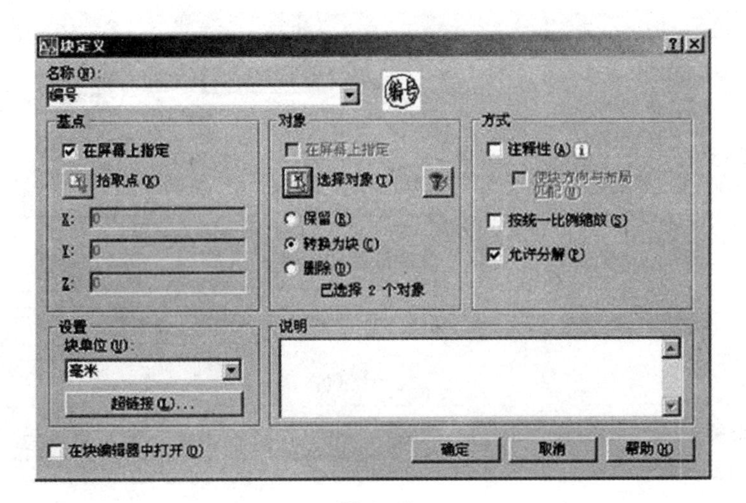

图 8-18

6)捕捉符号的中心点为基点,便于此后插入块时操作方便,得到带属性的图块,如图 8-19 所示。

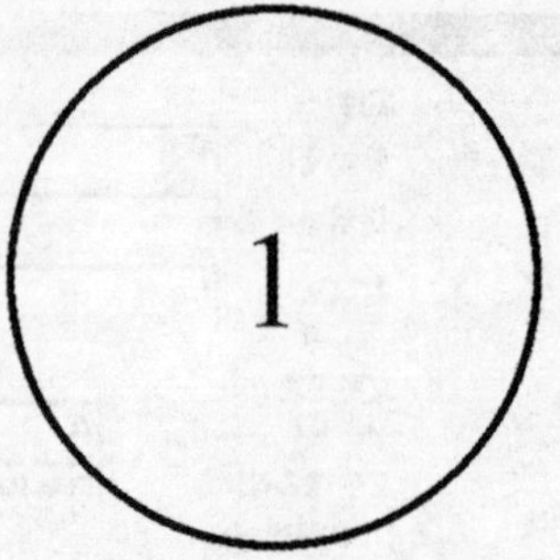

图 8-19

7)从命令行输入: WBLOCK,保存图块,如图 8-20 所示。

写块
源
块(B): 编号
整个图形(E)
对象(O)
基点
拾取点(K)
X: 0
Y: 0
Z: 0
对象
选择对象(T)
保留(R)
转换为块(C)
从图形中删除(D)
未选定对象
目标
文件名和路径(F):
ocuments and Settings\Administrator\My Documents\编号
插入单位(U): 毫米
确定 取消 帮助(H)

图 8-20

8)单击绘图工具栏“绘图”/“插入块”,插入图块,如图 8-21 所示。

插入
名称(N): 编号 浏览(B)...
路径:
插入点
在屏幕上指定(S)
X: 0
Y: 0
Z: 0
比例
在屏幕上指定(E)
X: 1
Y: 1
Z: 1
统一比例(U)
旋转
在屏幕上指定(C)
角度(A): 0
块单位
单位: 毫米
比例: 1
分解(D)
确定 取消 帮助(H)

图 8-21

9)在适当的位置插入块,同时在系统提示时在命令行输入具体的编号,产生不同的标注效果。

2、编辑属性

当定义了属性块之后,使用【编辑属性】命令进行修改属性块的属性值、文字样式、对正方式、文字的高度、倾斜角度以及它的图层特性等参数。单击【修改】菜单栏中的【对象】/【属性】/【单个】命令,或在命令行输入 Eattedit,都可执行【定义属性】命令。打开如图 8-22 所示对话框。

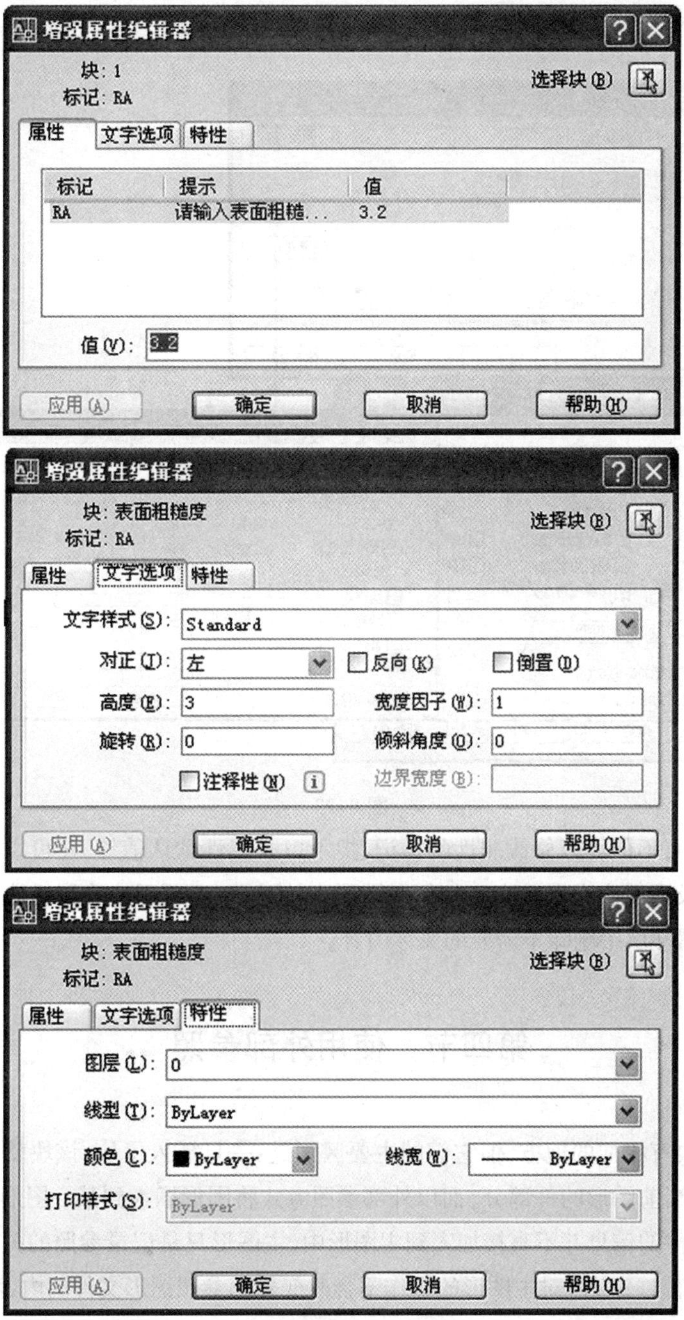

图 8-22

当执行命令后，选择需要编辑的属性块，可以打开下图所示的对话框，用于修改属性的值、修改属性的文字样式、对正方式、高度以及旋转角度、宽度比例、倾斜角度以及属性所在层、颜色等特性。

3、块属性管理器

【块属性管理器】命令是一个综合性的属性块管理工具，单击【修改】菜单栏中的【对象】/【属性】/【块属性管理器】命令，或在命令行输入 Battman，都可执行命令，打开如图 8-23 话框。

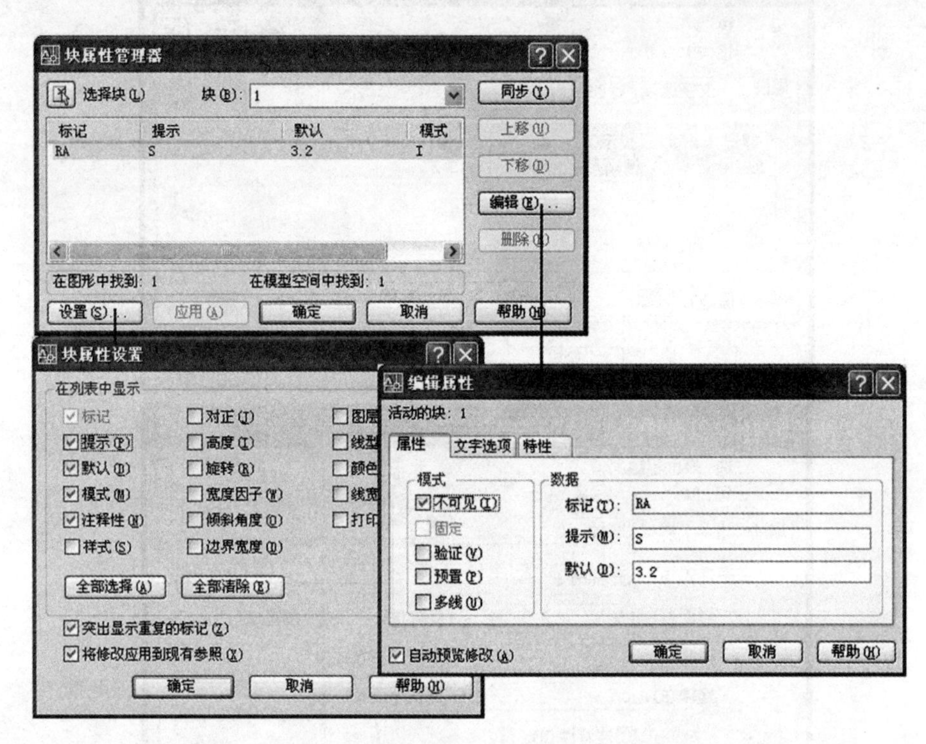

图 8-23

在此对话框中，不但可以修改属性的标记、提示以及属性默认值等，还可以修改属性所在的图层、颜色、宽度及重新定义属性文字如何在图形中的显示，还可以修改属性块各属性值的显示顺序以及从当前属性块中删除不需要的属性内容。

第四节 使用外部参照

外部参照与块有相似的地方，但它们的主要区别是：一旦插入了块，该块就永久性地插入到当前图形中，成为当前图形的一部分。而以外部参照方式将图形插入到某一图形（称之为主图形）后，被插入图形文件的信息并不直接加入到主图形中，主图形只是记录参照的关系，例如，参照图形文件的路径等信息。另外，对主图形的操作不会改变外部参照图形文件的内容。当打开具有外部参照的图形时，系统会自动把各外部参照图形文件重新调入内存并在当前图形中显示出来。

1、附着外部参照

选择“插入”|“外部参照”命令(EXTERNALREFERENCES),将打开 “外部参照”选项板。在选项板上方单击“附着 DWG”按钮或在“参照”工具栏中单击“附着外部参照”按钮,都可以打开“选择参照文件”对话框。选择参照文件后,将打开“外部参照”对话框,利用该对话框可以将图形文件以外部参照的形式插入到当前图形中。 如图 8-24 所示。

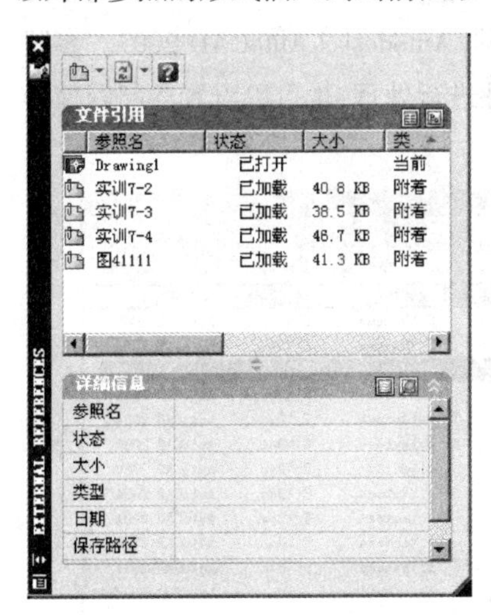

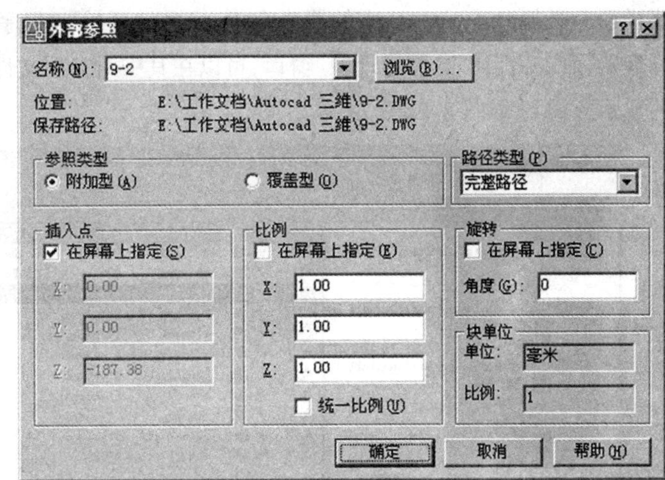

图 8-24

2、管理外部参照

在 AutoCAD 2007 中,用户可以在“外部参照”选项板中对外部参照进行编辑和管理。用户单击选项板上方的“附着”按钮可以添加不同格式的外部参照文件;在选项板下方的外部参照列表框中显示当前图形中各个外部参照文件名称;选择任意一个外部参照文件后,在下方“详细信息”选项组中显示该外部参照的名称、加载状态、文件大小、参照类型、参照日期及参照文件的存储路径等内容。 如图 8-25 所示。

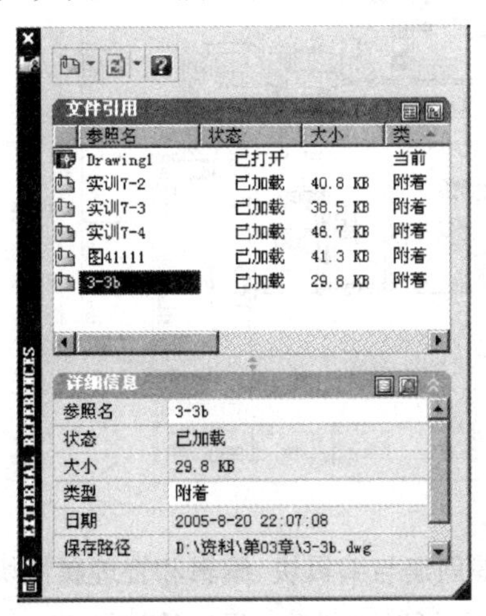

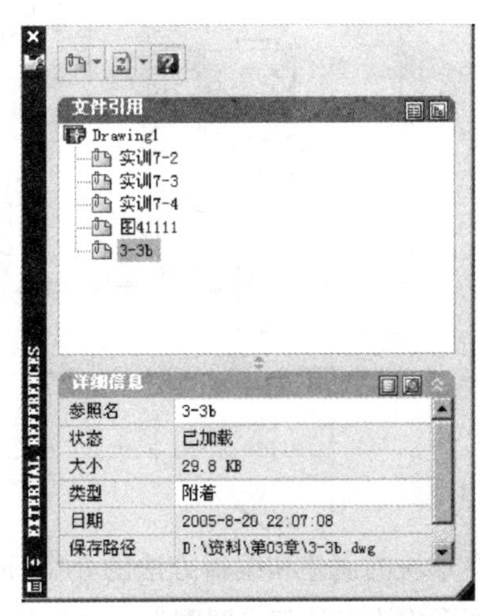

图 8-25

3、参照管理器

AutoCAD 图形可以参照多种外部文件，包括图形、文字字体、图像和打印配置。这些参照文件的路径保存在每个 AutoCAD 图形中。有时可能需要将图形文件或它们参照的文件移动到其他文件夹或其他磁盘驱动器中，这时就需要更新保存的参照路径。

Autodesk 参照管理器提供了多种工具，列出了选定图形中的参照文件，可以修改保存的参照路径而不必打开 AutoCAD 中的图形文件。选择"开始"|"程序"| Autodesk | AutoCAD 2007 |"参照管理器"命令，打开"参照管理器"窗口，可以在其中对参照文件进行处理，也可以设置参照管理器的显示形式。 如图 8-26 所示

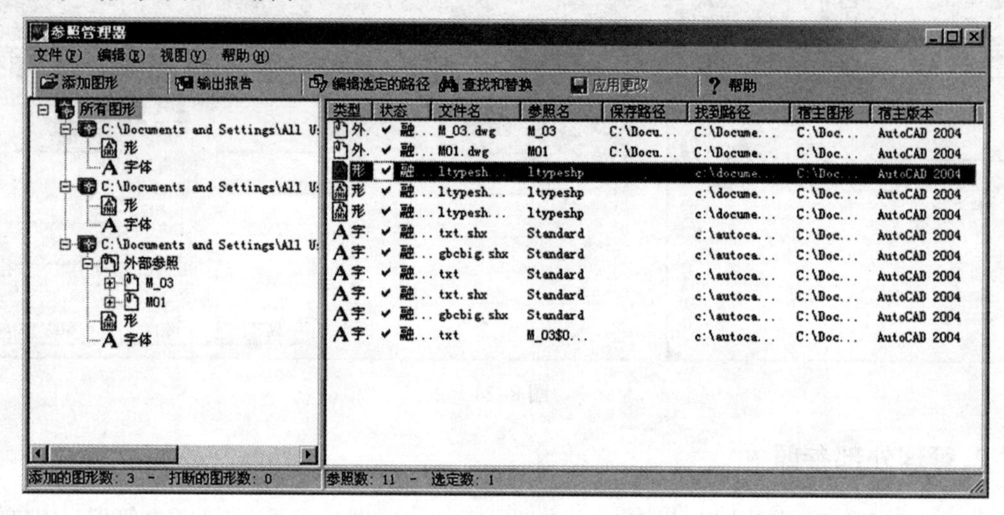

图 8-26

练一练：运用块的相关知识，完成下图：

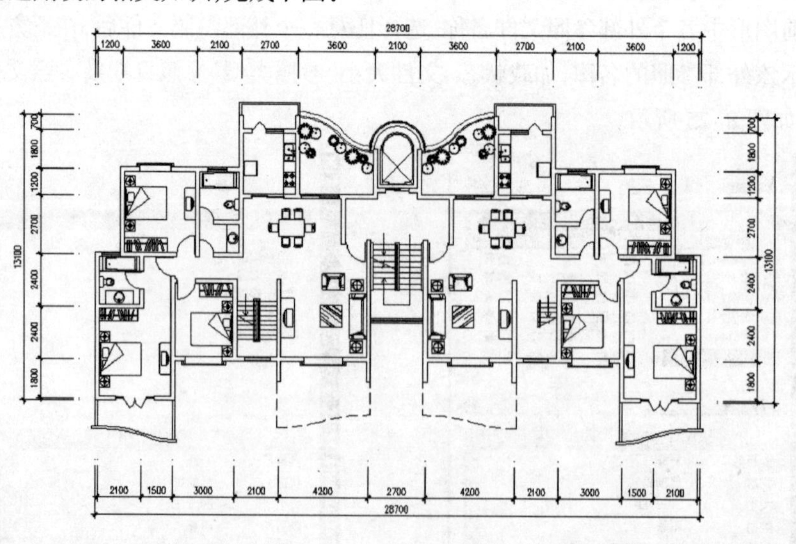

小结：

通过本章块的创建和编辑方法的介绍，读者掌握创建与编辑块、编辑和管理属性块的方法，并能够在图形中附着外部参照图形。通过相关的练习，可以达到举一反三的效果。

第九章　三维绘图基础

学习目标：

通过本章的学习，不仅需要了解和掌握三维模型的观察功能和三维模型的显示功能，还需要了解和掌握用户坐标系的定义、管理以及各种标准视图、等轴测视图的切换和视口的分割、合并等功能，为后叙章节的学习打下坚实的基础。

学习内容：

> 视点与观察器
> 视图与视口
> UCS 与动态 UCS
> 三维显示功能

第一节　三维观察

1、设置视点

在三维空间中，用户可以从不同的位置进行观察图形，这些位置就称为视点，例如，绘制三维零件图时，如果使用平面坐标系即 Z 轴垂直于屏幕，此时仅能看到物体在 XY 平面上的投影。如果调整视点至当前坐标系的左上方，将看到一个三维物体。 如图 9-1 所示。

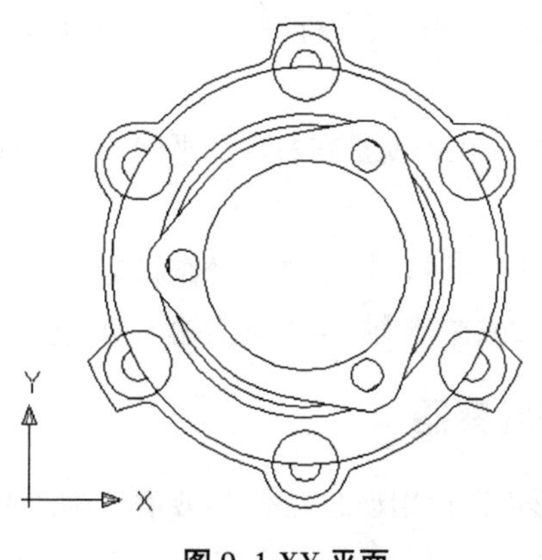

图 9-1 XY 平面

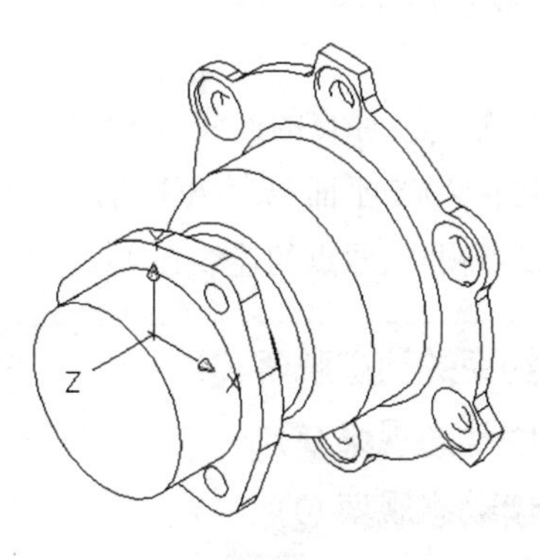

三维视图

使用 AutoCAD 提供的【视点】命令,可以非常方便的通过设置观察点,进行显示和观察三维物体。单击【视图】菜单中的【三维视图】/【视点】命令,或在命令行中输入 Vpoint,都可执行命令。

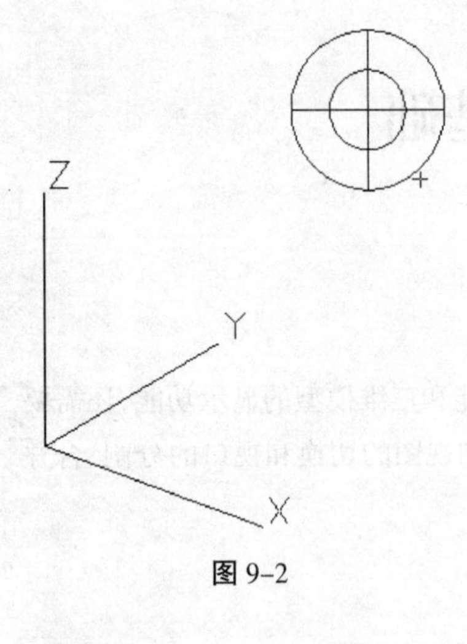

图 9-2

执行【视点】命令后,命令行会出现如下提示:

“指定视点或 [旋转(R)] <显示坐标球和三轴架>:”

在命令行提示下直接输入观察点的坐标,即可设置视点。

在命令行提示下直接按 Enter 键,此时绘图区会显示图 9-2 所示的罗盘和三角轴架,当用户相对于罗盘移动十字线时,三角轴架会自动进行调整,以显示 X、Y、Z 轴对应的方向。三轴架的 3 个轴分别代表 X 轴、Y 轴和 Z 轴的正方向。当光标在坐标球范围内移动的时候,三维坐标系通过绕 Z 轴旋转可调整 X、Y 轴的方向。坐标球中心及两个同心圆可定义视点和目标点连线与 X、Y、Z 平面的角度。

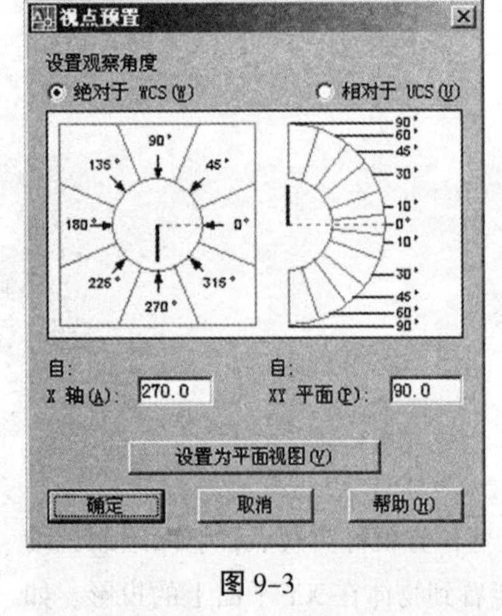

图 9-3

2、视点预设

【视点预置】命令也是用于设置视点的工具,此工具是通过对话框的形式,进行直观地设置三维视点。单击【视图】菜单中的【三维视图】/【视点预置】命令,或在命令行输入 DDVpoint 或 VP,都可执行命令,打开如图 9-3 所示的对话框。

对话框主要功能如下:

1) 设置观察角度:系统将设置的角度值默认为是相对于当前 WCS,即默认选择的是“绝对于 WCS”单选项,如果选择了“相对于 UCS”单选项,则所设置的角度值就是相对于 UCS 的。

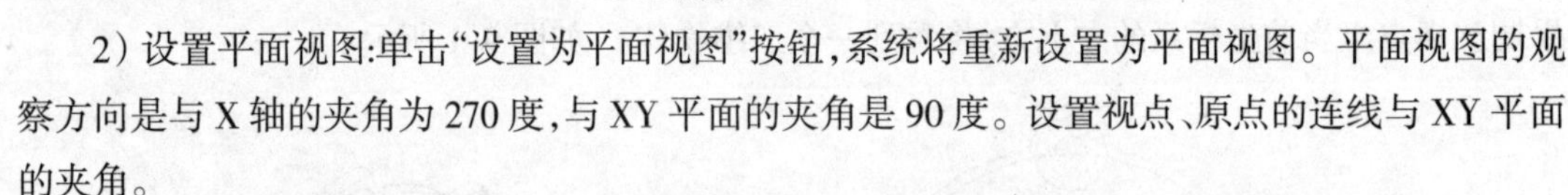

2) 设置平面视图:单击“设置为平面视图”按钮,系统将重新设置为平面视图。平面视图的观察方向是与 X 轴的夹角为 270 度,与 XY 平面的夹角是 90 度。设置视点、原点的连线与 XY 平面的夹角。

3) 设置视点、原点的连线与 XY 平面的夹角:具体操作就是在右边的平圆图形上选择相应的点,或直接在 “XY 平面”文本框内输入角度值。

4) 设置视点、原点的连线在 XOY 面上的投影与 X 轴的夹角:具体操作就是在左边的图形上选择相应的点,或在“X 轴”文本框内输入角度值。

受约束的动态观察(C)
自由动态观察(F)
连续动态观察(O)

图 9-4

3、动态观察器

三维图形可以运用动态观察,以观看三维图形的不同方位。通过图 9-4 所示的动态观察工具条或“视图/动态观察”

的级联菜单启动支态观察命令。

A. 受约束的动态观察

此种动态观察功能需要按住鼠标中间拖曳，进行手动设置观察点，以观察模型的不同侧面，如右图所示。单击菜单【视图】/【动态观察】/【受约束的动态观察】命令，或单击【动态观察】工具栏上的按钮，都可以激活该功能。如图 9–5 所示。

图 9–5

B. 自由动态观察

自由动态观察功能使用起来较为方便，当激活此功能后，绘图区会出现右图所示的圆形辅助框架，用户可以从多个方向进行自由地观察三维物体。单击菜单【视图】/【动态观察】/【自由动态观察】命令，或单击【动态观察】工具栏上的按钮，都可以激活该功能。如图 9–6 所示。

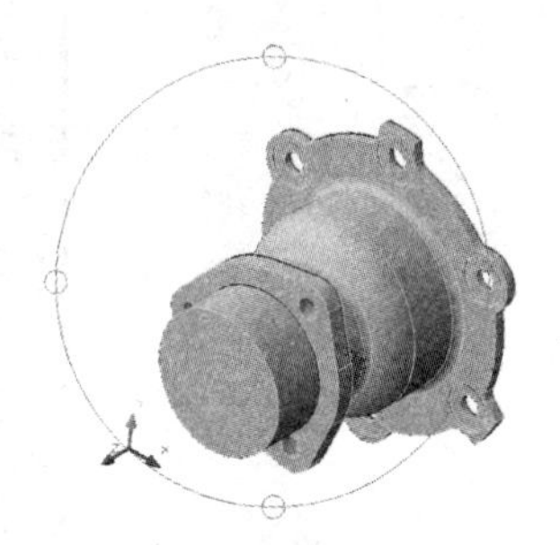

图 9–6

C. 连续动态观察

此功能可以连续动态观察物体的不同侧面，而不需要手动设置视点。单击菜单【视图】/【动态观察】/【连续动态观察】命令，或单击【动态观察】工具栏上的按钮，都可以激活该功能。如图 9–7 所示。

4、使用相机

在 AutoCAD 2007 中，相机是新引入的一个对象，用户可以在模型空间放置一台或多台相机来定义 3D 透视图。

图 9–7

A. 创建相机

选择“视图”|“创建相机”命令，可以在视图中创建相机，当指定了相机位置和目标位置后，命令行显示如下提示信息。

输入选项 [?/名称(N)/位置(LO)/高度(H)/目标(T)/镜头(LE)/剪裁(C)/视图(V)/退出(X)] <退出>:

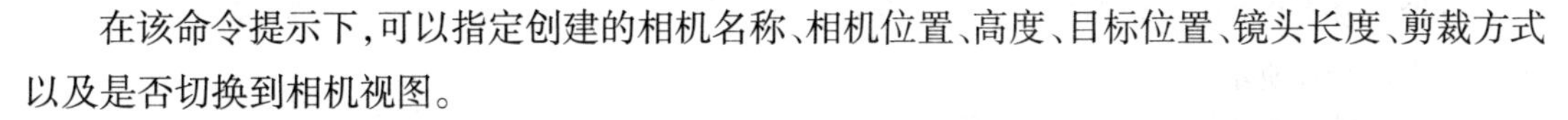
在该命令提示下，可以指定创建的相机名称、相机位置、高度、目标位置、镜头长度、剪裁方式以及是否切换到相机视图。

B. 相机预览

在视图中创建了相机后，当选中相机时，将打开“相机预览”窗口。其中，在预览框中显示了使用相机观察到的视图效果。在“视觉样式”下拉列表框中，可以设置预览窗口中图形的三维隐藏、三维线框、概念、真实等视觉样式。 如图 9–8 所示。

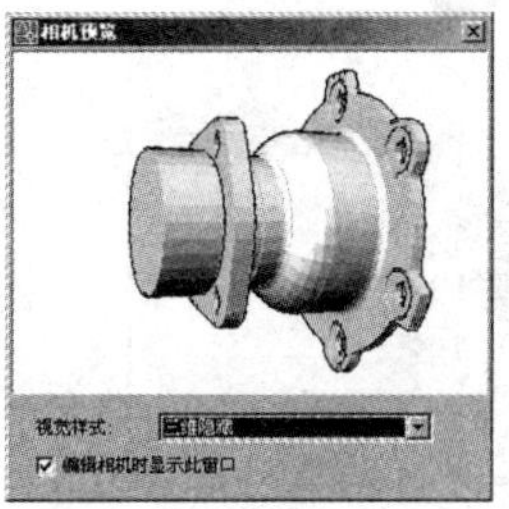

图 9–8

5、运动路径动画

在 AutoCAD 2007 中,可以选择“视图”|“运动路径动画”命令,创建相机沿路径运动观察图形的动画,此时将打开“运动路径动画”对话框。如图 9-9 所示。

运动路径动画
相机
将相机链接至:
○点(P) ⊙路径(A)
目标
将目标链接至:
○点(O) ⊙路径(T)
动画设置
帧率 (FPS)(F): 30
帧数(N): 30
持续时间(秒)(D): 1
视觉样式(V):
按显示
格式(R): WMV
分辨率(S): 320 x 240
☑角减速(C)
□反转(E)
☑预览时显示相机预览
预览(W)... 确定 取消 帮助(H)

图 9-9

在“运动路径动画”对话框中,“相机”选项组用于设置相机链接到的点或路径,使相机位于指定点观测图形或沿路径观察图形;“目标” 选项组用于设置相机目标链接到的点或路径;“动画设置”选项组用于设置动画的帧频、帧数、持续视觉、分辨率、动画输出格式等选项。

当设置完动画选项后,单击预览按钮,将打开“动画预览”窗口,可以预览动画播放效果。

6、漫游与飞行

在 AutoCAD 2007 中,用户可以在漫游或飞行模式下,通过键盘和鼠标可以控制视图显示,或创建导航动画。

A. 定位器选项板

选择“视图”|“漫游”或“视图”|“飞行”命令,打开“定位器”选项板和“三维漫游导航映射”对话框。 如图 9-10 所示。

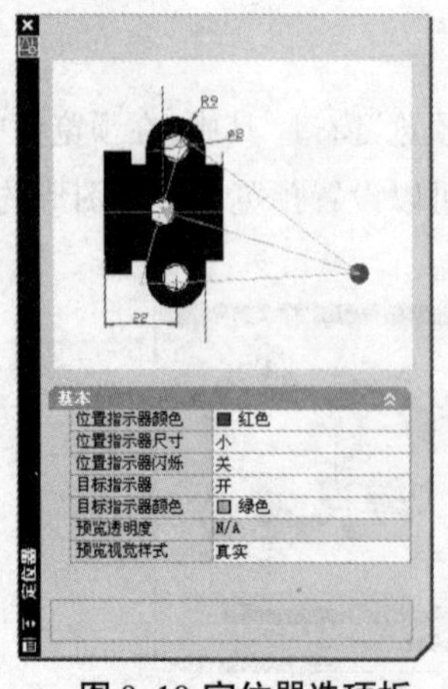

图 9-10 定位器选项板

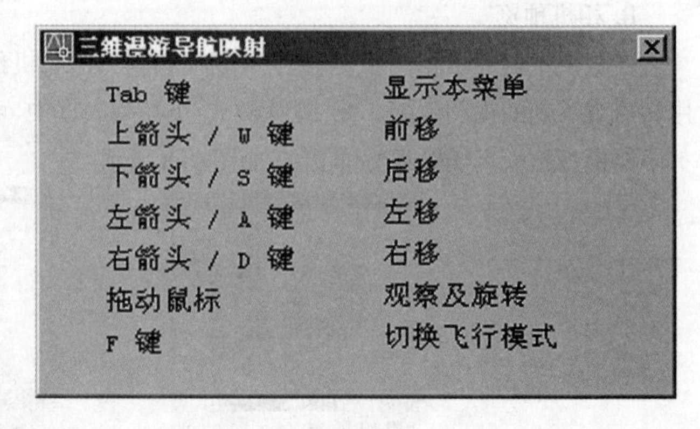

三维漫游导航映射

B. 漫游和飞行设置

选择“视图”|“漫游和飞行”命令，打开“漫游和飞行设置”对话框。可以设置显示指令窗口的时机，窗口显示的时间，以及当前图形设置的步长和每秒步数 。如图 9-11 所示。

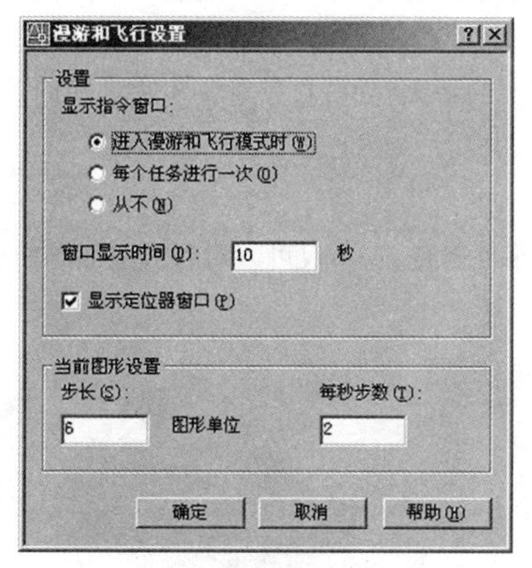

图 9-11

第二节　三维显示

1、视觉式样

AutoCAD 为用户提供了多种视觉样式的显示功能，如图 9-12 用这些显示功能，用户可以非常方便地控制、调整和显示三维物体，使三维物体的形态更加逼真。

A. 二维线框

此命令主要使用直线和曲线显示对象的边缘，此对象的线型和线宽都是可见的，如图 9-13 所示。单击【视图】菜单中的【视觉样式】/【二维线框】命令，就可执行此命令。

B. 三维线框

此命令也是用直线和曲线显示对象的边缘轮廓，与二维线框显示方式不同的是，表示坐标系的按钮会显示成三维着色形式，并且对象的线型及线宽都是不可见的，如图 9-14 所示。

图 9-12

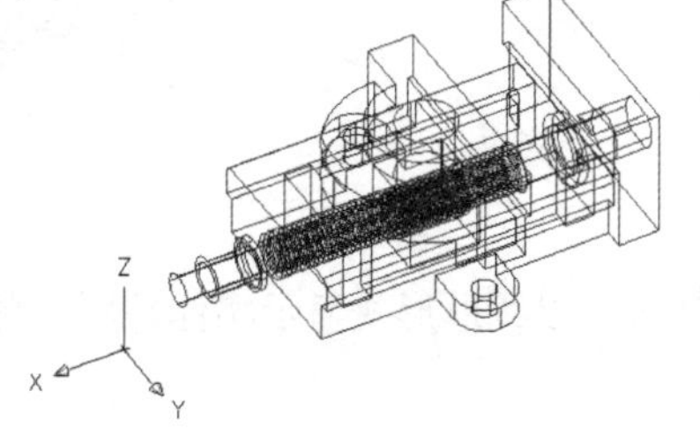

图 9-13

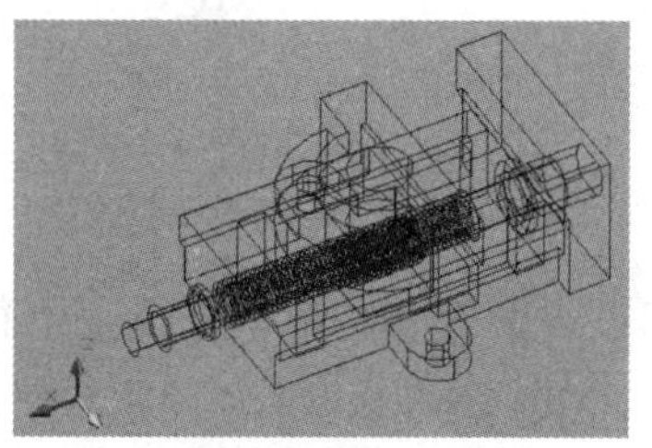

图 9-14

C. 三维隐藏

此命令用于将三维对象中观察不到的线隐藏起来，仅显示那些位于前面无遮挡的对象，如图9-15 所示。

D. 真实

此命令可使对象实现真实的平面着色，它只对各多边形的面着色，不对面边界作光滑处理，如图 9-16 所示。

E. 概念

此命令也可使对象实现平面着色，它不仅可以对各多边形的面着色，还可以对面边界作光滑处理，如图 9-17 所示。

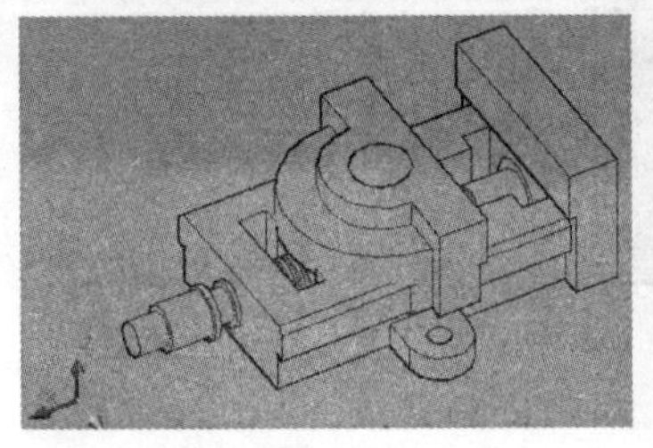

图 9-15

图 9-16

图 9-17

小提示：

1）改变三维图形的曲面轮廓素线

当三维图形中包含弯曲面时(如球体和圆柱体等)，曲面在线框模式下用线条的形式来显示，这些线条称为网线或轮廓素线。使用系统变量 ISOLINES 可以设置显示曲面所用的网线条数，默认值为 4，即使用 4 条网线来表达每一个曲面。该值为 0 时，表示曲面没有网线，如果增加网线的条数，则会使图形看起来更接近三维实物。

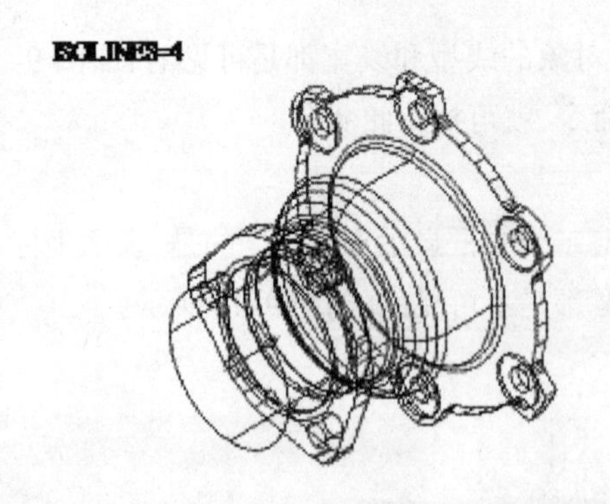

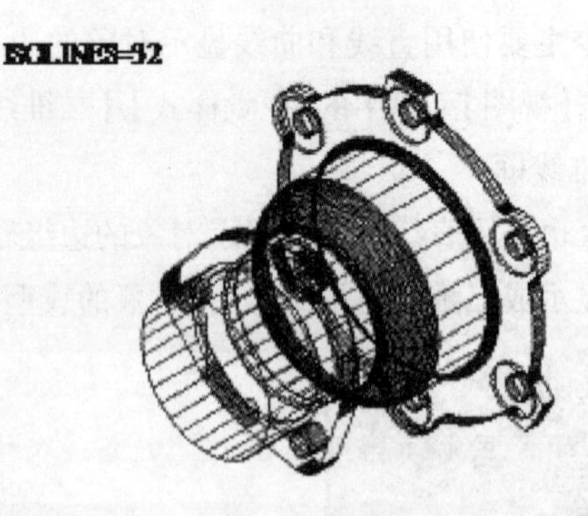

图 9-18

2）使用系统变量 DISPSILH 可以以线框形式显示实体轮廓。此时需要将其值设置为 1，并用“消隐”命令隐藏曲面的小平面 。

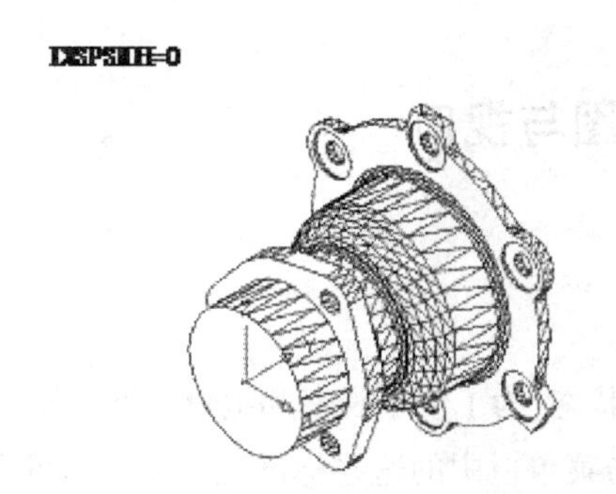

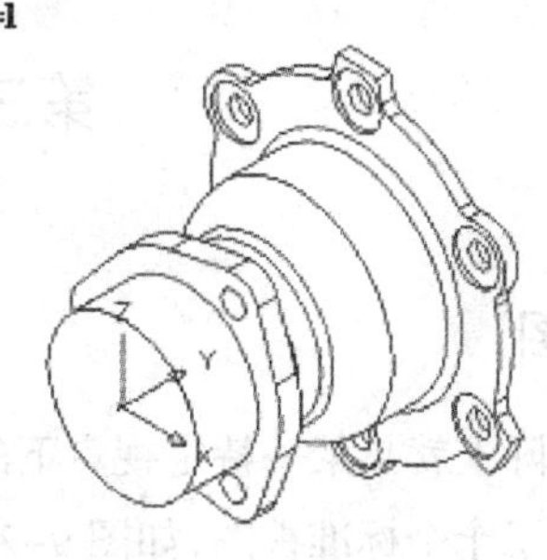

图 9-19

3）改变实体表面的平滑度

要改变实体表面的平滑度，可通过修改系统变量 FACETRES 来实现。该变量用于设置曲面的面数，取值范围为 0.01~10。其值越大，曲面越平滑 。

如果 DISPSILH 变量值为 1，那么在执行“消隐”、“渲染”命令时并不能看到 FACETRES 设置效果，此时必须将 DISPSILH 值设置为 0。

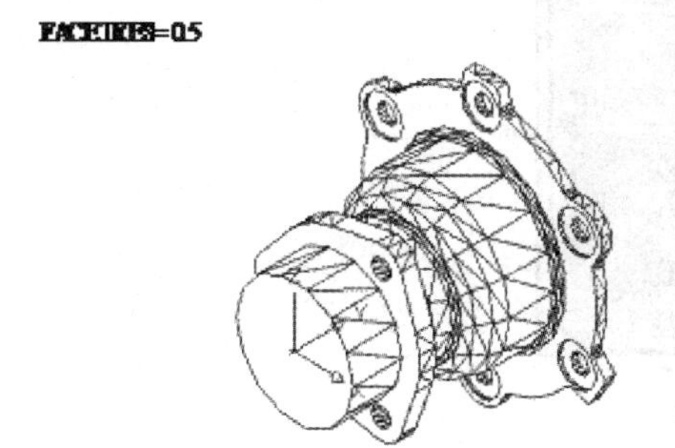

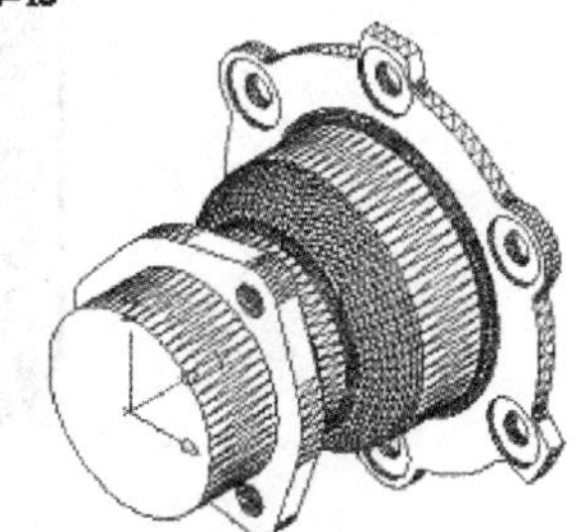

图 9-20

2、管理视觉样式

此命令主要用于控制、调整各种视觉显示样式，以更加逼真的显示三维物体的外观效果，或者是让三维物体按照某种特定的参数设置进行显示，其对话框窗口如图 9-21 所示。

图 9-21

第三节 视图与视口

1、视图

视图实际上就是某一特定视点下的模型显示状态，为了便于观察和编辑三维模型，AutoCAD为用户提供了十个标准视图，如图 9-22 所示，单击菜单栏中的这些标准视图命令即可在这些标准视图中进行切换。各种基本视图及其参数设置如表 9-1

图 9-22

表 9-4 基本视图及其参数设置

视图	菜单选项	方向矢量	与X轴夹角	与XY平面夹角
俯视图	Tom	(0, 0, 1)	270°	90°
仰视图	Bottom	(0, 0, -1)	270°	90°
左视图	Left	(-1, 0, 0)	180°	0°
右视图	Right	(1, 0, 0)	0°	0°
主视图	Front	(0, -1, 0)	270°	0°
后视图	Back	(0, 1, 0)	90°	0°
西南轴测视图	SW Isometric	(-1, -1, 1)	225°	45°
东南轴测视图	SE Isometric	(1, -1, 1)	315°	45°
东北轴测视图	NE Isometric	(1, 1, 1)	45°	45°
西北轴测视图	NW Isometric	(-1, 1, 1)	135°	45°

另外，AutoCAD 还为用户提供了一个【平面视图】工具，使用此命令，可以将当前 UCS、命名保存的 UCS 或 WCS，切换为各坐标系的平面视图，以方便观察和操作。单击菜单【视图】/【三维视图】/【平面视图】命令，或在命令行中输入 Plan，都可执行命令。如图 9-23 所示。

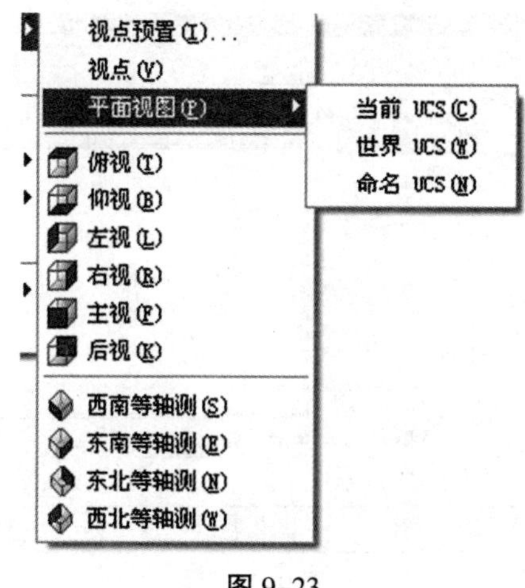

图 9-23

2、视口

视口是用于绘制图形、显示图形的区域，在默认情况下，AutoCAD 将整仅显示一个视口，但是在实际建模过程中，有时需要从各个不同视点上观察模型的不同部分，为此 AutoCAD 为用户提供了视口的分割功能，用户可以将一个视口分割成多个视口，如图 9-24 样可以从不同的方向观察三维模型的不同部分。

图 9-24

视口的分割与合并可以通过菜单栏和对话框两种形式，具体如下：

1）通过菜单分割视口。用户只需单击【视图】菜单中的【视口】级联菜单中的相关命令，即可以将当前视口分割为两个、三个或多个视口。如图 9-25 所示。

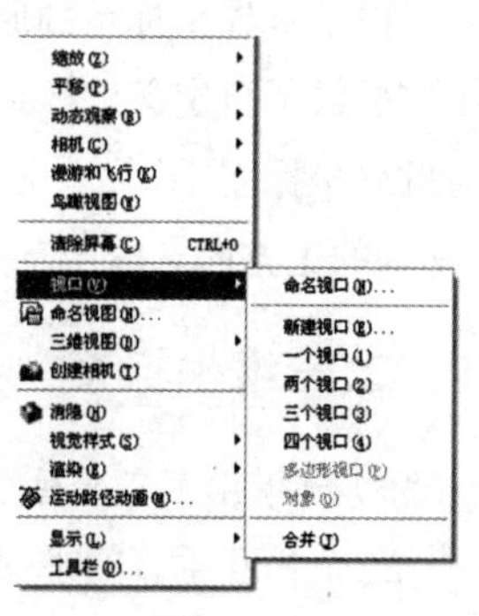

图 9-25

2）通过对话框分割视口。单击【视图】菜单栏中的【视口】/【新建视口】命令，或直接在命令行中输入表达式 Vports 并敲击 Enter 键，打开图 9-26 视口】对话框，在此对话框中，用户可以对分割视口进行提前预览效果，使用户能够方便直接地进行分割视口。

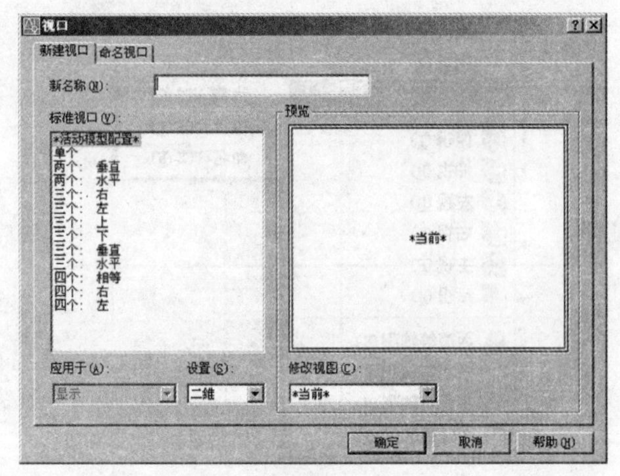

图 9-26

第四节 WCS 与 UCS

1、了解坐标系

WCS 是 AutoCAD 的默认坐标系，它是世界坐标系 World Coordinate System 的简称 WCS)。WCS 是由三个相互垂直并相交的坐标轴 X、Y、Z 组成，X 轴正方向水平向右，Y 轴正方向垂直向上，Z 轴正方向垂直屏幕指向用户，坐标原点在绘图区左下角。

坐标系图标有两种显示方式，一种是二维图标，在图标上标有"W" 如图 9-27 所示；另一种显示方式是三维图标，坐标原点处显示一个矩形方块，如图 9-28 所示。

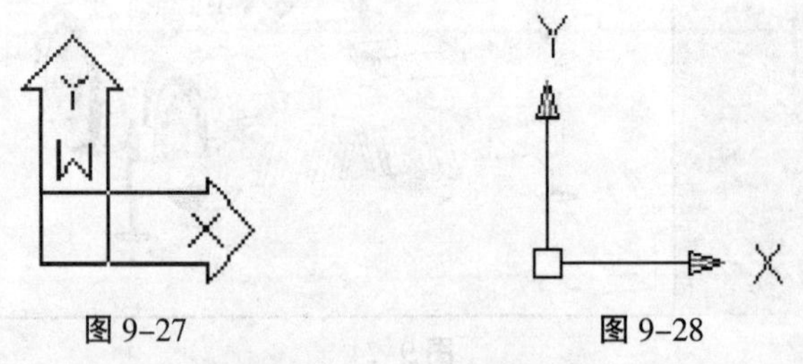

图 9-27　　图 9-28

由于世界坐标系的原点及轴向都是固定的，其应用范围有一定的局限性，为此，AutoCAD 为用户提供了自定义坐标系功能，这种自定义的坐标系被称为用户坐标系，简称 UCS。此种坐标系与世界坐标系不同，它可以移动和旋转，可以随意更改坐标系的原点，也可以设定任何方向作为 xyz 轴的正方向。应用范围比较广。

2、三维坐标系

1）三维笛卡尔坐标系

三个相互垂直的平面，分别是 XY 平面、XZ 平面和 YZ 平面，XY 平面和 XZ 平面的交线为 X

轴,XY 平面和 YZ 平面的交线为 Y 轴,YZ 平面和 XZ 平面的交线为 Z 轴,三个平面(三根坐标轴)的公共交点为原点。如图 9-29 所示。

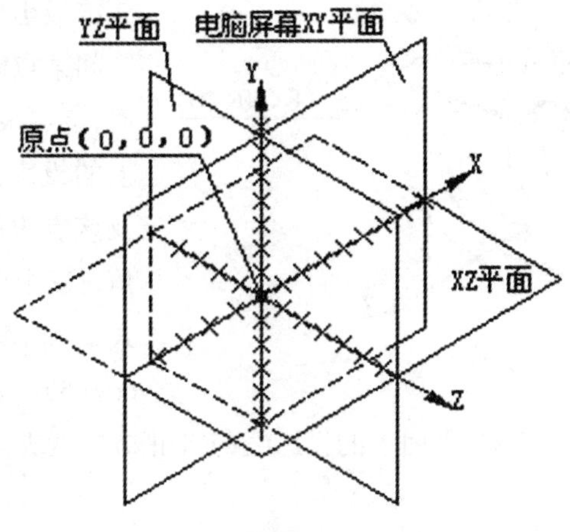

图 9-29

三维坐标是用于描述空间中的点的位置的方法。三维笛卡尔坐标的输入方法比二维坐标多了一项 Z 轴方向的坐标值,为(X、Y、Z),可以理解为一个在 X 轴方向移动 X 个单位,再沿平行于 Y 轴的方向移动 Y 个单位,最后垂直于 XY 平面沿平行于 Z 轴方向移动 Z 个单位的点。如图 9-30 所示的点 P(5,6,4)的表示方法。

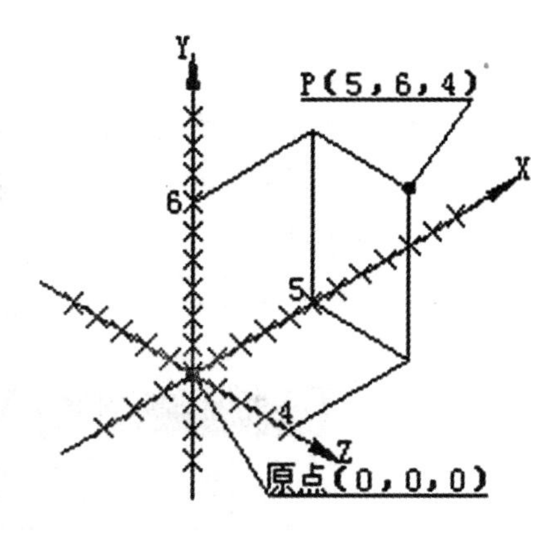

图 9-30

2) 柱坐标系

柱坐标系是另一种描述空间点的体系,其表达方法相当于一个 XY 平面的极坐标与 Z 方向的坐标值的组合,一般描述格式为 (L<α,Z),L 为空间点在 XY 平面上投影点与原点间的距离,α 为投影点跟原点连线与 X 轴正方向间的夹角,Z 为空间点与投影点之间距离。如空间点 P(6<60,8),表示在当前坐标系中,空间点投影到 XY 平面的投影点,相距原点的距离为 6,投影点跟原点连线与 X 轴正方向的夹角为 60°,空间点到投影点间的距离为 8,如图 9-31 所示。

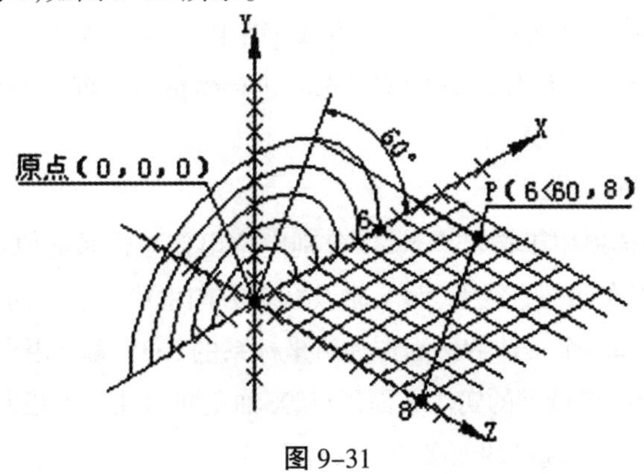

图 9-31

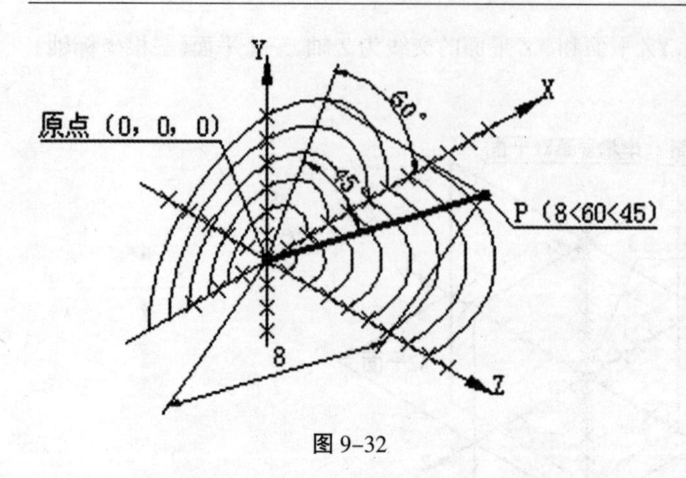

图 9-32

3）球坐标系

球坐标系的表达格式也类似于二维极坐标系的表达格式，在定位空间某点时，指定该点与原点的距离，该点跟原点连线投影在 XY 平面上的投影线与 X 正方向的夹角，以及该点跟原点连线与 XY 平面的夹角，三个参数分别用 L、α 和 β 来表式，一般表达为(L<α<β)。例如(8<60<45)，表示空间中的点与原点距离为 8，该点跟原点连线投影在 XY 平面上的投影线与 X 正方向的夹角为 60°，该点跟原点连线与 XY 平面的夹角为 45°。如图 9-32 所示。

3、定义 UCS

1）坐标系转换的意义

三维建模草绘或二维绘图时，需要当前坐标系的 XY 平面进行，如果需要创建二维草绘的面不是当前坐标系的 XY 平面，则需创建新的坐标系，使平面变成当前坐标系的 XY 平面。

2）UCS 工具条

UCS 工具条如图 9-33 所示，不同的图标代表不同建立新坐标系的方法。

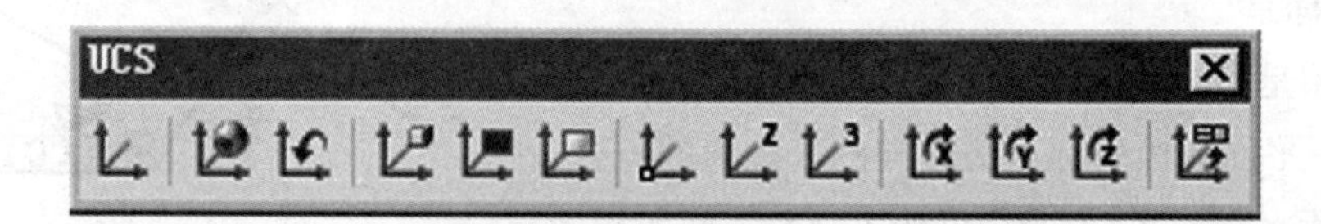

图 9-33

使用【UCS】命令，用户可以方便地定制符合作图需要的各种坐标系，这一功能在三维制图中非常重要。单击【工具】菜单中的【新建 UCS】级联菜单命令，在命令行输入 UCS，都可以执行命令。

启动命令后，命令行提示：指定 UCS 的原点或 [面(F)/命名(NA)/对象(OB)/上一个(P)/视图(V)/世界(W)/X/Y/Z/Z 轴(ZA)] <世界>。从中选择选项进行坐标系处理。根据命令行的操作提示进行创建坐标系的方法操作。

选项说明：

【指定 UCS 的原点】选项用于指定三点，以分别定位出新坐标系的原点、X 轴正方向和 Y 轴正方向。指定的三点不能在同一直线上，而 Y 轴及 Z 轴方向由第三点方向确定。

【面(F)】选项用于选择一个实体的平面作为新坐标系的 XOY 面。用户必须使用点选法选择实体。坐标系原点为离选择点最近的实体平面顶点，X 轴正向由此顶点指向离选择点最近的实体平面边界线的另一端点。用户选择的面必须为实体面域。

【命名(NA)】选项主要用于恢复其他坐标系为当前坐标系、为当前坐标系命名保存以及删除不需要的坐标系。

【对象(OB)】选项表示通过选择已存在的对象创建 UCS 坐标系，用户只能使用点选法来选择对象，否则无法执行此命令。

【上一个(P)】选项用于将当前坐标系恢复到前一次所设置的坐标系位置，直到将坐标系恢复为 WCS 坐标系。

【视图(V)】选项表示将新建的用户坐标系的 X、Y 轴所在的面设置成与屏幕平行，其原点保持不变，Z 轴与 XY 平面正交。

【世界(W)】选项用于选择世界坐标系作为当前坐标系，用户可以从任何一种 UCS 坐标系下返回到世界坐标系。

【X】/【Y】/【Z】选项三个选项分别用于将原坐标系坐标平面，绕 X 轴、Y 轴、Z 轴旋转而形成新的用户坐标系。如果是在已定义的 UCS 坐标系中进行旋转，那么新的 UCS 系统是以前面的 UCS 系统旋转而成。

【Z 轴】选项选项用于指定 Z 轴方向以确定新的 UCS 坐标系。

4、管理 UCS

【命名 UCS】命令主要用于对坐标系进行管理和操作，比如，用户可以使用该命令删除、重命名或恢复已命名的 UCS 坐标系，也可以选择 AutoCAD 预设的标准 UCS 坐标系以及控制 UCS 图标的显示等。单击【工具】菜单栏中的【命名 UCS】命令，或在命令行输入 Ucsman，都可以激活命令，打开图 9-34 所示的对话框，以方便用户对坐标系统进行存储、删除、应用等操作。

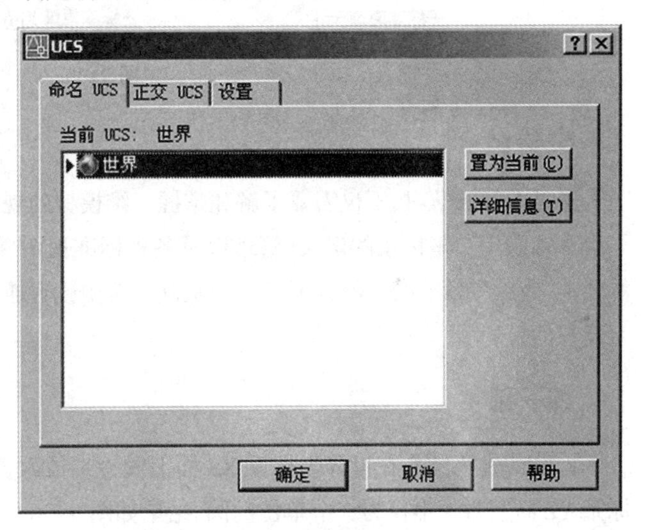

图 9-34

5、动态 UCS

使用【动态 UCS】功能，用户可以在直接三维实体的平面上创建对象，而无需手动更改 UCS 方向。在执行命令的过程中，当将光标移动到面上方时，动态 UCS 会临时将 UCS 的 XY 平面与三维实体的平整面对齐。在状态栏上单击“DYN”按钮，或按下键盘上的 F6 功能键，都可以激活【动态输入】功能。

6、设置标高和厚度

缺省情况下，绘图所在的构造平面是 XY 平面，绘图的线条厚度为 0。用户可以通过 Elev 命令设置构造平面的高度和新画图形线条的厚度。高度和厚度一旦设置后，会一直保持有效，直到再一次设置。

键盘输入“Elev”回车，命令行提示输入新的标高，输入新的标高值后回车，命令行接着提示输入新的厚度。设置标高也就是设置构造平面的 Z 轴坐标值，可以为正值或负值。厚度也可以为负值，表示高度值向 Z 轴负方向延伸，如图 9-35 所示。

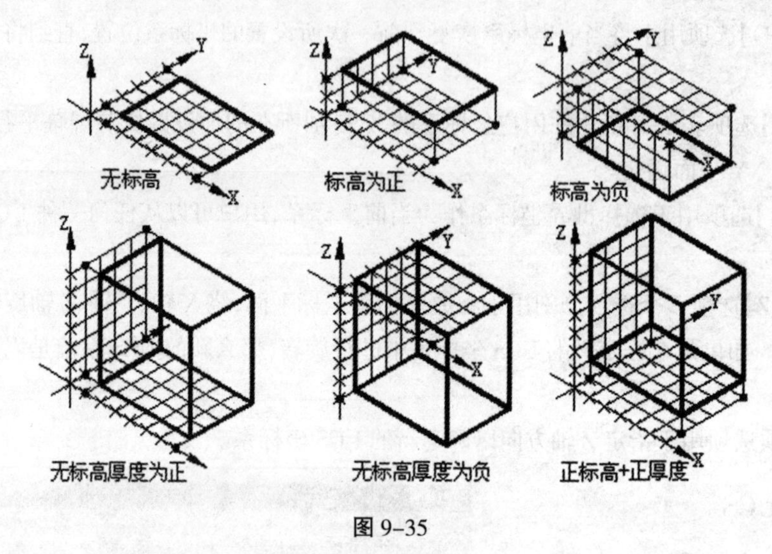

图 9-35

小结：

通过本章的学习，不仅需要了解和掌握三维模型的观察功能和三维模型的显示功能，还需要了解和掌握用户坐标系的定义、管理以及各种标准视图、等轴测视图的切换和视口的分割、合并等功能，为后叙章节的学习打下坚实的基础。希望读者通过本章学习后，能够反复练习并达到举一反三的目的。

练一练：

1、以点 A 为圆心在世界坐标系 XZ 面上做一半径为 3 各单位的圆。以点 B 为圆心在世界坐标系 YZ 面上做一半径为 3 个单位的圆，结果如图 9-36 所示。

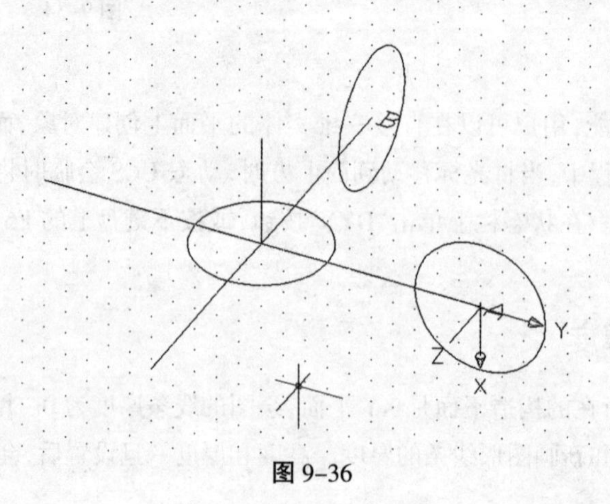

图 9-36

2、以点 C 为圆心，在 XZ 平面上画一个半径为 3 的圆，以点 A 点为圆心在 A、B、C 三点确定的平面内画半径为 3 的圆，结果如图 9-37 所示。

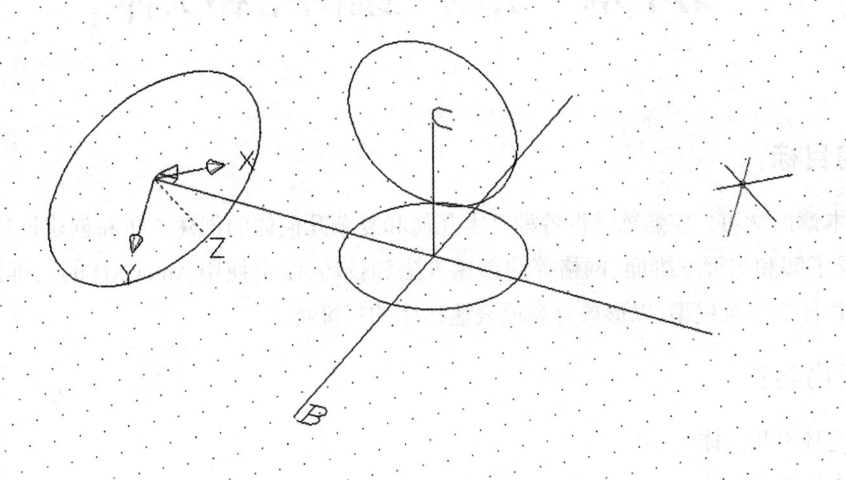

图 9-37

第十章 绘制三维网格和实体

学习目标：

通过本章的学习，应熟练掌握各种基本几何和复杂几何体的创建方法和创建技巧，除此之外，还需要了解和掌握三维面、网格等的创建方法和技巧，学会使用 AutoCAD 的三维建模功能，快速构造物体的三维模型，以形象直观地表达物体的三维特征。

学习内容：

> 创建基本几何体

> 创建复杂几何体

> 创建网格

> 实体变量

第一节 创建基本几何体

1、创建多段体

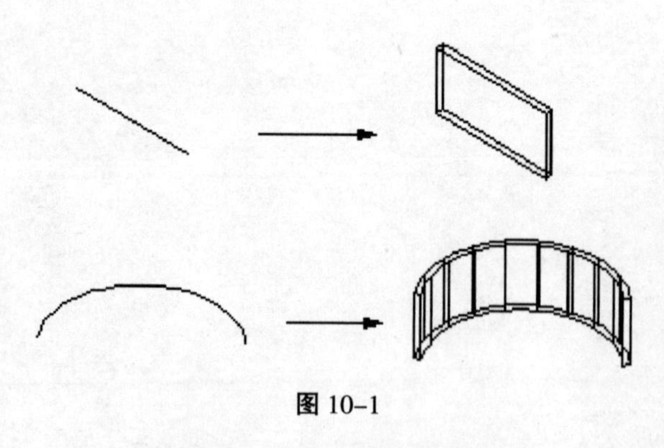

图 10-1

多段体是即沿指定路径使用指定截面轮廓绘制的实体。

【多段体】命令主要用于创建具有一定宽度和高度的三维多段体，还可以将现有的直线、圆弧、矩形以及圆等二维对象同，直接转化为具有一定宽度和高度的三维实心体，如图 10-1 所示。单击【绘图】菜单中的【建模】/【多段体】命令。在命令行输入 Polysolid，都可执行命令。

例 1：创建图 10-2 所示的多段体。

命令: _Polysolid

指定起点或 [对象(O)/高度(H)/宽度(W)/对正(J)] <对象>: //h，激活【高度】选项

指定高度 <80.0000>: //100，设置高度

指定起点或 [对象(O)/高度(H)/宽度(W)/对正(J)] <对象>: //w,激活【宽度】选项

指定宽度 <5.0000>: //10,设置宽度

指定起点或 [对象(O)/高度(H)/宽度(W)/对正(J)] <对象>: //拾取点 1

指定下一个点或 [圆弧(A)/放弃(U)]: //拾取点 2

指定下一个点或 [圆弧(A)/闭合(C)/放弃(U)]: //拾取点 3

指定下一个点或 [圆弧(A)/闭合(C)/放弃(U)]: //拾取点 4

指定下一个点或 [圆弧(A)/闭合(C)/放弃(U)]: //a,激活【圆弧】选项

指定圆弧的端点或 [闭合(C)/方向(D)/直线(L)/第二个点(S)/放弃(U)]: //拾取点 5

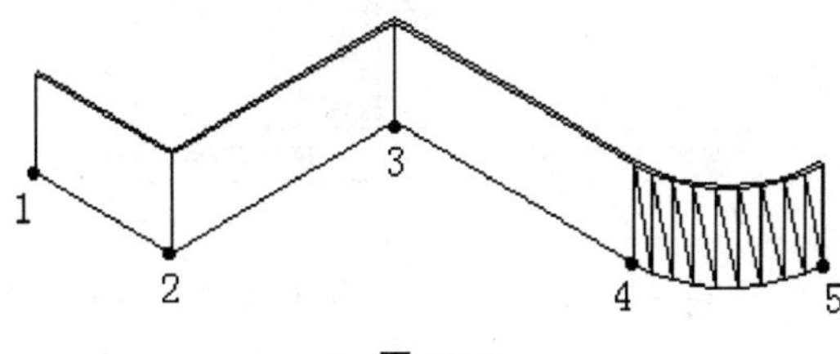

图 10-2

指定下一个点或 [圆弧(A)/闭合(C)/放弃(U)]: 指定圆弧的端点或 [闭合(C)/方向(D)/直线(L)/第二个点(S)/放弃(U)]: //结束命令。结果如图 10-2 所示

2、创建长方体

【长方体】命令用于创建长方体模型或正立方体模型,如下图所示。单击【绘图】菜单中的【建模】/【长方体】命令,或在命令行输入 Box,都可以激活此命令。如图 10-3。

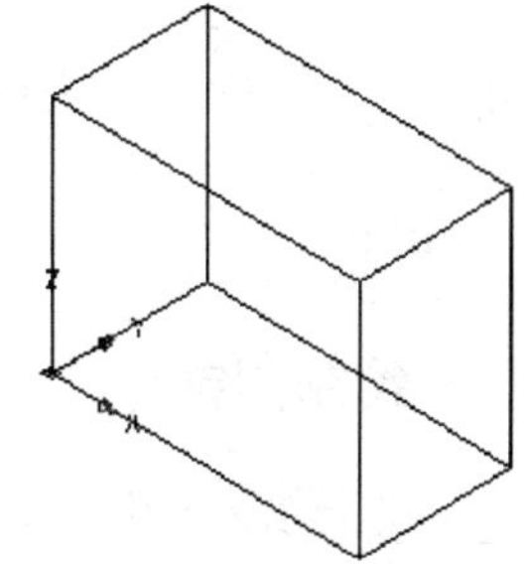
图 10-3

例 2:创建 10-4 图所示的长方体。

命令: _box

指定第一个角点或 [中心(C)]: //在绘图区拾取一点

指定其他角点或 [立方体(C)/长度(L)]: //@200,150

指定高度或 [两点(2P)]: //100,结束命令。

小提示:

1)【中心点】选项选项主要用于根据长方体的正中心点位置进行创建长方体,即首先定位长方体的中心点位置。

2)【长度】选项用于直接输入长方体的长度、宽度和高度等参数,即可生成相应尺寸的方体模型。

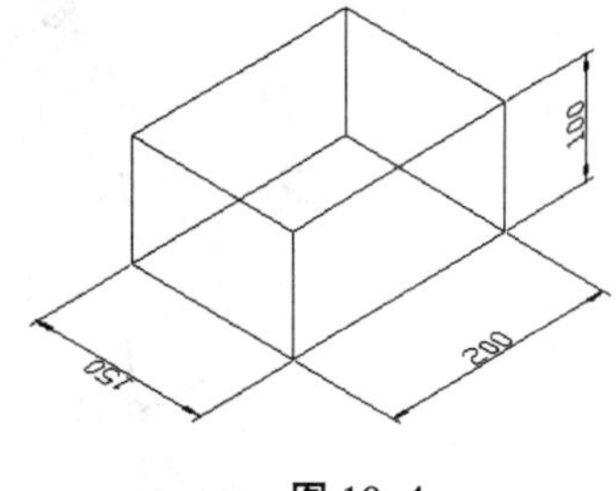

图 10-4

3、创建圆柱体

【圆柱体】命令主要用于创建圆柱实心体或椭圆柱实心体模型,如图 10-5 所示。单击菜单【绘图】/【建模】/【圆柱体】命令,或在命令行输入 Cylinder,都可以激活此命令。

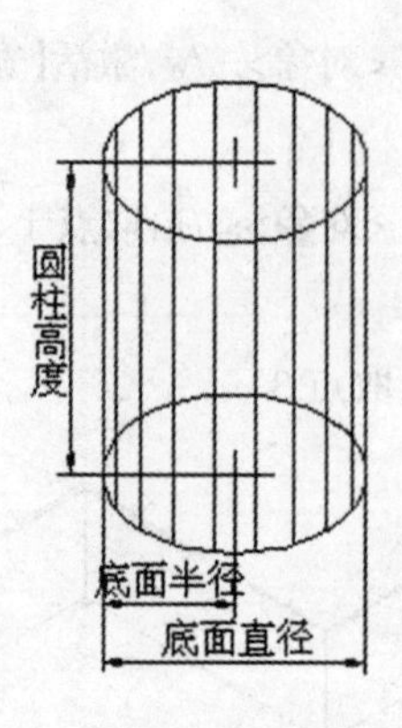

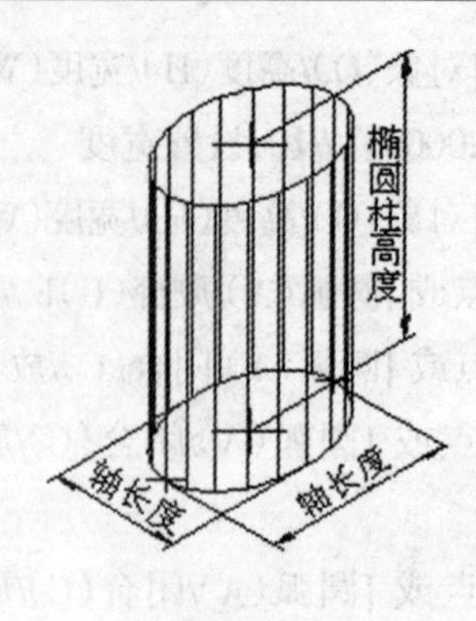

图 10–5

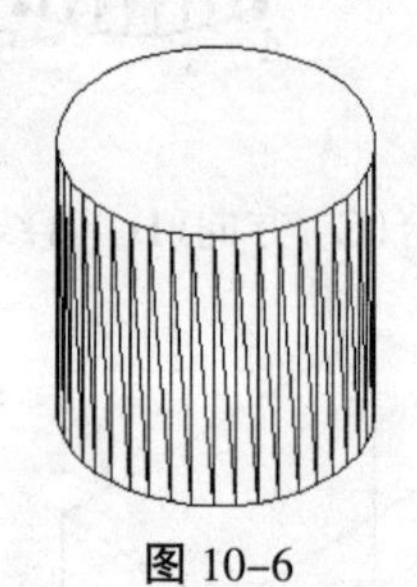

图 10–6

例 3:创建图 10–6 所示的圆柱体。

命令: _cylinder

当前线框密度: ISOLINES=4

指定底面的中心点或 [三点(3P)/两点(2P)/相切、相切、半径(T)/椭圆(E)]>://在绘图区拾取一点

指定底面半径或 [直径(D)]>: //120

指定高度或 [两点(2P)/轴端点(A)] <150.0000>: //240

4、绘制圆锥体

【圆锥体】命令用于创建圆锥体或椭圆锥体模型,如图 10–7 所示。单击菜单【绘图】菜单栏中的【实体】/【圆锥体】命令,或在命令行输入 Cone,都可以激活此命令。

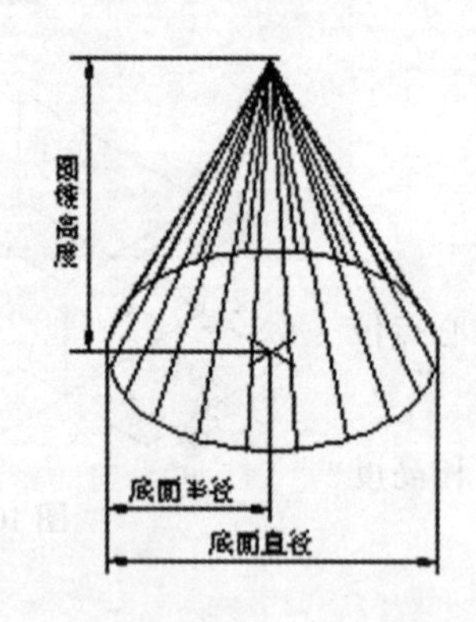

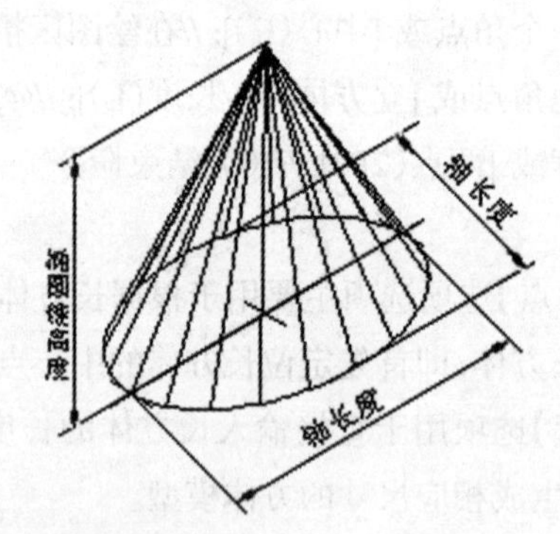

图 10–7

例 4:创建图 10–8 所示的圆锥体。

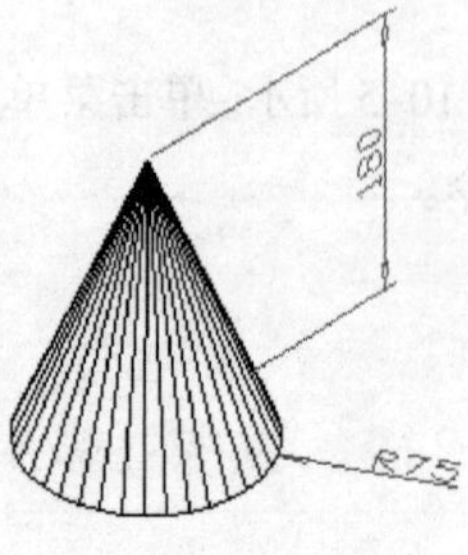

命令: _cone

当前线框密度: ISOLINES=15

指定底面的中心点或 [三点(3P)/两点(2P)/相切、相切、半径(T)/椭圆(E)]: //拾取一点作为底面中心点

指定底面半径或 [直径(D)] <261.0244>: //75,输入底面半径

指定高度或 [两点(2P)/轴端点(A)/顶面半径(T)] <120.0000>: //

图 10–8

180,输入锥体的高度

5、创建棱锥面

【棱锥面】命令用于创建三维实体棱锥,如底面为四边形、五边形、六边形等的多面棱锥,如图10-9所示。单击【绘图】菜单中的【建模】/【棱锥面】命令在命令行输入Torus。,都可以激活此命令。

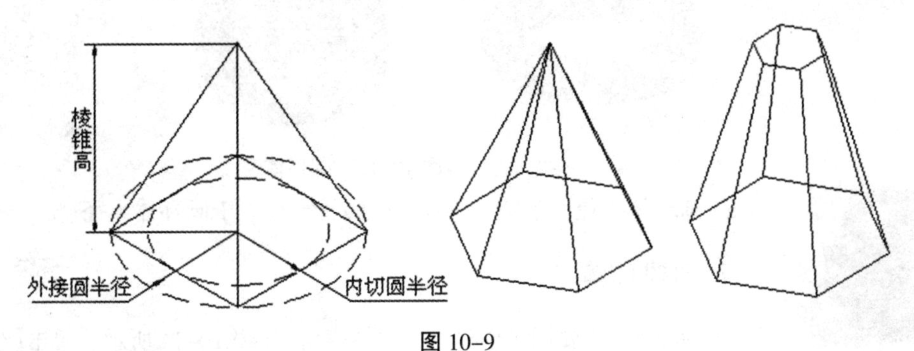

图10-9

例5:创建六面棱锥。如图10-10所示

命令: _pyramid

4个侧面　外切

指定底面的中心点或 [边(E)/侧面(S)]: //s,激活【侧面】选项

输入侧面数 <4>: //6,设置侧面数

指定底面的中心点或 [边(E)/侧面(S)]: //在绘图区拾取一点

指定底面半径或 [内接(I)]: //100,内切圆半径

指定高度或 [两点(2P)/轴端点(A)/顶面半径(T)]: //250,结束命令。

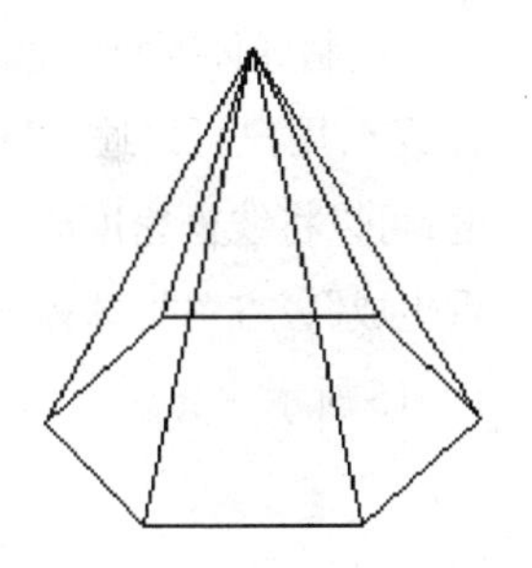

图10-10

6、创建圆环体

【圆环体】命令主要用于创建圆环实心体模型。单击【绘图】菜单中的【建模】/【圆环体】命令,或在命令行输入Torus,都可以激活此命令。如图10-11所示。此时需要指定圆环的中心位置、圆环的半径或直径,以及圆管的半径或直径。

图10-11

例6:创建图10-12所示的圆环体。

命令: _torus

当前线框密度: ISOLINES=4

指定中心点或 [三点(3P)/两点(2P)/相切、相切、半径(T)]: //拾取一点定位环体中心点

指定半径或 [直径(D)] <100.0000>: //180,输入圆环体的半径

指定圆管半径或 [两点(2P)/直径(D)]: //20,结束命令。

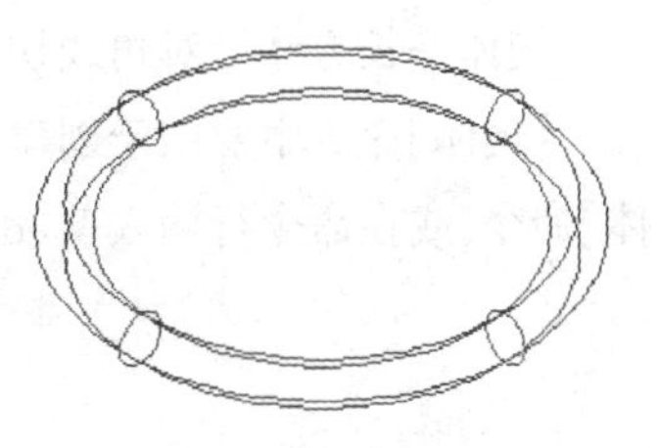

图10-12

小提示：

如果圆环半径小于圆管半径，圆环体将没有中间的空洞，如右图所示；若圆环半径为负数，即“–n，且 n>0”，圆管半径为正数，且圆管半径大于 n 时，系统将创建橄栏球状的对象，如图 10–13 所示。

图 10–13　圆环体

a）圆环体半径大于圆管半径　b）圆管半径大于圆环体半径

7、创建球体

图 10–14

【球体】命令主要用于创建三维球体模型，如图 10–14 所示。单击【绘图】菜单栏中的【实体】/【球体】命令，或在命令行输入 Sphere，都可以激活此命令。

小提示：

绘制球体时可以通过改变 ISOLINES 变量，来确定每个面上的线框密度。球体线框密度为缺省值 4，用户可以通过“Isolines”命令来更改线框密度。启动命令后，命令行提示输入新的线框密度，可以将线框密度改大，如 20。更改线框密度后，球体的线框并没有增多，需要启动菜单“视图/重生成”，方可见球体的线框密度增大，（其他实体如圆柱体等的线框密度操作与此相同）。如图 10–15 所示。

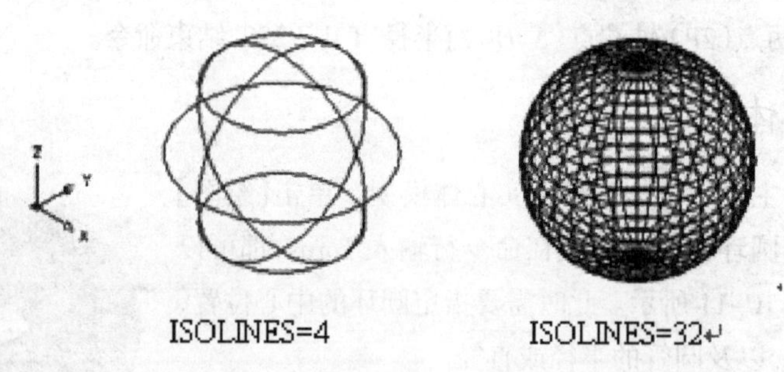

图 10–15

8、创建楔体

楔体是长方体沿对角线切成两半后的结果。

【楔体】命令主要用于创建三维楔体模型，如图 10–16 所示。单击【绘图】菜单中的【建模】/【楔体】命令，或在命令行输入 Wedge，都可以激活此命令。

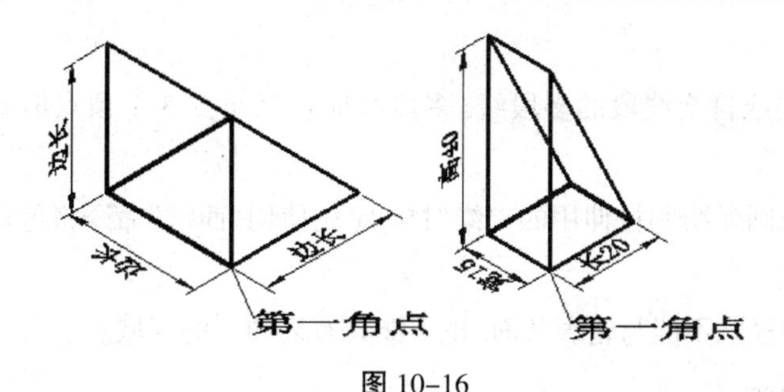

图 10-16

例 7:创建如图 10-17 所示锲体

命令: _wedge

指定第一个角点或 [中心(C)]: //在绘图区拾取一点

指定其他角点或 [立方体(C)/长度(L)]: //@120,25

指定高度或 [两点(2P)] <112.5802>: //150,结束命令

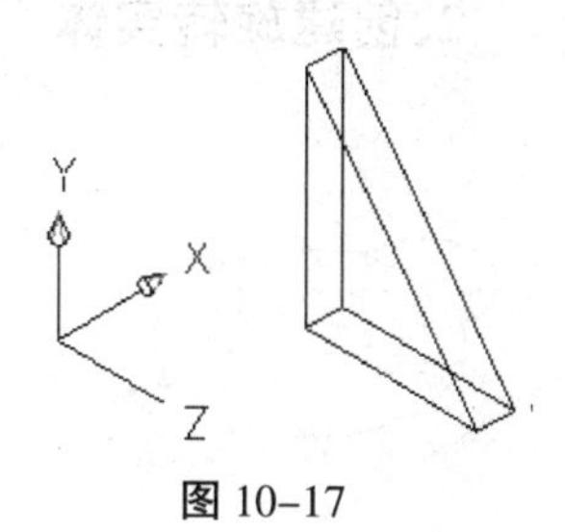

图 10-17

第二节 创建复杂几何体

1、创建拉伸实体

【拉伸】命令用于将闭合边界或面域,按照指定的高度拉伸成三维实心体模型,或将非闭的二维图形拉伸为网格曲面。单击【绘图】菜单中的【建模】/【拉伸】命令,或在命令行输入 Extrude 或 EXT,都可执行命令。

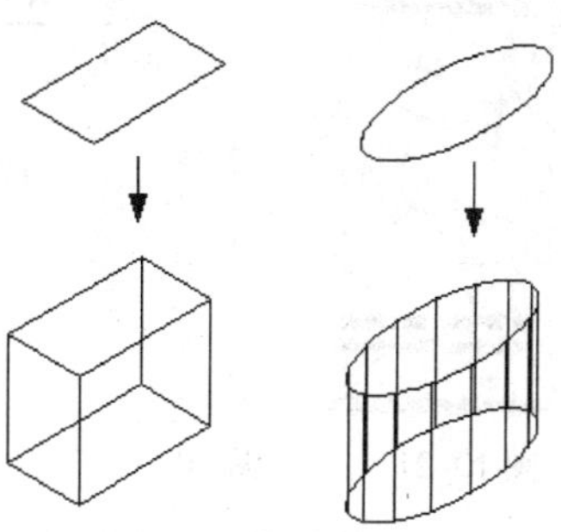

例 8:创建如图 10-18 所示的拉伸体。

命令: _extrude

当前线框密度: ISOLINES=15

选择要拉伸的对象: //选择矩形

选择要拉伸的对象: //选择椭圆

选择要拉伸的对象: //结束选择

指定拉伸的高度或 [方向(D)/路径(P)/倾斜角(T)] : //150,结束命令

图 10-18

小提示:

1) 使用【拉伸】命令,还可以将非闭合的线段、圆弧、样条曲线等二维图形,拉伸为网格面, 并对其进行概念着色, 如图 10-19 所示。

2) 拉伸锥角是指拉伸方向偏移的角度,

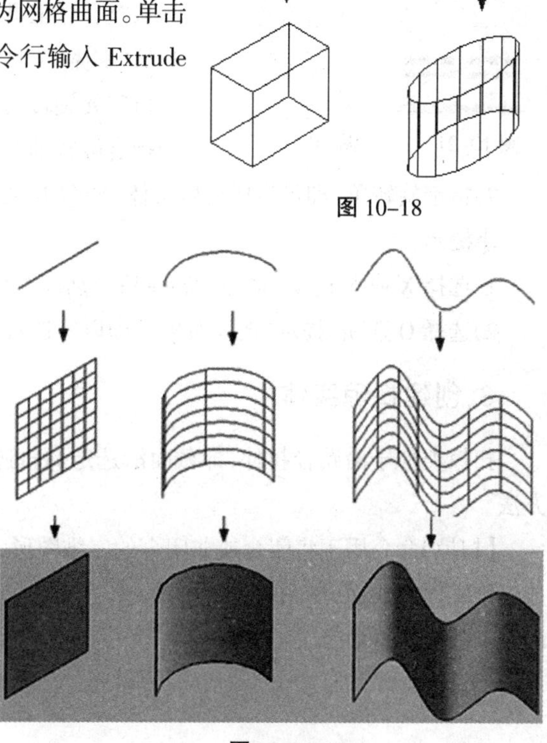

图 10-19

其范围是-90°~+90°。

3）不能拉伸相交或自交线段的多段线，多段线应包括至少 3 个顶点但不能多于 500 个顶点。

4）如果用直线或圆弧绘制拉伸用的二维对象,应先使用“面域”命令将他们转化成一条多段线。

5）指定拉伸的路径既不能与轮廓共面，也不能具有高曲率的区域。

2、创建旋转实体

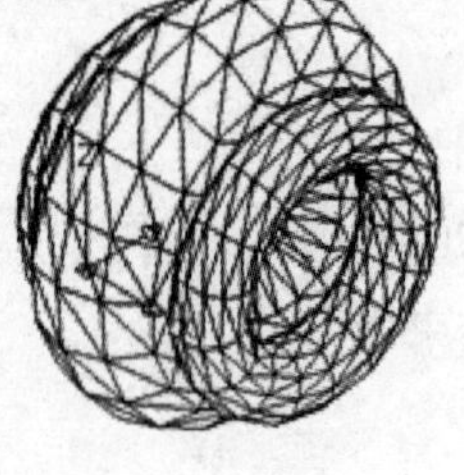

图 10-20

【旋转】命令用于将闭合的二维图形对象，绕坐标轴或选择的对象,旋转为三维实心体,此命令经常用于创建一些回转体结构的模型。单击【绘图】菜单中的【建模】/【旋转】命令,或在命令行输入 Revolve，都可执行命令。如图 10-20 所示。

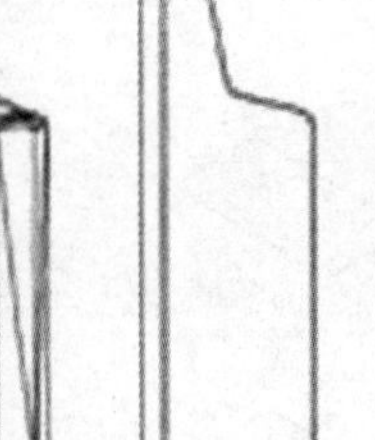

图 10-21　　图 10-22

例 9:绘制如图 10-21 所示的旋转实体

1)从“绘制”工具栏中单击“直线”按钮绘制二维图形，如图 10-22 所示。

2)从“绘制”工具栏中单击“面域”，使所绘制的二维图形形成一个整体。

3)从“绘制”工具栏中单击“直线”按钮绘制旋转轴。

4)从“实体”工具栏中单击“旋转”按钮。

5)指定要旋转的对象。

6)指定旋转轴的始点 a 和终点 b。

7)指定旋转角，即可生成旋转实体，如图 10-21 所示。

小提示：

1)选择 X 或 Y 选项，将是旋转对象分别绕 X 轴或 Y 轴旋转指定角度，形成旋转体。

2)选择 O 选项，提示“选择对象”，即以所选对象为旋转轴旋转指定角度，形成旋转体。

3、创建扫琼实体

扫掠类似于沿路径拉伸，即截面沿选定的轨迹运动，生成实体或曲面，进行几何造型的一种方法

【扫掠】命令用于将闭合或非闭合的二维图形，沿着开放或闭合的路径进行放样，从而扫掠生成三维实体或曲面，如图 10-23 所示。单击【绘图】菜单中的【建模】/【扫掠】命令，或在命令行输入 Sweep，都可执行命令。

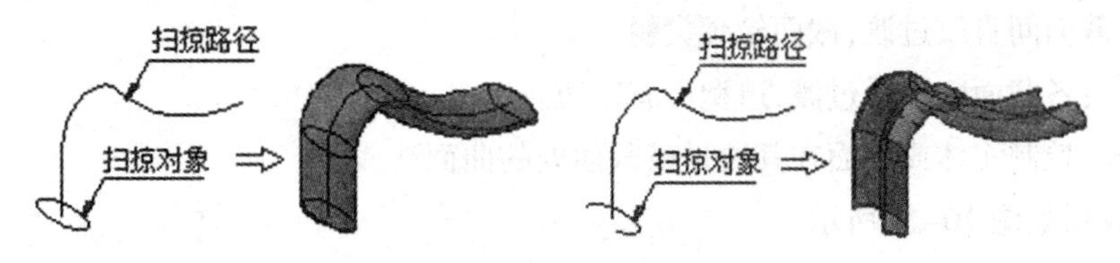

图 10-23

例 10:创建如图 10-24 所示扫掠实体。

命令: _sweep

当前线框密度: ISOLINES=15

选择要扫掠的对象: //选择另一小圆

选择要扫掠的对象: //结束选择

选择扫掠路径或 [对齐(A)/基点(B)/比例(S)/扭曲(T)]: //选择螺旋线,扫掠结果如右图所示。

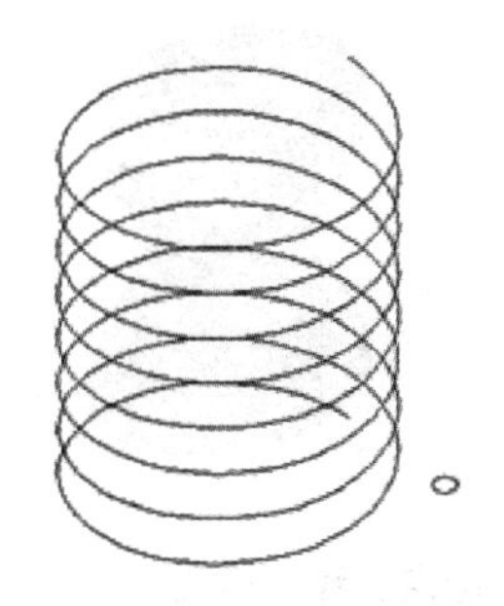

图 10-24

4、创建放样实体

放样是多个二维截面之间过渡，生成实体或曲面,完成几何造型的方法。如果放样的截面为封闭的二维几何图形,则其结果生成实体,如果截面为非封闭的二维几何图形,则放样结果生成曲面。

选择菜单"绘图/建模/放样";单击"建模工具条"上的放样按钮;输入"Loft"回车均可执行命令。

操作过程:

启动命令→按照放样的顺序依次选择多个二维截面,选择完毕后确认 →选择选项进行放样造型,分别是导向、路径、仅横截面 。

1)仅横截面 选择截面完成后直接回车或输入"C"回车,系统弹出放样设置对话框,如图 10-25 所示。

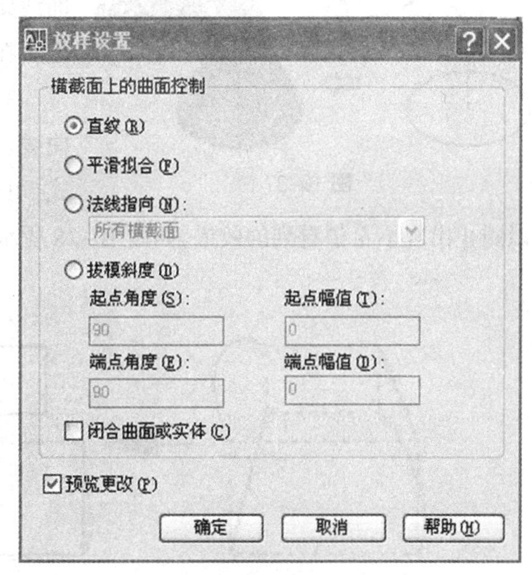

图 10-25

在对话框中可以控制横截面的曲面形状。

直纹:各截面间直纹过渡,截面轮廓尖锐。

平滑拟合:各截面间平滑过渡,造型没有锐边。

法线指向:控制实体或曲面在其通过横截面处的曲面法线 。

各选项效果如图 10–26 所示。

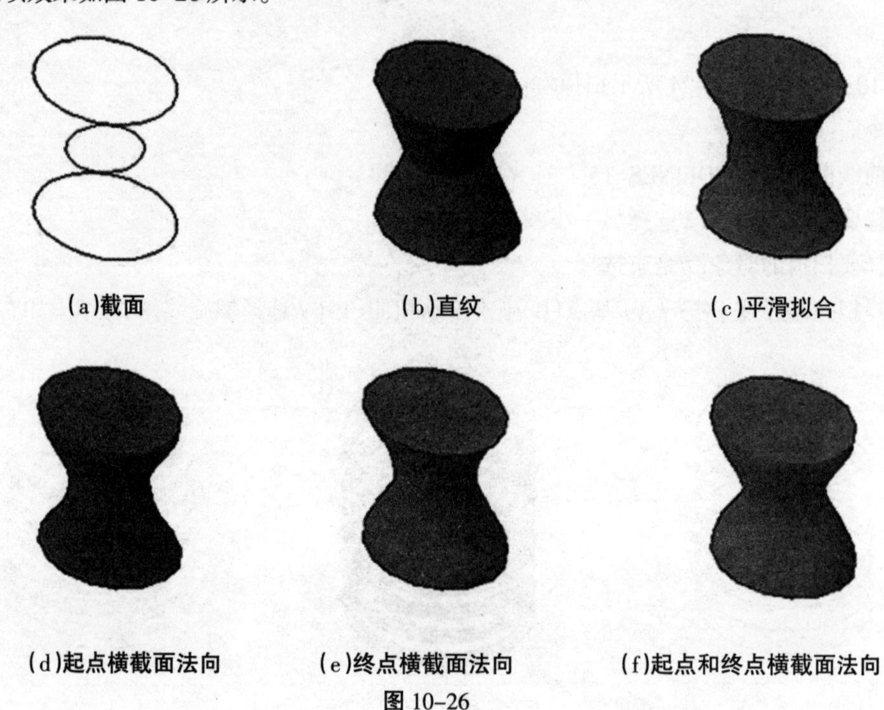

(a)截面　(b)直纹　(c)平滑拟合

(d)起点横截面法向　(e)终点横截面法向　(f)起点和终点横截面法向

图 10–26

2)路径　选择截面完成后输入“P”回车,拾取放样路径,以更好地控制放样实体或曲面的形状。建议路径曲线始于第一个横截面所在的平面,止于最后一个横截面所在的平面。如图 10–27 所示。

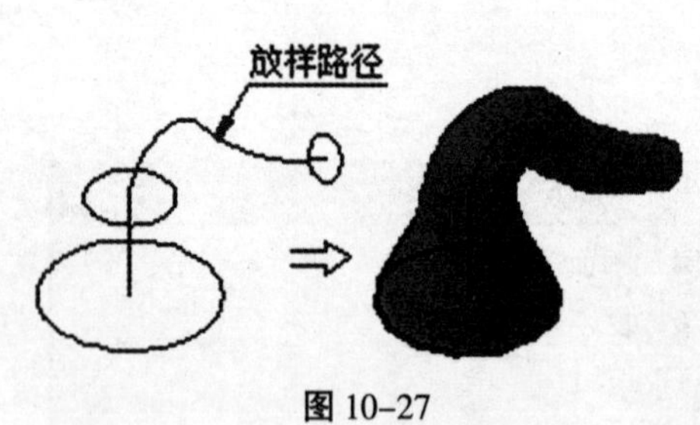

图 10–27

3)导向　选择截面完成后,输入“G”回车,选择导向曲线。导向曲线是控制放样实体或曲面形状的另一种方式。可以使用导向曲线来控制点如何匹配相应的横截面以防止出现不希望看到的效果,如图 10–28 所示。

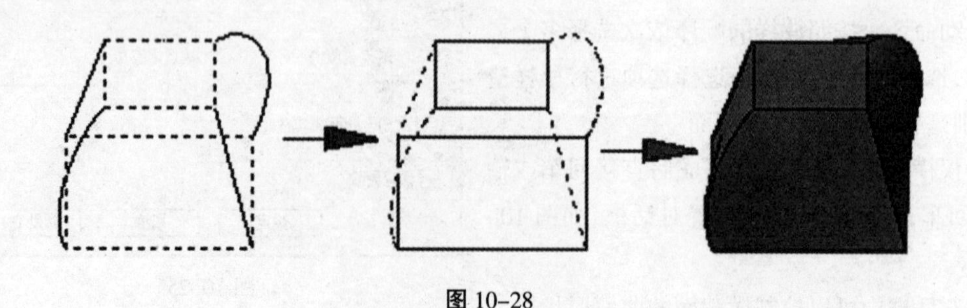

图 10–28

小提示：

可以为放样曲面或实体选择任意数目的导向曲线。每条导向曲线必须与每个截面相交，且起点位于第一个截面上，终点位于最后一个截面上。

5、创建并集实体

将两个或多个实体进行合并，生成一个组合实体，即并集运算。

【并集】命令用于将两个或两个以上的三维实体（或面域）组合成一个新的对象，如图 10–29 所示。单击菜单【修改】/【实体编辑】/【并集】命令，或在命令行输入 Union 或 UNI，都可以执行命令。

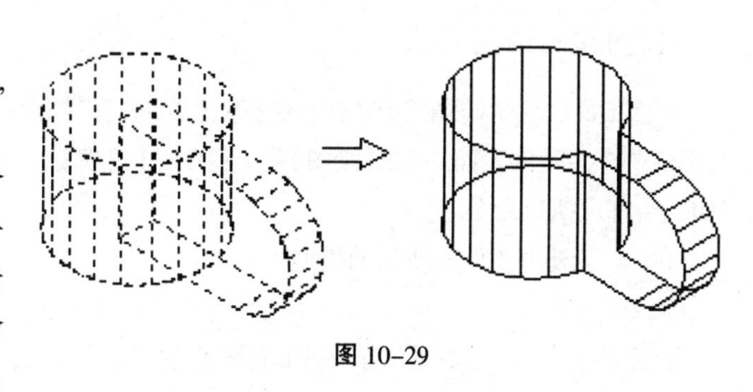

图 10–29

6、创建交集实体

将多个实体的相交部分提取出来，形成一个新的实体

【交集】命令用于将两个或两个以上的实体公有部分，提取出来形成一个新的实体，同时删除公共部分以外的部分，如图 10–30 所示。单击【修改】菜单中的【实体编辑】/【交集】命令，或在命令行输入 Intersect 或 IN，都可执行命令。

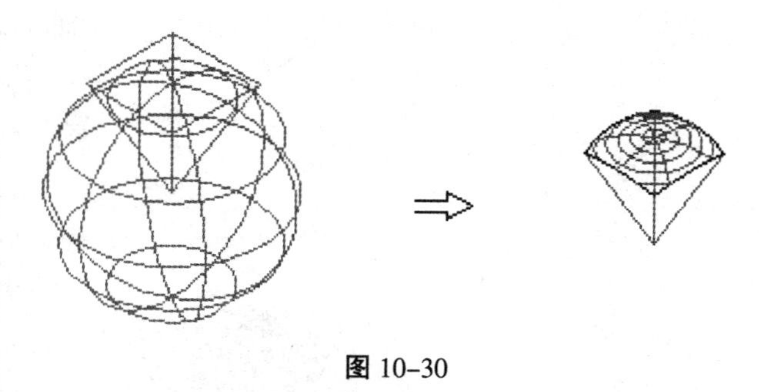

图 10–30

7、创建差集实体

将一些实体从另一些实体中排除，生成单一新实体的操作。

【差集】命令用于从一个实体中移去与其相交的实体，从而生成新的组合实体，如图 10–31 所示。单击【修改】菜单中的【实体编辑】/【差集】命令，或在命令行输入 Subtract 或 SU，都可以执行命令。

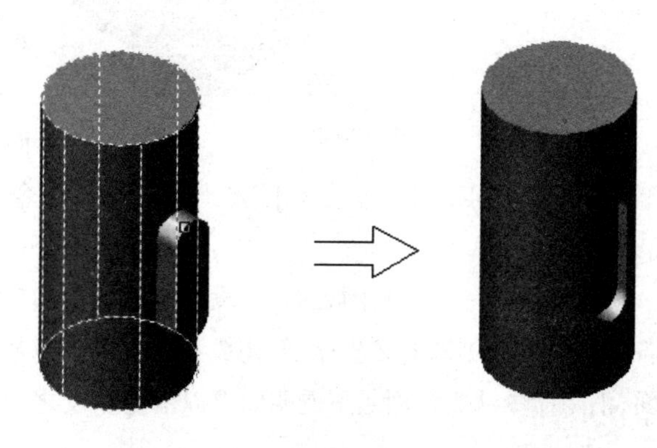

图 10–31

第三节 创建网格

1、创建三维面

【三维面】命令用于在三维空间的任意位置创建三侧面或四侧面，还可将这些表面连接在一起形成一个多边的表面。单击【绘图】菜单栏中的【建模】/【网格】/【三维面】命令，或在命令行输入3DFace，都可执行命令。

例 11：创建图 10-32 所示的模型

命令: _3dface

指定第一点或 [不可见(I)]: //捕捉右图所示的端点 4

指定第二点或 [不可见(I)]: //捕捉端点 1

指定第三点或 [不可见(I)] <退出>: //捕捉端点 2

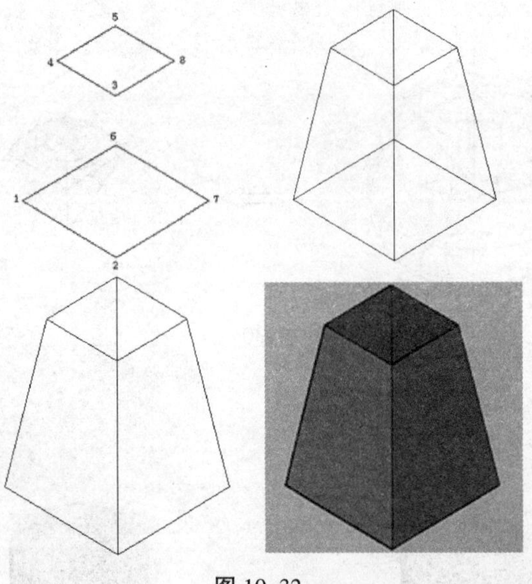

图 10-32

指定第四点或 [不可见(I)] <创建三侧面>: //捕捉端点 3

指定第三点或 [不可见(I)] <退出>: //捕捉端点 8

指定第四点或 [不可见 (I)] <创建三侧面>: //捕捉端点 7

指定第三点或 [不可见(I)] <退出>: //捕捉端点 6

指定第四点或 [不可见 (I)] <创建三侧面>: //捕捉端点 5

指定第三点或 [不可见(I)] <退出>: //捕捉端点 4

指定第四点或 [不可见 (I)] <创建三侧面>: //捕捉端点 1

指定第三点或 [不可见(I)] <退出>: //，结束命令，创建结果如图 10-32 所示。

小提示：

三维面是三维空间的表面，它没有厚度，也没有质量属性。由“三维面”命令创建的每个面的各顶点可以有不同的 Z 坐标，但构成各个面的顶点最多不能超过 4 个。如果构成面的 4 个顶点共面，消隐命令认为该面是不透明的可以消隐。反之，消隐命令对其无效。

2、绘制平面曲面

在 AutoCAD 2007 中，选择“绘图”|“建模”|“平面曲面”命令(PLANESURF)，可以创建平面曲

面或将对象转换为平面对象。

绘制平面曲面时,命令行显示如下提示信息。

指定第一个角点或 [对象(O)] <对象>:

在该提示信息下,如果直接指定点可绘制平面曲面,此时还需要在命令行的“指定其他角点:”提示信息下输入其他角点坐标。如果要将对象转换为平面曲面,可以选择“对象(O)”选项,然后在绘图窗口中选择对象即可。如图 10–33 所示。

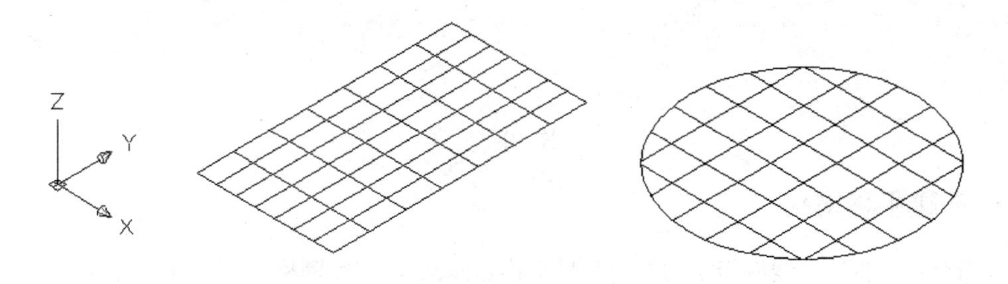

图 10–33

3、边

选择“绘图”/“建模”/“网格”/“边”命令(EDGE),可以修改三维面的边的可见性。如图 10–34 所示。

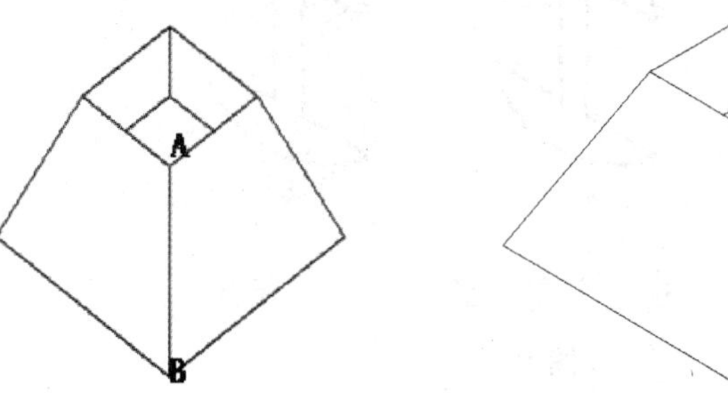

图 10–34

4、二维填充面

1)启动二维填充面的命令:选择菜单“绘图/建模/网格/二维填充”。

2)操作:二维填充通过指定平面上的点,点与点连接成曲面的边,系统自动将线框区域内部填充为面。

二维填充面可以作为拉伸实体的截面。

5、绘制三维网格

选择“绘图”|“建模”|“网格”|“三维网格”命令(3DMESH),可以根据指定的 M 行 N 列个顶点和每一顶点的位置生成三维空间多边形网格。M 和 N 的最小值为 2,表明定义多边形网格至少要

4 个点,其最大值为 256。如图 10–35 所示。

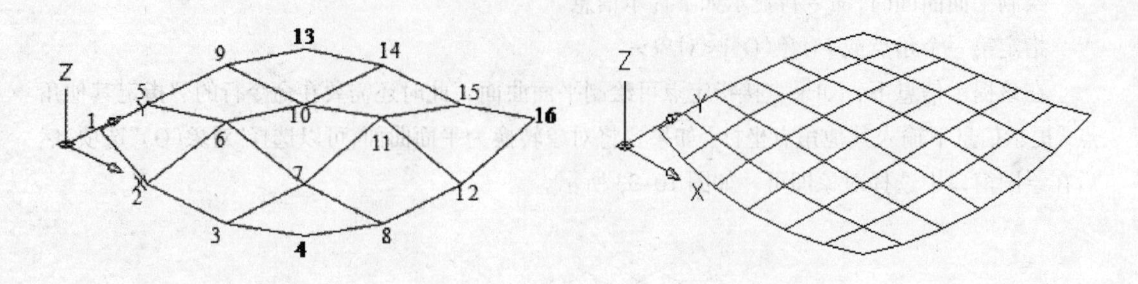

图 10–35

6、创建平移网格

此命令用于将轨迹线沿指定的方向矢量平移延伸,生成三维网格,如图 10–36 所示。其中,轨迹线可以是直线、圆(圆弧)、椭圆、样条曲线、多段线等;方向矢量可以是直线或非封闭的多段线,不能使用圆或圆弧来指定位伸的方向。单击【绘图】菜单栏中的【建模】/【网格】/【平移网格】命令,或在命令行输入 Tabsurf,都可执行命令。

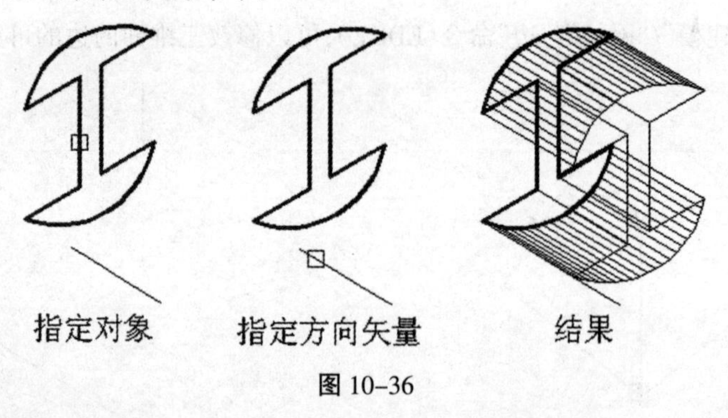

图 10–36

7、创建旋转网格

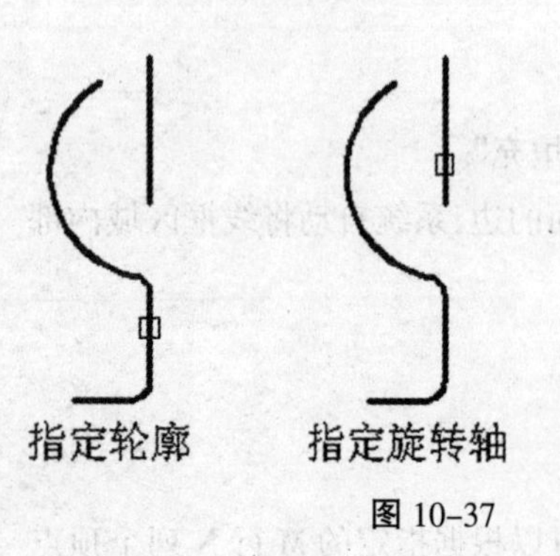

图 10–37

【旋转网格】命令用于将轨迹线绕指定的轴进行空间旋转,从而生成回转体空间网格,如图 10–37 所示。用于旋转的轨迹线可以是直线、圆、圆弧、样条曲线、二维或三维多段线,旋转轴则可以是直线或非封闭的多段线。单击【绘图】菜单栏中的【建模】/【网格】/【旋转网格】命令,或在命令行输入 Revsurf,都可执行命令。

8、创建直纹网格

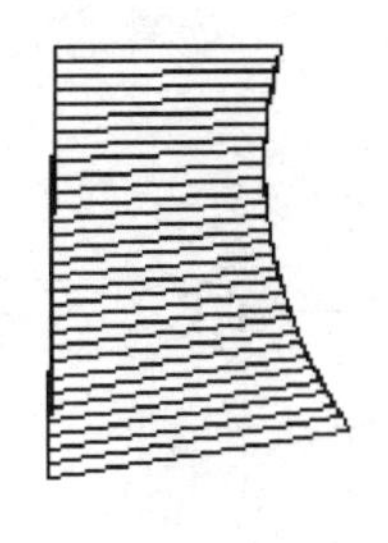
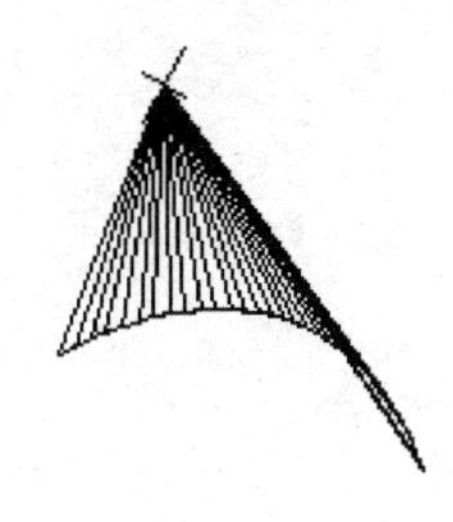

此命令主要用于在指定的两个对象之间生成的一个直纹曲面,所指定的两条边界可以是直线、样条曲线、多段线等,如果一条边界闭合的,那么另一条边界也必须是闭合的。单击【绘图】菜单栏中的【建模】/【网格】/【直纹网格】命令,或在命令行输入 Rulesurf,都可激活此命令。如图 10-38 所示。

图 10-38

小提示:

直纹曲面的两个对象可以不在同一平面。如果是两个线性对象,注意选择对象时的拾取位置。如图 10-39 所示的比较。

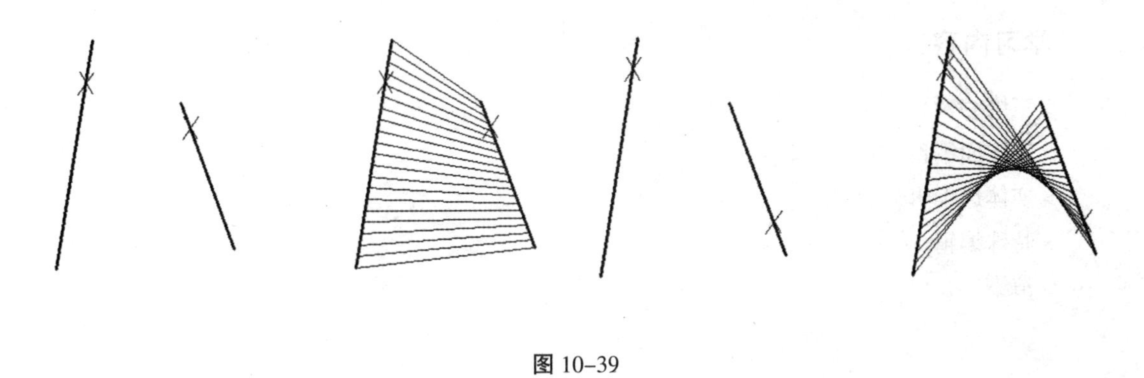

图 10-39

9、创建边界网格

此命令用于将四条首尾相连的空间直线或曲线作为边界,创建成的空间曲面模型。另外,四条边界必须首尾相连形成一个封闭图形。单击【绘图】菜单栏中的【建模】/【网格】/【边界网格】命令,或在命令行输入 Edgesurf,都可以激活该命令。启动命令后,依次先后拾取组成曲面的四个线性对象,如图 10-40 所示。

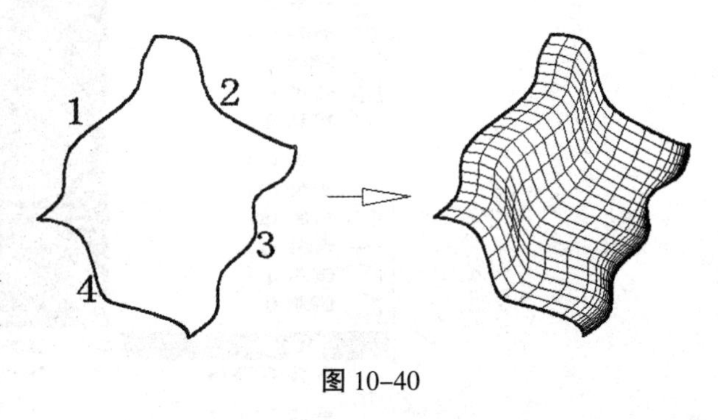

图 10-40

小结:

通过本章的学习,熟练掌握各种基本几何和复杂几何体的创建方法和创建技巧,了解和掌握三维面、网格等的创建方法和技巧,学会使用 AutoCAD 的三维建模功能,为后叙章节的学习打下坚实的基础。希望读者通过本章学习后,能够反复练习并达到举一反三的目的。

第十一章 三维编辑功能

学习目标:

通过本章的学习,应掌握立体模型的阵列、镜像、旋转、对齐、移动等基本操作技能;除此之外,还需要了解和掌握实体面、实体边的编辑、细化技能;掌握抽壳、压印、分割剖切等特殊编辑功能,学会使用基本编辑功能和实体面边编辑功能,去构建和完善结构复杂的三维物体。

学习内容:

> 三维编辑
> 实体面编辑
> 实体边编辑
> 特殊编辑
> 渲染

第一节 三维编辑

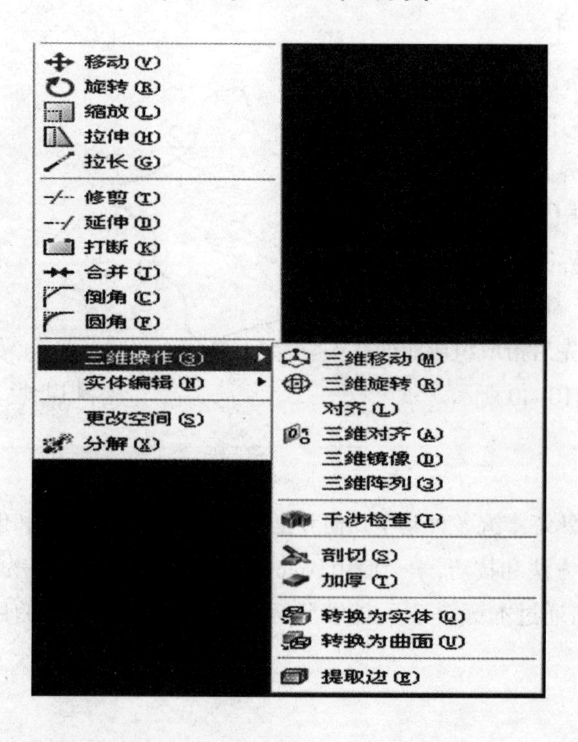

1、三维移动

【三维移动】命令主要用于选择的对象在三维操作空间内进行位移。单击【修改】菜单中的【三维操作】/【三维移动】命令，或在命令行输入 3dmove 或 3m，都可执行命令。

如创建图 11-1 所示的多段体。

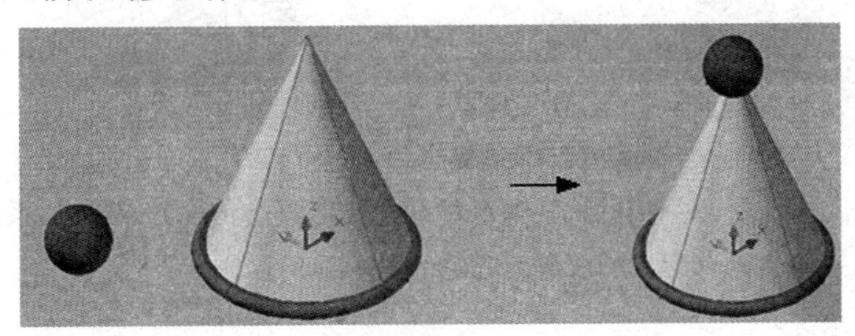

图 11-1

命令: _3dmove

选择对象: //选择球体

选择对象: //结束选择

指定基点或 [位移(D)] <位移>: //捕捉球心

指定第二个点或 <使用第一个点作为位移>: //0,0,120，移动结果如图 11-1 所示

2、三维旋转

【三维旋转】命令用于在三维视图中显示旋转夹点工具并围绕基点旋转对象。单击【修改】菜单中的【三维操作】/【三维旋转】命令，或在命令行输入 3drotate ，都可执行命令。

如图 11-2 所示。

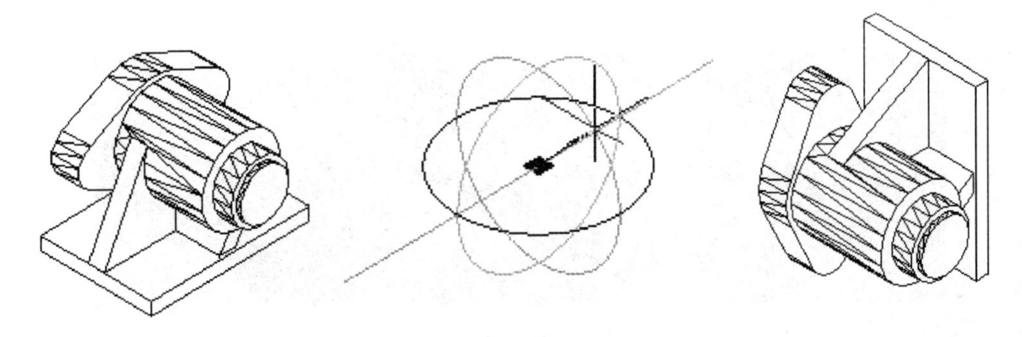

图 11-2

3、对齐

选择"修改"|"三维操作"|"对齐"命(ALIGN)，可以对齐对象。首先选择源对象，在命令行"指定基点或 [复制(C)]:"提示下输入第 1 个点，在命令行"指定第二个点或 [继续(C)] <C>:"提示下输入第 2 个点，在命令行"指定第三个点或 [继续(C)] <C>:"提示下输入第 3 个点，在目标对象同

样需要确定 3 对点，与源对象对点对应 。如图 11-3 所示。

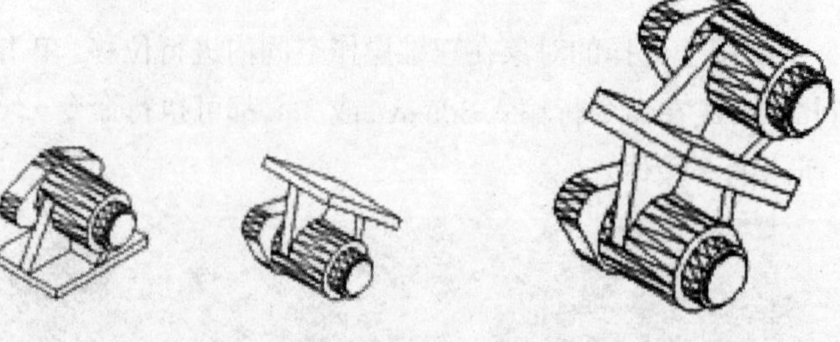

图 11-3

不过此命令需要指定三对对齐点，其中每对对齐点由源点和目标点组成，系统将源点所在的对象移到目标点，并与目标点所在的对象对齐，如图 11-4 所示。

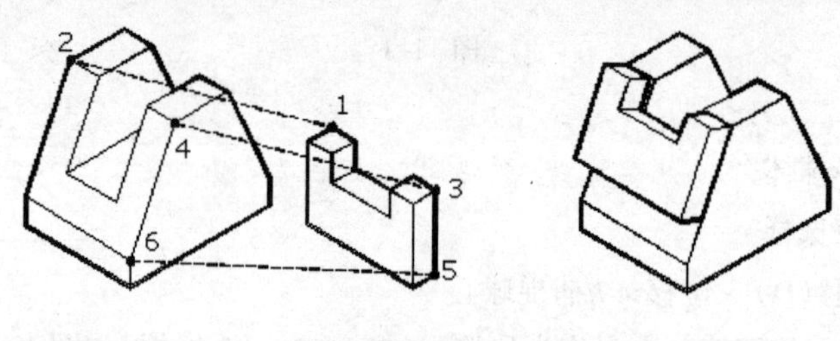

图 11-4

4、三维对齐

【三维对齐】命令主要以定位源平面和目标平面的形式，将两个三维对象在三维操作空间中进行对齐。单击【修改】菜单中的【三维操作】/【三维对齐】命令，或在命令行输入 3dalign，都可以激活此命令。如图 11-5 所示。

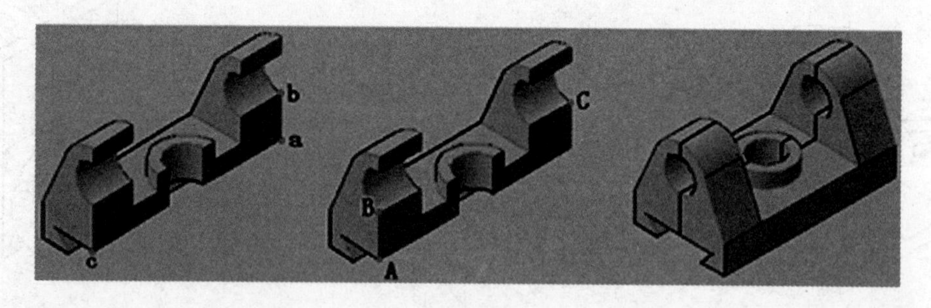

图 11-5

5、三维镜像

【三维镜像】命令用于将选择的三维模型，在三维空间中按照指定的对称面进行镜像复制。单击【修改】菜单中的【三维操作】/【三维镜像】命令，或在命令行输入 Mirror3D，都可以激活此命令。如图 11-6 所示。镜像面可以通过 3 点确定，也可以是对象、最近定义的面、Z 轴、视图、XY 平面、YZ 平面和 ZX 平面 。

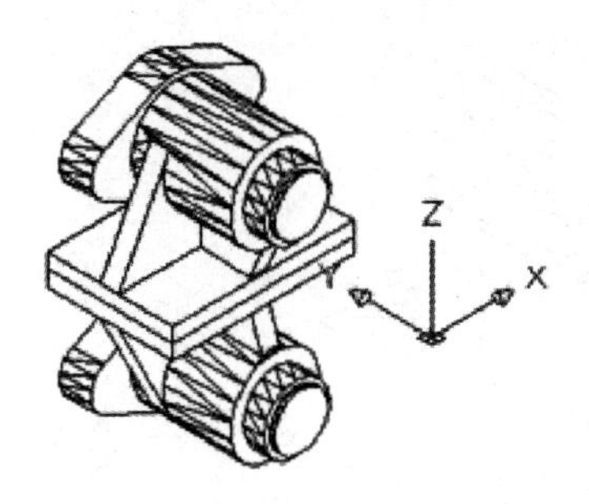

图 11-6

6、三维阵列

【三维阵列】命令用于将三维物体按照环形或矩形的方式，在三维空间中进行规则的多重复制。单击菜单【修改】/【三维操作】/【三维阵列】命令，或在命令行输入 3Darray ，都可以激活此命令。

1）矩形阵列

在命令行的“输入阵列类型 [矩形(R)/环形(P)] <矩形>:”提示下，选择“矩形”选项或者直接回车，可以以矩形阵列方式复制对象，此时需要依次指定阵列的行数、列数、阵列的层数、行间距、列间距及层间距。其中，矩形阵列的行、列、层分别沿着当前 UCS 的 X 轴、Y 轴和 Z 轴的方向；输入某方向的间距值为正值时，表示将沿相应坐标轴的正方向阵列，否则沿反方向阵列。 如图 11-7 所示。

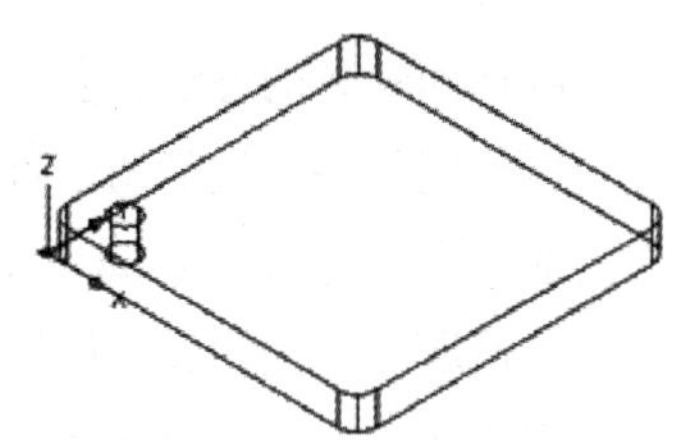

图 11-7

2）环形阵列

在命令行的“输入阵列类型 [矩形(R)/环形(P)] <矩形>: ”提示下，选择“环形(R)”选项，可以以环形阵列方式复制对象，此时需要输入阵列的项目个数，并指定环形阵列的填充角度，确认是否要进行自身旋转，然后指定阵列的中心点及旋转轴上的另一点，确定旋转轴。 如图 11-8 所示。

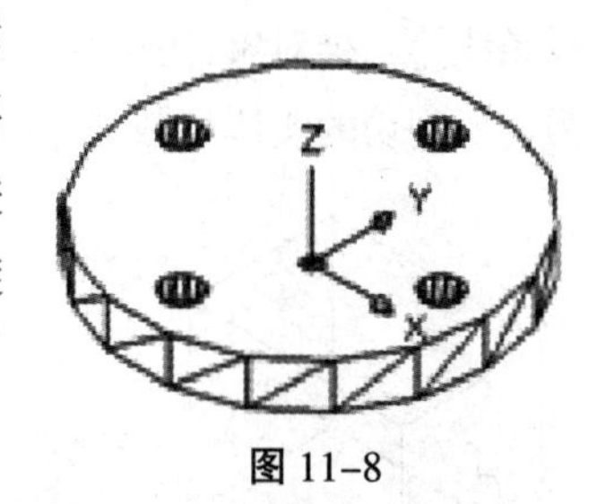

图 11-8

7、干涉检查

两个相互干涉的实体能通过干涉命令，将实体的干涉部分提取出来，从而生成新的实体，干涉命令类似于交集，干涉与交集的区别在于，干涉创建实体后，原始的对象还存在，而交集只将相交的部分生成实体，原始对象将不复存在。除了通过干涉命令创建干涉实体外，另一作用就是检

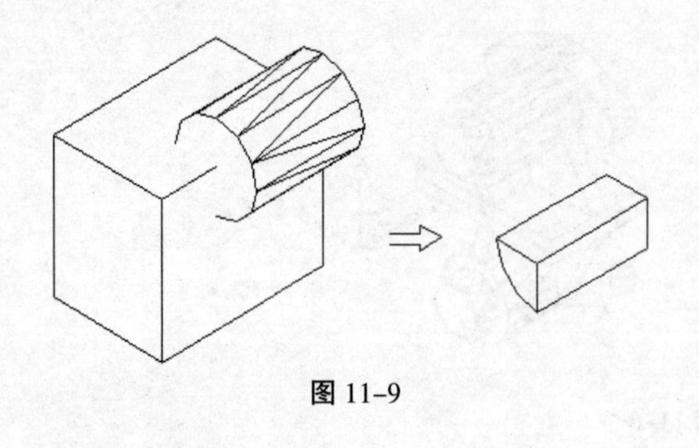
图 11-9

查两个或两个以上实体之间是否存在干涉，特别是在进行复杂装配时，干涉检查犹为必要

启动命令 选择菜单“修改/三维操作/干涉检查”

操作 启动命令后，先后选择创建干涉的两个对象，每选择完毕需回车确认。命令行提示是否创建干涉实体，输入“Y”回车，即可创建干涉实体。再用“Move”命令将干涉实体移开，如图 11-9 所示。

8、刨切

剖切命令是实现将现有的实体用给定的平面对象切割得到新实体的方法。

启动命令

(1)选择菜单“修改/三维操作/剖切”；

(2)输入“SL”回车。

操作：启动命令→选择剖切对象→确定剖切方式，定义剖切面→选择剖切后保留侧。

选择剖切后保留侧：在要保留的一侧单击左键，如果需要保留两侧，则输入“B”回车。

定义剖切面的方法 ：

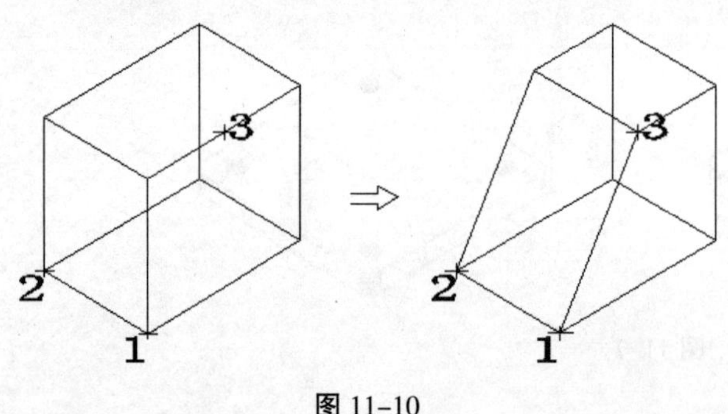

图 11-10

1)三点法 三点法是 AutoCAD 定义剖切面缺省的方法，实体沿给定的三点所确定的平面被剖切。直接在屏幕上拾取三点或输入三点的坐标值。图 11-10 是拾取三点剖切长方体保留剖切平面下面所在一侧的示意图。

2）对象法 对象法是通过选定圆、圆弧、椭圆、椭圆弧、二维多段线或二维样条线等二维对象，用这些二维对象所确定的平面作为剖切面剖切实体。二维对象所确定的平面需与所剖切的实体相截交才能剖切成功。

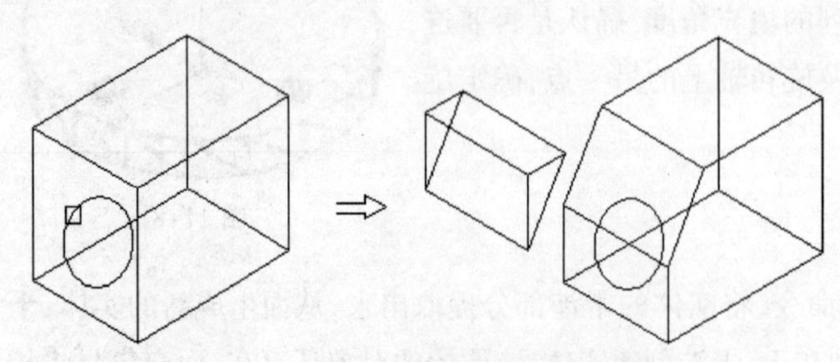
图 11-11 选定圆为剖切对象确定剖切面

启动剖切命令选择对象完成后，根据命令行提示，输入“O”回车，选择用来确定剖切平面的对象。

3)Z 轴法 输入“Z”回车，先后在屏幕上拾取两点，剖切实体的平面通过第一点，且与第一点和第二点的连线垂直。此处的 Z 轴并不等同于当前坐标系的 Z 轴，而是指剖切平面的法向方向。

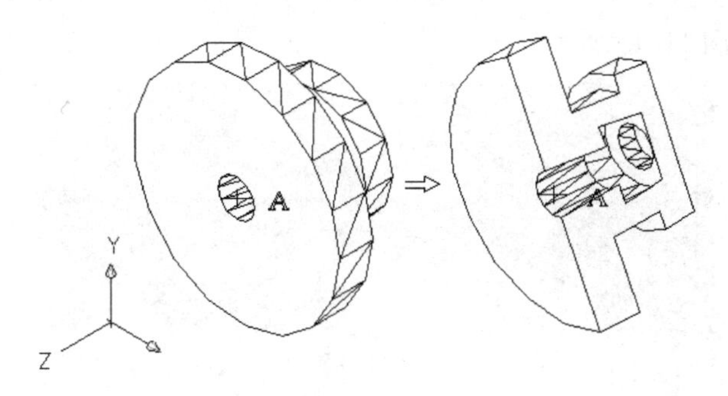

图 11-12 法向法确定剖切平面

4）视图法　定义剖切平面与当前视图平面平行。输入"V"回车，命令行提示指定当前视图平面上的点，即剖切平面通过的点。从屏幕上拾取一点，剖切平面通过该点且与当前视图平面平行。

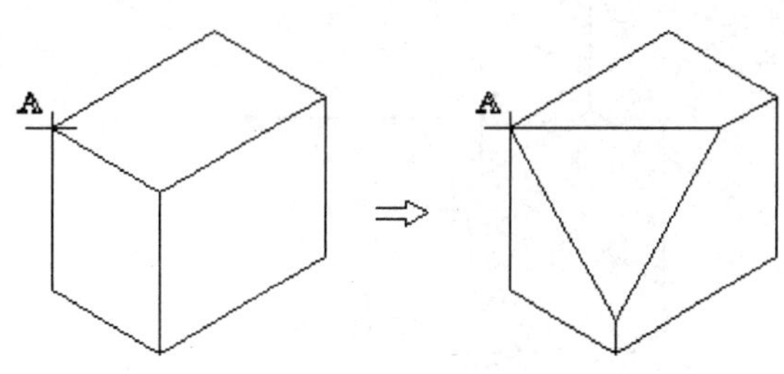

图 11-13 视图法剖切

5）当前坐标平面法　剖切平面与当前坐标系的某一坐标平面平行，输入"XY"、"XZ"或"YZ"回车，分别定义剖切平面与 XY 平面、XZ 平面或 YZ 平面平行。从屏幕上指定一点，剖切平面通过该点。

9、加厚

选择"修改"|"三维操作"|"加厚"命令（THICKEN），可以为曲面添加厚度，使其成为一个实体。 如图 11-14 所示

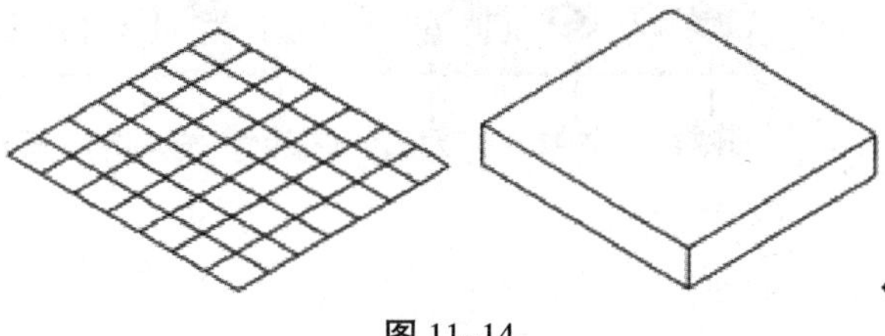

图 11-14

小提示：

加厚的对象仅限于平面曲、拉伸、旋转、扫掠、放样等命令所产生的曲面，不能加厚网格曲面。

10、转化为实体 \ 曲面

在 AutoCAD 中，选择"修改"|"三维操作"|"转化为实体"和"转化为曲面"命令，可以实现实体和曲面之间的互相转化。

可以运用 Convtosolid 命令转化的有以下列举的对象：

①具有厚度的统一宽度多段线；

②闭合的、具有厚度的零宽度多段线；

③具有厚度的圆、椭圆、矩形、正多边形等。

11、圆角 \ 倒角

选择"修改"|"倒角"命令（CHAMFER），可以对实体的棱边修倒角，从而在两相邻曲面间生成

一个平坦的过渡面。图 11–15 所示。

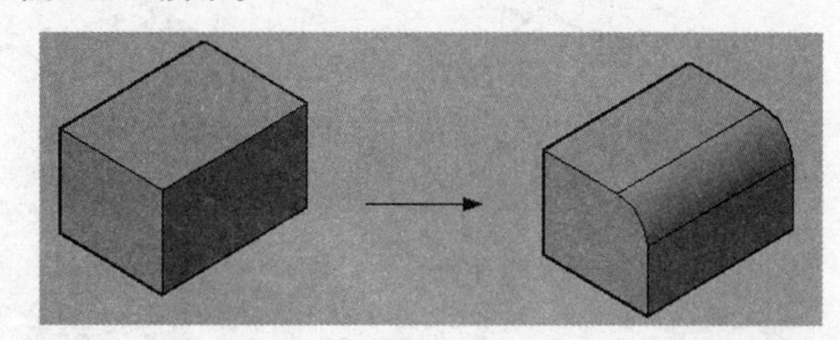

图 11–15

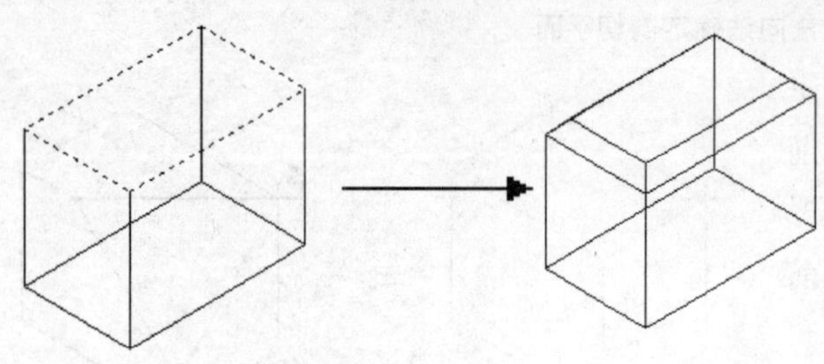

图 11–16

选择"修改"|"圆角"命令(FILLET),可以为实体的棱边修圆角,从而在两个相邻面间生成一个圆滑过渡的曲面。在为几条交于同一个点的棱边修圆角时,如果圆角半径相同,则会在该公共点上生成球面的一部分。 图 11–16 所示。

实体编辑包括实体上的面、边和体的操作。实体编辑工具条如图 11–17 所示。

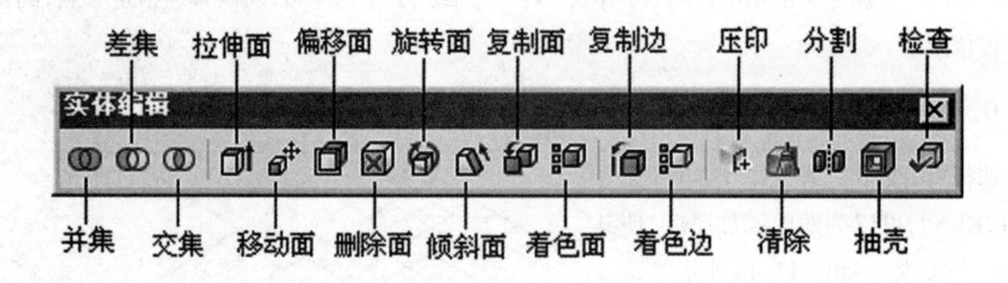

图 11–17

第二节 实体面编辑

1、拉伸面

将选定的面沿其法向方向拉伸,改变实体的形状。可以拉伸单一平面,也可以拉伸多个面。可以确定拉伸高度值,也可以沿路径拉伸。

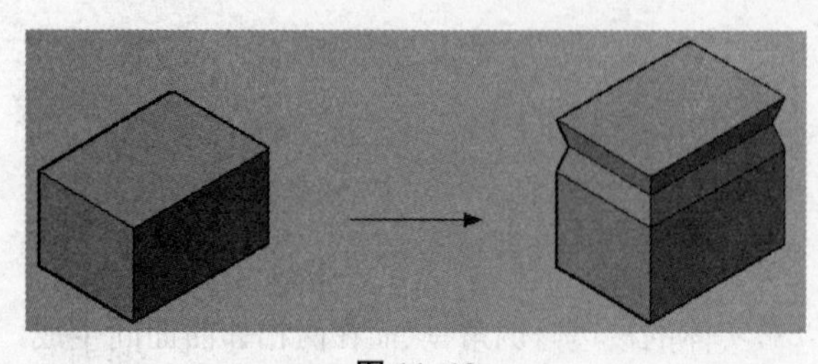

图 11–18

【拉伸面】命令主要用于对实心体的表面进行编辑, 将实体面按照指定的高度或路径进行拉伸,以创建出新的新体。单击【修改】菜单上的【实体编辑】/【拉伸面】命令,或在命令行输入 Solidedit,都可执行命令。

1）高度拉伸

此种方式是将实体的表面沿着输入的高度和倾斜角度拉伸。当指定拉伸的高度以后，AutoCAD会提示面的倾斜角度，如果输入的角度值为正值时，实体面将实体的内部倾斜（锥化）；如果角度为负，实体面将向实体的外部倾斜，如图11-18所示。

2）路径拉伸

此种方式是将实体表面沿着指定的路径拉伸，路径可以是直线、圆弧、多段线或二维样条曲线等，如图11-19所示。

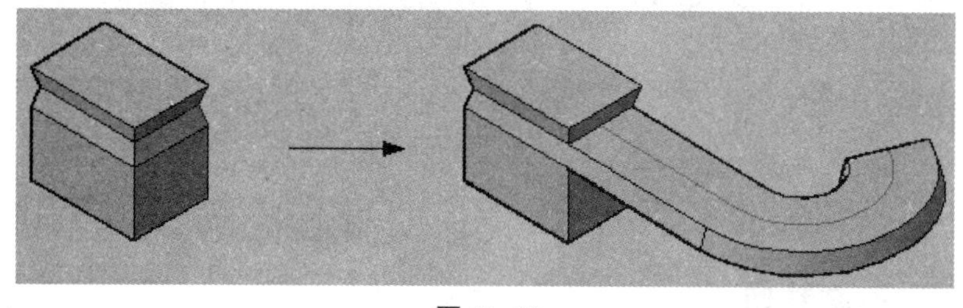

图 11-19

2、移动面

可以移动单一平面或实体的所有表面，移动单一平面的结果与拉伸平面相同。

此命令通过移动实体的表面，进行修改实体的尺寸或改变孔或槽的位置等，如图11-20所示。单击【修改】菜单上的【实体编辑】/【移动面】命令，或在命令行输入Solidedit，都可执行命令。

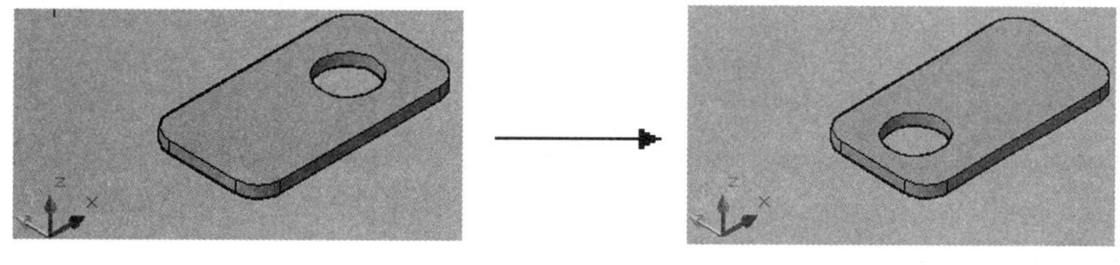

图 11-20

3、偏移面

可将选定的实体表面沿其法向方向偏移，从而产生新的表面，改变实体。

此命令主要通过偏移实体的表面来改变实体及孔、槽等特征的大小，如图11-21所示。单击【修改】菜单上的【实体编辑】/【偏移面】命令，或在命令行输入Solidedit，都可执行命令。

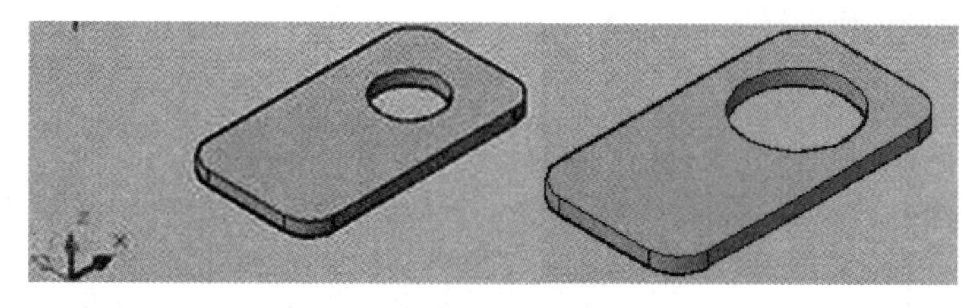

图 11-21

小提示：

偏移距离可以为正值，也可以为负。偏移距离为正时，实体表面面向实体外偏移，实体增大，当偏移距离为负时，实体表面向实体内偏移，实体变小。

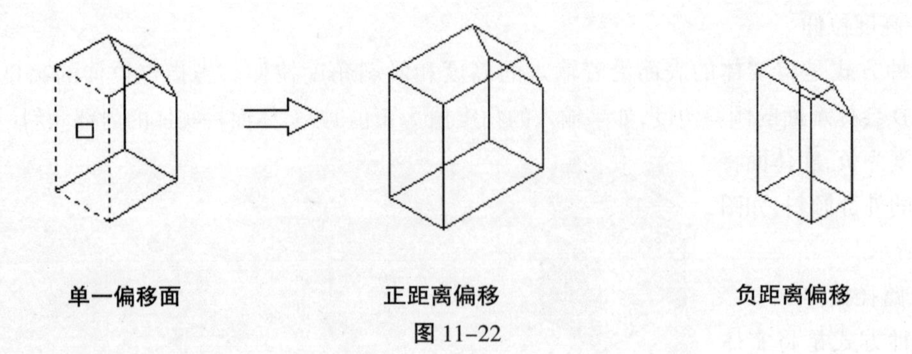

图 11–22

4、旋转面

将选定的实体表面沿选定的对象旋转一定角度,从而改变实体形状。

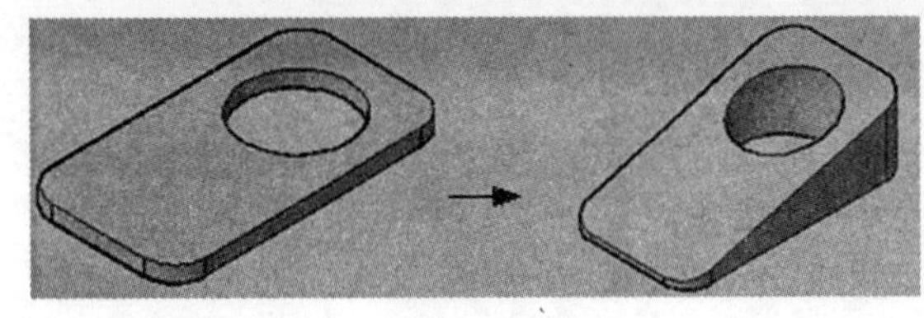

图 11–23

此命令主要通过偏移实体的表面来改变实体及孔、槽等特征的大小，如图 11–23 所示。单击【修改】菜单上的【实体编辑】/【偏移面】命令，或在命令行输入 Solidedit,都可执行命令。

旋转方式:

①对象法 输入“A”回车,选择对象,将旋转轴与所选择的对象对齐。对象可以是下列对象。

直线:将旋转轴与选定直线对齐

圆:将旋转轴与圆的三维轴对齐(此轴垂直于圆所在的平面且通过圆心)。

圆弧:将旋转轴与圆弧的三维轴对齐(此轴垂直于圆弧所在的平面且通过圆弧圆心)。

椭圆:将旋转轴与椭圆的三维轴对齐(此轴垂直于椭圆所在的平面且通过椭圆中心)。

此外,对象还可以是二维多段线,三维多段线,样条线等。

②视图 输入“V”回车,将旋转轴与当前通过选定点的视口的观察方向对齐。

③坐标轴法 输入“X”或“Y”或“Z”,选定的旋转对象的旋转轴将穿过选的点且与相应的坐标轴平行。

④两点法 确定旋转轴线是 CAD 系统提供的缺省方法,指定两点,两点确定的直线就是旋转轴线,可以拾取两点或以坐标确定。

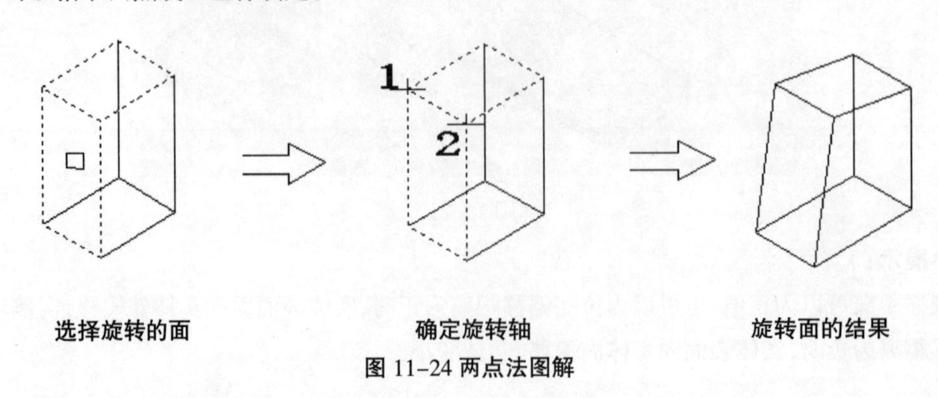

图 11–24 两点法图解

5、倾斜面

将选定的面沿轴向方向倾斜一定角度，改变实体形状，可以用作实体拔模作用。

此命令主要用于通过倾斜实体的表面，使实体表面产生一定的锥度，如图 11-25 所示。单击【修改】菜单上的【实体编辑】/【倾斜面】命令，或在命令行输入 Solidedit，都可执行命令。

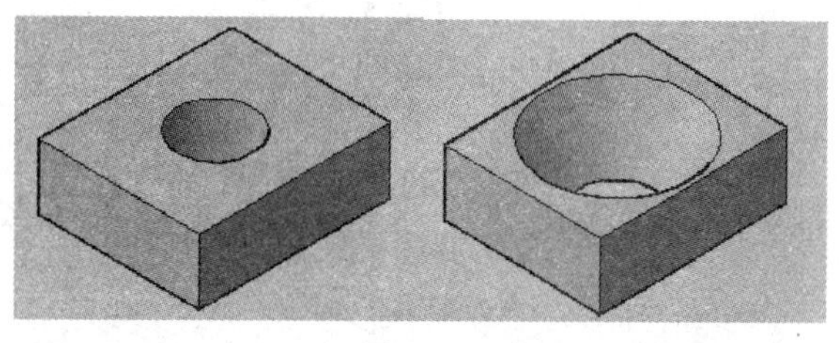

图 11-25

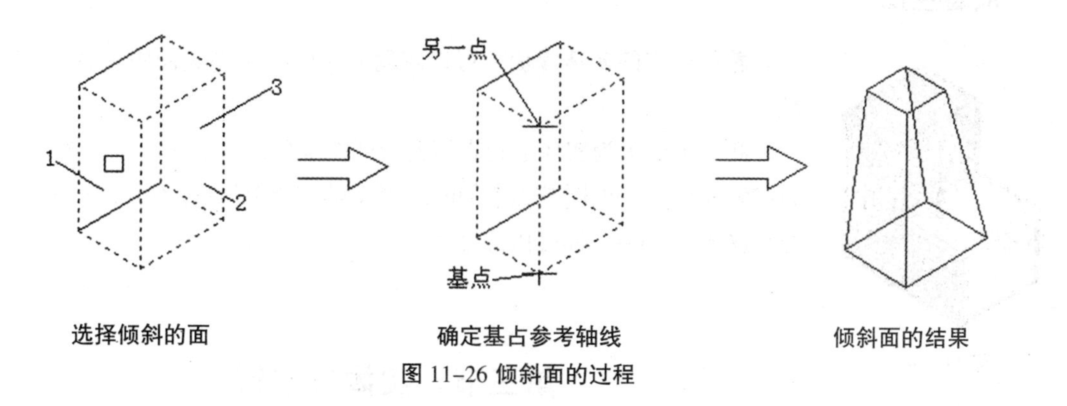

图 11-26 倾斜面的过程

6、删除面

此命令主要用于在实体表面上删除某些特征面，如倒圆角和倒斜角时形成的面，如图 11-27 所示。单击【修改】菜单中的【实体编辑】/【删除面】命令，或在命令行输入 Solidedit，都可执行命令。

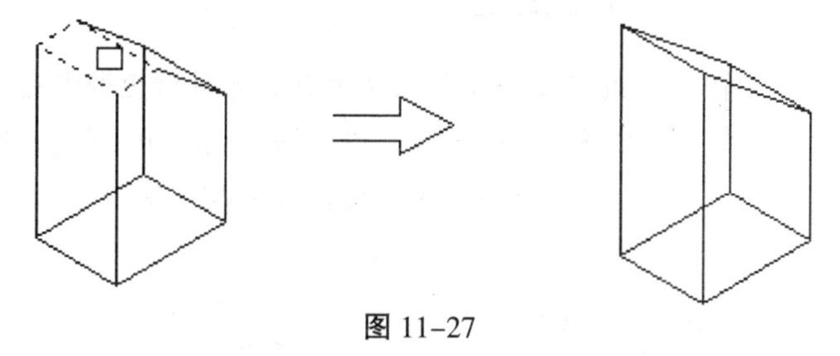

图 11-27

小提示：

删除面是有条件的，如果选择如下图所示的类似面，将不能执行命令。命令行提示“不可填充的距离”。删除的条件是：被删除面至少有相对的两邻面延伸后需能相交。

7、复制面

复制面命令可以提取选定的实体表面，得到新的表面。

此命令主要用于将实体的表面复制成新的图形对象，所复制出的新对象是面域或体，如图 11-28 所示。单击【修改】菜单中的【实体编辑】/【复制面】命令，或在命令行输入 Solidedit。都可执行命令。

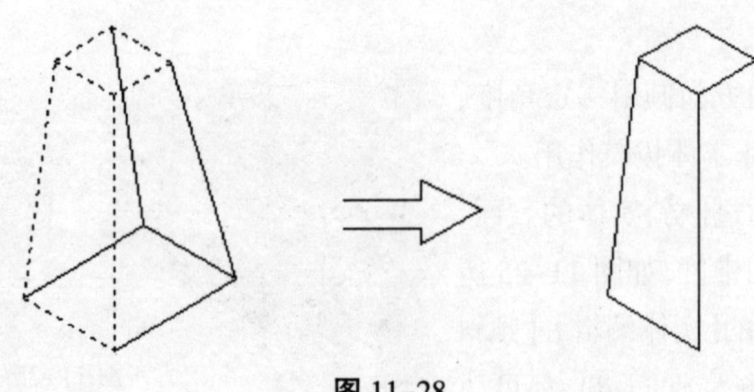

图 11-28

8、着色面

图 11-29

着色选定的实体表面，可以将同一实体的不同表面附着各自的颜色。

此命令用于为实体上的表面进行更换颜色，以增强着色的效果，如 11-29 图所示。单击【修改】菜单中的【实体编辑】/【着色面】命令，或在命令行输入 Solidedit，都可执行命令。

第三节 实体边编辑

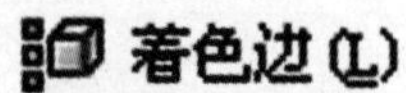

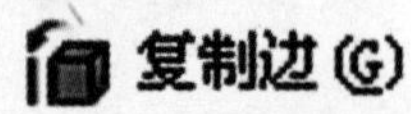

图 11-30

1、压印边

此命令用于为实体上的表面进行更换颜色，以增强着色的效果，如图 11-30 所示。单击【修改】菜单中的【实体编辑】/【着色面】命令，或在命令行输入 Solidedit，都可执行命令。

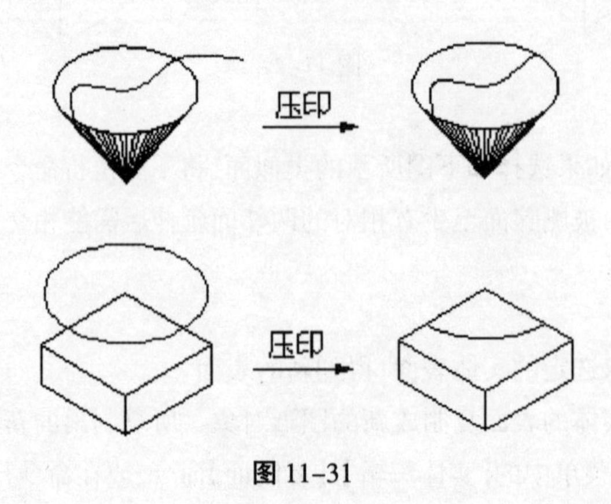

图 11-31

2、着色边

此命令用于为三维实体的棱边进行着色，如图 11-32 所示。单击【修改】菜单中上的【实体编辑】/【着色边】命令，或在命令行输入 Solidedit，都可执行命令。

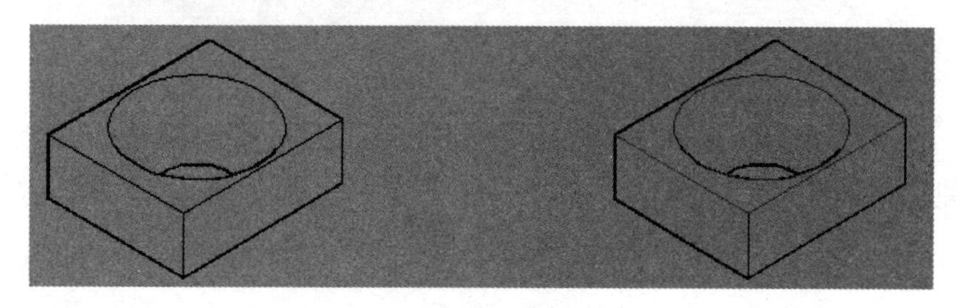

图 11-32

3、复制边

此命令主要用于复制实心体的边棱，如图 11-33 所示。单击【修改】菜单中上的【实体编辑】/【复制边】命令，或在命令行输入 Solidedit，都可执行命令。

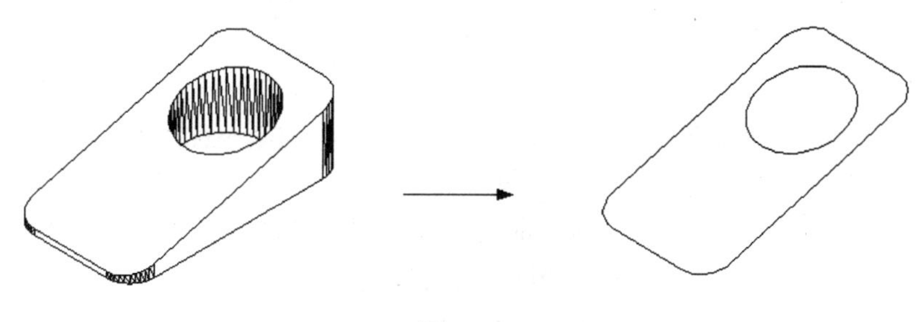

图 11-33

第四节　特殊编辑

1、抽壳

抽壳是用指定的厚度创建一个空的薄层。

此命令用于将实心体模型按照指定的厚度创建为空心薄壳体，或将实体的某些面删除，以形成薄壳体的开口，如图 11-35 所示。单击【修改】菜单中的【实体编辑】/【抽壳】命令，或在命令行输入 Solidedit，都可执行命令。

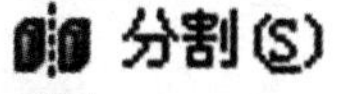

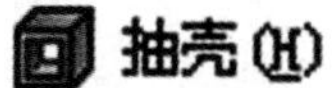

图 11-34

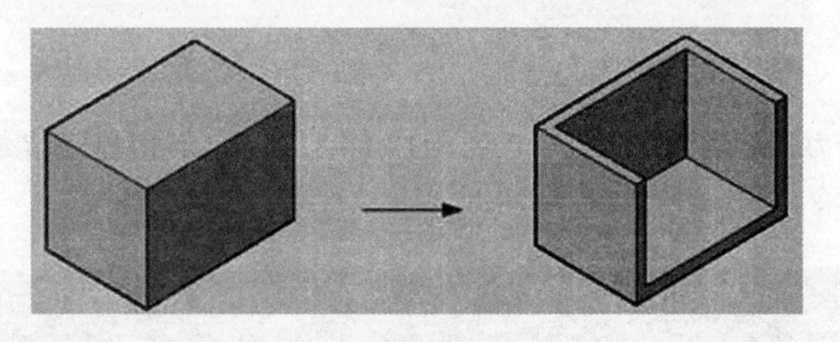

图 11-35

2、分割

分割命令可以将具有多个独立体积块的三维实体分解为多个三维实体，分解条件是各体积块不相连，即不能分解单一体积块的实体对象。

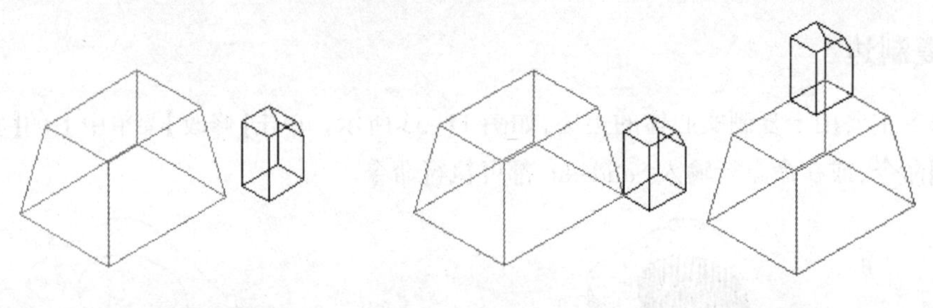

图 11-36

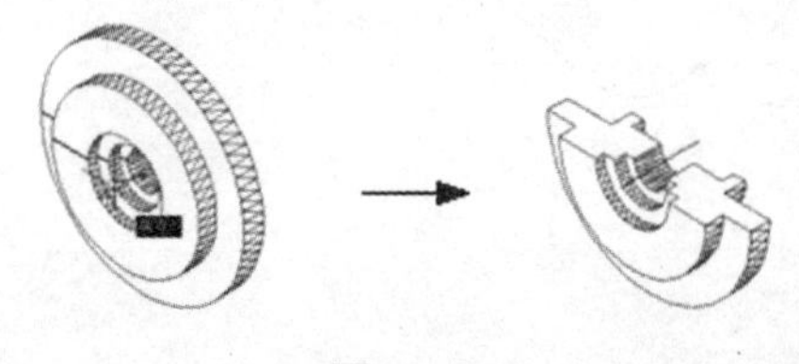

图 11-37

此命令用于切开现有实体，然后移去不需要的部分，保留指定的部分，如图 11-37 所示。单击【修改】中的菜单【实体编辑】/【分割】命令，或在命令行输入 Slice，都可执行命令。

3、清除

删除共享边以及那些在边或顶点具有相同表面或曲线定义的顶点。删除所有多余的边和顶点、压印的以及不使用的几何图形。

单击【修改】中的菜单【实体编辑】/【清除】命令，或在命令行输入 Slice，都可执行命令。如图 11-38 所示。

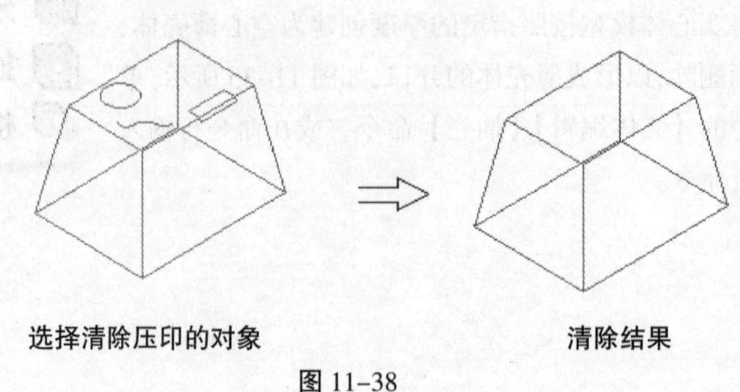

图 11-38

4、检查

可以检查对象是否是有效的 ShapeManager 实体。AutoCAD 在执行实体编辑命令前,会自动地检查所选对象。

单击【修改】中的菜单【实体编辑】/【检查】命令,或在命令行输入 Slice,都可执行命令。如果所选对象是有效的实体,系统提示:此对象是有效的 ShapeManager 实体。如果所选不是有效的实体,系统提示:必须选择三维实体。

5、提取边

此命令用于从三维实体或曲面中提取棱边,以创建相应结构的线框,如图 11-39 所示。单击【修改】菜单中的【三维操作】/【提取边】命令,或在命令行输入 Xedges,都可执行命令。

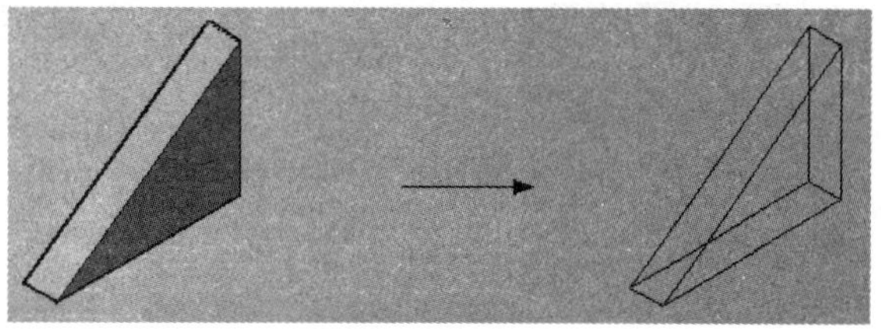

图 11-39

第五节 渲染

AutoCAD 为用户提供了简单的三维渲染功能,单击【视图】菜单中的【渲染】/【渲染】命令,或单击【渲染】工具栏上的按钮,即可激活此命令,AutoCAD 将安当前设置,对视口内的三维模型进行渲染,并会以独立的窗口进行显示渲染的效果,如图 11-40 所示。

图 11-40

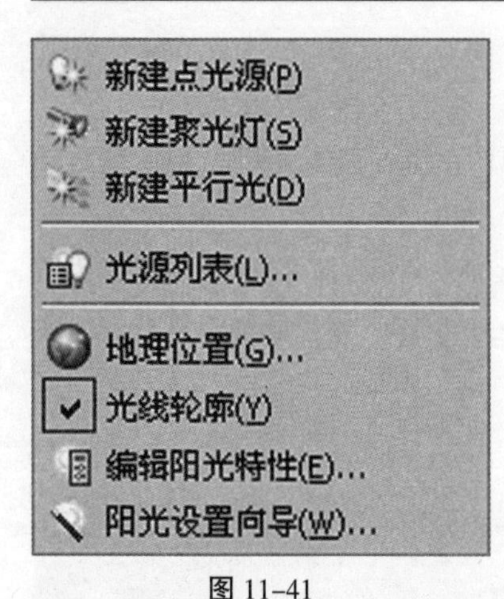

图 11-41

1、设置光源

在渲染过程中，光源的应用非常重要，它由强度和颜色两个因素决定。在 AutoCAD 中，不仅可以使用自然光（环境光），也可以使用点光源、平行光源及聚光灯光源，以照亮物体的特殊区域。

在 AutoCAD 2007 中，选择“视图”|“渲染”|“光源”命令中的子命令，可以创建和管理光源。如图 11-41 所示

2、设置渲染材质

在渲染对象时，使用材质可以增强模型的真实感。在 AutoCAD 2007 中，选择“视图”|“渲染”|“材质”命令，打开“材质”选项板，可以为对象选择并附加材质。如图 11-42 所示。

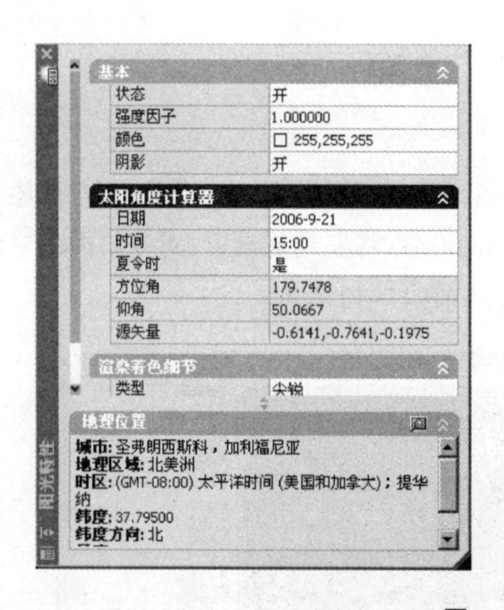

图11-42

3、设置贴图

平面贴图(P)
长方体贴图(B)
柱面贴图(C)
球面贴图(S)

图 11-43

在渲染图形时，可以将材质映射到对象上，称为贴图。选择“视图”|“渲染”|“贴图”命令的子命令，可以创建平面贴图、长方体贴图、柱面贴图和球面贴图。如图 11-43

4、渲染环境

在渲染图形时，可以添加雾化效果。选择“视图”|“渲染”|“渲染环境”命令，打开“渲染环境”对话框。在该对话框中可以进行雾化设置。如图 11-44 所示

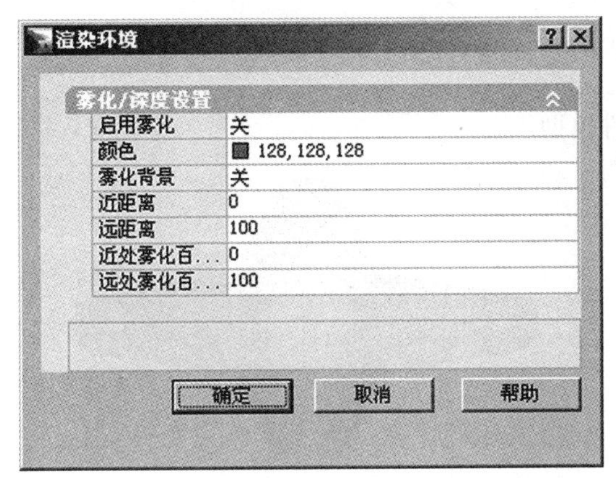

图 11-44

5、高级渲染设置

在 AutoCAD 2007 中，选择“视图”|“渲染”|“高级设置”命令，打开“高级渲染设置”选项板，可以设置渲染高级选项。如图 11-45 所示

在“选择渲染预设”下拉列表框中，可以选择预设的渲染类型，这时在参数区中，可以设置该渲染类型的基本、光线跟踪、间接发光、诊断、处理等参数。当在“选择渲染预设”下拉列表框中选择“管理渲染预设”选项时，将打开“渲染预设管理器”对话框，可以自定义渲染预设。如图 11-46 所示。

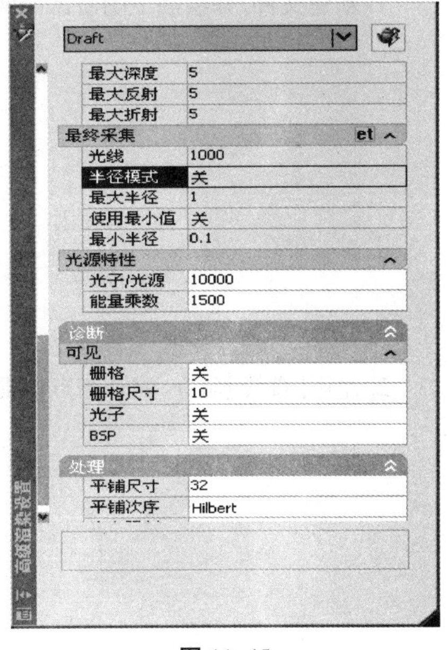

图 11-45

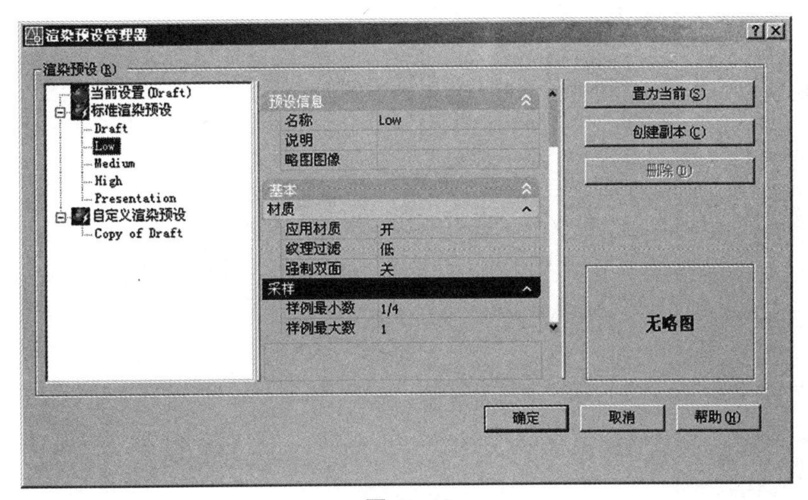

图 11-46

综合练习：

制作如图所示的零件模型。

1. 新建文件，并绘制下图所示的两组同心圆。

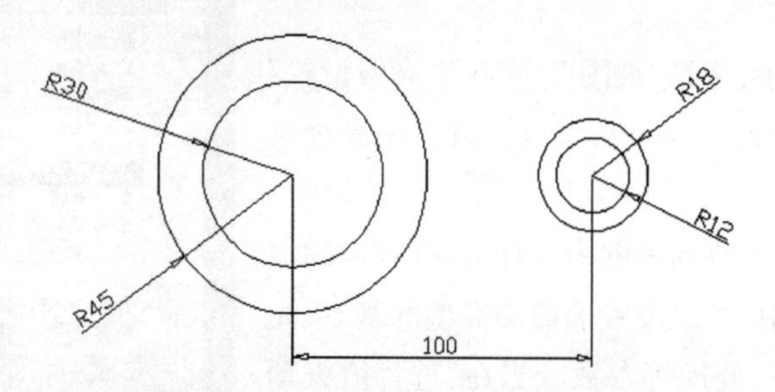

2. 使用【直线】命令，配合切点捕捉功能，绘制下图所示的公切线。

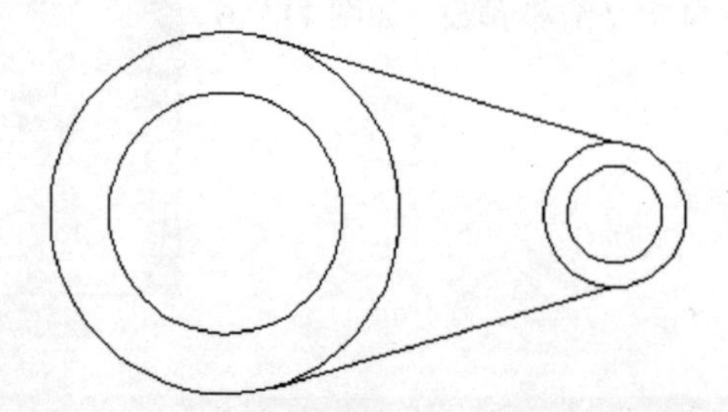

3. 以公切线作为边界，对圆进行修剪，结果如下图所示。

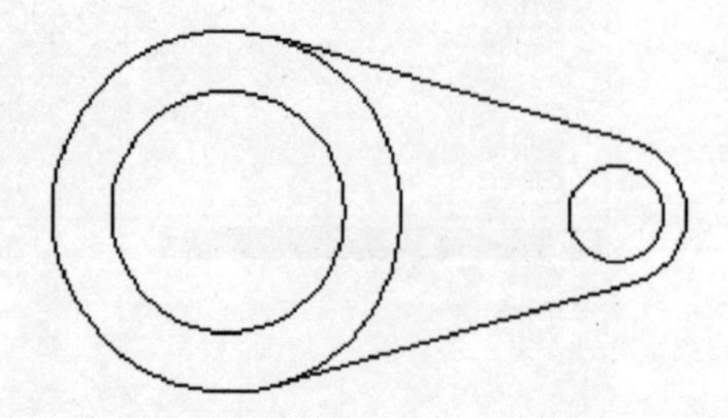

4. 使用【边界】命令 ,在下图所示的 1、2 位置上单击左键,提取面域。

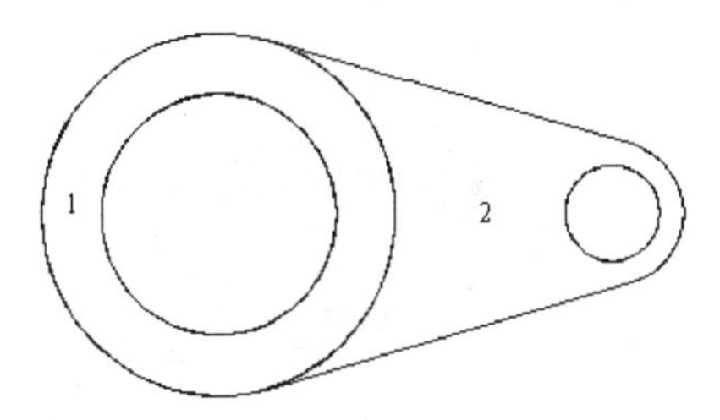

5.　对四个面域进行差集,创建下图所示的圆孔。

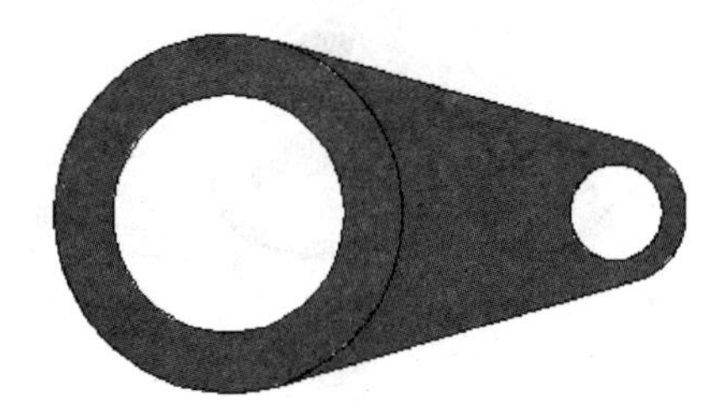

6. 切换西南视图,并将两个差集面域进行拉伸 20 和 12,如下图所示。

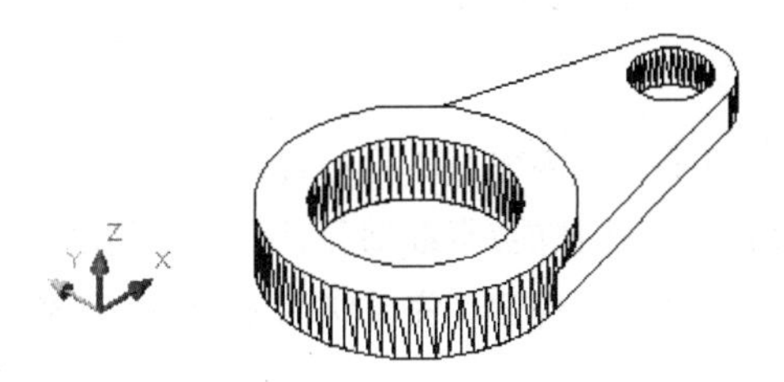

7. 使用【三维阵列】命令,对高度为 12 的拉伸实体进行阵列,结果如下图所示。

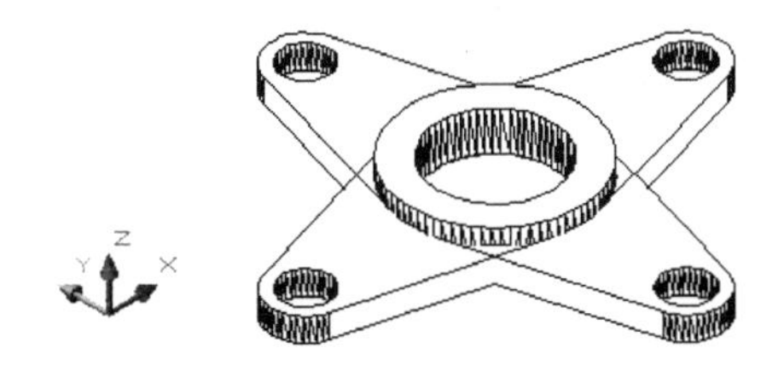

8. 对各实体进行并集。

9. 用【三维旋转】命令,将并集后的实体沿 Z 轴旋转 45 度,结果如下图所示。

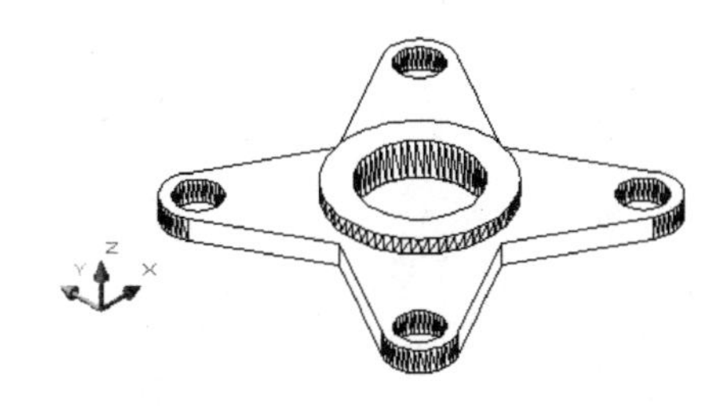

10. 选择下图所示位置的棱边进行圆角，圆角半径为 1.5 。

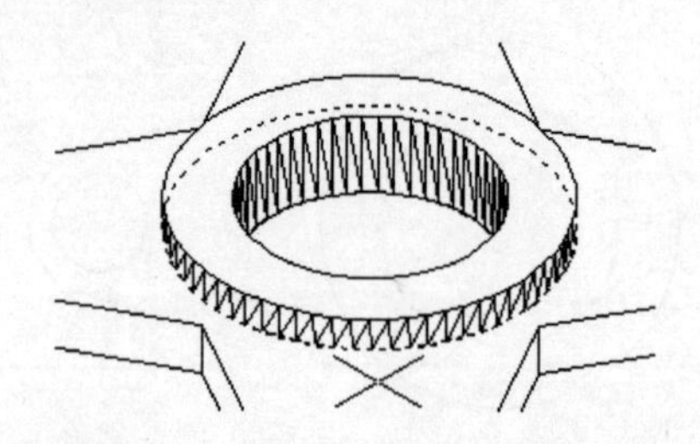

11. 对圆角后的效果如下图所示。

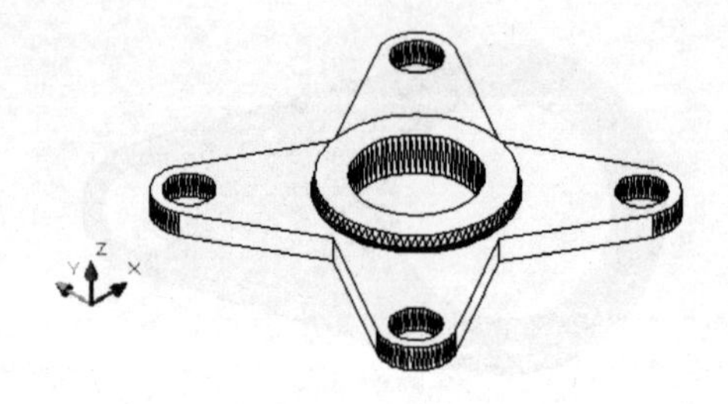

12. 最后将模型存盘

小结：

通过本章的学习，读者可以掌握立体模型的阵列、镜像、旋转、对齐、移动等基本操作技能；了解和掌握实体面、实体边的编辑、细化技能；掌握抽壳、压印、分割剖切等特殊编辑功能，学会使用基本编辑功能和实体面边编辑功能，去构建和完善结构复杂的三维物体。

第十二章 综合实训

学习目标：

本章主要介绍各种图形的绘制方法，通过本章的学习，希望对读者的综合绘图能力有所提高。

学习内容：

> 绘制建筑图纸
> 绘制零件图纸

第一节 绘制建筑图纸

1、绘制房屋立面图，我们下面来绘制这样的图形。

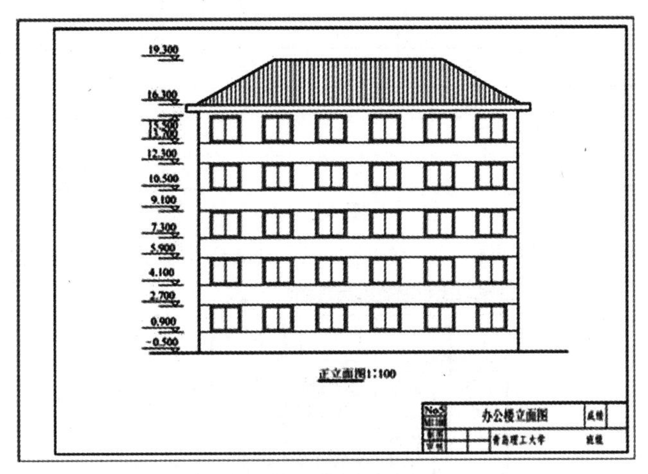

1）设置六种图层，并将“辅助”层置为当前图层，如图 12–1 所示

名称	颜色	线型	线宽	打印样式
0	白	Contin...	默认	Color_7
墙体	白	Contin...	0....	Color_7
门窗	蓝	Contin...	默认	Color_5
辅助	白	Contin...	默认	Color_7
尺寸	绿	Contin...	默认	Color_3
文字	白	Contin...	默认	Color_7
轴线	红	ACAD_I...	默认	

图 12–1

图 12–2

2）建立 A3 图纸幅面（520mm×297mm），绘制图框线和标题栏；再使用“比例”命令将该图幅放大 100 倍，即采用 1:100 比例绘制办公楼立面图。

3）打开“正交”在“墙体”图层下选择“直线”命令绘制地坪线；在“辅助”图层下选择“直线”和“偏移”命令绘制墙轴线，距离 3500，如图 12–2 所示。

4）单击“直线”命令，过地坪线作一直线（适当延长），选择偏移命令向上平移 1500、1800，分别选择 1、2 直线连续向上平移 3200，得到立面主要辅助线网，如图 12–3 所示。

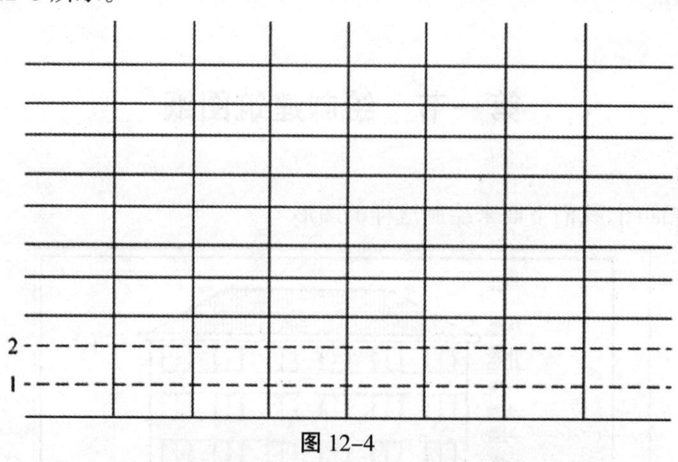

图 12–4

5）调用下拉菜单“格式”/“点样式”，在“点样式”对话框中设定点样式，如图 12–4 所示。

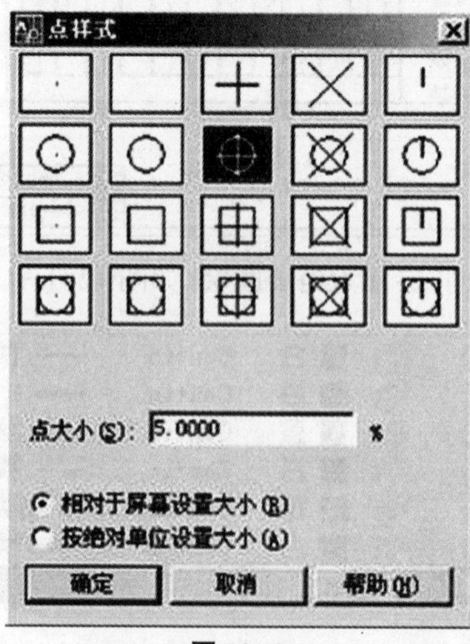

图 12–4

6）选择“修剪”命令将两侧修剪整齐。

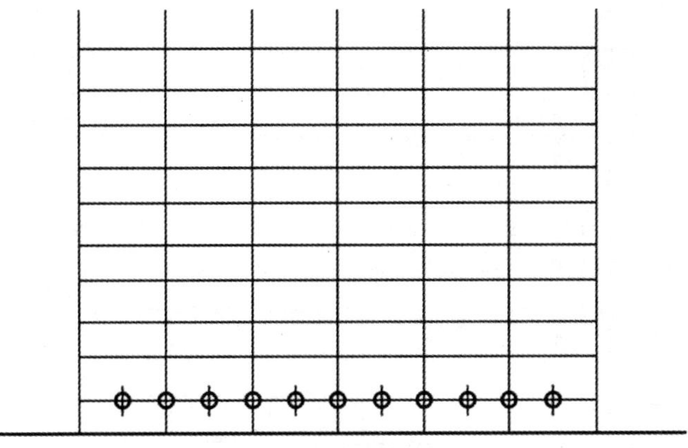

图 12-5　确定等分点

7）在图纸空白处绘制一个窗户立面

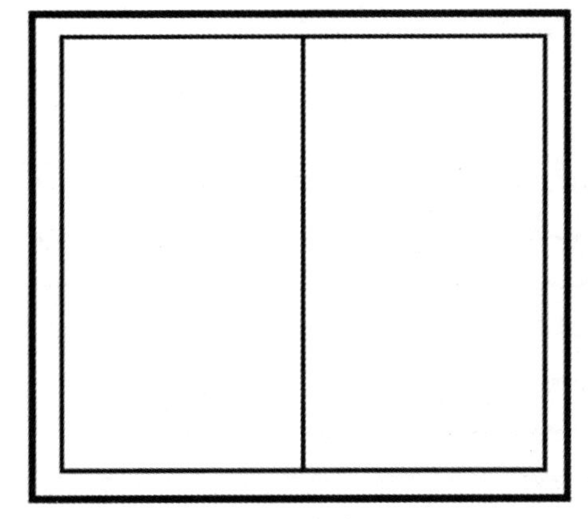

图 12-6　窗户立面

8）选择“复制”命令，指定基准点为窗下部中点，分别复制到立面图各等分点上，得到底层窗户立面如图 12-7 所示。

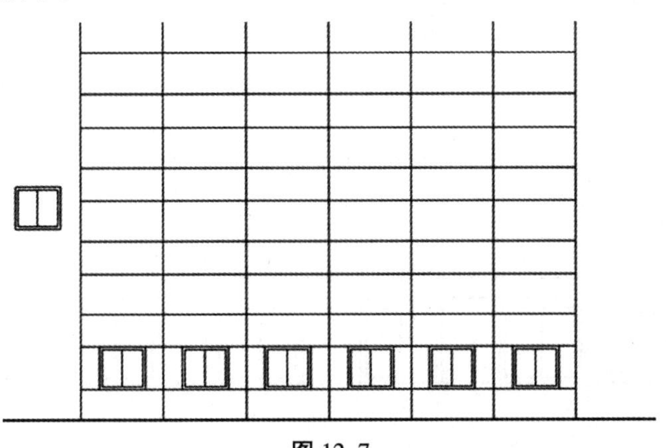

图 12-7

9）将“点样式”设定为，关闭等分点显示。

10）单击对话框“选择对象”，打开窗口选取所有已绘窗户，在对话框中单击“确定”，完成立面窗户的绘制，结果如图 12–8 所示。

图 12–8

11）单击“偏移”命令，将两侧墙线向外偏移 800。

图 12–9 坡屋顶辅助线

12）分别过 A、B 两点作 30°斜线，选择“修剪”和“删除”命令，绘制结果如图 12–10 所示。

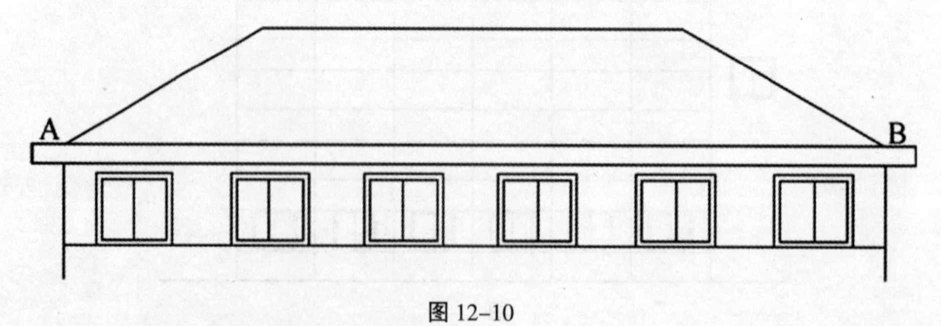

图 12–10

13）在“填充”图层下选择“图案填充”命令，选中图案“LINE”，输入角度“90”，比例“100”，填充瓦屋面图案，如图 12–11 所示。

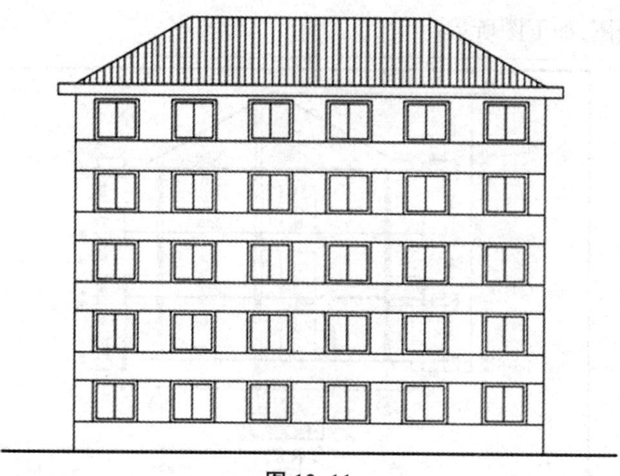

图 12-11

14）在“尺寸”图层下选择“直线”命令于图左侧绘制辅助线网，绘制标高，如图 12-12 所示。

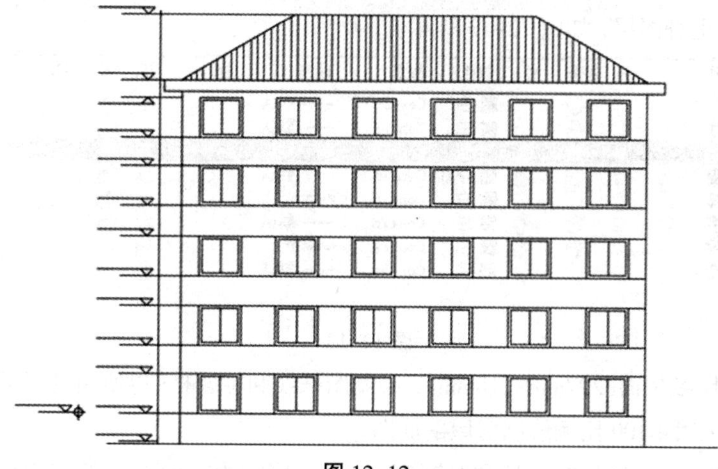

图 12-12

15）选择“删除”命令擦去多余的线。

16）根据样图进行标注。最终完成样图所示图形。

练一练：绘制传达室正立面图。样图如下图所示。

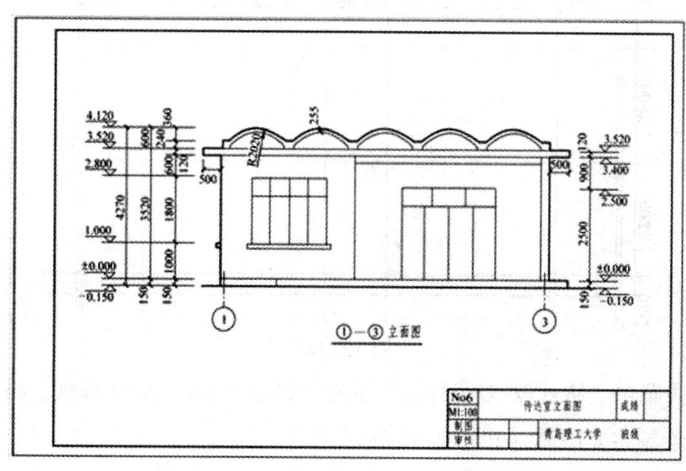

2、绘制房屋剖面图,如下图所示:

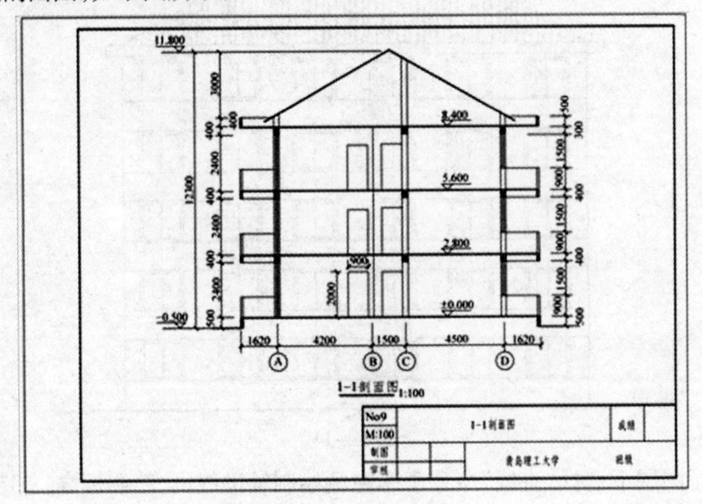

1) 选择设立七种图层，如图 12-13 所示。

状	名称	开	冻结	锁..	颜色	线型	线宽	打印...	打.	冻.	说明
	0				白	Contin...	默认	Color_7			
	尺寸				白	Contin...	默认	Color_7			
✓	辅助				蓝	Contin...	默认	Color_5			
	门窗				洋红	Contin...	默认	Color_6			
	墙体				白	Contin...	0....	Color_7			
	文字				白	Contin...	默认	Color_7			
	地坪				白	Contin...	0....	Color_7			
	填充				蓝	Contin...	默认	Color_5			

图 12-13

2) 建立 A4 图纸幅面(297mm×210mm)，绘制图框线和标题栏; 再使用“比例”命令将该图幅放大 100 倍，即采用 1:100 比例绘制房屋剖面图。

3) 在“辅助”图层下选择“直线”和“偏移”命令绘制主要辅助线网，偏移距离如图 12-14 所示。

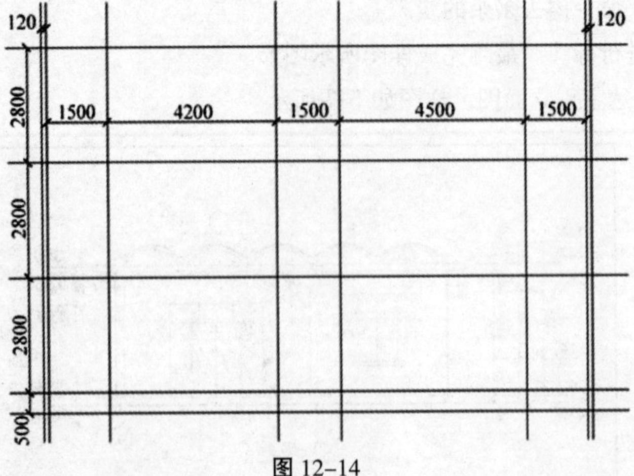

图 12-14

4) 调用下拉式菜单 “格式”/“多线样式” 命令，设置 “240” 墙体样式，将元素偏移量设为“120”和“-120”。绘制主要墙体,如图 12-15 所示。

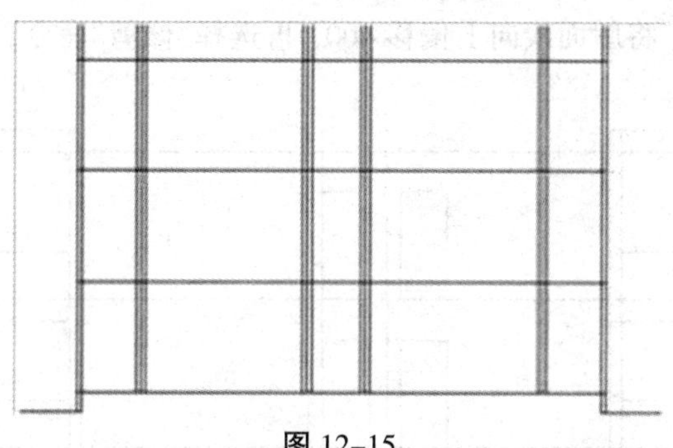

图 12-15

5）打开“门窗”图层，选择“矩形”命令，在命令行输入“@900×2000”，在图外侧绘制一个门洞，单击“复制”命令将门洞复制到底层，基点为门洞右下角，结果如图 12-16 所示。

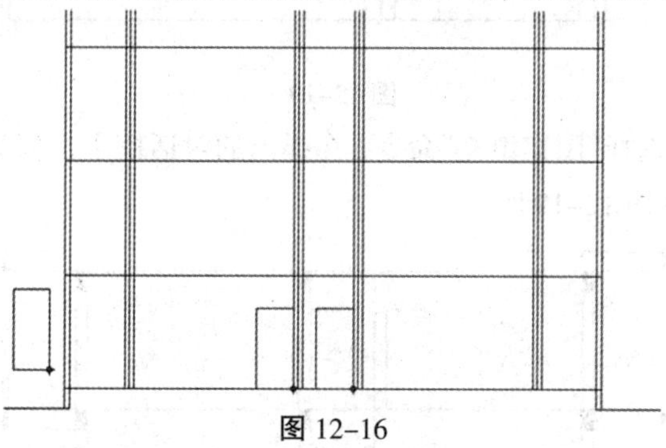

图 12-16

6）选择“阵列”命令，绘制所有门洞立面，结果如图 12-17 所示。

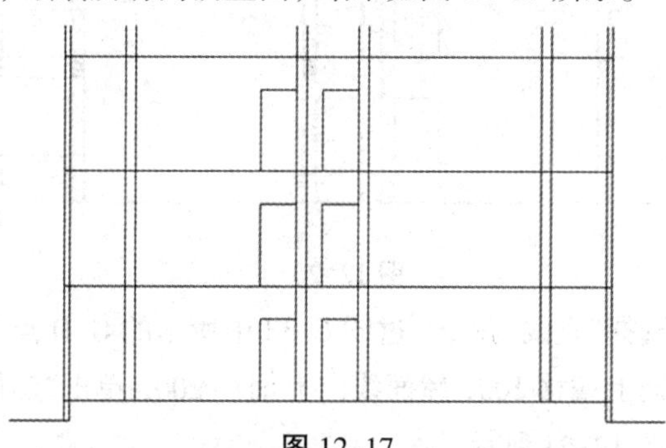

图 12-17

7）选择“分解”和“删除”命令，擦除多余墙线。如图 12-18 所示。

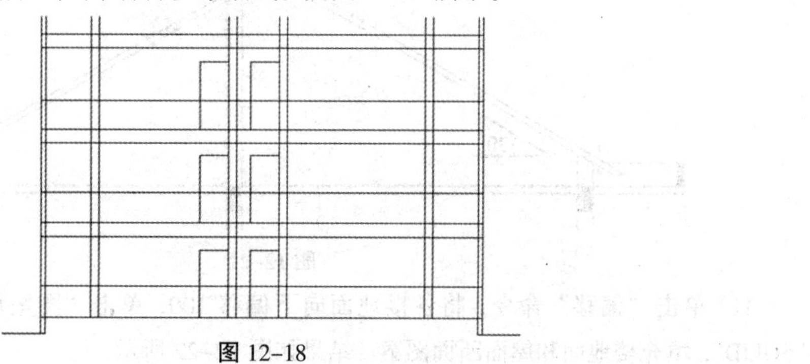

图 12-18

8）单击“偏移”命令，将屋面线向上偏移 400，再选择“修剪”命令，剪切多余的线，结果如图 12–19 所示。

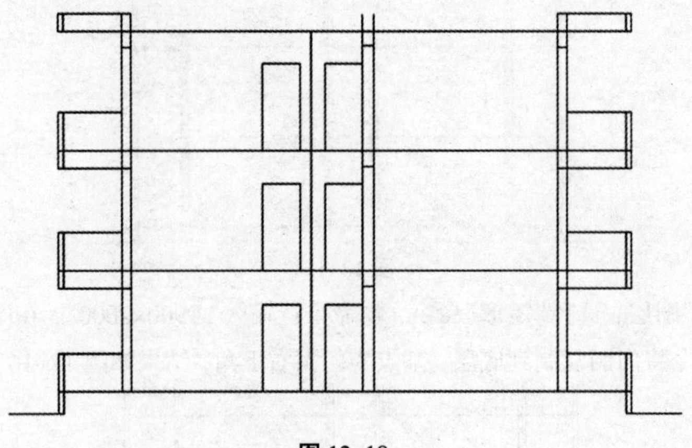

图 12–19

9）打开“填充”图层选择“图案填充”命令，在弹出的对话框中，选取填充图案“SOLID”，填充各梁断面图例，结果如图 12–19 所示。

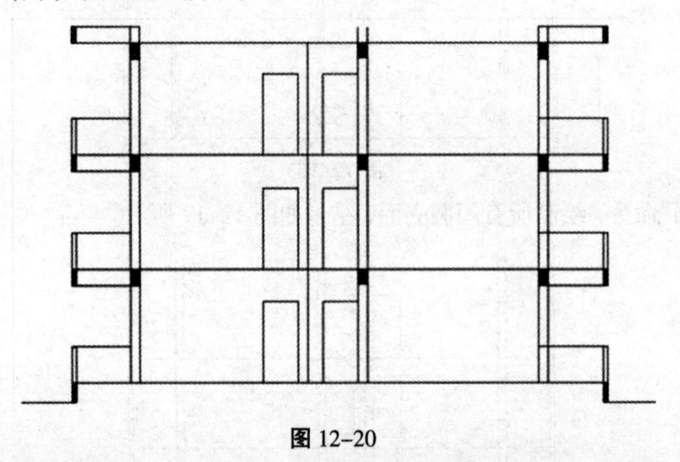

图 12–20

10）在“辅助”图层下选择“直线”命令，过图 6–33 中所示的 G、H 点分别画一条 30°斜线；单击“偏移”命令，将两斜线向上偏移 100，屋面线向上偏移 200，单击“延伸”命令，使屋面各斜线延伸至该水平线。结果如图 12–21 所示

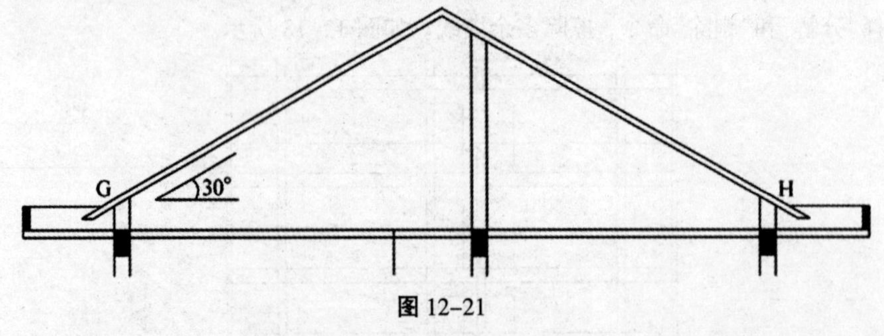

图 12–21

11）单击“偏移”命令，将各楼地面向下偏移 100，单击“图案填充”命令中填充图案“SOLID”，填充楼地面和屋面断面图案。结果如图 12–22 所示。

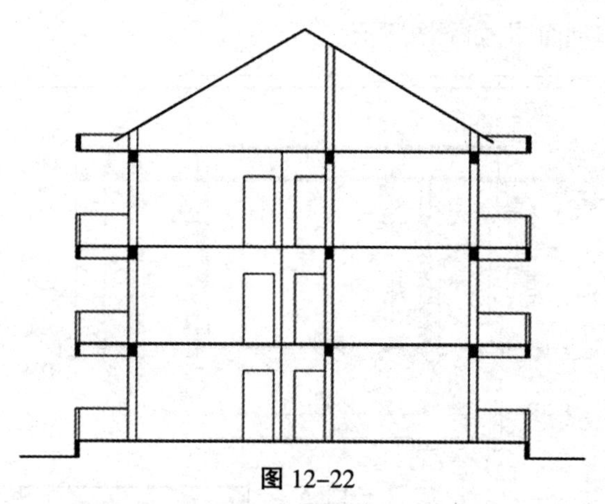

图 12-22

12）先设定“点样式”，使用下拉菜单“绘图”/“点”/“定数等分”，在命令行“输入线段数目”一行中输入“3”；使用“直线”和“复制”命令绘制门窗剖面，结果如图 12-23 所示。

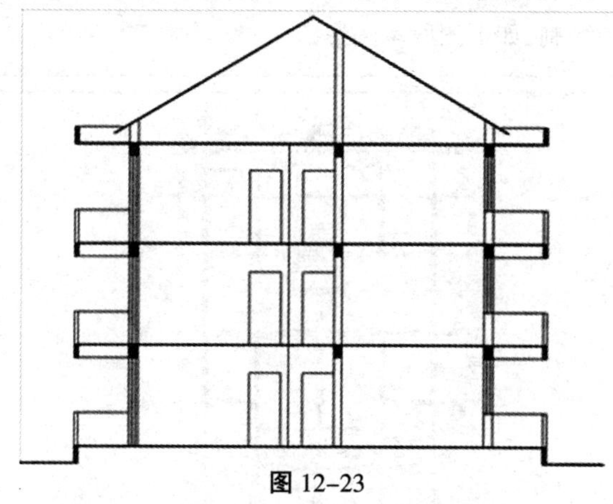

图 12-23

13）单击“标注样式”图标，设立“线性”和“角度”两种尺寸标注样式，将“线性”标注对话框中“主单位”/“全局比例”设定为“100”。

14）弹出“标注”工具栏，单击“线性”和“连续”命令图标，标注外部及内部尺寸；再使用“分解”和“移动”命令调整尺寸数字位置，使数字清晰。

15）在图外侧绘制轴线编号，半径为 400，创建带属性的“块”，单击“插入块”命令，绘制轴线编号。

16）单击“直线”命令，在图外侧绘制两种标高符号，设定标高符号捕捉点如图中圆点，结果如图 12-24 所示。

图 12-24 绘制两种标高符号

17）打开“捕捉”，选择“复制”命令，把两种标高符号分别复制到相应的位置。最终结果如样图所示。

练一练:绘制传达室剖面图,如下图所示。

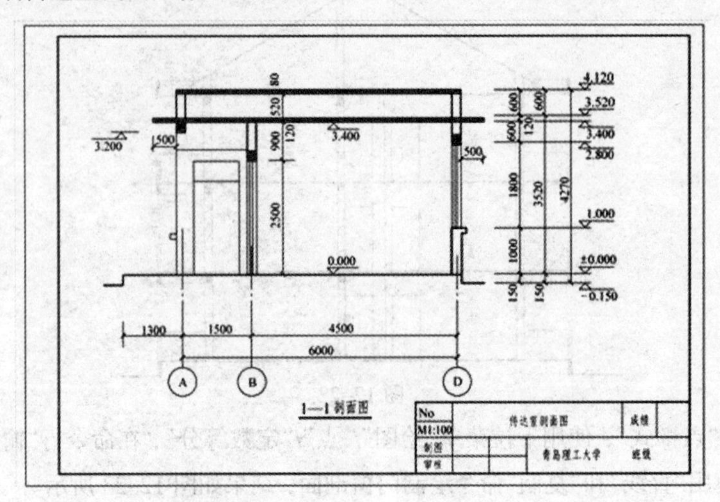

3、住宅标准平面图的绘制,如下图所示图形:

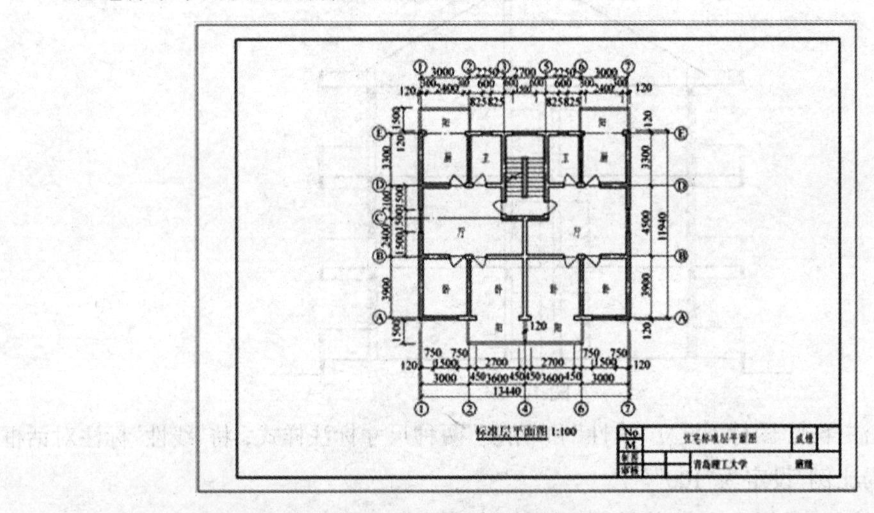

1）先设置六种线型图层，将“辅助”层设为当前层，如图 12-25 所示。

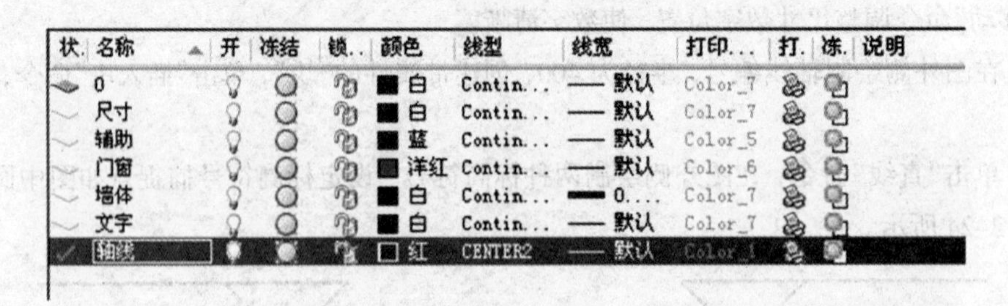

状.	名称	开	冻结	锁..	颜色	线型	线宽	打印...	打.	冻.	说明
	0				白	Contin...	默认	Color_7			
	尺寸				白	Contin...	默认	Color_7			
	辅助				蓝	Contin...	默认	Color_5			
	门窗				洋红	Contin...	默认	Color_6			
	墙体				白	Contin...	0....	Color_7			
	文字				白	Contin...	默认	Color_7			
	轴线				红	CENTER2	默认	Color_1			

图 12-25

2）建立 A3 图纸幅面(420mm×297mm)，绘制图框线和标题栏; 再使用“缩放”命令将该图幅放大 100 倍，即采用 1:100 比例绘制住宅底层平面图。

3）打开“正交”，在“轴线”图层下选择“直线”和“偏移”命令绘制平面墙体轴网线、尺寸，如图 12-26 所示。

1500
3300
2100
2400
1500
3000
2250
1350

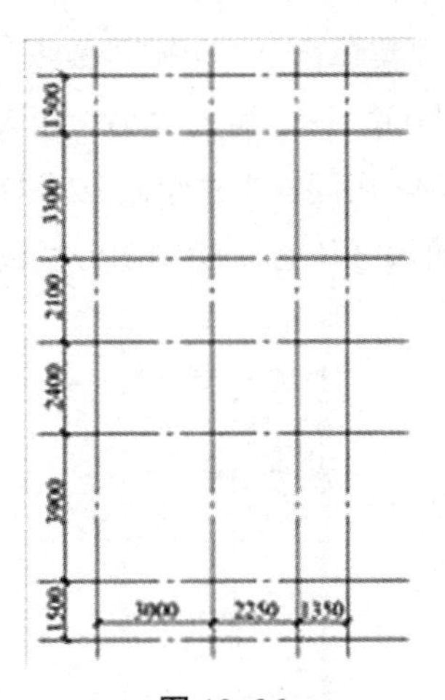

图 12-26

4）调用下拉式菜单“格式”/“多线样式”命令，弹出“多线样式”对话框（图 7-48），单击“新建”弹出“创建新的多线样式”对话框，在“新样式名”栏中输入“240”，如图 12-27 所示。

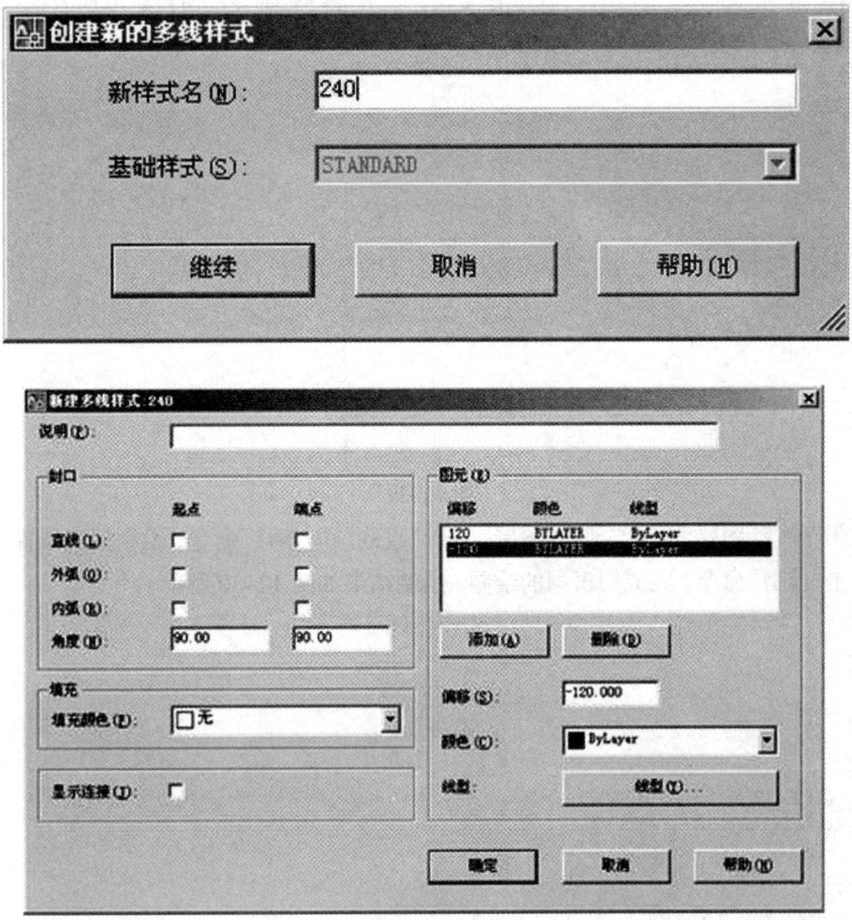

创建新的多线样式
新样式名(N):
240
基础样式(S):
STANDARD
继续
取消
帮助(H)
新建多线样式:240
说明(P):
封口
起点
端点
直线(L):
外弧(O):
内弧(R):
角度(N):
90.00
90.00
填充
填充颜色(F):
无
显示连接(J):
图元(E)
偏移
颜色
线型
120
BYLAYER
ByLayer
-120
BYLAYER
ByLayer
添加(A)
删除(D)
偏移(S):
-120.000
颜色(C):
ByLayer
线型:
线型(Y)...
确定
取消
帮助(H)

图 12-27

5）在“墙体”图层下调用下拉式菜单命令“绘图”/“多线”，在命令行输入“J”(对齐)并回车；输入“Z”(无)，回车输入“ST”(样式)并回车；输入“240”；输入“S”(比例)，回车；输入“1”；打开“捕捉”，根据轴线绘制240多线墙体；用同样方法绘制120多线墙体；然后在“辅助”图层下选择“120”样式，输入“J”(对齐)回车；输入“T”(上)，绘制阳台栏板线，绘图结果如图12-28所示。

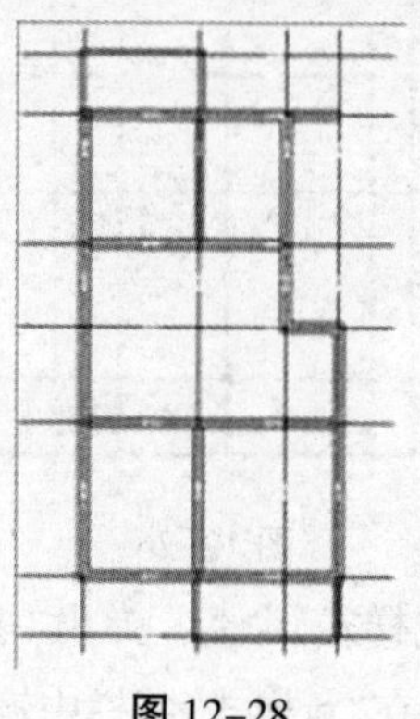

图 12-28

6）选择“分解”命令通过窗口选取所有图线，单击“修剪”命令，窗口选取所有图线，对墙体交接处进行修剪，修剪结果如图12-29所示。

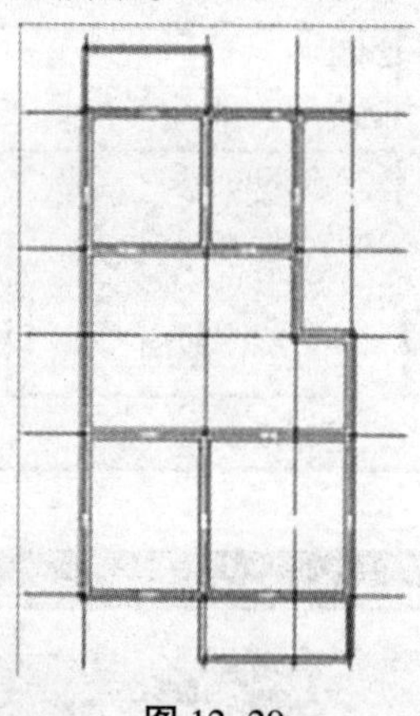

图 12-29

7）关闭“轴线”图层，打开“辅助”图层，选择“直线”和“偏移”命令，绘制门窗位置线。

8）单击“修剪”命令，完成门窗洞的绘制，绘制结果如图12-30所示。

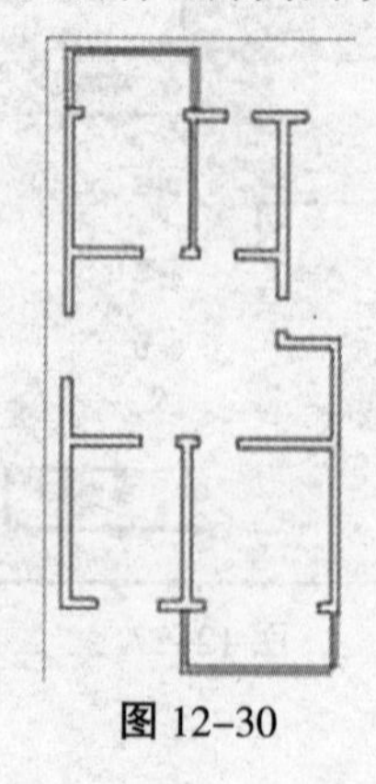

图 12-30

9）在“门窗”图层下于图外侧绘制图，使用“矩形”、“分解”、“偏移”命令，绘制 1500×240 和 600×240 两个窗户平面，选择“创建块”将其制作成块，通过“插入块”将其插入到各自位置，绘制窗户平面，如图 12-31 所示。

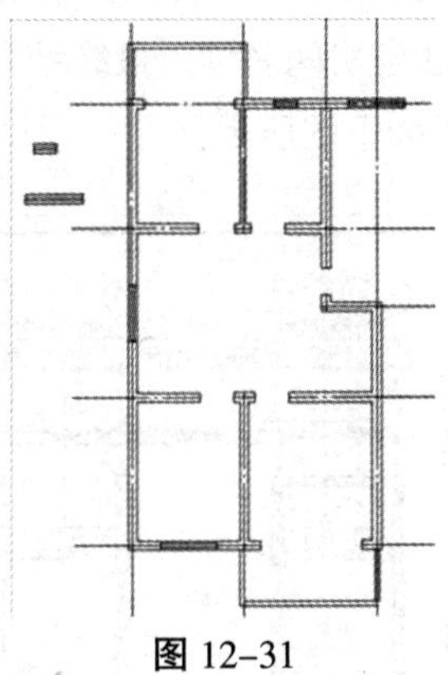

图 12-31

10）在“辅助”图层下，选择“直线”、“矩形” 和“偏移” 命令绘制楼梯平面楼层平台宽 1200、梯井宽 200、扶手宽 80、梯段长 8×300=2400，门扇平面斜线均为 45°，绘图结果如图 12-32 所示。

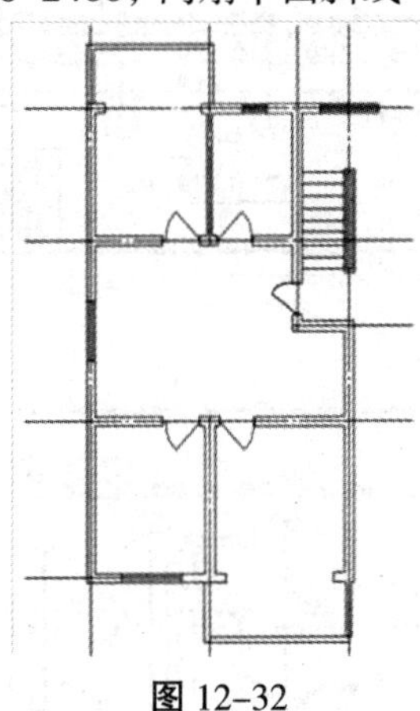

图 12-32

11）单击“镜像”命令，画出整个房屋的平面图，使用“修剪”命令删除多余的线，单击“直线”命令绘制楼梯折断线，绘图结果如图 12-33 所示。

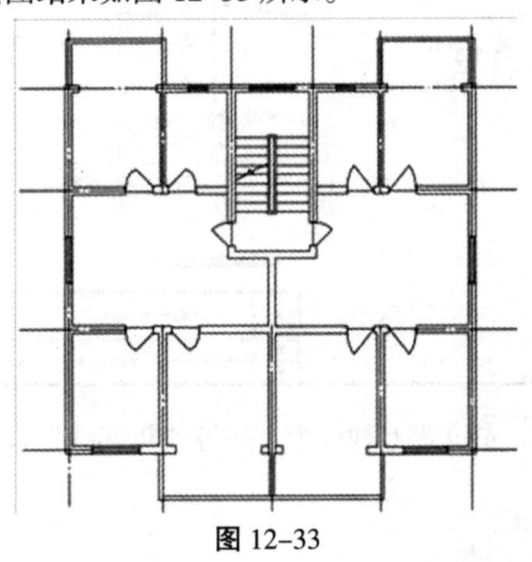

图 12-33

12）设置线形尺寸标注打开标注工具栏，单击“线性”和“连续”命令，打开“捕捉”和“正交”，标注各细部尺寸。

13）调用下拉式菜单“格式”/“文字格式”，在对话框中选取“宋体”、字高“500”，单击下拉式菜单“绘图”/“文字”/“单行文字”，标注各房间名称。最终结果如样图所示。

练一练:绘制传达室平面图,结果如下图所示:

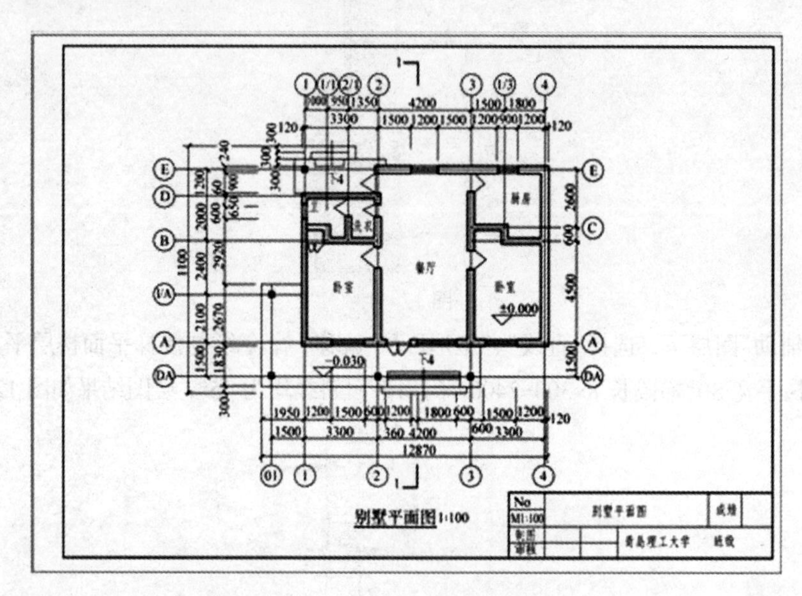

5、绘制下图所示给水排水平面图

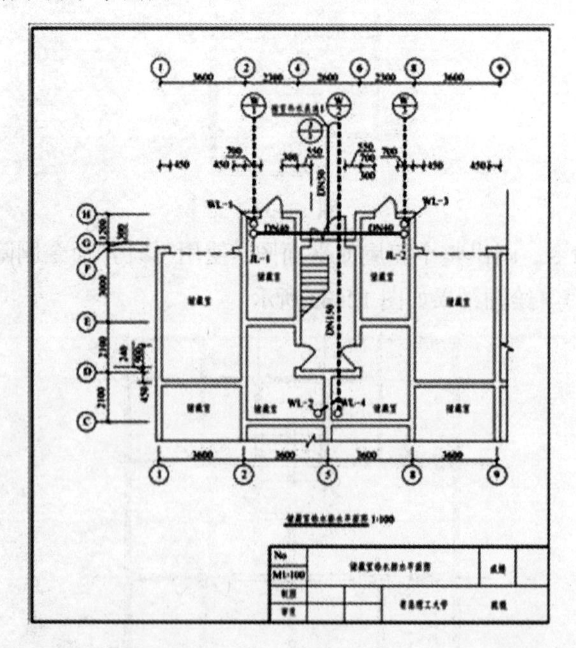

1）打开图层特性管理器，先设置七种线型，并将“粗实线”设置为当前层，如图 12-34 所示。

尺寸				白	Contin...	—— 默认	Color_7	
粗实线				白	Contin...	—— 0....	Color_7	
粗虚线				白	HIDDEN2	—— 0....	Color_7	
点画线				白	CENTERX2	—— 默认	Color_7	
文字				白	Contin...	—— 默认	Color_7	
细实线				白	Contin...	—— 默认	Color_7	
细虚线				白	HIDDEN2	—— 默认	Color_7	

图 12-34

2）建立 A3 幅面图纸（420mm×297mm），绘制图框线及标题栏。

3）使用“缩放”命令将该图纸幅面放大 100 倍，即采用 1:100 的比例绘制储藏室给水排水平面图。

4）在“正交”模式下，选择“点画线”为当前图层，利用“直线”和“偏移”命令绘制平面墙体轴线网，具体尺寸如图 12-35 所示。

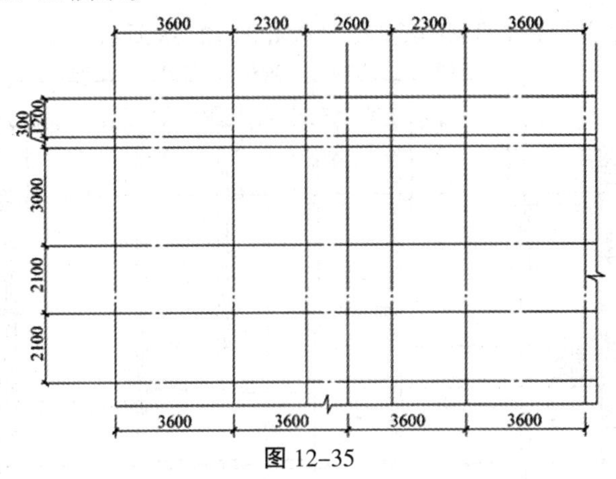

图 12-35

5）调用下拉菜单“格式”/“多线样式”命令，设置“240”墙体样式，将元素偏移量设为“120”和“-120”。

6）关闭“点画线”图层，选择“细实线”为当前图层。

7）打开“捕捉”，根据轴线绘制墙体，绘制结果如图 12-36 所示。

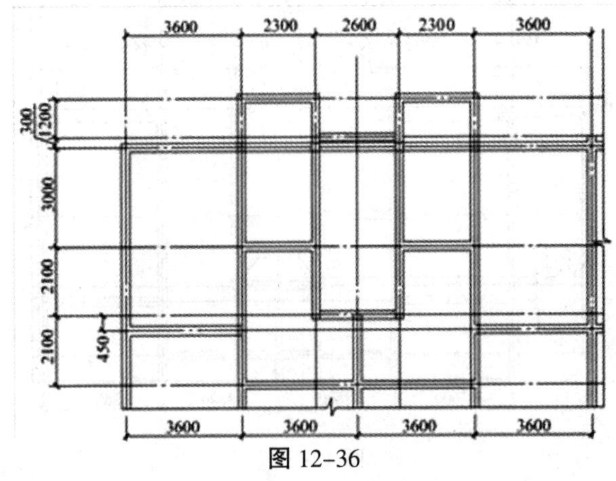

图 12-36

8）选择所有的图线后单击“分解”命令，将图线分解。

9）选择“直线”和“偏移”命令，绘制出门的位置，偏移距离如图 12-37 所示。

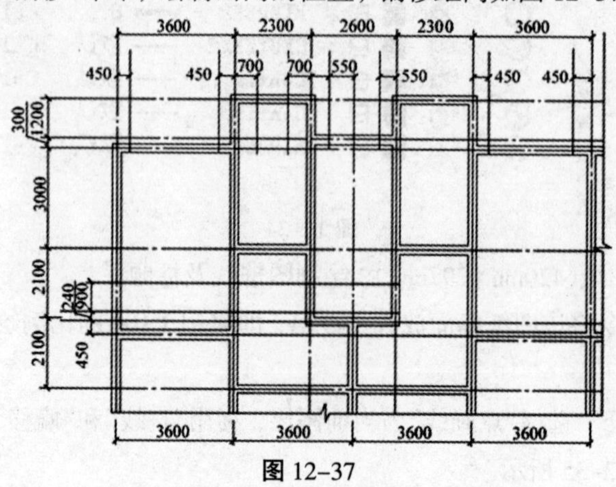

图 12-37

10）单击“修剪”命令，完成门洞的绘制，结果如图 12-38 所示。

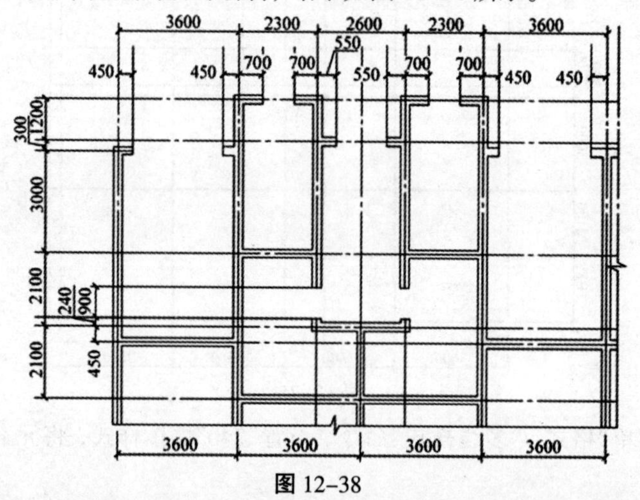

图 12-38

11）选择“直线”、“圆弧”、“复制”、“旋转”命令绘制门扇平面图，结果如图 12-39 所示。

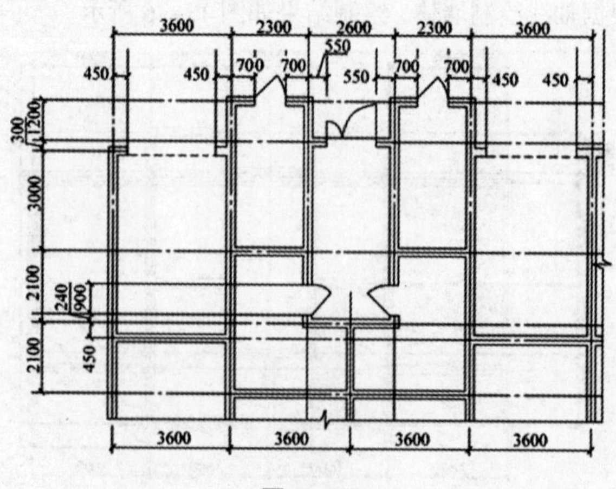

图 12-39

12）选择“直线”、“矩形”和“偏移”命令绘制楼梯平面，结果如图 12-40 所示。

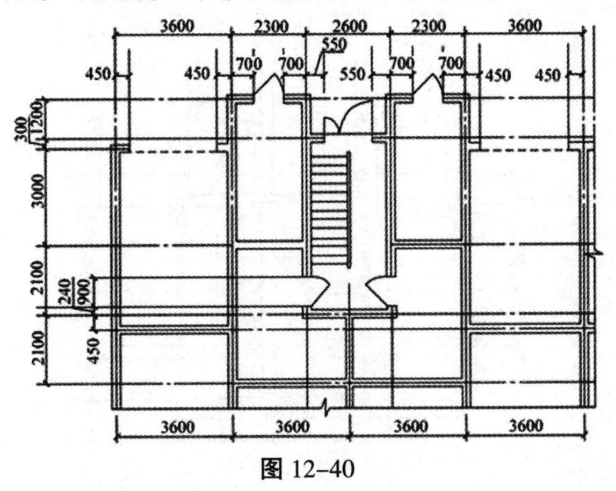

图 12-40

13）单击“直线”命令绘制楼梯的折断线，利用“修剪”命令，完成楼梯的绘制，结果如图 12-41 所示。

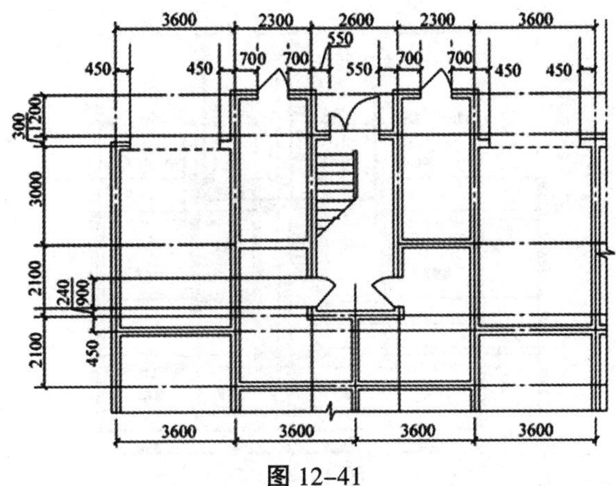

图 12-41

14）打开“标注”工具栏，单击“线性”命令，打开“捕捉”和“正交”，标注所有的尺寸。

15）选择“粗实线”为当前图层，选择“直线”命令绘制给水管道，如图 12-42 所示。

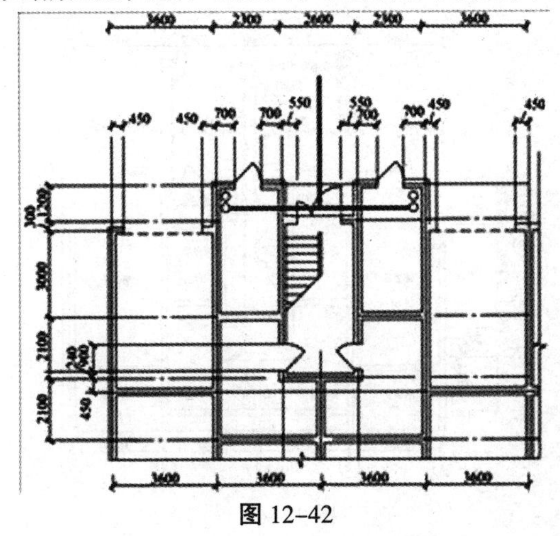

图 12-42

16）选择“粗虚线”为当前图层，选择“直线”命令绘制排水管道，如图 12–43 所示。

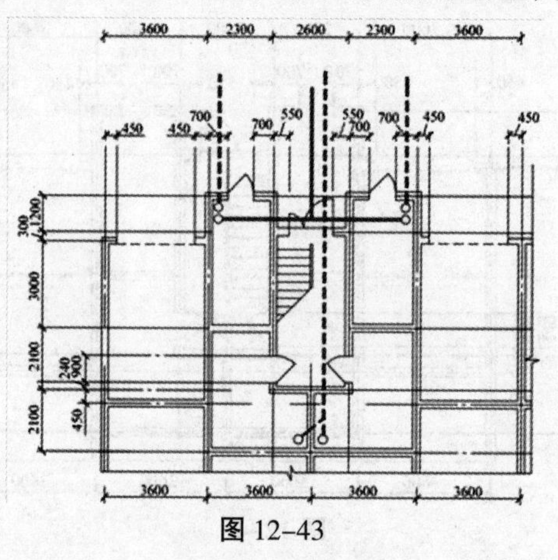

图 12–43

17）分别选择“细实线”图层和“文字”图层为当前图层，将给水排水系统进行编号，并标注管道的直径和房间的名称，结果如图 12–44 所示。

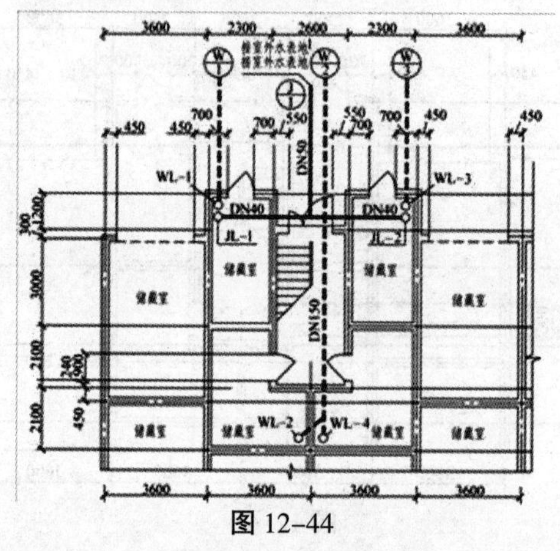

图 12–44

18）在图形外侧绘制轴线编号，直径为 800，创建带属性的块，单击“插入块”命令，绘制轴线编号，完成尺寸的标注，如图 12–45 所示。

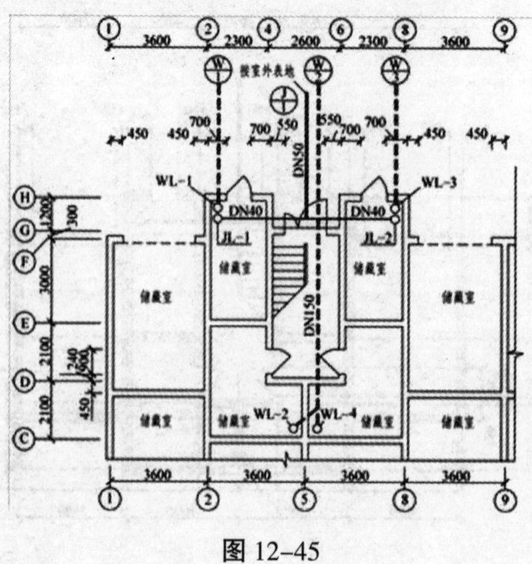

图 12–45

19）填写标题栏，标注图名和比例，认真检查并修改存在的错误，完成给水排水平面图的绘制，最后完成全图。

举一反三：

1、别墅立面图

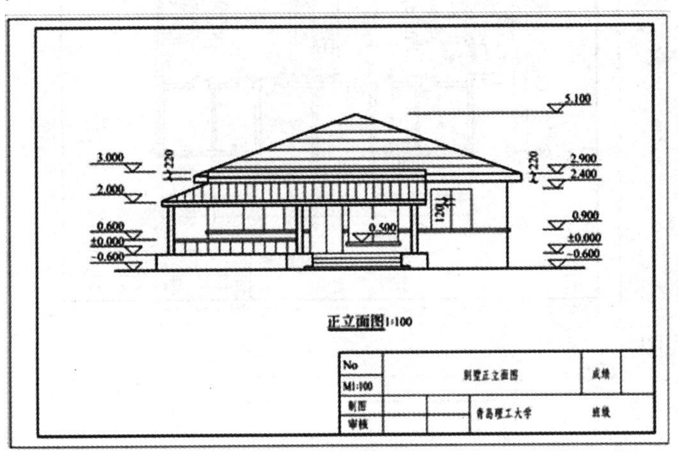

2、别墅平面图

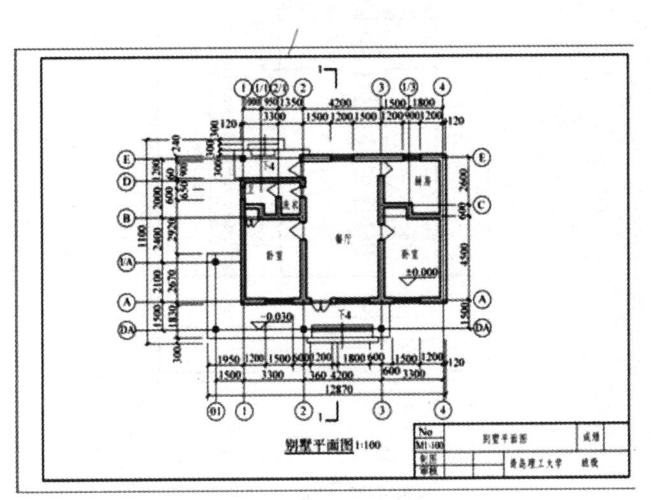

3、住宅正立面图

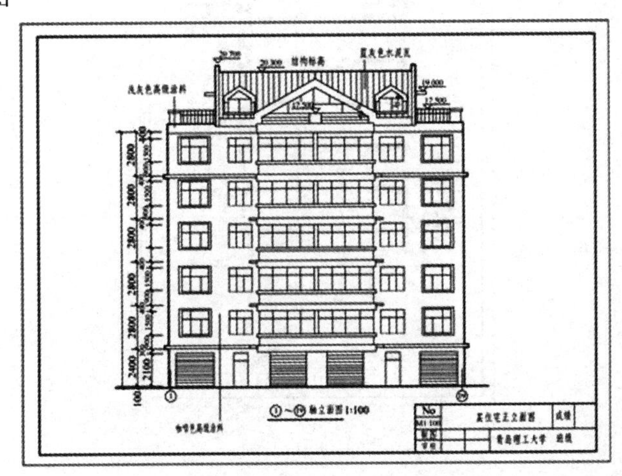

4、住宅平面图

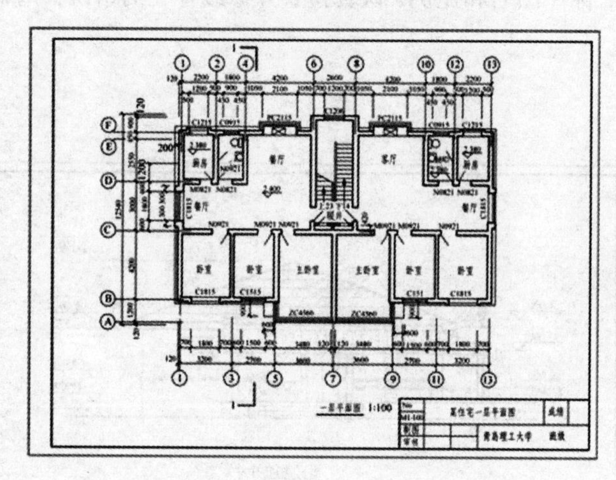

5、住宅侧立面图

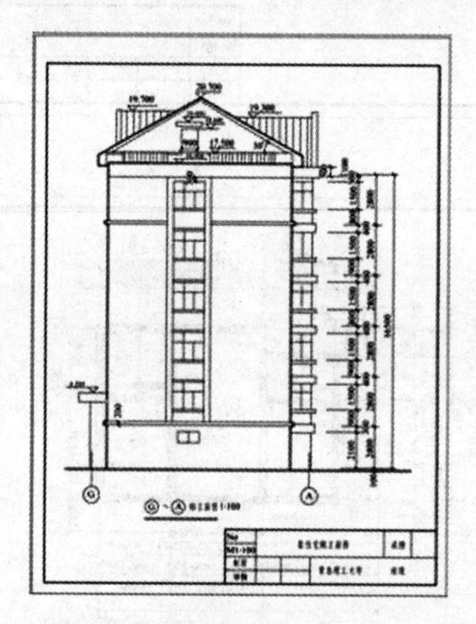

6、住宅剖面图

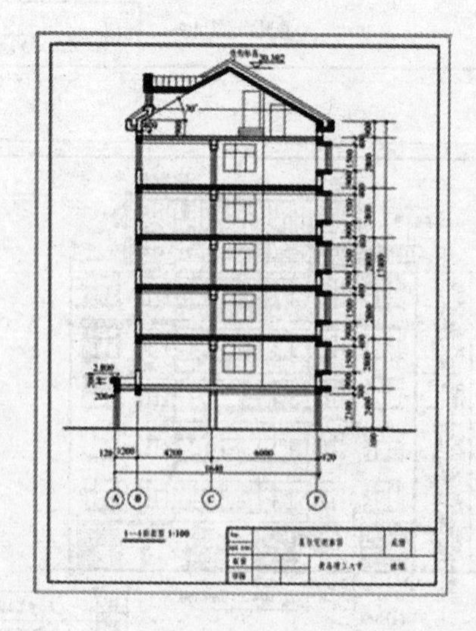

第二节　绘制零件图纸

通过绘制轴类零件、盘类零件、壳体零件和泵体零件等，对所学知识进行综合练习和巩固。

1、绘制绘制轴类零件

1）将“点划线”设置为当前图层，并绘制下图所示的基准线。

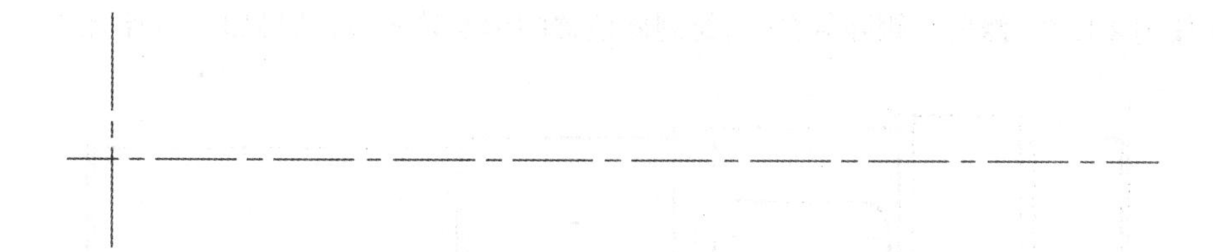

2）将偏移命令对水平基准线进行多重偏移，结果如下图所示。

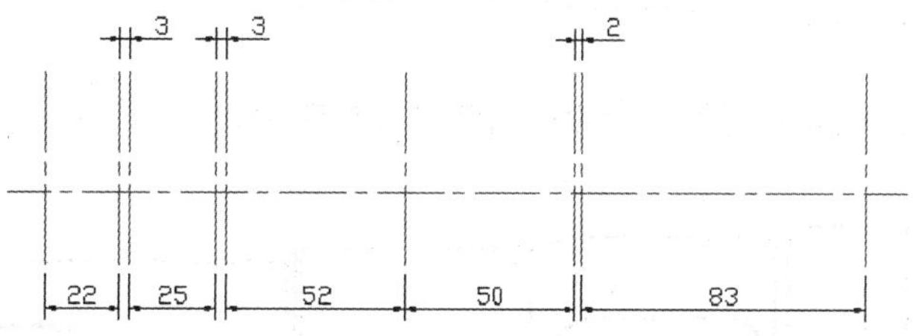

3）将“轮廓线”设置为当前层，然后使用画线命令配合捕捉追踪功能绘制右图所示的轴零件轮廓线。

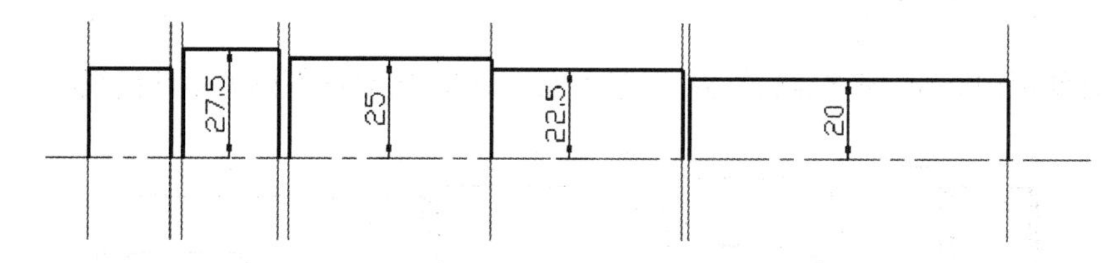

4）使用画线、倒角等命令，绘制零件细节轮廓线，结果如下图所示。

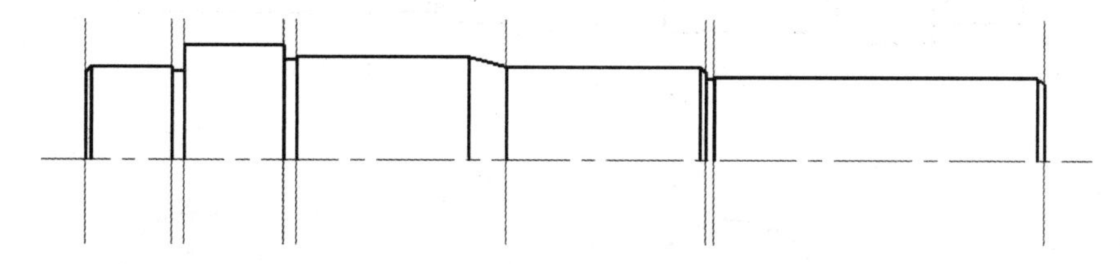

5）以水平基准线作为对称轴，对轮廓线进行镜像，结果如下图所示。

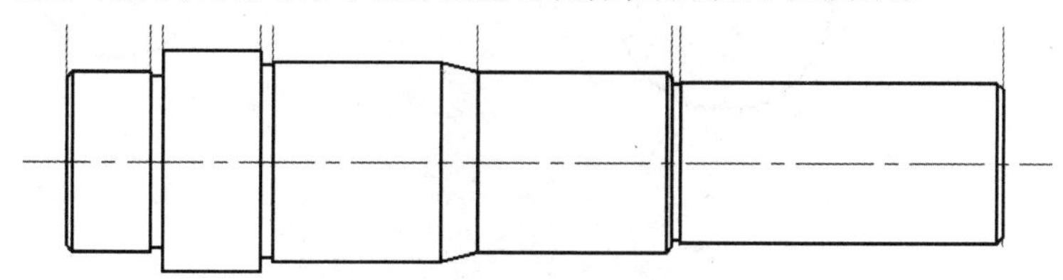

6）使用偏移命令对水平定位线和垂直定位线进行偏移，结果如下图所示。

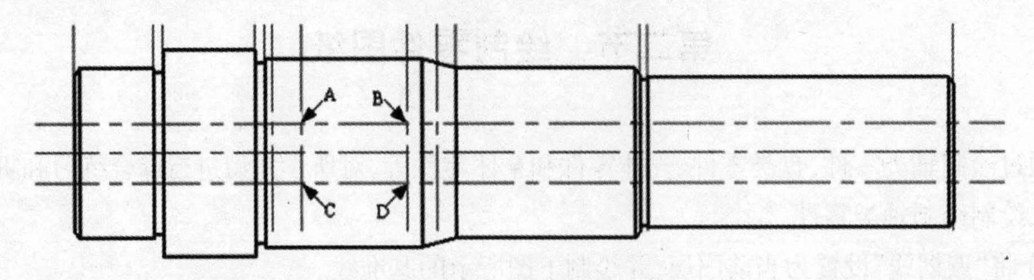

7）使用多段线、修剪和删除等命令，绘制此位置的键槽轮廓线，结果如下图所示。

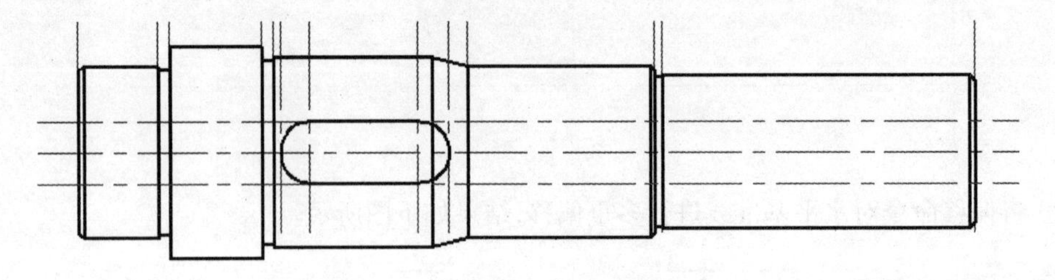

8）综合偏移、多段线和修剪等命令绘制右侧的键槽轮廓线，结果如下图所示。

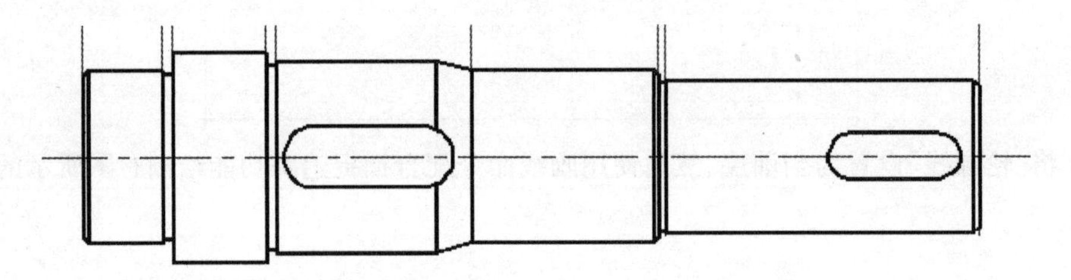

9）综合使用构造线、偏移、圆、修剪、图案填充等命令，绘制如右图所示的剖视图。

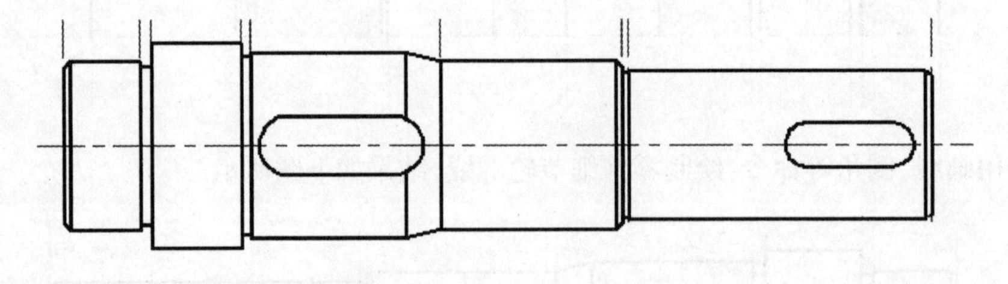

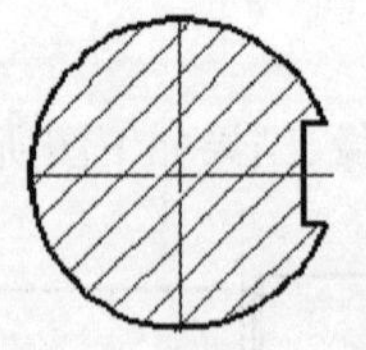

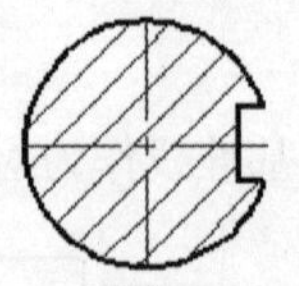

10）对各位置的图形中心线进行拉长，最终效果如下图所示 。

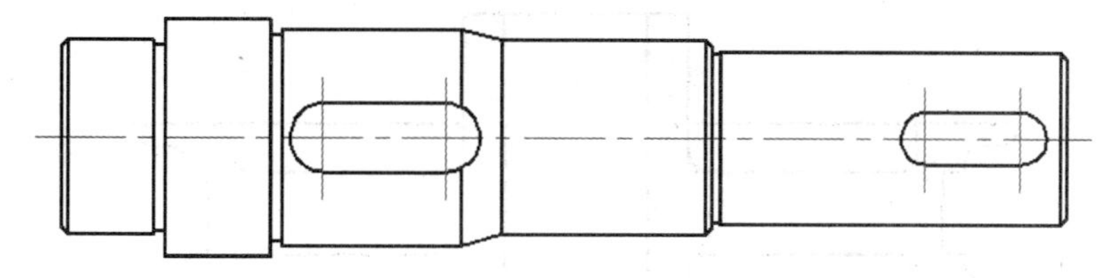

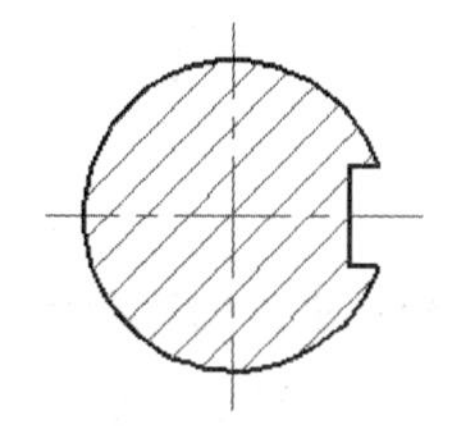

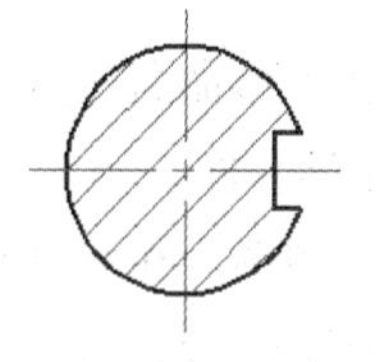

11）最后使用保存命令将图形命名存盘

2、绘制绘制盘类零件

1）设置“点划线”作为当前层，并打开【线宽】功能，设置线型比例为 0.5。

2）使用画线命令绘制下图所示的三条直线段作为定图形定位线

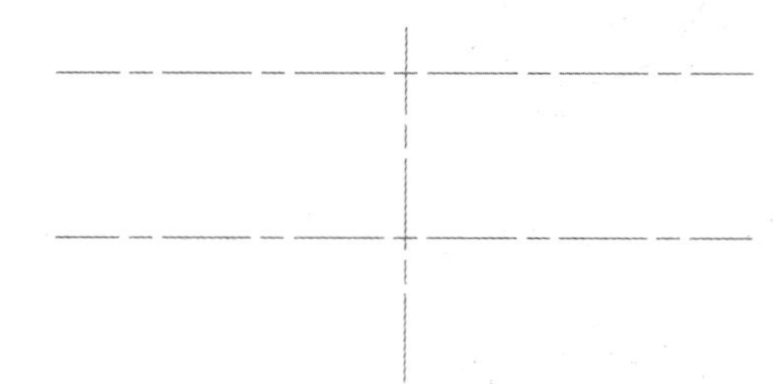

3）使用多段线命令，配合点的坐标输入功能，绘制下图所示的图形主体轮廓线。

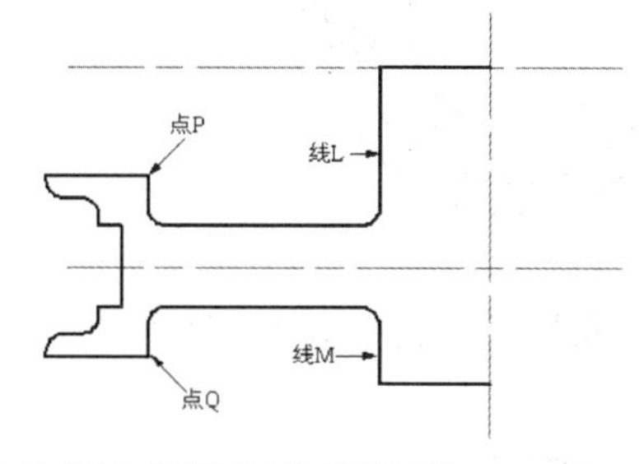

4）使用直线和偏移等命令绘制内部的细节轮廓线

5）使用镜像命令，对绘制的轴线进行镜像，结果如下图所示。

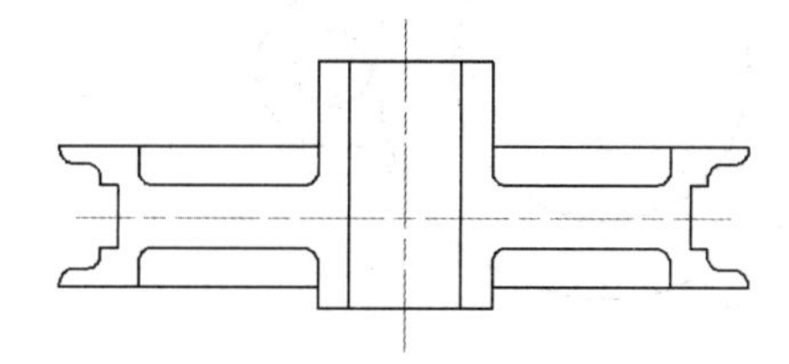

6）使用图案

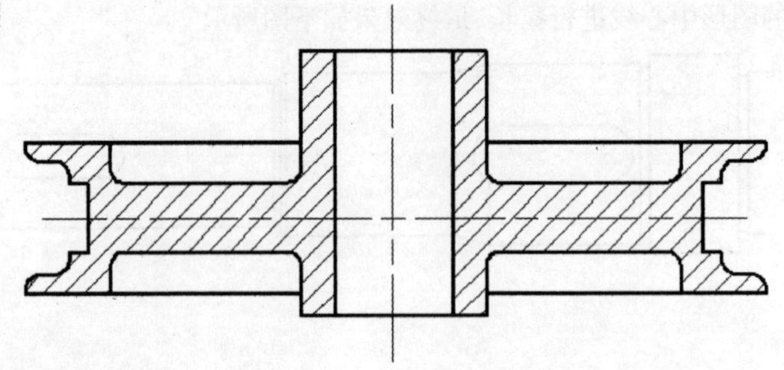

7）最后将图形命名存盘。

3、绘制壳类零件

1）绘制俯视图。在“点划线”图层内绘制两条相互垂直的构造线作为定位辅助线。

2）将“轮廓线”设置为当前图层，然后绘制下图所示的同心圆。

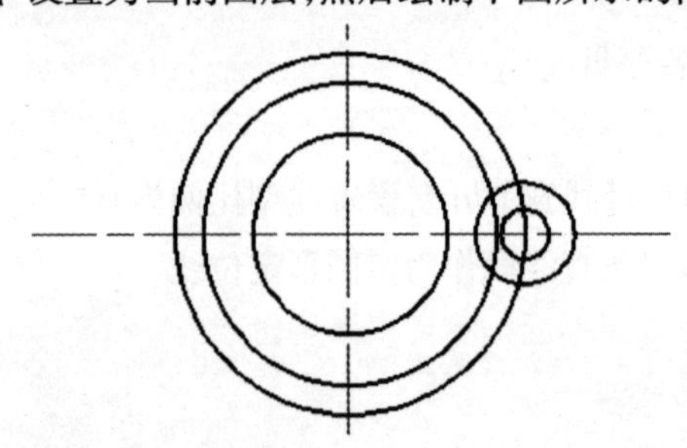

3）将垂直构造线向左偏移 40，将水平构造线向上、下偏移 12.5 和 25.5，如下图所示。

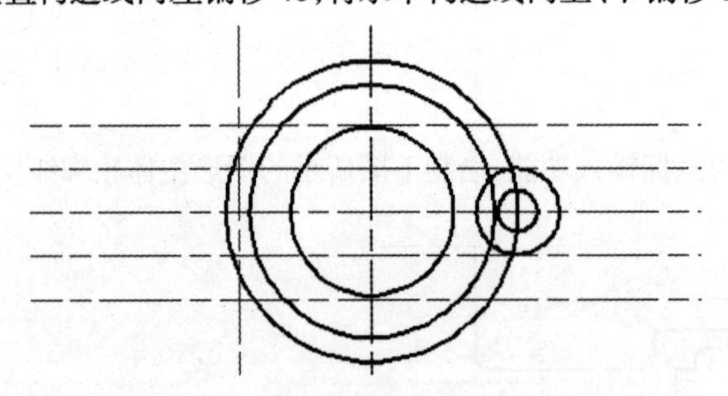

4）对图线进行修剪，并更入图线的图层，结果如下图所示。

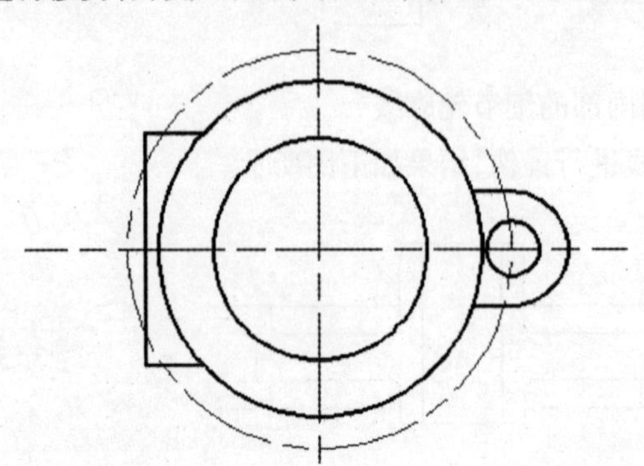

5）综合使用阵列和修剪命令。继续完善零件俯视图，结果如下图所示。

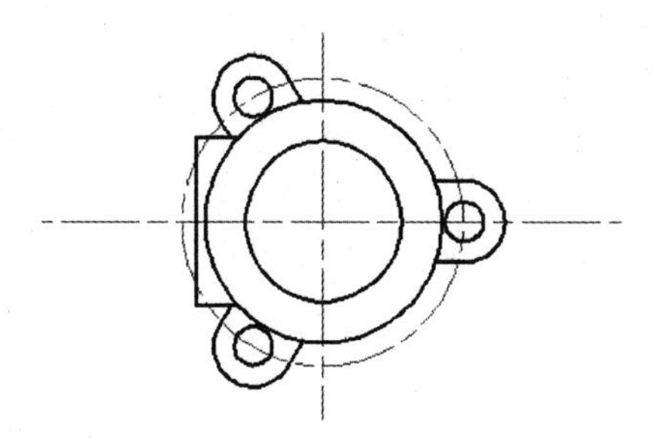

6）　绘制左视图。将水平构造线向上偏移 140，将垂直构造线向右偏移 180，结果如下图所示。

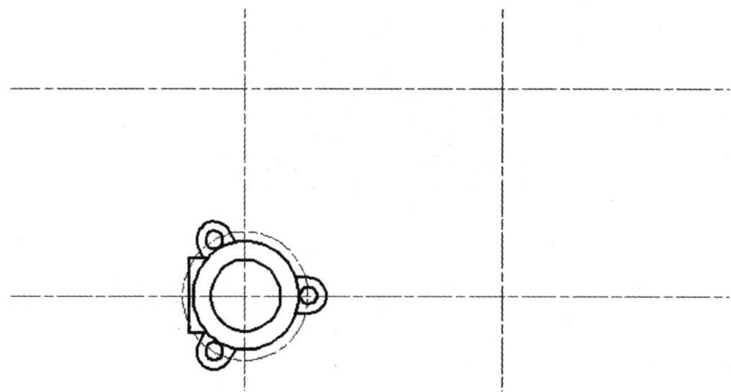

7）　以辅助线右上侧交点为圆心，绘制直径为 14、25、38 和 51 的同心圆，如下图所示 。

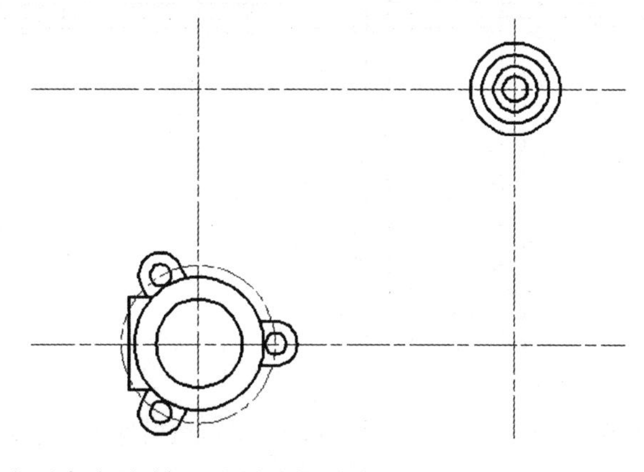

8）综合使用圆和阵列命令绘制下图所示的圆孔。

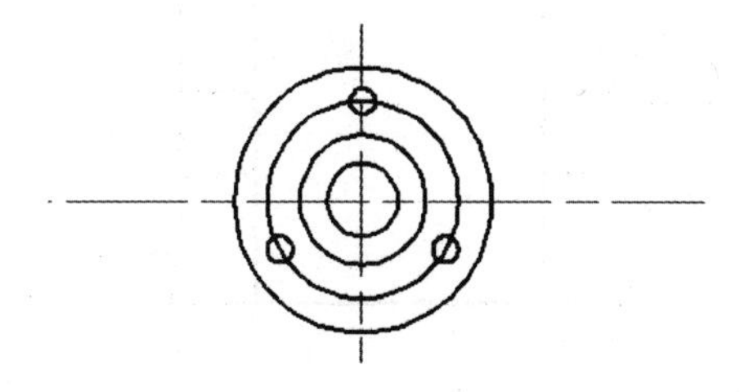

9）使用偏移命令，对水平和垂直构造线进行偏移，结果如下图的所示。

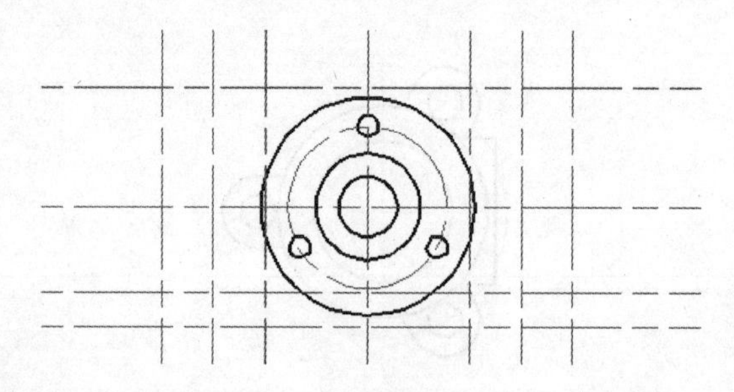

10）对左视图进行修剪完善，并修改部分图线的所在图层，结果如下图所示。

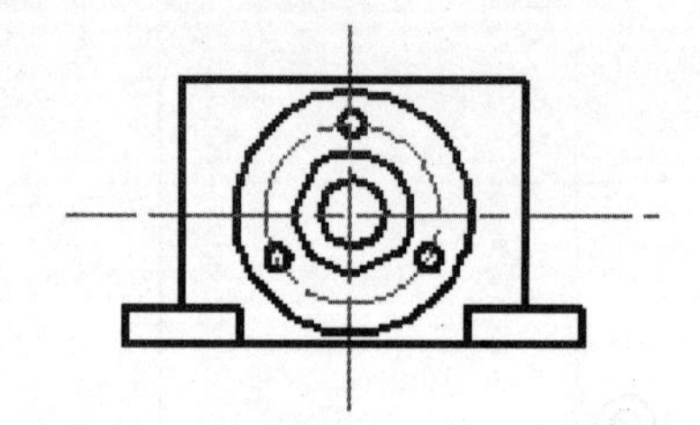

11）绘制主视图。使用偏移命令，根据视图间的对正关系绘制下图所示的构造线。

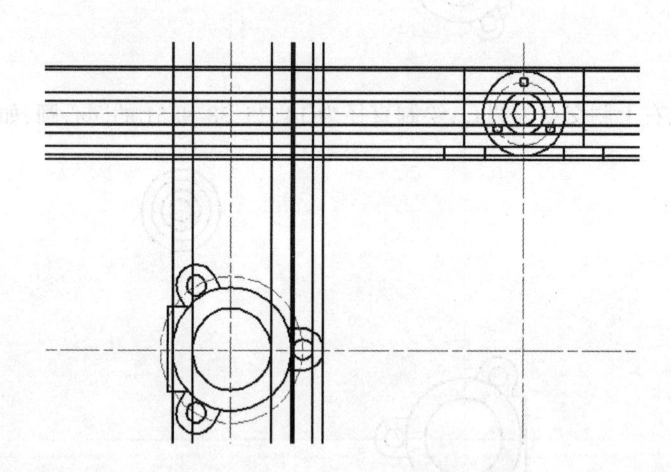

12）综合使用修剪和删除命令对各图线进行编辑，编辑结果如下图所示。

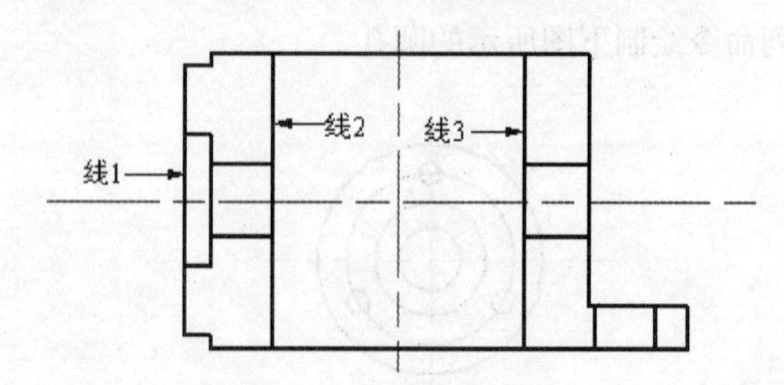

13）综合使用偏移、圆弧、修剪等命令，进一步对主视图进行完善，结果如下下图所示。

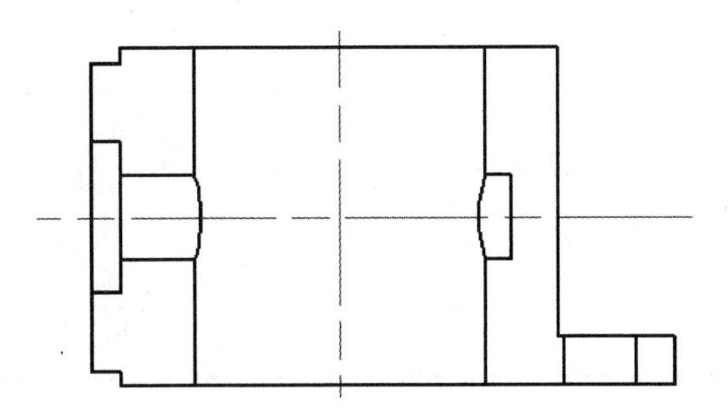

14）使用图案填充命令为主视图填充“用户定”图案，填充间距为3，角度为45，填充结果如下图所示。

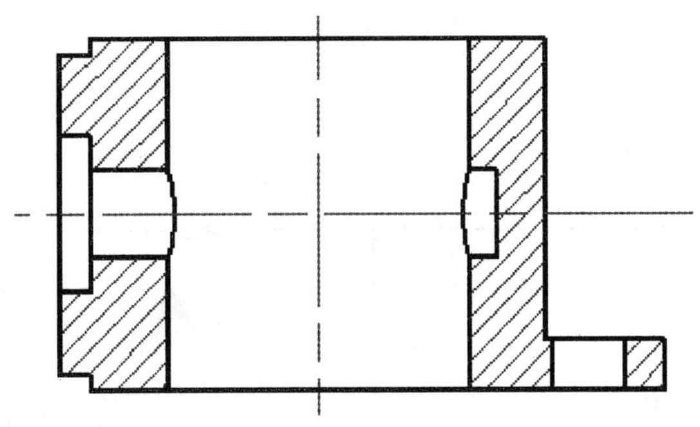

15）使用偏移、修剪或拉长等命令，对三视图中心线进行完善，最终结果如下图所示。

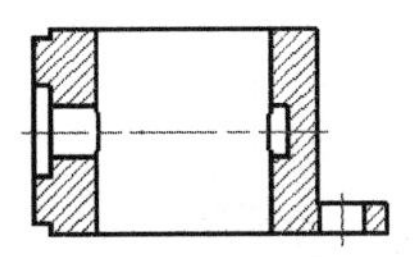

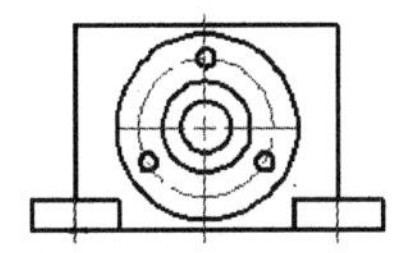

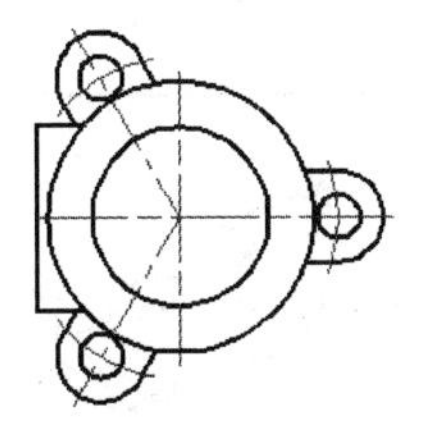

16）最后将三视图命名存盘

举一反三：

1、

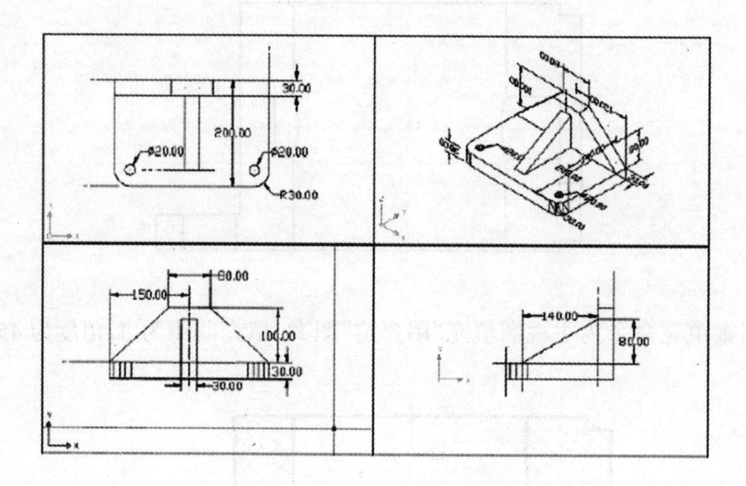

2、

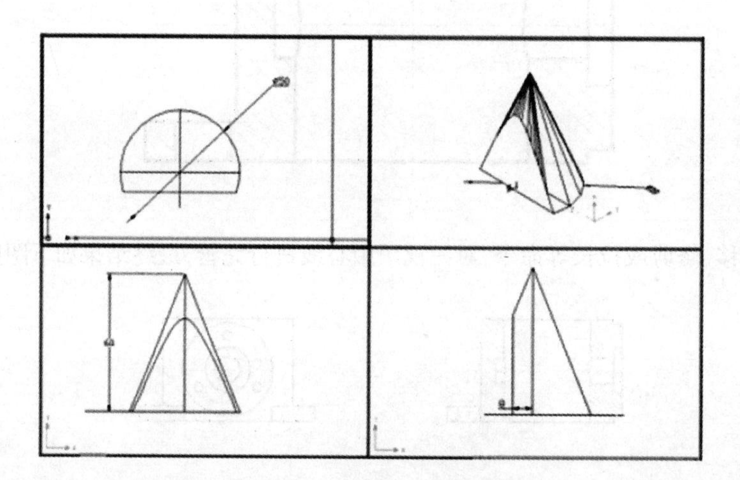

3、

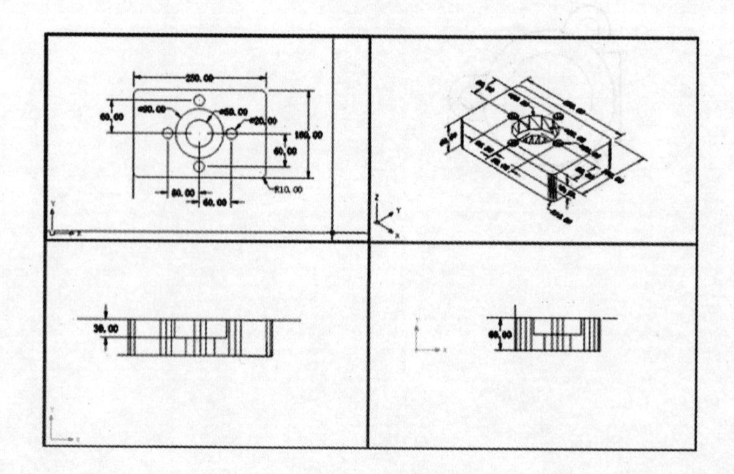

4、

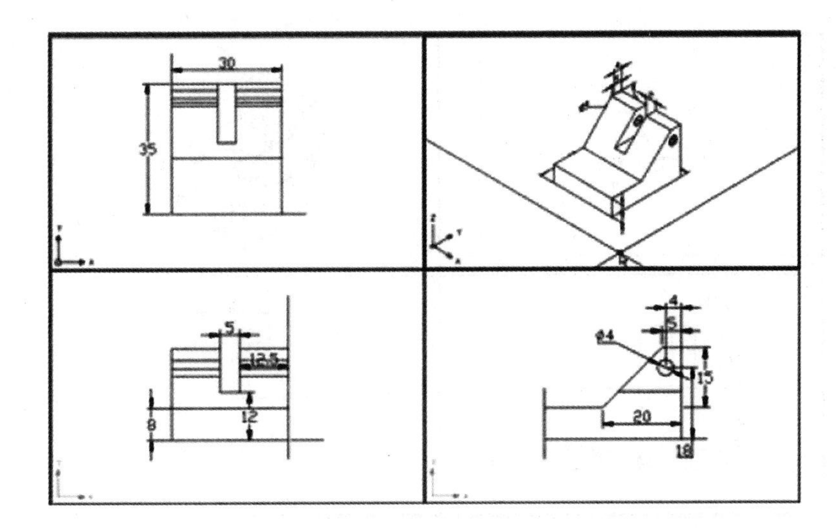

5、

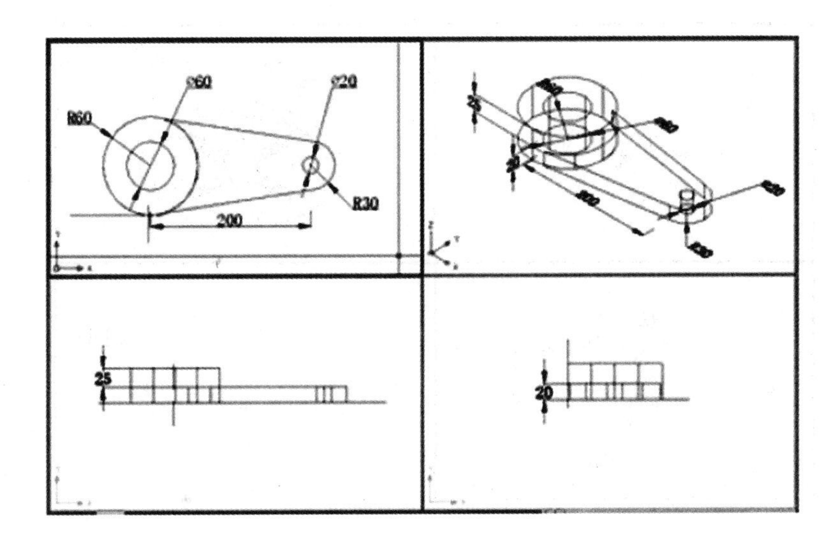

6、

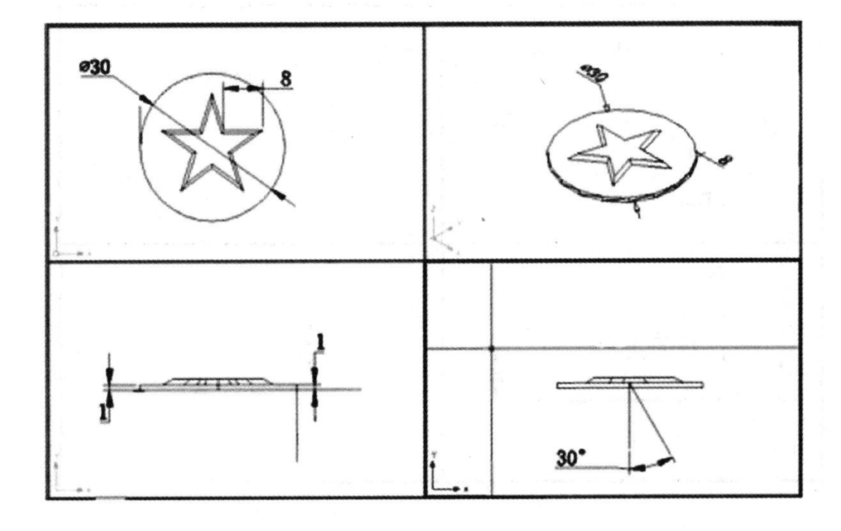

7、

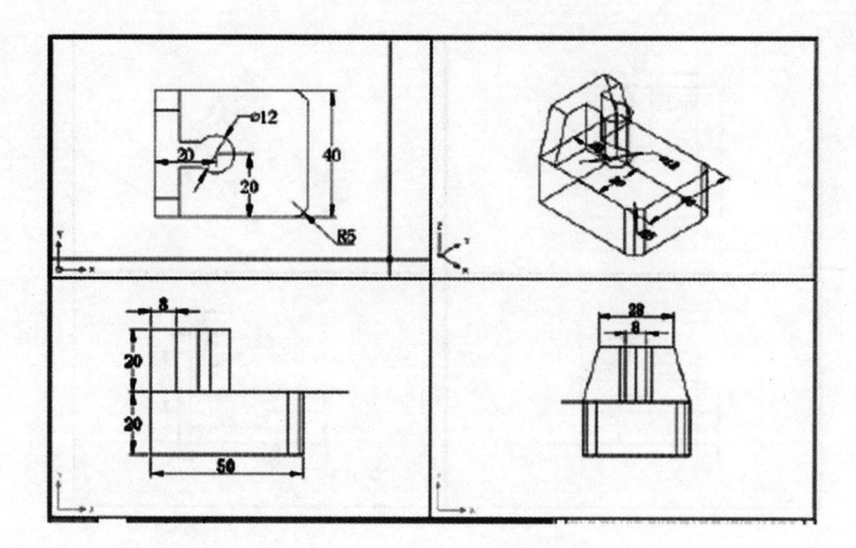

ø12
20
40
20
R5
8
20
20
56
28
8

8、

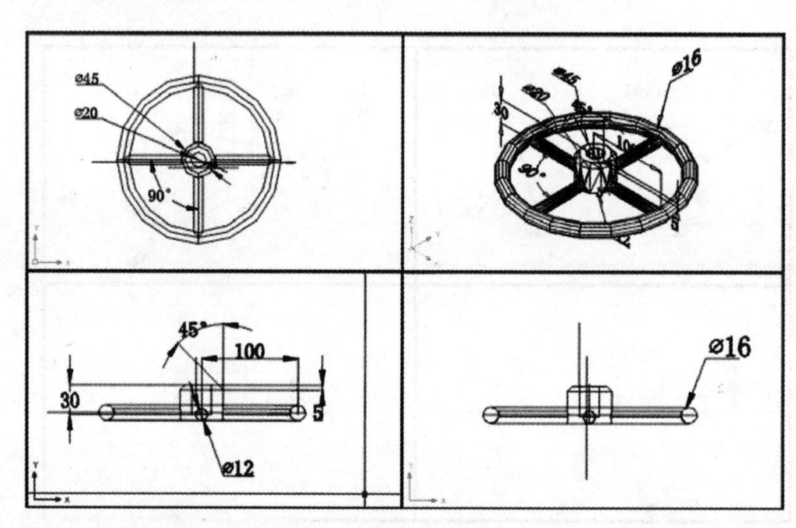

ø45
ø20
90°
ø16
30
45°
100
30
5
ø12
ø16

9、

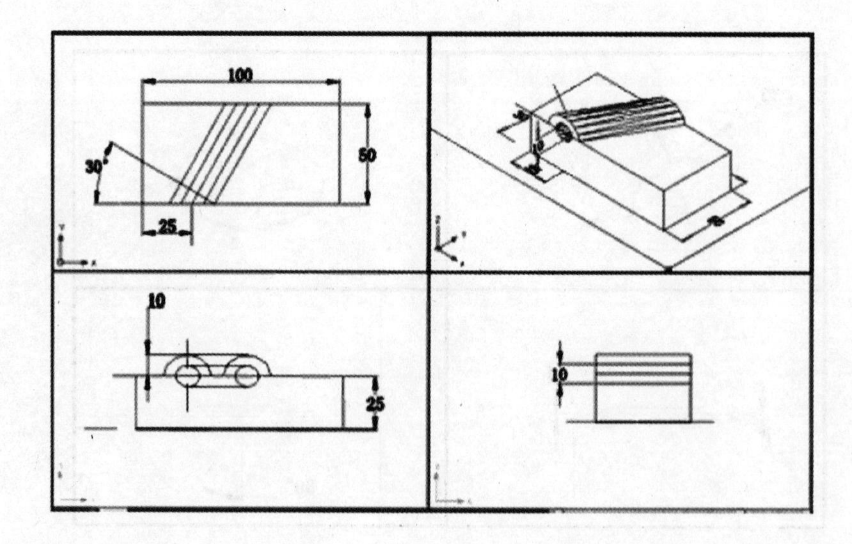

100
50
30°
25
10
25
10

10、

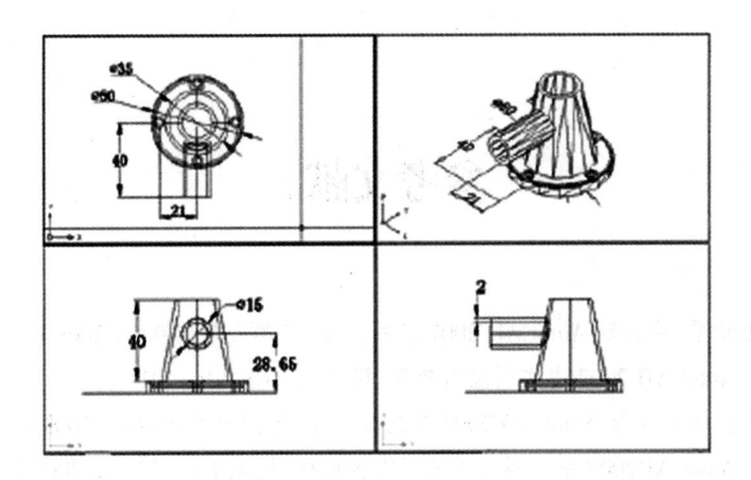

小结:通过本章的学习,希望读者能够对前面所学的知识进行总结,并且通过练习,达到熟练地目的。

参考文献：

[1]薛焱，王新平. 中文版 AutoCAD 2007 基础教程. 清华大学出版社. 2006.1

[2]郑运廷. AutoCAD 2007 中文版应用教程. 机械工业出版社. 2011.1

[3]王运峰. 新编中文版 AutoCAD 2007 基础和实战. 苏州大学出版社. 2009.1

[4]胡仁喜. AutoCAD2007 中文版三维造型实例教程. 机械工业出版社. 2007.1

[5] 马永志，郑艺华，张俊龙. AutoCAD2007 中文版三维造型基础教程. 人民邮电出版社. 2007.12

[6]李峰. AutoCAD2007 三维建模实例导航. 电子工业出版社. 2008.1